CATALOGUE RAISONNÉ

DES

PHANÉROGAMES

DE LA DORDOGNE,

(suite du);

SUPPLÉMENT FINAL

(1858);

PAR M. CHARLES DES MOULINS,

Président de la Société Linnéenne de Bordeaux ;
Membre de l'Institut des Provinces de France , de l'Académie Impériale des Sciences,
Belles-Lettres et Arts de Bordeaux , etc., etc.

(Extrait des ACTES de la Société Linnéenne de Bordeaux , tome XX , 6e livraison. 1859.)

A BORDEAUX,

CHEZ L. CODERC, F. DEGRÉTEAU ET J. POUJOL,

SUCCESSEURS DE TH. LAFARGUE, IMPRIMEUR-LIBRAIRE,

Rue Puits de Bague-Cap, 8.

1859.

CATALOGUE

DES

PHANÉROGAMES DE LA DORDOGNE;

SUPPLÉMENT FINAL

(1858).

CATALOGUE RAISONNÉ

DES

PHANÉROGAMES

DE LA DORDOGNE ;

suite du

SUPPLÉMENT FINAL ;

(1858) ;

PAR M. CHARLES DES MOULINS,

Président de la Société Linnéenne de Bordeaux,
Membre de l'Institut des Provinces de France , de l'Académie Impériale des Sciences,
Belles-Lettres et Arts de Bordeaux , etc., etc.

Extrait des ACTES de la Société Linnéenne de Bordeaux , tome XX , 6e livraison 1859.

A BORDEAUX,

CHEZ L. CODERC, F. DEGRÉTEAU ET J. POUJOL,

SUCCESSEURS DE TH. LAFARGUE , IMPRIMEUR-LIBRAIRE ,

Rue Puits de Bagne-Cap , 8.

1859.

CATALOGUE RAISONNÉ

DES

PHANÉROGAMES DE LA DORDOGNE

(Suite du) ;

SUPPLÉMENT FINAL

(1858).

— · · ·

C'est en 1835 que j'ai conçu le projet et commencé à réunir les matériaux d'un Catalogue des phanérogames de la Dordogne. Je l'ai rédigé en 1839 et publié en 1840 (t. XI des *Actes* de la Société Linnéenne de Bordeaux).

En 1846, je fis paraître un *premier fascicule de Supplément*, qui s'étendit des Renonculacées aux Caryophyllées t. XIV des *Actes* id.).

En 1849, je donnai à la fois des *Additions* à ce *premier fascicule*, et un *Deuxième fascicule de Supplément* s'étendant jusqu'aux Dipsacées (t. XV des *Actes* id.).

A dater de cette époque et ayant établi définitivement ma résidence à Bordeaux, je n'ai plus étudié que momentanément *par moi-même*, et à de longs intervalles, la végétation du Périgord ; mais mes correspondants ont continué à me faire part des résultats de leurs investigations. Je dois citer en particulier et avec une reconnaissance toute spéciale, M. DE DIVES, M. le comte ULRIC D'ABZAC DE LADOUZE, M. l'abbé REVEL, maintenant chanoine honoraire de Rodez,

M. Oscar de Lavernelle, M. l'abbé Dion-Flamand, maintenant l'un des directeurs du Grand-Séminaire de Périgueux.
M. Al. Ramond, maintenant directeur des Douanes et des
Contributions indirectes au Hâvre, et M. l'abbé Meilhez.
Ces Messieurs voulurent bien me fournir des listes complètes
de leurs récoltes, et, le plus souvent, des échantillons à
l'appui. Voilà donc une dizaine d'années que mes fonctions
de *floriste* se sont à peu près réduites à celle de *secrétaire*
de mes honorables et honorés correspondants.

Ce ne fut qu'en 1855 que je pus transporter mon herbier de Lanquais à Bordeaux et m'occuper de le faire passer
au sublimé-corrosif, afin d'assurer sa conservation déjà
compromise.

En 1856, je me mis à l'œuvre, et je fis marcher de front
l'intercalation des récoltes des dernières années, l'arrange-
ment de l'herbier selon l'ordre des publications récentes,
et la rédaction du *Supplément final* (comprenant toute la
série des familles) de mon Catalogue (1).

Ce n'est qu'au moment où l'année 1858 approche de sa
fin que je termine ce triple travail. *Aujourd'hui même*
commence l'impression du *Supplément final*, auquel j'a-
joute un Catalogue *sec*, qui servira de Table de matières et
de rappel aux quatre publications successives dont se compose mon travail sur la Flore de la Dordogne. Il m'aura occupé (non sans interruptions) pendant vingt-trois ans, et
je n'ai pas la folle outrecuidance d'espérer qu'il soit complet; mais si la déplorable mode des *Flores départementa-*
les (au lieu de *régionales*) continue à régner en France, le
botaniste qui voudrait entreprendre celle du département de

_____

(1) Il est presque superflu de faire remarquer que les plantes pour
lesquelles je n'indique pas de localités nouvelles, sont répandues à
peu près partout

la Dordogne trouverait dans mes quatre fascicules, dans mon herbier et dans celui de M. de Dives, une masse de documents qui faciliterait et avancerait beaucoup son labeur.

Pour moi, ma tâche est achevée : je dégage aujourd'hui, bien tardivement sans doute, la parole que j'ai donnée à mes honorables collaborateurs, et je suis heureux de m'efforcer ainsi de payer ma dette de reconnaissance à cette province aimée, où j'ai passé les plus belles, les plus studieuses et les plus douces des soixante années que Dieu m'a permis jusqu'ici de passer sur la terre.

Bordeaux, le 18 Novembre 1858.

CHARLES DES MOULINS.

I. *RANUNCULACEÆ*.

THALICTRUM ANGUSTIFOLIUM (Suppl. 1er fasc., et add. au 1er fasc.). — Ajoutez : Prairies à Jeansille, commune de Manzac (D D).

M. de Dives m'a donné, en 1849, un bel échantillon recueilli au lieu indiqué dans le 1er fascicule du Supplément (Périgueux, près le pont de la Cité, entre le Port-Vieux et le château du Petit-Change). La plante ressemble beaucoup au *T. flavum*, comme M. Schultz le fait remarquer (Archiv. de la Fl. de Fr. et d'Allem. I. p. 51), mais elle n'est pas *stipellée*, et les oreillettes de ses feuilles supérieures sont ovales-acuminées, comme les décrit le *Synopsis* de Koch.

Genre BATRACHIUM, Wimmer.

Les Renoncules à fruits ridés transversalement, qui forment le genre proposé par Wimmer, ont été soigneuse-

ment étudiées depuis quelque temps par les botanistes. Il
devient indispensable d'adopter, avec Fries et M. Schultz,
cet excellent genre, et quoique je n'aie pas d'observations
personnelles à ajouter, pour la Dordogne, à celles que j'ai
insérées en 1849 dans mes *Additions au 1er fascicule du
Supplément*, je crois devoir donner ici, sous la nouvelle
nomenclature, le détail des espèces reconnues jusqu'ici,
par mes collaborateurs ou par moi, dans le département.

Mais je ne puis adopter la manière de voir des botanistes
qui croient pouvoir inscrire sous leur propre nom, les RA-
NUNCULUS *antérieurement décrits*, dont ils ont occasion de
parler les premiers sous le nom de *Batrachium* considéré
comme générique. Une fois qu'on adopte le genre de Wimmer, il n'y a plus de discussion possible sur les espèces qui
doivent y entrer ; elles appartiennent donc inaliénablement
à l'auteur qui les a établies le premier. Je vais donner ici
un exemple de l'application de cette règle.

On pourrait m'objecter que le *Batrachium tripartitum*
ACTUEL n'est pas précisément celui de Candolle, puisqu'on
considère ses deux variétés comme espèces distinctes. Je
réponds qu'alors même que cette séparation constituerait
un droit, il serait au profit du botaniste qui a érigé en espèce la variété β ; mais je pense, en définitive, qu'il n'en
est pas ainsi, et que le nom primitif doit rester attribué *au
type* ou *var*. α, sous le nom de l'auteur primitif de l'espèce,
car c'est toujours la même, considérée *sensu strictiori*.

Je suivrai, dans l'exposition des *Batrachium*, la *Flore
de France* de MM. Grenier et Godron, la plus récente de
toutes (1847), et la *Notice sur les Renoncules Batracien-
nes* de la Dordogne, publiée par M. l'abbé Revel dans le
t. XIX des *Actes de la Soc. Linn. de Bord.* (1853).

BATRACHIUM HEDERACEUM. Linn. (sub *Ranunculo*), et omn. auct. (Catal. et Add. au 1er fasc. du Suppl.) — Ajoutez : Pont-Roux et Toutifaut près Bergerac ; Virolles près Ménestérol (Rev. loc. cit.) ; Larège, commune de Cours-de-Piles. (Eug. de Biran).

— TRIPARTITUM. DC. (sub *Ranunculo*). — F. Schultz, exsicc. n° 605. — Gren. et Godr. Fl. Fr. I. p. 20. — Revel, Batr. de la Dordogne, *in* Act. Soc. Linn. Bord. t. XIX. p. 117 (1855).

Ranunculus tripartitus, α *micranthus* D C. Prodr. I. p. 26. — Godron, Renonc. Batracienn. (1840. p. 10. n° 3. f. III.

(Excl. var. β *obtusiflorum* DC. et Godr. ll. cc. ; quæ est *R. ololeucos* Lloyd).

Fossés à Marzat près Ménestérol (Rev. 1850) ; à Gros-Jean entre Perhouyer et Beaupoyet près Mussidan M. Aug. Chastanet) ; dans la forêt de Saint-Félix. près Lavernelle (OLV.) (1. — Dans une flaque d'eau à Montaudier, commune de Bourrou (DD. 1852). Les trois premières localités sont signalées par M. l'abbé Revel, *loc. cit.*

Je n'ai vu aucun échantillon de la Dordogne ; ceux de M. de Dives ont été vérifiés par M. Boreau.

— RADIANS. Revel (sub *Ranuncul.*) *loc. cit.* cum icone bonâ.

Dans les fossés au Barbaroux près Ménestérol.

Cette charmante espèce, que ses carpelles semblent distinguer de toutes ses congénères et que son réceptacle globuleux éloigne du *B. confusum* Gr. et Godr. dont elle est d'ailleurs très-voisine par l'ensemble de son aspect, n'est connue dans aucune autre localité du département.

---

(1) C'est par ces trois lettres que je désignerai, dans le cours de ce Supplément, les communications de mon jeune ami M. *Oscar* DE LAVERNELLE.

Elle devra perdre le nom qui lui a été donné par M. l'abbé Revel, si, comme le pense M. Du Rieu et comme paraît le prouver un échantillon publié par M. Schultz, elle est identique au *B. Godronii* Gren. *in* Schultz, Exsicc. Fl. Gall. et |Germ. n° 1202; Archiv. id. I. p. 172 (Janvier 1851).

BATRACHIUM AQUATILE. Linn. (sub *Ranunculo*), var. α *fluitans* (forma *truncatus* Boreau, Fl. du Centr. ; Gren, et Godr. Fl. Fr. I, p. 24 (1847).

C C Dans l'Isle près le Pont-Vieux (Périgueux), où M. le Cte d'Abzac me l'avait déjà signalé en 1851, et d'où il m'en a envoyé un bel échantillon en 1853.

Var. β. *submersus* (forma *homoiophyllus* Boreau, Fl. du Centre); Gren. et Godr. loc cit.

C C dans l'Isle à Périgueux (D'A. , 1851), près le Pont-Vieux.

— TRICHOPHYLLUM. Chaix (sub *Ranunculo*), var. α *fluitans* Gren. et Godr. Fl. fr. I, p. 24.

Lembras près Bergerac; Ménestérol près Monpont (REV. loc. cit.), etc. CC.

Var β *terrestris* Gren. et Godr. loc. cit.

Ranunculus cœspitosus Thuill. — Godr. Ess. s. les Renoncul. à fruits ridés transversal.^t, p. 23, fig. 6 (1840).

R. aquatilis succulentus Koch.; *R. cœspitosus* D C. Prodr. ; *R. pantothrix cœspitosus* D C syst. (Nob. Catal. 1840, et add. au 1er fascicul. du Suppl.)

Cette plante est, en général, la plus commune des formes *terrestres* de *Batrachium*. Il paraît certain que chacune des espèces de ce genre a la sienne, et il est probable que des observations ultérieures le feront reconnaître dans la Dordogne, où je n'en connais encore avec certitude que *deux*, celle des *B. trichophyllum* et *fluitans*.

Batrachium Drouetii. F. Schultz (sub *Ranunculo*), Archiv. de la Fl. de Fr. et d'Allem. I, p. 85. — Ejusd.
exsicc. n° 404, étiquette réimprimée (1846), Gren.
et Godr. (sub. *Ranunculo*) Fl. Fr. I, p. 24 (1847).

Ranunculus paucistamineus F. Schultz, exsicc. n° 404,
ancienne étiquette (1842). — J.-B. Drouet *in* Schultz,
Archiv. I, p. 51, (1842). — Koch, Syn. pro parte
tantùm. — Non Tausch.

Batrachium paucistamineum F. Schultz, Archiv. I, p. 71,
(1844).

Ranunculus Drouetii F. Schultz, olim (nomen specifi-
cum primitùs impositum et idèo asservandum)!

Dans un ruisseau près Trélissac (D'A. 1851).

Dans un petit vivier, à Manzac (D D. 1852). Ces
derniers échantillons ont été vus par M. Boreau.

— divaricatum. Schranck (sub *Ranunculo*). — Gren. et
Godr. Fl. Fr. I, p. 25. — K. ed. 1ᵃ et 2ᵃ, 3. — Boreau, Fl. du Centr.

Ranunculus circinnatus Sibthorp.

Environs de Goudaud (D'A., 1851). Je n'ai pas vu
les échantillons.

— fluitans. Lam. (sub *Ranunculo*), var α *fluviatilis*
Gren. et Godr. Fl. Fr. p. 26. — Nob. Catal. 1840,
1ᵉʳ fascic. du Suppl. 1846, et 2ᵉ fascic. id. 1849.

Ajoutez : dans l'Isle à Ménestérol (Rev. loc. cit.).

Var β *terrestris* Gren. et Godr. loc. cit. (addit. au 1ᵉʳ
fascicul. du Suppl.)

Ajoutez : bords de la Dordogne, au barrage de Bergerac,
et bords de l'Isle près l'écluse de Ménestérol. La plante y
fleurit souvent (Rev. loc. cit.).

Ranunculus ophioglossifolius. Vill. — K. ed 1.ᵃ et 2,ᵃ 17.

Découvert en 1849, et revu en 1850, dans un fossé entre les Grilhauds et les Juches, commune de Ménestérol, par M. l'abbé Revel, alors curé de cette paroisse rurale du canton de Monpont.

— Lingua. Linn. — K. ed. 1.ᵃ et 2.ᵃ, 18. — Dans le ruisseau dit la *Beuïne*, affluent de la Vézère et qui traverse les marais voisins de la forge des Eyzies. C. (O L V). C'est la seule localité connue dans le département, et nous la devons aux actives recherches de M. Oscar de Lavernelle (1851).

— Ficaria (Catal.)

Le genre *Ficaria* Dillen., adopté à juste titre par tous les botanistes actuels, donne lieu à une remarque que je n'avais point faite lorsque j'ai publié mon Catalogue et ses deux premiers suppléments : les carpelles, dans ce genre, avortent le plus souvent (comme ceux du *Batrachium fluitans*, et c'est une sorte de rareté que de rencontrer la plante en bon état de fructification. J'aurais donc dû, dans ma publication de 1840, appeler l'attention sur ce que je faisais mention des carpelles, *non d'après les livres,* mais en présence d'échantillons bien fructifiés, recueillis le 17 Mai 1836 dans les terres fortes et alluvionnelles du vallon où coule le Couzeau (ruisseau de Lanquais), commune de Varennes.

Si ma mémoire ne me trompe pas, j'ai vu bien d'autres fois encore, en Périgord, des échantillons pareillement fructifiés; mais je ne me souviens pas d'y avoir recueilli la plante pourvue de bulbilles aux aisselles de ses feuilles, probablement parce qu'elle n'aura pas attiré mon attention postérieurement à la disparition complète de ses fleurs.

RANUNCULUS ACRIS (Catal. — Je crois devoir mentionner ici les noms nouveaux qui ont été donnés aux trois variétés du Prodrome de Candolle.

Le type (α du Catalogue) demeure tel qu'il est pour MM. Grenier et Godron , Fl. Fr. I, p. 32 (1847). Pour M. Boreau , Fl. du Centr. 2ᵉ éd. (1849), II. p. 13, nᵒ 43, ce type constitue à lui seul le RANUNCULUS ACRIS.

La var. β *sylvaticus* (que nous ne connaissons pas en Périgord), devient pour M Boreau loc. cit. II. p. 14, nᵒ 44), le R. FRIESANUS Jordan, fragm. 6, p. 17.

Cette même var. β reste dans le *R. acris* comme var β *Steveni* Andrz. pour MM. Grenier et Godron (loc. cit.) qui transportent le nom spécifique de *Ranunculus sylvaticus* Thuill. au *R. nemorosus* DC. — M. Boreau, au contraire, donne le nom spécifique *R. Steveni* Andrz. pour synonyme simple de son vrai *R. acris*.

La var. γ *multifidus* (c du Catalogue demeure telle qu'elle est pour MM. Grenier et Godron (loc. cit.) Pour M. Boreau (loc. cit. p. 14. nᵒ 45), cette variété prend le rang d'espèce comme la précédente, sous le nom de RANUNCULUS BORÆANUS Jordan, fragm. 6. p. 19.

M. Boreau a reconnu deux variétés de cette dernière espèce, dans les échantillons de Manzac, que M. de Dives lui a adressés en 1852 et que je n'ai point vus.

Suivant une remarque verbale et bien juste de M. Du Rieu, c'est cette plante (*multifidus Boræanus*) qui devrait conserver le nom d'*acris*, puisque c'est la forme la plus répandue et la plus commune de l'ancien *R. acris* linnéen.

RANUNCULUS NEMOROSUS. DC. — K. ed 1.ᵃ et 2.ᵃ 30. —
Boreau, Fl. du Centre, 2ᵉ éd. nᵒ 47. t. 2. p. 15.

R. sylvaticus Gren. et Godr. Fl. fr. I. p. 33.

Selon MM. Grenier et Godron, cette jolie espèce, qui est le *R. polyanthemos* des auteurs français (mais non celui de

Linné et de M. Boreau), est aussi le vrai *R. sylvaticus* Thuill. et doit en conserver le nom par droit d'antériorité. Ce serait donc à tort que l'illustre A.-P. de Candolle aurait rapporté, comme variété, au *R. acris* qui n'a pas les pédoncules striés, le *R. sylvaticus* Thuill. J'ajoute que Koch, dans les deux éditions de son *Synopsis*, s'abstient complètement de citer, ici ou là, le synonyme de Thuillier.

Dans les bois, aux Feauroux, commune de Vergt (D D); découvert en 1849 et soumis à la vérification de M. Boreau : je n'ai pas vu d'échantillons de cette localité. — Assez commun dans les bois de la commune de Champcevinel, et très-commun dans ceux de la Boissière (*Camp de César*) près Périgueux (D'A, 1851). — C dans les bois de Lavernelle, commune de St.-Félix-de-Villadeix (O L V, 1850).

RANUNCULUS REPENS, *flore pleno* (Catal.).— M. de Dives l'a retrouvé, véritablement spontané, en 1855, sur la lisière d'un grand taillis, à Lagrange, commune de Grum.

— SCELERATUS (Catal. et Suppl. add. au 1er fasc.) — Assez commun à Saint-Germain-de-Pontroumieux et à Cours-de-Piles. (Eug. de BIRAN).

ISOPYRUM THALICTROIDES. Linn. — K. ed. 1.ª et 2.ª, 1.

Bois de Corbiac (près Bergerac), au-dessous d'un kiosque dépendant du château, sur le bord du chemin, non loin du ruisseau.

La découverte de cette charmante plante, dans le département de la Dordogne, est due aux recherches de Mme Insinger, sœur de M. Durand de Corbiac. Mes échantillons, en fruits non complètement mûrs, ont été recueillis par M. Oscar de Lavernelle, le 10 Avril 1852.

AQUILEGIA VULGARIS (Catal. et Suppl. 1er fasc.) — Ajoutez : variatio *flore roseo* : Issac (D D).

III. *NYMPHÆACEÆ.*

Nymphæa alba (Catal. et Suppl. 1er fasc. et add. id.) —
Ajoutez : Étang de Latour , près Jumilhac-le-Grand.
(Eug. de Biran).

Un savant botaniste anglais, M. John Ralfs , qui a passé
tout un été dans les environs de Ribérac , et qui a trouvé
cette plante en abondance dans tous les étangs de la contrée,
m'écrivait le 18 Juillet 1850 , que ses fleurs y sont toujours
beaucoup plus petites que dans le comté de Cornouailles
(Angleterre).

M. Oscar de Lavernelle a remarqué , en 1851 , dans les
marais de la Beüïne au-dessus de la belle forge des Eyzies ,
que le *Nymphæa alba* et le *Nuphar luteum* y sont tantôt
associés , tantôt complètement séparés.

IV. *PAPAVERACEÆ.*

Papaver Rhœas (Catal.) — Ajoutez : variatio *floribus
subrubicundo colore gaudentibus* (couleur *vineuse*) ;
Manzac (DD).

— dubium (Catal. et Suppl. 1er fasc. et add. id. — Ajoutez :
RR à Cazelle , commune de Naussanes. (Eug. de
Biran).

Fumaria Boræi. Jordan.
F. muralis (add. au 1er fasc. du suppl. du Catal.) Koch.
— Revel. — Boreau. — Gren. et Godr. Fl. fr. I. p. 67.
— non Sonder !

Maintenant qu'il est constaté , d'une manière qui paraît
authentique , que le *F. muralis* de Koch et des auteurs qui
l'ont suivi , n'est point la plante que Sonder a eu en vue
lorsqu'il a institué l'espèce hambourgeoise , il faut nécessairement trouver un nom pour la plante française et je dois

changer celui que MM. Boreau et Revel m'avaient fait inscrire dans ma publication de 1849.

Mais deux partis se présentent, entre lesquels il faut
choisir :

1° MM. Grenier et Godron, dans le 1er vol. de leur Flore
de France (1847), n'admettent en France qu'une espèce
de ce groupe (sous le nom de *muralis*). M. Kralik, jeune
botaniste qui s'est beaucoup occupé des *Fumaria*, partage
cette opinion (communication manuscrite de M. J. Gay, en
date du 22 Janvier 1851), mais il nomme cette espèce unique *F. Bastardi* Boreau; c'est-à-dire qu'il maintient réunies
spécifiquement les deux formes A et B *major* Boreau, Revue des *Fumaria* de France (1847).

2° M. Boreau, dans la 2e éd. de sa Flore du Centre
(1849), a considéré comme espèces distinctes ses deux
formes A et B de 1847, et a réservé pour la première le
nom de *F. Bastardi* (dont le *F. confusa* Jord. est un simple synonyme d'après l'opinion de M. Kralik citée plus
haut).

Quant à la forme B *major*, M. Boreau lui a appliqué le
nom de *F. muralis* Sonder, lequel doit maintenant être
changé, comme je viens de le dire.

Si l'on n'adopte pas l'opinion de M. Kralik qui réunit
cette plante au *F. Bastardi*, il ne reste plus pour elle de
nom distinct, si ce n'est celui de *F. Borœi* Jordan, car
M. Jordan dit positivement (*Notes sur diverses espèces*, *in*
Schultz, Archiv. de la Fl. de Fr. et d'Allem. I, p. 305
[1854]) que son *F. Borœi* est synonyme du *muralis* de
M. Boreau.

Bien que j'aie vainement cherché, sur le sec, des caractères solides et d'une valeur réelle pour la distinction des
F. Bastardi et *Borœi*, je me détermine pourtant, provisoirement du moins, à les considérer comme deux espèces

différentes, parce que le coup-d'œil exercé et sagace de
M. Boreau m'inspire une grande confiance, et parce que son
opinion se trouve corroborée par l'établissement des deux
espèces de M. Jordan (*confusa* et *Borœi*), et par quelques
caractères *empiriques* si l'on veut, mais qui me portent
à croire qu'il y a là deux espèces, mal distinguées, incomplètement débrouillées peut-être, mais réelles.

Je place dans le *F. Borœi* la plante, en général plus robuste, dont la capsule est manifestement *rugueuse*, même
avant la maturité et dont l'épicarpe me semble plus épais,
à maturité égale. La dépression en godet qui occupe la
partie de sa graine qui regarde le ciel me semble aussi
plus étroite, plus régulière, et les deux fossettes qui accompagnent la base du style moins grandes. Les divisions supérieures de ses feuilles ont presque constamment un *mucron*
très-fort et le plus souvent infléchi à leur sommet, ce qui
n'existe que bien plus rarement dans le *F. Bastardi*. Enfin,
le pédoncule du *F. Borœi* est très-fréquemment recourbé
dès que la fleur vieillit, pourvu que la plante n'ait pas crû
dans un lieu très-humide et ombragé.

Le *F. Bastardi* aurait dès-lors la capsule sensiblement
lisse, même à la maturité, l'épicarpe moins épais, le godet
de la graine plus large, les fossettes juxta-stylaires plus
grandes, les pédoncules toujours droits ou étalés, non réfléchis.

Je ne possède point encore, du département de la Dordogne, le *F. Bastardi* ainsi caractérisé; mais, depuis ma
publication de 1849, M. l'abbé Revel m'a adressé des
échantillons magnifiques du *F. Borœi*, recueillis dans la
commune de Ménestérol en Mai 1849 et en 1852, savoir :

Aux Juches sous le nom de *F. muralis*;
au Patena, dans une haie sous le nom de *muralis*.

« forme intermédiaire aux *F. muralis* et *Bastardi* , »
au Patena , dans un potager et à Marragout , au pied
d'une haie , (sous le nom de *F. Bastardi*).

Les échantillons des Juches ont seuls été vus par M. Kralik qui les fait rentrer dans le *Bastardi*. Les autres, qui ont
la capsule plus ou moins rugueuse, ne me paraissent pas
susceptibles d'être séparés spécifiquement des premiers.

Toute cette question me semble de nature à appeler une
étude approfondie. (Notes écrites le 23 Octobre 1854).

M. l'abbé Revel m'a envoyé un très-bel échantillon de
F. Boræi (pour lui comme pour moi) de Montignac-de-
Vauclaire, dans une haie, et deux autres de Marragout et
des Juches , commune de Ménestérol , au pied d'une haie.

FUMARIA PARVIFLORA (add. au 1ᵉʳ fasc. du suppl. du Catal.)
— Ajoutez : Jardin potager du Terrier-Tombat , commune de Ménestérol (REV.) — Aux Granges, commune
de Manzac, et à Villeverney, commune de Neuvic (DD).

VI. *CRUCIFERÆ.*

CHEIRANTHUS CHEIRI (Catal. et Suppl. 1ᵉʳ fasc. et add. id.) —
Ajoutez : Sarlat, sur les murs de la cathédrale et sur
la porte *de la Rue* (M. l'abbé Dion-Flamand , l'un des
directeurs du Grand-Séminaire de Périgueux).

Koch est le premier, à ma connaissance , qui ait dit,
en 1837 (*Synops.* ed 1.ª p. 34), que le *Cheiranthus fruticulosus* Lin. Mant. p. 94 , n° 16, représente les individus
spontanés de l'espèce dont les pieds cultivés répondent au
Ch. Cheiri du législateur de la Botanique.

M. de Brébisson (Fl. de Normandie, *additions*, p. 340)
a répété en 1849 cette observation qui a conduit quelques
botanistes à penser que les deux espèces linnéennes devraient
être maintenues. J'incline beaucoup, je l'avoue, à parta-

ger cette opinion, et si je ne prends pas sur moi de remplacer ici par le *Ch. fruticulosus* L. le nom que tous mes
devanciers appliquent, sans discussion, à la plante de nos
vieilles murailles, c'est que les plantes cultivées *cheirioïdes*
(si j'ose m'exprimer ainsi) m'ont déjà beaucoup fait travailler, et que je ne suis plus en position de poursuivre, sur
le vivant, une étude qui donnerait certainement, j'en suis
convaincu, quelques résultats intéressants.

NASTURTIUM AMPHIBIUM (Catal.) — Ajoutez : Abondant dans
les fossés des prairies de l'Isle près du pont de Périgueux (1858).

— PALUSTRE (Suppl. add. au 1er fasc.) — Ajoutez : RR
sur les sables déposés dans une sinuosité de la rive
gauche de la Dordogne, sous le Château de Piles
(Eug. de BIRAN, 1849).

— PYRENAICUM (Catal. et Suppl. 1er fasc. et add. id.) —
Ajoutez : au Patena et aux Soignies, près Montignac-
sur-Vauclaire, commune de Ménestérol (REV.) — Environs de Périgueux, sur la route de Paris (Eug. de
BIRAN).

CARDAMINE SYLVATICA. Link. — K. ed, 1.ª et 2.ª 6.

Ainsi que je l'ai dit dans mon 1er supplément, M. Đubou-
ché pensait que cette espèce pouvait se trouver dans notre
département. Je n'ai pas réussi à l'y rencontrer, mais
M. l'abbé Revel m'écrivit, le 2 Mars 1857, qu'elle croît à
Bergerac sur les bords de la Dordogne, et M. Eugène
de Biran, qui la récolta à la même époque et dans la même
position à S.ᵗ Germain-de-Pontroumieux, m'en a envoyé de
très-beaux échantillons.

En même temps, M. Revel m'adressa la description
d'une plante de ce genre, qui lui paraît constituer une espèce nouvelle et que je n'ai point vue. Je transcris ci-des-

sous la description que notre laborieux correspondant a rédigée.

« J'ai trouvé dans mon herbier une plante qui m'a paru remarquable. Il me semble qu'elle pourrait appartenir à une espèce nouvelle, et je l'ai soigneusement étudiée. Lorsqu'il s'agit d'espèces nouvelles, je le sais, on ne saurait être trop circonspect. On ne doit pas se contenter d'examiner les sujets sur le sec, il faut les observer de près, et constater, autant que possible, l'état de la plante pendant plusieurs générations. Malheureusement, ayant changé de résidence, je suis dans l'impossibilité d'employer ces moyens d'observation. Aussi je n'ose pas me prononcer d'une manière absolue.

« En 1846, dans une excursion que je fesais avec M. Eugène de Biran, je rencontrai aux environs des Guischards (près-Mouleydier) une crucifère dont l'aspect me parut extraordinaire. Après un examen superficiel, je crus qu'elle appartenait au *Cardamine hirsuta* (L.) Lorsque je fis l'étiquette, j'ajoutai : *forma specialis, an C. umbrosa* Andr. ?.. La description que de Candolle donne du *C. umbrosa*, dans le *systema nat.* II. p. 260), ne convient pas du tout à la plante que j'ai en vue. D'ailleurs, il est impossible de la rapporter ou *C. hirsuta* L., et encore moins au *C. sylvatica* Link. Ce qui m'a donné surtout l'éveil, c'est la souche robuste de cette singulière plante. En voici une courte description :

CARDAMINE DURANIENSIS. Revel.

Me judice, species nova, quæ distinguitur : caudice perennante, caule erecto, anguloso flexuoso, hirsuto; foliis omnibus pinnatis, radicalibus patulis, inferiorum foliolis subrotundo ovatis, irregulariter sinuato dentatis, petiolulatis, terminali majore, foliorum superiorum sessilibus oblongis linearibusre dentatis : petalis calice circiter

duplo longioribus, in unguem sursùm angustatis; stamini-
bus sex; siliquis in pedicello patulo erectiusculis : stylo
attenuato, latitudinem siliquæ paulo superante; siliquis
florum corymbum vix superantibus ; pilis caulinis nume-
rosis patulis vel subreflexis.

« Cette espèce se rapproche du *C. sylvatica* Link. par son
port ; mais elle s'en éloigne par ses feuilles caulinaires peu
nombreuses, à folioles linéaires ; par sa *souche robuste*, évidemment, *au moins, bisannuelle.* Elle se rapproche du *C.
hirsuta* L. par ses feuilles caulinaires peu nombreuses, à
folioles linéaires ; mais elle s'en éloigne singulièrement par
son port, par sa tige, par ses styles atténués et plus longs,
par sa *souche robuste,* sur laquelle on voit une tige desséchée de l'année précédente. Les graines sont trop jeunes,
dans les échantillons que je possède, pour être bien caractérisées. Il semble cependant qu'elles sont un peu bordées,
à bords latéraux parallèles. — Avril. — Bord d'un fossé,
aux Guischards, commune de St-Germain-de-Pontrou-
mieux, canton de Bergerac.

St-Geniez-d'Olt (Aveyron), 2 Mars 1857.

J.ʰ REVEL, *chan. hon.* »

HESPERIS MATRONALIS (Catal. et Suppl 1ᵉʳ fasc. et add. id.
— Ajoutez : C à Goudaud, sur les bords de l'Isle. Les
fleurs sont rouges et odorantes ! (D'A. 1851).

SISYMBRIUM IRIO (Catal.) — Ajoutez : CC sur les vieux murs,
parmi les décombres et jusques dans les fenêtres du
clocher de St-Front, à Périgueux (1858).

ERYSIMUM CHEIRANTHOIDES. Linn. — K. ed. 1ᵃ et 2ᵃ, 1.
Omis dans les fascicules précédents du Supplément.
Route de Monpont à Libourne, mais encore sur le ter-
ritoire de la Dordogne (DD).

ERYSIMUM ORIENTALE Catal.) — Ajoutez : CC dans les blés,
à Cazelle, commune de Naussanes Eug. de BIRAN).

ALYSSUM CAMPESTRE, α *hirtum* (Suppl. 1ᵉʳ fasc. et add. id.) —
Ajoutez : Au pied du côteau de St-Cirq, sur le bord du
chemin du Bugue aux Eyzies. M. Oscar de Lavernelle,
à qui la Flore du Périgord doit cette nouvelle *localité*,
ajoute la note suivante à l'étiquette des échantillons
qu'il m'a adressés :

« On le trouve tout le long de la route, et il doit proba-
« blement remonter jusqu'à la limite de la Creuse, dans le
« N.-E du département de la Dordogne. »

CLYPEOLA JONTHLASPI. Linn. — K. ed 1ᵃ et 2ᵃ, 1.

Roches calcaires de Rocoulon près St-Cyprien, sur la
rive droite et au bord de la Dordogne (M).

La découverte, dans le département, de cette jolie petite
plante, habituellement maritime et presque exclusivement
méridionale et orientale, est une des plus remarquables qui
soient dues aux actives recherches de M. l'abbé Meilhez.
M. Duby avait ajouté l'Auvergne aux localités déjà connues, et MM. Grenier et Godron, en s'abstenant de répéter
cette citation, semblent révoquer en doute son exactitude,
bien justifiée par l'existence de la plante dans le Périgord.

C'est en Mai 1851 que M. l'abbé Meilhez a découvert
et reconnu ce petit trésor, dont il m'a envoyé quelques
échantillons parfaits.

ARMORACIA RUSTICANA (Catal.) — Ajoutez : CC dans les
prairies humides de Cazelle, commune de Naussanes
(Eug. de BIRAN).

THLASPI ARVENSE. Linn. — K. ed 1ᵃ et 2ᵃ, 1.

Allas-de-Berbiguières (M). — M. l'abbé Meilhez m'écrivait, il y a deux ans au moins, qu'il n'y avait rencontré

qu'un seul individu de cette espèce, impossible à confondre avec ses congénères.

TEESDALIA NUDICAULIS (Catal. et Suppl. 1er fasc., et add. id.) — Ajoutez : A la Bittarelle, commune de Saint-Sauveur, près Mouleydier, dans 'un bois de châtaigniers, sur un sol aride et recouvert par les sables grossiers de ·la molasse; la plante y est très-rare (Eug. de BIRAN).

IBERIS AMARA (Catal.) — M. de Dives a trouvé sur les rochers calcaires à Saint-Astier, une forme très-grêle et à feuilles très-dentées de cette plante qui ne quitte pas, d'ordinaire, les terrains cultivés, ou les terrains *meubles* tels que les *cavaliers* des carrières calcaires où elle atteint une vigueur et un développement très-remarquables.

— PINNATA. Linn. — K. ed. 1ª et 2ª, 5. — St-Vincent-de-Cosse, près Saint-Cyprien (M). Je n'ai pas vu la plante.

BISCUTELLA LÆVIGATA (Suppl. 1er fasc. et add. id.) — Ajoutez : Berge sablonneuse de la Dordogne, près le château de Piles (Eug. de BIRAN .

LEPIDIUM DRABA. Linn. -- K. ed. 1ª et 2ª, 1. — Allas-de-Berbiguières, dans les champs M'. Je n'ai point vu les échantillons récoltés.

— HETEROPHYLLUM. Bentham. — Var. β *canescens* Gren. et Godr. Fl. Fr. I. p. 150. — *Lepidium Smithii* Hook. — Dans un pré à Virole, et sur une pelouse à Marzat, commune de Ménestérol (REV. 1851).

HUTCHINSIA PETRÆA (Catal.) — Ajoutez : Lagarde, commune de Cussac, canton de Cadouin, dans une vigne dont le terrain est presque entièrement formé de fragments de pierre calcaire (Eug. de BIRAN .

MYAGRUM PERFOLIATUM (Suppl. 1er fasc.) — Ajoutez : C C à Monsac, dans les blés (Eug. de BIRAN).

BUNIAS ERUCAGO (Catal. et Suppl. 1er fasc. et add. id.) — Ajoutez : Assez commun dans un champ sablonneux à sous-sol d'argile, près Goudaud (D'A).

RAPISTRUM RUGOSUM (Suppl. 1er fasc.) — Ajoutez : RR dans les dépôts de sable qui se forment au pied de la terrasse du château de Piles, dans une sinuosité de la rive gauche de la Dordogne (Eug. de BIRAN).

RAPHANUS RAPHANISTRUM (Catal. et Suppl. 1er fasc. et add. id.) — Ajoutez : Monstruosité *fasciolée*, dont la tige a 4 centimètres de largeur ; trouvée sur un vieux mur de la Cité, à Périgueux (DD. 1849).

VIII. *CISTINEÆ*,

CISTUS SALVIFOLIUS (Suppl. 1er fasc.) — Ajoutez : Dans la partie de la forêt de Biron qui appartient au département de la Dordogne (D'A. 1850). — A la Bachellerie près Azerat, où il est très-rare (M. l'abbé Neyra).

HELIANTHEMUM FUMANA (Catal. et Suppl. add. au 1er fasc.) — Ajoutez : St-Florent, commune de Clermont-de-Beauregard ; Labruyère, commune de St-Félix-de-Villadeix (OLV).

— POLIFOLIUM (Suppl. 1er fasc.). — M. le Cte d'Abzac (1853) m'indique la forme *H. pulverulentum* DC. aux environs de Nadaillac-le-Sec, près des frontières du Quercy, mais sur le territoire périgourdin. Il n'en rencontra là qu'un seul échantillon, que je n'ai pas vu.

M. l'abbé Meilhez (1852) m'indique la même forme sur les côteaux pierreux entre la Dordogne et Sarlat, à Bézenac, St-Vincent, St-André, Beynac, etc.

M. Eug. de Biran a retrouvé cette espèce, en abondance, sur les côteaux arides et crayeux qui avoisinent,
au levant, le bourg de Monsac (1853).

IX. *VIOLARIEÆ.*

Viola hirta (Catal.). — Ajoutez : Var à fleurs *rosées*, à
Coursac (DD. 1855).

— alba (Suppl. 1er fasc. . — Cette jolie et très-bonne
espèce (Koch le reconnaît, p 90 de sa 2.e édit.) a été
retrouvée dans l'avenue du domaine de Lavernelle,
commune de St-Félix-de-Villadeix, par M. Oscar de
Lavernelle, qui fait remarquer que les pétales latéraux
sont *souvent échancrés* (*entiers* ou simplement *subé-
marginés*, d'après MM. Grenier et Godron, Fl. Fr. I.
p. 177).

Il en est de même pour les pétales latéraux de l'hy.
bride qui provient de cette espèce et du *V. hirta*, hybride que M. Godron avait précédemment décrite sous
le nom de *V. adulterina* et qu'il compte encore comme
espèce, dans la Flore Française, sous le nom (composé suivant la mode actuelle) de *V. hirto-alba* Gren.
et Godr. (loc. cit. I., p 176).

Cette hybride a été récoltée par M. Oscar de Lavernelle, le 26 Mars 1854, sur les bords du chemin de
St-Félix-de-Villadeix à Couze, près de La Farguette,
en société des *V. hirta* et *alba*. Ses fleurs blanches *à
éperon violet*, et *inodores*, fixent sa place dans la
forme que MM. Gren, et Godr. nomment *hirto-alba*,
malgré quelques différences que M. de Lavernelle a re-
marquées entre sa plante et la description de ces deux
botanistes.

Mais , qui pourrait s'étonner justement de ces différences? N'est-ce pas au contraire le bon sens qui doit
nous enseigner *à priori* que diverses nuances, divers
degrés de ressemblance ou de dissemblance doivent
INÉVITABLEMENT se rencontrer, sous l'influence de circonstances probablement inappréciables pour nous ,
dans ces divers individus d'un produit *anormal, adul-
térin*, comme l'avait si bien nommé primitivement
M. Godron? Et c'est parce qu'un tel produit ne peut
jouir d'une fixité absolue de caractères essentiels, qu'il
n'est ni ne peut être une véritable *espèce* botanique , ni
même une véritable *variété*. Son retour au type pourra
être plus ou moins éloigné, plus ou moins insensible, à
la bonne heure ; mais ce sera toujours une *race croisée*
et par conséquent *variable*, que je croirai devoir inscrire sous la rubrique de l'espèce dont elle se rapproche le plus étroitement.

Or , dans le cas dont il s'agit , et d'après la description même de MM. Grenier et Godron, c'est au *V. alba*
que l'hybride emprunte ses caractères les plus saillants ;
c'est avec lui qu'elle doit être classée :

Stirps hybrida (ex *V. albâ* et *V. hirtâ* : * HIRTO-
ALBA (*V. hirto-alba* Gren. et Godr. Fl. Fr. I. p. 176. —
V. adulterina Godr. thèse de l'hybrid. p. 18.)

VIOLA SUAVIS. Marsh. Bieberst. — K. ed. 2.ª p. 91. n° 10.
— Bords d'une fontaine à Lafaytal, commune de Manzac
(DD. 1855). Je n'ai pas vu cette plante , à laquelle
M. de Dives attribue un synonyme (*V. italica*) dont je
ne connais pas l'auteur.

— RIVINIANA (Suppl. add. au 1er fasc.) — Ajoutez : var.
nana. — Pelouses exposées au soleil à Ladouze (DD.
1849). Je n'ai pas eu communication des échantillons ;

mais ils ont été vus par M. Boreau, à ce que m'écrit
M. de Dives. Je dois faire remarquer cependant qu'il
cite, dans ses notes, la var. *naine* mentionnée par
M. Boreau au bas de la page 65 de la seconde édition;
et cette variété, d'après des échantillons du Berry, que
j'ai reçus de M. Boreau lui-même, et qui sont étique-
tés de sa main, appartient au *V. canina* L. et non au
V. Riviniana Rchb. — Je ne sais donc pas au juste,
pour le présent, à laquelle des deux espèces il faut
rapporter les échantillons signalés par M. de Dives.

Viola Ruppii (Allioni). — Chaubard. — Tel est le nom
que feu notre vénérable correspondant L. Chaubard a
appliqué à des échantillons, recueillis dans les bois, à
Puyloupat près Grignols, et envoyés par M. de Dives
sous le nom de *V. lancifolia* (à *fleurs bleues*). N'ayant
point reçu communication de ces échantillons, je ne
puis que dire, ici, à quel nom du *Synopsis* de Koch
se rattache celui qu'a choisi M. Chaubard.

Si c'est *V. Ruppii* d'Allioni, Koch le rapporte,
dans sa 2ᵉ éd., p. 93, d'après l'avis de Bertoloni, à
une des modifications du *V. canina* L.

Si c'est *V. Ruppii* de Presl et de Koch, syn. 1ʳᵉ
éd, Koch le ramène dans sa 2ᵉ éd. p. 93, au *V.
stricta* Hornemann, sous le nº 16.

— Lancifolia (Catal. et Suppl. 1ᵉʳ fasc. et add. id. —
Ajoutez : A la *Combe-de-l'Écu*, commune de Bourrou,
et à *Coupe-gorge*, commune de Coursac (D D).

— Tricolor, β *arvensis* (Catal.) — C'est dans cette
espèce et même dans cette *variété* (au jugement de
Koch, *Synops.*) que doivent trouver place les deux
noms spécifiques démembrés, ainsi que beaucoup d'autres, du *V. tricolor* L. par M. Jordan, adoptés par

M. Boreau dans la 2ᵉ éd. de sa Fl. du Centre, et que
j'ai mentionnés, d'après l'indication de M. de Dives,
dans le 2ᵉ fasc. du Supplément. Ces formes, en admettant qu'il soit possible de les reconnaître avec certitude, ont été retrouvées plus récemment, dans la Dordogne, par deux de mes correspondants. Bien qu'elles
soient susceptibles de se montrer partout, je vais citer
les localités d'où proviennent les échantillons récoltés,
et les rapporter aux variétés (du *Prodromus* de Candolle) auxquelles elles me paraissent se rattacher.

1º *Viola segetalis* Jord. — Boreau, loc. cit. 2ᵉ éd.
nº 244.

V. arvensis auct. monente cl. Boreau, loc. cit
V. tricolor ᵡ *arvensis* DC. Prodr. nº 81.

Chalagnac (DD. échant. vus par M. Boreau), localité citée dans le 2ᵉ fascicule de Supplément. — Terrains sablonneux du plateau de Cablans (D'A.). —
Champs de Lavernelle, commune de St-Félix-de-Villadeix (OLV..

2º *Viola agrestis* Jord. — Boreau, Fl. Centr. 2ᵉ
éd. nº 242.

C'est encore, si je ne me trompe, dans la var. ᵡ
arvensis du *Prodromus* que Candolle aurait placé
cette forme.

Manzac (DD. échantillons vus par M. Boreau), localité
citée dans le 2ᵉ fascicule du Supplément. — Champs
sablonneux de diverses localités du département de la
Dordogne (D'A.)

? 3º *Viola arvalis* Jord.

En Périgord, sans indication précise de localité (D'A.
1851). J'ignore si M. Jordan a fait un *V. arvalis*;
mais je soupçonne, vu l'absence de localité et d'échan-

tillons communiqués par M. le Cte d'Abzac, qu'il pourrait avoir écrit, par distraction, ce nom sur une de
ses listes, au lieu d'*agrestis* dont il m'a fait parvenir
deux bons exemplaires.

XI. *DROSERACEÆ.*

DROSERA ROTUNDIFOLIA (Suppl. 1er fasc.) — Ajoutez : C C
dans les marais spongieux des environs de Jumilhac-
le-Grand et de Lanouaille (Eug. de BIRAN).

— INTERMEDIA (Suppl. 1er fasc.) — Ajoutez : Mêmes indications que pour l'espèce précédente.

PARNASSIA PALUSTRIS (Catal. et Suppl. 1er fasc. et add. id.)
— Ajoutez : C C C et très-grand dans tous les prés de
la commune de Payzac (M. l'abbé Védrenne, 1849). —
Bords du Codeau et de ses affluents; Lavernelle,
commune de St-Félix-de-Villadeix; Moulin-des-Trompes
près Clermont-de-Beauregard, etc. (OLV.).

XII. *POLYGALEÆ.*

POLYGALA CALCAREA (Suppl. 1er fasc. et add. id.) — Ajoutez :
Champcevinel, C sur la craie où ses fleurs sont d'un
blanc verdâtre (D'A.). M. le Cte d'Abzac m'indique en
même temps (1851) et dans ia même commune, mais
sur les sables de la molasse tertiaire, le *P. amara.*
N'ayant vu aucun échantillon de cette dernière localité,
je penche à croire qu'il s'agit peut-être de quelque
variété de couleur du *P. calcarea*, lequel se retrouve
dans des stations assez variées. M. de Dives m'indique,
dans les prés, et mêlée avec les trois variations *bleu-
foncé*, *rose*, *blanc*, une quatrième variation de cette
dernière espèce, dont les fleurs sont d'un *bleu très-
clair*.

XIII. *SILENE.E*.

DIANTHUS CARTHUSIANORUM (Catal. et Suppl. 1er fasc.). —
Ajoutez : Parmi les rochers au bord des bois voisins
du château de Montfort (M. l'abbé Dion-Flamand.)

N'ayant pas vu d'échantillons de cette localité, je ne
puis dire à laquelle des *très-minces* variétés qui ont été
établies dans cette espèce, ils appartiennent; mais
l'examen de mon herbier me fait voir que nous avons,
à Lanquais :

la var. α *genuinus* Godr. Fl. Fr. I. p. 232;

la var. β *congestus* Godr. ibid.,

et la var. γ *herbaceus* Personnat, Bull. Soc. Bot.
de Fr. I. p. 160 (1854), qui rentre dans la forme α
de M. Godron, et que M. Personnat a trouvée en
Auvergne, d'où elle serait descendue, le long de la
Dordogne, sur les falaises qui bordent cette rivière
(si tant est qu'on puisse voir, dans cette forme, autre
chose qu'une très-légère *variation* individuelle).

SAPONARIA VACCARIA (Catal. et Suppl. 1er fasc. et add. id.)
— Ajoutez : Cadouin, dans les blés; vallée de la
Couze, au bord de la route de Saint-Avit-Sénieur
(Eug. de BIRAN).

SILENE PORTENSIS (Suppl. 1er fasc.) — Ajoutez : C C C
dans la presqu'île sablonneuse formée, à l'est de
Bergerac, par la Dordogne et le ruisseau de la Conne.
On retrouve cette plante, mais plus rarement, dans
la vallée de la Dordogne (alluvion ancienne, sablonneuse), à l'est du château de Piles, entre Varennes
où je l'ai indiquée et Bergerac; mais, chose assez
remarquable, elle manque dans la commune de Saint-
Germain-de-Pontroumieux, qui est située entre Piles
et Varennes (Eug. de BIRAN).

LYCHNIS FLOS-CUCULI, variation *à fleurs blanches* (Suppl. add. au 1er fasc.) — Ajoutez : Dans des prés aux Nauves, commune de Manzac (DD. 1852).

— CORONARIA (Suppl. 1er fasc.) — Ajoutez : St-Cyprien ; très-rare (M. l'abbé Neyra, 1856).

— VESPERTINA (Catal.) — Ajoutez : Variation *à fleurs roses :* Laborde, commune du Grand-Change (DD. 1850).

— DIURNA (Catal. et Suppl. 1er fasc. et add. id.) — Ajoutez : Parcou. (DD. 1849).

XIV. *ALSINEÆ.*

SAGINA CILIATA (Suppl. add. au 1er fasc.). — Excellente espèce, longtemps litigieuse, établie par Fries, et dont MM. Godron et Grenier (Fl. Fr. I. p. 245) ont constaté, en 1847, l'identité avec le *S. patula* Jordan (1846). — Elle paraît moins commune en Périgord que l'*apetala.* — Ajoutez : Sur un mur à Manzac (DD. 1854). — Au pont de Léparra, commune de Boulazac (D'A. 1851).

— APETALA (Catal.) — M. le Comte d'Abzac a recueilli, au château de Boripetit, commune de Champcevinel, la plante que M. Bischoff ne regarde à juste titre que comme une variation du type (et c'est bien assurément la plus misérable qu'on puisse imaginer). Feu le vénérable Guépin lui a donné l'hospitalité, sous le nom de VARIÉTÉ *filicaulis,* dans son 2d Suppl. à la Fl. de Maine-et-Loire, p. 35 (1854) : M. Jordan en avait fait une ESPÈCE (*S. filicaulis*), laquelle devait se distinguer de l'*apetala* par ses tiges fines, capillacées, à rameaux ciliés-glanduleux, et à sépales droits, appliqués.

Les deux derniers caractères se trouvent parfois ensemble, parfois séparément, unis au premier, et celui-ci est en réalité le seul auquel on puisse reconnaître les échantillons peu nombreux en général qui se trouvent mêlés au type.

ARENARIA MONTANA (Catal. et Suppl., add. au 1er fasc.) — Ajoutez : La Gravette, commune de Ménestérol, dans les taillis (REV.).

— CONTROVERSA (Suppl. add. au 1er fasc.) — Ajoutez : Assez commun dans une vigne sèche et calcaire, à Cazelle, commune de Naussanes (Eug. de BIRAN).

Nota. M. l'abbé Meilhez (lettre du 25 Avril 1853) m'indique l'*Arenaria ciliata* comme rencontré par lui, en assez grande abondance, dans le pays boisé et peu habité qu'on nomme *La Bessède* (Sarladais). Cette trouvaille serait si extraordinaire dans une région de côteaux si rapprochés des plaines, que je n'ose l'inscrire définitivement avant d'avoir vu des échantillons qui me semblent, *à priori*, d'une détermination très-douteuse. S'agirait-il ici d'une forme de l'*A. controversa*?

HOLOSTEUM UMBELLATUM. Linn. — K. ed. 1ª et 2ª, 1. — Allas-de-Berbiguières, dans les vignes (M). M. l'abbé Meilhez ne m'a pas adressé, en nature, cette jolie alsinée que je n'ai jamais rencontrée dans notre Sud-Ouest.

STELLARIA HOLOSTEA (Catal.). — Ajoutez : Var β *minor* Delastre *in* Boreau, Fl. du Centre, 2e éd. n° 321 (1849)

Ladauge, commune de Grum DD. 1849.

STELLARIA ULIGINOSA (Catal. et add. au 1er fasc. du Suppl.)
— Ajoutez : Bords ombragés d'un fossé bourbeux, ali-
menté par une fontaine, aux Guischards, commune de
Saint-Germain-de-Pontroumieux. RR (Eug. de BIRAN).

XVI. *LINEÆ.*

LINUM TENUIFOLIUM (Suppl. 2e fasc.) — Ajoutez : Champs
caillouteux de la propriété de M. Borrain, à Bonnefond
au N.-O. de Sarlat, d'où M. l'abbé Dion-Flamand
m'en a adressé, en 1849, des échantillons bien caractérisés.

Cette plante a été retrouvée en 1851, par le même
botaniste qui me l'a également communiquée de cette
nouvelle localité, sur le chemin de Condat à Champa-
guac-de-Belair. — Champcevinel près Périgueux (D'A,
1853 .

— SALSOLOIDES (Suppl. 2e fasc.) — Ajoutez : Côteaux
de Beaupuy près Périgueux (D'A.)

XVII. *MALVACEÆ.*

MALVA MOSCHATA (Suppl. 2e fasc.). — Les échantillons
recueillis jadis à Neuvic par M. le Cte Ch. de Mellet,
doivent appartenir réellement à cette espèce et non au
M. laciniota, parce que M. de Dives en a récolté dans
la même localité en 1849, et les a soumis à M. Boreau
qui lui a répondu : *M. moschata!*

— SYLVESTRIS, var. à fleurs *à peine rosées* (Suppl. 2^e
fasc.). — Ajoutez : Manzac (DD. 1850).

ALTHÆA CANNABINA (Catal. et Suppl. 2e fasc.) — Ajoutez :
St-Cyprien (OLV., 1851). — Même localité et quelques autres aux environs (M. l'abbé NEYRA .

ALTHÆA HIRSUTA (Catal. et Suppl. 2ᵉ fasc.)— Ajoutez : Dans
les vignes, à Monplaisir, près Périgueux (DD. 1849.
— C C dans la commune de Champcevinel, près
Septfons (D'A. 1851).

XIX. *HYPERICINEÆ.*

HYPERICUM PERFORATUM (Catal. et Suppl. 2ᵉ fasc.) —
Cette espèce, telle que je la connais dans la Dordogne,
en représenterait trois pour M. Jordan (Not. sur plus.
pl. nouv., *in* Schultz, Archiv. de la Fl. de Fr. et d'Allem. 1. p. 341 [1855]), savoir :

1° *H. perforatum* L. — (typus) Koch.

2° *H. lineolatum* Jord. — Forme des lieux ombragés ;
feuilles plus larges, plus minces, et plus planes que
de la *perforatum* type ; face inférieure des pétales et
des sépales marquée de linéoles noires. Cette forme
rentre dans le type de Koch.

3° *H. microphyllum* Jord., répondant aux var. δ *punc-
tatum* et ε *microphyllum* DC. Prodr. et par conséquent à la var. β *angustifolium* Koch.

Pour moi, ces formes sont manifestement insépara-
bles comme espèces.

— HIRSUTUM (Catal. et Suppl. 2ᵉ fasc.) — Ajoutez : Entre
Champcevinel et les landes de Cablans (D'A. 1851).

— ELODES (Suppl. 2ᵉ fasc.) — Ajoutez : C C C à Ribérac,
où il m'a été signalé en 1850 par un savant botaniste
anglais, M. John Ralfs, qui a séjourné pendant plusieurs mois dans cette partie du département, et dont
j'aurai plusieurs fois encore à citer les indications. —
C C C, aussi, dans les pâturages marécageux de Lanouaille et de Jumilhac-le-Grand (Eug. de BIRAN.)

XXIII. *GERANIACEÆ*.

GERANIUM SANGUINEUM (Suppl. 2e fasc.) — Roches d'un
étroit vallon qui sépare Bannes de Monsac. Je n'ai pas
récolté la plante de cette localité, mais j'en ai vu, le
22 Mai 1849, un pied en fleurs, que M. L. Deschamps
en avait rapporté et planté dans son jardin à Monsac.
Cette belle espèce ne croit presque nulle part en
abondance : ses habitudes sont *sporadiques*. La forme
périgourdine est en général fort velue, mais ferme, ce
qui la rend pour ainsi dire intermédiaire aux deux variétés α *genuinum* et β *prostratum* de la Flore Française
de MM. Grenier et Godron.

Je présume que la localité ci-dessus désignée est
celle que M. Eug. de BIRAN m'indique sous le nom de
vallon de la croix de Laprade, commune de Bayac,
où, dit-il, la plante « abonde dans les haies, les brous-
« sailles et les interstices des roches à exposition brû-
« lante. Plongeant ses racines dans les fentes de la
« pierre à peine recouverte d'un ou deux centimètres
« de terreau noir, elle végète vigoureusement et étale
« ses belles corolles d'un rouge éclatant, si délicates
« et si caduques qu'il est presque impossible de les
« conserver adhérentes à l'échantillon jusqu'au mo-
« ment de mettre celui-ci sous-presse ».

— PYRENAICUM. Linn. — K. ed. 1a et 2a, 11. — Cette charmante plante est extrêmement commune dans la cour
du château d'Hautefort, appartenant à M. le baron de
Damas. M. le Cto d'Abzac s'est assuré, autant qu'il est
possible de le faire, qu'elle y est spontanée, de même
que dans la cour du château de Boriebru où M. Charles
Godard avait supposé d'abord qu'elle provenait de quelques graines pyrénéennes de son herbier.

GERANIUM DISSECTUM (Catal. — Ajoutez : Variation à fleurs *blanches*, Manzac (DD. 1856 .

— ROTUNDIFOLIUM (Catal.) — Ajoutez : Variation à fleurs *blanches*, Manzac (DD. 1852 .

— MOLLE (Catal. et Suppl. 2ᵉ fasc.) — Ajoutez : Variation à fleurs *blanches*, Bergerac (DD. 1852).

— ROBERTIANUM (Catal.) — Ajoutez : Variation (du type) à fleurs *blanches*. Elle est fort rare, et je n'en ai vu qu'une seule fois plusieurs petits individus, à Lanquais, au pied d'une pente composée de débris pierreux et à demi-ombragée, exposée au couchant, le 11 Mai 1849. Les fleurs sont fort grandes, d'un blanc de lait ; sous la presse, elles reprennent bientôt une teinte à peine rosée qui ne tarde pas à s'effacer et passe au blanc jaunâtre quand la dessiccation est complète.

La var. *b purpureum* DC. (Catal.), qui est la var. β *parviflorum* Viv.-Gren. et Godr., Fl. Fr. 1. p. 306 (1847 , avait été depuis longtemps élevée au rang d'espèce, qu'elle mérite réellement d'occuper, sous le nom de *Geranium purpureum* Vill. Cela n'a pas suffi à M. Jordan, qui l'a dédoublée, ou mieux, *découpée* en trois espèces (*purpureum, modestum, minutiflorum*) ; et M. Boreau a encore renchéri sur ce travail de dilacération, en introduisant dans le même cadre un *G. Lebelii.*

Parmi ces formes, il en est probablement qui se rattacheraient mieux au *G. Robertianum* qu'au *purpureum*, mais je n'ai pas à m'occuper ici de cette question de détail. Je veux dire seulement que M. Godron a pensé avec raison (Notes sur la Fl. de Montpellier, p. 37 [1854]) que les honneurs spécifiques doivent être rendus, — et cela sous le nom le plus ancien et le seul légitime, *G. purpureum*, — à la plante de Villars. Il s'est appuyé pour cela sur quelques caractères fort minces qui se rencontrent dans la corolle et dans le carpelle.

A ces caractères, je suis assez heureux pour en pouvoir ajouter un autre, mais qui appartient à un organe où les plus légères variations ont habituellement leur importance. Au moyen de cette observation, on peut distinguer sûrement, et quelle que soit la force des échantillons, le *G. Robertianum* du *G. purpureum*. Le caractère dont il s'agit consiste en ce que, dans le premier, les anthères sont *d'un rouge vif* avant la fécondation, et deviennent ensuite *d'un rouge brun;* tandis que dans le second, elles sont *jaunes* avant la fécondation, et ne changent nullement de couleur après l'accomplissement de cette fonction (Notes manuscrites d'Avril 1826, conservées dans mon herbier). J'ai constaté, à la même époque, qu'il serait inutile de chercher des différences spécifiques originaires dans le développement des cotylédons, puisque ceux des *G. Robertianum, colombinum, rotundifolium* et *molle*, examinés ensemble et comparativement, ne m'ont pas offert la plus légère différence de forme ou de grandeur.

Je n'ignore pas que quelques savants partagent l'opinion de l'auteur du *G. Lebelii* et regardent cette plante comme suffisamment distincte du *Robertianum* et du *purpureum*. Mais je ne connais ni la couleur de ses anthères, ni le détail des caractères qui lui ont été assignés. Je crois donc plus prudent de m'en tenir à l'opinion commune, qui le rapporte au *G. purpureum*. Je reviens à ce dernier. Il présente une forme ou variation due à l'effet de l'insolation violente à laquelle sa station l'expose. Les fleurs y sont très-petites et d'un blanc à peine rosé, parce que la plante est mal nourrie. Son feuillage est en général très-rouge et elle n'a pour ainsi dire pas de racines. Elle croît parmi les pierrailles et sur les murs de soutènement chaudement exposés, et sur les tas de pierres rassemblés au bord des routes pour la réparation des chaussées. Je l'ai vue en deux endroits dans le vallon de Lanquais, entre le château et les carrières du *Roc-de-Rabier* (1849), et **M**. de Dives l'a recueillie sur la route de St-Astier à Vergt (au lieu de Lachassagne, commune de St-Paul). C'est là le *G. minutiflorum* Jordan, et il ne me paraît pas inutile d'ajouter que le *G. Robertianum* à GRANDES fleurs présente, lui aussi, une forme pareille, très-vigoureuse mais basse, buissonneuse et à feuillage tout rouge, sur les tas de pierres, dans des lieux moins secs. C'est ainsi que je l'ai trouvé en 1839 à Saint-Mard près Étampes (Seine-et-Oise), mêlé au *G. lucidum* dans l'emplacement d'une futaie coupée l'année précédente.

On rencontre fréquemment l'occasion de faire des observations *comparatives* de ce genre, et j'avoue qu'elles me semblent bien peu propres à encourager la création incessante de tant de nouveaux noms spécifiques.

ERODIUM MOSCHATUM (Catal.). Ajoutez : Neuvic (DD. 1852).
— La même espèce a offert à M. de Dives, à Saint-Jean-d'Estissac, une forme *trapue* qui lui a semblé digne d'être signalée, mais que je n'ai pas vue ; elle doit être analogue à celles que j'ai observées dans plusieurs espèces des genres *Erodium* et *Geranium*, et notamment dans le groupe *Robertianum* de ce dernier.

XXIV. *BALSAMINEÆ*.

IMPATIENS NOLI-TANGERE (Suppl. 2ᵉ fasc.). — Ajoutez : Au bord d'un petit ruisseau qui longe la prairie du château de Payzac, et dans un petit ilot de ce ruisseau,

que cette plante a envahi tout entier et où elle ne reste
pas au-dessous de la taille d'un mètre : elle dépasse
souvent 1^m 30^c (4 pieds). Les échantillons que j'ai
reçus de cette localité ont été recueillis en 1849, vers
le milieu d'Août, par M. l'abbé Védrenne, alors élève
du Grand-Séminaire de Périgueux.

M. Eug. de BIRAN m'a donné, sur cette plante, les
intéressants détails qu'on va lire :

« En Juin 1843, j'en rencontrai sur les sables de la
« Dordogne, sous le château de Piles, deux pieds provenant
« de graines apportées par les eaux : ils n'avaient ni fleurs
« ni fruits, et l'un d'eux avait été décapité par les moutons.
« J'enlevai l'autre avec sa motte et le cultivai dans un pot
« où il grandit, fleurit et fructifia ; mais ses fleurs furent
« à peine de la grosseur d'une forte tête d'épingle, et ne
« s'ouvrirent pas, du moins pendant le jour. Cependant les
« fruits, bien formés, mûrirent parfaitement, et alors, au
« plus léger contact, ils éclataient et lançaient au loin leurs
« graines ».

M. de Biran ajoute qu'il en a reçu de Lanouaille, où elle
est assez commune, des échantillons de près d'un mètre de
haut.

XXV. OXALIDEÆ.

OXALIS ACETOSELLA (Suppl. 2e fasc.). — Ajoutez : Lieux
humides et couverts, aux Eyzies (O L V. 1851). —
R dans le parc du château de Jumilhac-le-Grand
(Eug. de BIRAN).

XXVII. RUTACEÆ.

RUTA GRAVEOLENS (Catal. et Suppl. 2e fasc.). — Ajoutez :
Montaud-de-Berbiguières, C. (M. 1853).

XXVII bis *CORIARIEÆ*.

CORIARIA MYRTIFOLIA (Catal. et Suppl. 2ᵉ fasc.) — Ajoutez :
Côteaux calcaires de Rouquette, en face d'Eymet, C.
(M. AL. RAMOND. 1845). Côteaux crayeux où s'ouvre
la grotte de Miremont (OLV. 1852).

XXIX. *RHAMNEÆ*.

RHAMNUS ALATERNUS (Catal. et Suppl. 2ᵉ fasc.) — Ajoutez :
Rochers au-dessous du château de Beynac, où il croît
mêlé au *Pistacia Terebinthus* (Eug. de BIRAN).

XXX. *TEREBINTHACEÆ*.

PISTACIA TEREBINTHUS. Linn. — K. ed. 1ª et 2ª, 1. — La découverte de cette espèce si intéressante pour le département, est due à M. Ph. LAREYNIE qui, le premier,
la rencontra en abondance sur les rochers à Bézenac.
Des échantillons en fleurs recueillis par lui le 10 Mai
1851, me furent apportés, vivants encore, par
M. Oscar de Lavernelle, et ces deux jeunes botanistes,
réunis à M. Jos. Delbos, ont constaté, en Septembre
de la même année, l'existence de cette précieuse espèce dans *quatre autres communes* des bords de la
Dordogne (Saint-Vincent-de-Cosse, Beynac, Castelnau et Laroque).

RHUS CORIARIA (Suppl. 2ᵉ fasc.) — Je n'avais pu, faute de
documents précis, indiquer les localités du département où M. l'abbé Meilhez a rencontré cet arbre. Il vit,
comme le *Pistacia Terebinthus*, sur les rochers des côteaux de Bézenac, Saint-Vincent-de-Cosse, Beynac, etc.

XXXI. *PAPILIONACEÆ.*

GENISTA PILOSA (Cat. et Suppl. 2e fasc.). — Ajoutez : C C
dans les forêts de Saint-Félix et de Montclard (OLV.
1851). — Pronchiéras , commune de Manzac (DD.
1854).

— ANGLICA (Suppl. 2e fasc.) — Ajoutez : Bruyères au bord
de la route de Lanouaille à Excideuil (Eug. de BIRAN).

CYTISUS CAPITATUS. Jacq. — K. ed. 1ª 2ª , 8. — Rare à
Saint-Cyprien, et aux Farges près Montignac (M. l'abbé
NEYRA); je n'ai pas vu les échantillons.

— SUPINUS (Catal. et Suppl 2e fasc.). — Ajoutez : RR dans
les bruyères de la Double près Échourgniac (OLV.)

— PROSTRATUS. Scop. — K. ed. 1ª, 8 : ed. 2ª , 10.
— Très-rare à Castet près Saint-Cyprien (M. l'abbé
NEYRA). C'est par M. de Dives que je suis informé de
la découverte , due à M. l'abbé Neyra , de cette espèce
et du *C. capitatus* dans le département. Il est probable que M. de Dives a vu les échantillons , qui ne
m'ont pas été communiqués.

— ARGENTEUS. Linn. — K. ed. 1ª, 15 ; ed. 2ª, 17. — *Ar-
gyrolobium Linnæanum* Walpers. — Gren. et Godr.
Fl. Fr. I. p. 363

Castelnau , sur les côteaux secs qui bordent la vallée de
la Dordogne (M. 1853). R à Saint-Cyprien (M. l'abbé NEYRA).
Cette jolie légumineuse n'est indiquée nulle part à l'ouest
de Toulouse par MM. Grenier et Godron ; cependant, feu
M. de Saint-Amans l'a signalée en 1821 dans l'Agenais, et,
par conséquent , très-près du département de la Dordogne.

LUPINUS LINIFOLIUS (Suppl. 2e fasc.) — Ajoutez : dans les
jachères près de Sarlat, le long de la route de Bergerac

(M. l'abbé Dion, 1845.) — Assez rare sur la limite
des communes de Cours-de-Piles et de Bergerac, dans
les champs sablonneux qui séparent la Dordogne du
ruisseau de la Conne (Eug. de BIRAN).

ONONIS COLUMNÆ (Catal.) — Ajoutez : Var. *grandiflora*
Cosson *in litt.* — Montancey, entre Périgueux et Mussidan (DD. 1852).

— STRIATA (Suppl. 2.ᵉ fasc.) — Ajoutez : Condat, près
Terrasson, et collines élevées qui dominent le vallon
du Coly (DD. 1852).

La plante de M. Boreau est bien certainement identique à celle de MM. Grenier et Godron, Fl. Fr. I.
p. 376. Les échantillons du Cher, que j'ai reçus de
M. Alfred Déséglise, se rapprochent un peu plus de
ceux des Pyrénées que ceux de l'Aveyron ; cependant,
il reste toujours une différence notable dans la largeur
des stipules, dans leur forme par conséquent, et dans
la consistance de la plante.

— NATRIX (Catal. et Suppl. 2ᵉ fasc.) — Ajoutez : Chemin
de Condat à Champagnac-de-Belair (M. l'abbé Dion-
Flamand, alors curé de Condat, 1851). — C aux
environs de Terrasson (D'A. 1852).

MEDICAGO MARGINATA Willd. — K. ed. 1ᵃ, 10 ; ed. 2ᵃ 9.

Cette espèce, reconnue effectivement distincte par tous
les botanistes, est bien moins commune, dans nos provinces,
que l'*orbicularis*. Elle existe réellement dans la Dordogne ;
car elle a été recueillie par M. Du Rieu de Maisonneuve, le
4 septembre 1850, à Cadelech, non loin de la limite méridionale du département.

TRIGONELLA FÆNUM-GRÆCUM. Linn. — K. ed. 1ᵃ et 2ᵃ, 1.

— Sur un côteau voisin de la Lidoire, à une lieue de

Montcarret, où M le pasteur Hugues, président du Consistoire de Bergerac, l'a découvert le 21 mai 1851, en fruits encore verts.

TRIFOLIUM MARITIMUM (Catal.) — Ajoutez : Prairies humides de la basse plaine au-dessous de Larège (commune de Cours-de-Piles), où il constitue presque à lui seul ce fonds du tapis végétal (Eug. de BIRAN).

— PRATENSE, *flore albo* (Suppl. 2ᵉ fasc.) — Ajoutez : Le Mayne, près Ménesplet (DD. 1854).

— MEDIUM (Catal. et Suppl. 2ᵉ fasc.) — Ajoutez : Commune de Champcevinel, près Sept-Fons (D'A. 1851).

— RUBENS (Suppl. 2ᵉ fasc.) — Ajoutez : Condat, près Brantôme, dans le vallon du Trincou (M. l'abbé Dion). — RR au pied d'une haie, aux Grèzes près Monsac (Eug. de BIRAN).

Il est bon de noter que dans la plaine de cette localité, 1° les feuilles inférieures sont longuement ciliées, non-seulement sur le dos de la nervure médiane, mais encore au dos du bord supérieur; et 2° la partie libre des stipules est *parfaitement entière*.

— FRAGIFERUM (Catal.) — Malgré sa prédilection pour les terrains gras, cette jolie espèce se rencontre parfois dans des stations très-sèches, et alors elle est réduite à une forme naine et ramassée, que M. de Dives a récoltée à Manzac.

M. le comte d'Abzac m'a indiqué, en janvier 1851, comme ayant été rencontrés par lui dans la commune de Champcevinel, pendant l'année précédente, deux Trèfles que je n'ai pas vus, et dont l'existence dans le département me semble trop peu probable pour que je me permette de les admettre dans le Catalogue de la Dordogne avant qu'ils aient été authentiqués par comparaison avec des échantillons d'une détermination certaine, savoir :

Trifolium pallescens Schreb. — K. ed. 1ª et 2ª, 32.

Trifolium Lagopus Pourr. (*T. sylvaticum* Gérard *in* Lois. not.); Gren. et Godr. Fl. Fr. I. p. 410.

LOTUS ANGUSTISSIMUS (Suppl. 2ᵉ fasc.)

Il faut ajouter aux caractères que j'ai signalés d'après M Lloyd, dans le 2ᵉ fascicule de mon Supplément, comme propres à faire distinguer le *L. angustissimus* du *L. hispidus*, un autre caractère d'une appréciation facile, que MM. Grenier et Godron (Fl. Fr. I. p. 430 et 431) font remarquer, je crois, les premiers, et qui paraît avoir une importance réelle et une constance invariable dans le genre *Lotus*. Je veux parler de la propriété qu'a l'étendard de devenir VERT par la dessiccation dans le *Lotus hispidus* (comme dans le *L. corniculatus*), tandis qu'il reste toujours jaune ou rougeâtre dans l'*angustissimus*.

Nous avons, dans la Dordogne, *trois* formes distinctes du *L. angustissimus*. M. le comte d'Abzac les a recueillies toutes trois sur une pelouse sablonneuse, aux environs du château de Boripetit, commune de Champcevinel, et me les a signalées en 1853, en joignant des observations très-précises à l'envoi d'échantillons charmants. Ces formes sont :

1º Var. α *vulgaris* Gr. et Godr. loc. cit., forme très-élevée, à tiges presque volubiles.

2º Var. β *erectus* Gr. et Godr. ibid., forme naine, à tiges dressées, velues.

3º Même variété et même forme naine et tiges dressées, mais *très-glabres*, et qui, par conséquent, constitue, d'après l'opinion de M. le colonel Serres (Fl. abr. de Toulouse, 1856), adoptée en 1848 par MM. Grenier et Godron (loc. cit.), et suivie depuis lors par presque tous les botanistes, le *L. diffusus* Sol., que plusieurs auteurs français et étrangers avaient accepté comme spécifiquement distinct.

J'ajoute, en passant, que M. d'Abzac a recueilli le *Lotus hispidus* à Gamanson, commune de St-Laurent-de-Double.

TETRAGONOLOBUS SILIQUOSUS (Suppl. 2e fasc.) — Sa localité, dans la Dordogne, est : Mareuil, sur les côteaux arides, et il y est rare (M).

COLUTEA ARBORESCENS (Suppl. 2e fasc.) — Ajoutez : Au *Bois-Lébraud*, commune de Manzac (D D. 1854). — Bien que très-probablement échappé des jardins (et il n'existe pas de jardins à moins d'un kilomètre de distance), je dois le mentionner ici, parce que c'est la seconde localité qui l'a offert, dans le département, à M. de Dives, et que sa naturalisation est fort possible pour l'avenir.

ASTRAGALUS GLYCYPHYLLOS (Catal. et Suppl. 2e fasc.) — Ajoutez : Vignes de Rouby, commune de Clermont-de-Beauregard (OLV. 1850).

CORONILLA MINIMA (Catal. et Suppl. 2e fasc.) — Ajoutez : C C sur un côteau crayeux et aride, près Monsac, où ses tiges nombreuses et couchées atteignent jusqu'à 60 centimètres de longueur (Eug. de BIRAN).

ORNITHOPUS PERPUSILLUS (Catal.) — Ajoutez : Var. γ *nodosus* Mill. — DC. Prodr. — Manzac (D D. 1855). Je ne sais pourquoi le *Prodromus* de Candolle fait mention de cette particularité insignifiante, puisque le rédacteur avoue qu'il a vu des tubercules semblables adhérents aux racines *in plurimis aliis Leguminosis*.

ONOBRYCHIS. . . . .

« Fleurs d'un blanc rosé, ensuite d'un blanc jau-
« nâtre. — M. Boreau n'est pas positivement sûr que
« ce soit l'*O. alba* Desvaux. -- Gren. et Godr. Fl. Fr. I.
« p. 510 (Papilionacées *exclues* de la Fl. Fr.) » Manzac
(DD. 1852).

Je me borne à copier la note que j'ai reçue de
M. de Dives ; je ne connais point la plante qui, d'après
MM. Grenier et Godron (loc. cit.), ne paraît pas différer spécifiquement de l'*O. sativa*, avec lequel on le
trouve.

VICIA CASSUBICA. Linn. — K. ed. 1ᵃ, 8 ; ed. 2ᵃ, 3. — Au
bord d'un chemin, près Latour, commune de Monpont
(REV., 22 Juin 1849).

Il est à craindre que le *V. Orobus* du 2ᵉ fasc. de
mon Supplément ne soit que cette espèce ; car le
V. Orobus ne croît guère que dans les pays de montagnes ; et pourtant M. l'abbé Revel n'a pas reconnu
la plante de Latour pour être celle de Mareuil (que j'ai
citée sans l'avoir vue, mais d'après ses indications),
car il me l'a envoyée, avec doute, sous un nom qui
n'est ni *Orobus* ni *Cassubica*. Il serait donc encore
possible, à la rigueur, que nous eussions les deux
espèces, qui sont éminemment distinctes quand on a
leurs fruits, même assez jeunes, sous les yeux.

— CRACCA (Suppl. 2ᵉ fasc.) — Voici l'indication des formes
de cette espèce, que nous possédons décidément dans
la Dordogne :

1° *Forme-type* : à Mareuil (M); à la Rouquette,
près Sainte-Foy-la-Grande (Suppl. 2ᵉ fasc., 1849);
Forêt de Villamblard (DD. in litt. Decembri 1849).

Les échantillons de ces deux dernières localités ont été déterminés par M. Boreau.

2° *Forme soyeuse, blanchâtre* (*V. incana* Thuill.), dont je vais donner la synonymie à l'article suivant, et qui remplace le *V. Gerardi* du Suppl. 2ᵉ fasc. — Dans un pré, à Dives, commune de Manzac (D D.

3° *Forme à folioles linéaires-aiguës, très-étroites* (*V. Kitaibeliana* Reichenb. herb. norm. exsicc. n° 768, excl. syn. Kitaib.) Koch, syn. ed. 1ᵃ n° 11 ; ed. 2ᵃ n° 6. — Boreau, Notes, etc. loc. supr. cit., et Fl. du Centr. 2ᵉ ed., loc. supr. cit. — Gren. et Godr Fl. Fr. I (Décembre 1848), p. 468.—A Sourzac, (D D. 1849) ; échantillons vus par M. Boreau.

Vicia Gerardi (Suppl. 2ᵉ fasc.) — Cette espèce doit être rayée de la Flore de la Dordogne ; c'est par suite d'une erreur de plume échappée à M. de Dives, que je l'ai citée comme déterminée par M. Boreau. Voici comment M. Boreau m'explique cette erreur, dans une lettre du 16 Septembre 1849 :

« M. de Dives ne m'a jamais envoyé le *V. Gerardi*
« de la Dordogne. Sa plante, que je conserve, a été
« nommée dans les notes que je lui ai transmises :
« *V. cracca* var. *villosa*, *V. Gerardi Bast. Suppl.*
« *non Vill.* — M. de Dives n'a pas fait attention à
« l'exclusion, et n'a cité que le synonyme en vous l'in-
« diquant. »

Il résulte de là, que la plante en question n'est autre chose qu'une forme *soyeuse* (et tout-à-fait étrangère au *V. villosa* Roth) du vrai *V. cracca*, forme à laquelle M. Boreau, dans ses *Notes sur quelques espè-ces de plantes Françaises* (1844) II. n° 1, p. 6, et dans la 2ᵉ édition de sa *Flore du Centre* (1849),

p. 145, donne les synonymes suivants : *V. incana*
Thuill. Fl. paris., p. 367, et *V. Gerardi* St-Hil.
notic. n° 66 ; Bast. Suppl. Fl. M. et L., p. 8, NON
Vill. ; — forme, enfin, que je viens de mentionner
de nouveau à son rang *(vide suprà)*,

VICIA TENUIFOLIA (Suppl. 2ᵉ fasc.) — C'est *dans les haies*
et *dans les moissons* des environs de Mareuil, que
M. l'abbé Meilhez a recueilli la *grande* forme de cette
espèce, dont j'ai décrit un échantillon en 1849.

— VARIA (Suppl. 2ᵉ fasc) *V. Villosa* β *glabrescens* Catal.
— Ajoutez : La variation à fleurs *blanches*, plus *grandes* et plus *espacées* que le type, a été retrouvée, mais
très-rare, dans les blés au-dessous de la Chaumière,
près Périgueux, en 1849, par M. le comte d'Abzac
qui m'en a envoyé, en 1853, un excellent spécimen,

Je profite de cette occasion pour restituer à M. Boreau une priorité que je lui avais dérobée sans le vouloir, par le chiffre 1845, imprimé, au lieu de 1844
Suppl. 2ᵉ fasc., p. 109 du tirage à part), au sujet de
l'adoption du *V. varia*. Ce célèbre botaniste m'écrivait,
le 21 Juillet 1849 : « La priorité m'appartient » (et
non à M. Lloyd) « pour l'adoption du nom de *V. varia*
(*Notes*, etc. 1ʳᵉ duodécade, II. n° 5, p. 7 ; 1844) ;
« mais je n'y tiens que pour ce qu'elle vaut, car Koch
« ayant mis ce nom dans les synonymes de son *V.*
« *villosa glabrescens*, il n'y avait pas grand mérite à
« la prendre pour nom spécifique. »

— SEPIUM (Catal. et Suppl. 2ᵉ fasc.) — Ajoutez : Var.
γ *ochroleuca* K. ed. 2ª, n° 15.

Cette variété de couleur, très-rare d'après Koch, et
dont le feuillage la ramène à la forme α *vulgaris*, a été

recueillie à St-Astier, ainsi que sur le côteau de la Boissière (*Camp de César*), près Périgueux, le 20 Juin 1848, par M. de Dives, et par M. le Cte d'Abzac en 1851. Les ailes de la carène sont d'un blanc jaunâtre sale; l'étendart est strié et un peu maculé de rouille (D'A. in litt.)

Vicia lutea (Catal.) — MM. Grenier et Godron (Fl. Fr. I. p. 462) disent que les fleurs de cette espèce sont d'un jaune-soufre ou légèrement purpurines. Je ne les ai jamais vues de cette dernière teinte, mais je les ai recueillies quelquefois presque *blanches*, et alors elles reviennent au jaune-soufre, souvent assez foncé, dès qu'elles sont desséchées (Lanquais, moissons; 1849). Dans le département du Cher, où la plante est rare, elles passent parfois, en se desséchant, à un jaune un peu verdâtre.

— segetalis. Thuill. Flor. Paris. — Boreau, Fl. du Centr. 2e éd. (1849), p. 145.

V. angustifolia α segetalis K. ed. 1^a, 25; ed. 2^a, 21. — Gren. et Godr. Fl. Fr. I. p. 459.

V. sativa β segetalis Ser. in DC. Prodr. — Je la ne possède pas du département de la Dordogne; mais son type y existe nécessairement, puisque M. Boreau en a reconnu, dans le envois de M. de Dives, deux *variations de couleur*, savoir :

1° à fleurs *roses* : Peyreteau près Grignols, et le Châtenet, commune de Grum (DD. 1850).

2° A fleurs *blanches* : Au Châtenet, commune de Grum (DD. 1850).

Je maintiens la séparation spécifique que j'ai pro-

posée en 1849, dans le 2ᵉ fascicule de mon *Supplément*, entre deux des formes confondues par M. Seringe
sous le nom de *V. sativa β segetalis*. L'une d'elles est
mon *V. sativa β linearifolia* ; l'autre (ou plutôt l'une
des autres) est le *V. segetalis* Thuillier, bonne espèce
qui se distingue du *sativa* par ses légumes *non bos-
selés* et par ses graines *globuleuses, non comprimées*
(Gren. et Godr. Fl. Fr.) J'ai signalé, en Avril 1849 et
avant d'avoir reçu ce dernier ouvrage, une partie de
ces caractères. M. Boreau (1849) en a ajouté d'autres,
et j'ajoute, enfin, que la gousse du *segetalis* est toujours
comprimée, même à la maturité, ce qui le distingue
surabondamment de l'*uncinata*.

Vicia angustifolia. Roth. — DC. Fl. Fr. Suppl. p. 579,
   nº 4019.ᵇ — Boreau, Fl. du Centr. 2ᵉ éd. (1849),
   p. 145.

   V. angustifolia (pro parte *tantùm !*) K. ed. 1ᵃ, 25;
   ed. 2ᵃ (1843), 21. — Nob. Catal. (1840) et Suppl. 2ᵉ
   fasc. (1849). Gren. et Godr. Fl. Fr. I. p. 459
   (Décembre 1848).

   V. angustifolia β Bobartii! Koch ; Gren. et Godr., *locis
   citatis*.

   V. Bobartii Forst. Transact. lin. soc. 16, p. 439.
      Lanquais, dans les blés. C.

   Au type de cette espèce que je reconnais comme
bien distincte des *V. sativa*, *segetalis* et *uncinata*, il
faut ajouter une *variation* fort rare, que Koch décrit
en ces termes : « *Raro occurrit floribus 3-4 in axillâ
« foliorum, uno sessili, cæteris pedunculo longo
« insidentibus.* »

   Cette très-curieuse forme m'a été adressée, au com-

mencement de 1853 , par M. le comte d'Abzac qui
l'avait recueillie, en 1850, dans les moissons de Goudaud , commune de Bassillac , et qui l'a parfaitement
jugée.

Cette plante, m'écrivait M. d'Abzac en 1851, est
« très-robuste. à plusieurs paires de folioles linéaires
« ou lancéolées-linéaires un peu obtuses dans les grands
« échantillons, très-aigües dans les petits. Ses fleurs
« sont très-grandes, d'un pourpre sombre passant au
« violet-bleu. »

VICIA UNCINATA (Suppl. 2ᵉ fasc.) — Les graines que j'avais
examinées dans une gousse de l'échantillon reçu de
M. Desvaux, n'étaient pas parfaitement mûres, et la
gousse avait été comprimée. J'ai reconnu sur des
échantillons bordelais (Eysines, 1850), qu'elles sont
globuleuses à leur parfaite maturité, seule époque à
laquelle on puisse les juger sainement. Alors, la gousse
est réellement *cylindracée* comme le dit fort justement
M. Boreau (Fl. Centr. 2ᵉ éd., p. 145); mais auparavant, elle est manifestement *comprimée*, et *jamais*
elle n'est *toruleuse* comme dans le *V. sativa*.

ERVUM TETRASPERMUM (Suppl. 2ᵉ fasc.) — Ajoutez : Manzac, Périgueux (DD. 1849). Les échantillons ont été
vus par M. Chaubard.

— GRACILE (Catal., sub *Viciâ*, et Suppl. 2ᵉ fasc.) —
Ajoutez : Champs cultivés, à Ménestérol, canton de
Monpont (Rev. 1851).

OROBUS NIGER (Catal. et Suppl. 2ᵉ fasc.) — Ajoutez : R R
dans les bois du château de Sireygeol, commune de
Saint-Germain-de-Pontroumieux (Eug. de BIRAN .

XXXII. *CÆSALPINIEÆ.*

CERCIS SILIQUASTRUM. (Suppl. 2ᵉ fascic.) — Ajoutez : Dans les bois de Voulon, commune de Manzac (DD).

XXXIII. *AMYGDALEÆ.*

PRUNUS FRUTICANS. Weihe in Rchb. Fl. Germ. exc. p. 644.
— Boreau, Fl. du Centr. 2ᵉ éd. (1849), n° 587.

P. *spinosa macrocarpa* Auct.

P. *spinosa* β *cœtanea* K. ed. 1ᵃ et 2ᵃ n° 2.

Manzac (DD. 1842). M. de Dives ajoute qu'il a récolté aussi à Manzac un autre *Prunier* de cette section, qui n'est ni celui-ci ni le type du *spinosa*. Il a communiqué l'un et l'autre à M. Boreau, en 1852, sous les n°ˢ 307 et 308.

— INSITITIA Linn. — K. ed. 1ᵃ et 2ᵃ, 3. — Manzac. Je n'ai pas vu les échantillons ; mais « la description de « M. Boreau leur convient en tout et pour tout », m'écrivait M. de Dives, qui a découvert cet arbre dans notre département en 1849.

— AVIUM (Suppl. 2ᵉ fasc.) — Ajoutez : Var. β *juliana* K. ed. 1ᵃ et 2ᵃ, 6. (*Cerasus Juliana* DC. Prodr. II. p. 536. — Boreau, Fl. du Centr. 2ᵉ ed. (1849), n° 592).

Manzac, rare à l'état sauvage ; étudié à l'aide de ses fruits mûrs par M. de Dives (1852).

C'est avec regret que je vois plusieurs auteurs modernes se refuser à la distinction de ces trois genres si naturels. *Armeniaca* Tourn. ; *Prunus* Tourn., et *Cerasus* Juss. Puisque *le genre* est une coupe de convention, destinée à soulager la mémoire, pourquoi ne pas

profiter de celles que nous trouvons si nettement distinguées dans la nature, surtout quand un usage uni-
versel en consacre l'emploi?

PRUNUS PADUS. Linn. — K. ed. 1ᵃ et 2ᵃ, 9. — Sur les rochers à Crognac près Saint-Astier (DD. 1857).

XXXIV. *ROSACEÆ*.

SPIRÆA ULMARIA (Catal.) — Les deux variétés, *α denudata*
Koch (*β denudata* Camb., DC.) et *β discolor* Koch
α tomentosa Camb., DC., existent à Mânzac (DD.
1852).

Genre RUBUS.

Fixé depuis plusieurs années à Bordeaux, je ne puis me
livrer à une nouvelle étude, sur le vif, des Ronces de la
Dordogne, étude qui me serait pourtant utile pour les
disposer conformément à la délimitation actuellement admise pour leurs espèces.

Je me suis donc borné à revoir avec soin, sur le sec,
toutes celles que je possède en nature, et je vais donner,
pour elles comme pour celles qui m'ont été indiquées par
mes correspondants les noms adoptés par M. Godron (Grenier et Godron, Flore Française, T. I, pages 536 à 551;
Décembre 1848), et par M. Boreau, (Flore du Centre, 2ᵉ
édition, pages 158 à 164; 1849), en ayant soin de préciser, pour chacune d'elles, la synonymie de mon Catalogue
de 1840 et du 2ᵉ fascicule (1849) du Supplément de ce
Catalogue.

Une de ces espèces ou formes doit être signalée ici sans
nom; voici tout ce que j'en sais : elle croît à Manzac, d'où
M. de Dives l'adressa en 1852, sous le nº 310, à M. Boreau,
de qui il reçut cette réponse : « Je ne connais pas cette

4

« forme ; il faudrait avoir la tige stérile pour pouvoir la
« déterminer. » M. de Dives ne m'a rien fait connaître de
nouveau touchant cette plante.

Pour les *Rubus*, plus peut-être que pour tous les autres
genres, j'ai besoin de solliciter l'indulgence des botanistes.
Je n'ai pas tout vu en nature, même sur le sec, et quand
j'aurais tout vu, qui oserait se flatter de connaître le dernier mot de la spécification *vraie* de ce beau genre ?

Dans l'exposition des espèces, je suivrai, non l'ordre de
mon Catalogue, mais celui de la Flore Française de MM.
Godron et Grenier, en intercalant, d'après leurs affinités,
quelques formes auxquelles cet ouvrage n'accorde pas de
mention spéciale.

Je ne puis rien dire de plus relativement au *R. plicatus?*
que j'ai mentionné en 1840 sous le n° 5 : je n'ai reçu depuis lors aucune nouvelle indication à son sujet.

RUBUS CŒSIUS (Linn. — Nob. Catal. 1840, et Suppl. 2ᵉ fasc.
1849). — Godr. loc. cit p. 537. — Boreau, loc. cit.
p. 158, n° 603.

Nous avons en Périgord :

Var. α *umbrosus* Wallr. — Godr. loc. cit. — Var. ε
aquaticus Weihe et Nees *in* Boreau, loc. cit. — Var.
α (typus) Nob. Catal. 1840, excl. var. ε *arvensem*.

Var. ε *agrestis* Weihe et Nees. — Godr. loc. cit. — (Var.
× *agrestis* W. et N. — Boreau, loc. cit. *R. dumetorum*, B *glandulosus* Nob. Suppl. 2ᵉ fasc. 1849 pro
parte tantùm (échantillons de Blanchardie).

— NEMOROSUS. Hayne. — Godr. loc. cit. p. 539.

R. dumetorum, var.... Boreau, loc. cit. p. 158, n° 604.

R. dumetorum B, *glandulosus*, × *viridis*. Nob. Suppl.
2ᵉ fasc. (1849).

R. cœsius , β *arvensis* Nob. Catal. (1849) pro parte.

Je substitue le nom adopté par M. Godron à celui
qu'emploie M. Boreau, parce que, dans l'espèce de ce
dernier auteur, M. Godron distingue deux espèces
tranchées, dont une seule offre une description à peu
près exacte pour notre plante.

Par ces mots, « notre plante, » je n'entends du
reste aujourd'hui parler que des échantillons de Bancherel (Suppl. 2ᵉ fasc.) que M. Boreau lui-même
nomma *R. dumetorum.* Quant à ceux plus soyeux et
blanchâtres de Blanchardie, je les reporte aujourd'hui,
avec l'aveu de M. Du Rieu et conformément a la nouvelle délimitation que M. Godron donne au *cœsius,*
dans ce *R. cœsius* L. comme var. β *agrestis.*

Je cite, avec doute, à propos du *R. nemorosus,*
une plante que je n'ai pas vue, « plante magnifique, »
m'écrivait M. de Dives en Décembre 1849, « et la
« plus belle, en fait de *Rubus,* que j'aie vue en Péri-
« gord. » Elle se trouve près la grotte de Boudant,
commune de Chalagnac. M. de Dives l'adressa en 1849
à M. Boreau, qui répondit que la plante *ressemble
assez* au *R. corylifolius* Sm. Ni M. Godron, ni
M. Boreau (ll. cc.) ne conservent ce nom spécifique
dans leurs derniers ouvrages, où on ne le voit figurer
qu'en synonyme. Peut-être la Flore française doit-
elle s'enrichir de l'espèce du botaniste anglais ; mais
son type me reste inconnu.

RUBUS GLANDULOSUS. Bell — Godr. loc. cit. p. 542. —
Boreau, loc. cit. p. 159, nº 608.

Il m'a été indiqué en 1851, par M. le comte d'Abzac,
dans les environs de Champcevinel, près Périgueux.

Rubus Sprengelii. Weihe et Nees, rub germ. p. 52, tab.
10. — Godr. loc. cit. p. 542.

R. *villosus*, β *vulpinus* Ser. — Nob. Catal. Suppl. 2ᵉ
fascic. (1849).

Saint-Martin-de-Mussidan (DD.) : je ne connais pas
d'autre localité que celle qui me fut indiquée par M. de
Dives.

— HIRTUS. Weihe et Nees, rub. germ. p. 95, tab. 43.
— Godr. loc. cit. p. 545. — Boreau, loc. cit. p. 160,
n° 609.

R. *villosus* β *intermedius* Ser. — Nob. Catal. (1840).

Nous avons en Périgord :

Var. α *genuinus* Godr. et Gren. loc. cit. C'est la plante
de la forêt de Lanquais (terrain de meulières) que j'ai
eue principalement en vue dans mon Catalogue de
1840, sous la désignation de *forma* PERSICIFLORA,
comprenant également la

Var. ε *thyrsiflorus* Godr. Monogr. 22; Godr. et Gren.
loc. cit., laquelle ne diffère de la var. α, de l'aveu
même de M. Godron, que par sa grappe de fleurs
allongée et *plus dense*, par ses fleurs *plus grandes*,
par le *plus de vigueur* du végétal entier. Ce ne sont
pas là des caractères proprement dits ; ils ne dépendent que de l'état particulier de l'individu.

— TOMENTOSUS (Catal. et Suppl. 2ᵉ fasc.) — Rien de
nouveau à en dire, si ce n'est que M. Godron, loc. cit.,
n'y distingue pas de variétés, mais seulement des
variations (*glabratus* et *obtusifolius*) qui se retrouvent toutes deux dans ma var. ε *prostratus*, mais dont
je ne vois pas figurer la seconde parmi mes nombreux
échantillons de la var. α *erectus*.

Rubus collinus. DC. Cat monsp. et Fl. Fr. Suppl. — Godr.
loc. cit. p. 545. — Boreau, loc. cit. p. 161. n° 615.

R. fruticosus, forma *c* Nob Catal. 1840, et forma *e*
(*R. collinus?*) Nob. Catal. 1840 et Suppl. 2ᵉ fasc.
1849, nec non etiàm specimina ex *Thenon* et *Azerat*
formæ α Nob. Suppl. 2ᵉ fasc. 1849

La forme *c* du Catalogue est plus molle que la forme
e, et aussi moins tomenteuse que l'échantillon-type de
M. Godron ; mais il faut remarquer qu'elle a crû à
l'ombre, dans un lieu frais, et je ne trouve rien qui
lui convienne parmi les descriptions des autres ronces
à bractées trifides que mentionne M. Boreau.

— ARDUENNENSIS (Catal.) — Je n'ai rien de nouveau à
dire, si ce n'est que M. Godron, loc. cit., regarde l'espèce de Lejeune comme une var. *glabratus* du *R. collinus* DC. — Cette espèce est évidemment aussi le *R.
collinus*, *b glabratus* Boreau, loc. cit. — Il me paraît
évident que ma plante est bien réellement l'*arduennensis* de Lejeune, et elle rentre ainsi, positivement,
dans le *collinus* Godr. et Boreau (!). Cependant,
l'échantillon-type de *collinus*, récolté par M. Godron
et qui figure pour le n° 847 dans les *exsicc.* de M. le
docteur Schultz, diffère tellement de ma plante par le
tomentum de ses feuilles et par la forme des folioles et
des aiguillons, que je crois, dans la manière actuelle
dont on étudie les *Rubus*, pouvoir maintenir, *provisoirement du moins*, la distinction des noms.

La différence des deux plantes me paraît même si
bien accusée que, si l'on vient à la reconnaître généralement, je serais plutôt disposé à rayer le *collinus*
de la flore duranienne pour n'y voir que l'*arduennen-*

sis et quelques variations, que d'admettre l'existence, chez nous, du VRAI *collinus*.

Au demeurant, si espèces il y a, ces deux espèces sont fort voisines !

RUBUS DISCOLOR. Weihe et Nees, rub. germ. p. 46, tab. 20. — Godr. loc. cit. p. 540. — Boreau, loc. cit. p. 160, n° 611.

R. *fruticosus* Smith. — DC. — Duby. — Koch. — Nob. Catal. 1840, et Suppl. 2ᵉ fasc. 1849 (excl. formas *b*, *c*, *e*), etc., etc., *non* Linné.

Je réduis aujourd'hui cette espèce, pour la Dordogne, aux formes suivantes de mon Catalogue :

A. — De celle-ci, je retire encore les échantillons recueillis par M. de Dives entre Thenon et Azerat, et dont j'ai parlé dans le 2ᵉ fascicule du Supplément. Leurs bractées sont *trifides !* Je les reporte dans le *R. collinus* DC.

Le *R. discolor* (type) se trouve partout en Périgord. M. Boreau en a authentiqué, sous le n° 316, des échantillons de Manzac, recueillis par M. de Dives. — F. — Var. *b pomponius* Boreau, loc. cit. (Catal.)

— MACROPHYLLUS. Weihe et Nees, rub. germ. p. 55, t. 12. — Boreau, loc. cit. n° 619, p. 163.

Dans une haie près du château de Boripetit (D'A. 1851.) Je dois dire que, comparé à la description de de M. Boreau, l'échantillon qui m'est adressé par M. le comte d'Abzac me laisse des doutes. — M. Godron, loc. cit., ne fait pas mention de cette espèce.

— CARPINIFOLIUS. Weihe et Nees, rub. germ. p. 36, tab. 13. — Godr., loc. cit. p. 547. — Boreau, loc. cit. p. 163, n° 620.

Manzac; adressé par M. de Dives, en 1852, à M. Boreau, qui l'a déterminé sous le n° 313.

Rubus thyrsoideus. Wimm. — Godr., loc. cit. p. 547. — Boreau, loc. cit. p. 160, n° 612.

Celui-ci m'est indiqué, à Manzac, par M. de Dives, qui l'a soumis, en 1852, à la détermination de M. Boreau, sous le n° 309.

— Thuillieri. Poiret, Dict. suppl. 4, p. 694 (nomen antiquius et ideò præferendum). — Boreau, loc. cit. p. 161, n° 613.

R. *rhamnifolius* Weihe et Nees, rub. germ. p. 21, tab. 5. — Godr., loc. cit. p. 548.

R. *fruticosus*, forma b. Nob. Catal. 1840.

Lanquais, Couze, Manzac. Les échantillons de cette dernière localité, adressés par M. de Dives à M. Boreau, en 1852, sous les n°ˢ 312, 314 et 315, ont été déterminés par ce savant botaniste.

Fragaria grandiflora. Ehrh. — K. ed. 1ª et 2ª, 4.

« On le trouve souvent près des jardins et dans les vignes « où il a été cultivé autrefois. » (De Dives, in litt. 1852).

Potentilla argentea (Catal. et Suppl. 2ᵉ fasc.)

Cette plante demeure toujours rare pour le Périgord comme pour le Bordelais; néanmoins, M. le comte d'Abzac l'a retrouvée en 1849 dans deux localités de la commune de Champcevinel, et c'est grâce à ce qu'elle se propage le long de la vallée de l'Isle, que la Flore Bordelaise a pu s'en enrichir, à Coutras, presque sur les limites du Périgord.

POTENTILLA PROCUMBENS (Suppl. 2e fasc.)

Cette curieuse et litigieuse plante figure sous ce nom dans la Flore Française de MM. Grenier et Godron (Décembre 1848, t. I, p. 531); mais il parait bien évident qu'elle diffère du *P. procumbens* Koch, Synops. Or, dans les deux ouvrages, ce même nom spécifique est attribué à Sibthorp; lequel des deux a rencontré l'attribution légitime? Je l'ignore.

Peu de mois après l'apparition du premier volume de MM. Grenier et Godron, la deuxième édition de la *Flore du Centre* de M. Boreau, volume dont l'impression devait être déjà fort avancée quand s'achevait celle du tome premier de la *Flore Française*, fut livrée au public. M. Boreau, frappé des dissemblances notables qui séparent la plante allemande de la sienne, jugea plus prudent de s'en tenir au jugement de Koch, et adopta pour l'espèce du Centre et de la partie méridionale de la France (qui est aussi notre plante périgourdine), le nom de *P. mixta* Nolte, attaché par M. Godron à une plante plus septentrionale que méridionale, et qui parait identique au *P. procumbens* des auteurs allemands.

La question que j'ai posée au sujet du vrai *procumbens* de Sibthorp doit donc se placer de nouveau sous ma plume au sujet du vrai *P. mixta* de Nolte. Laquelle des deux parties prétendantes le connait sûrement? Est-ce M. Boreau qui applique son nom au *P. procumbens* Gren. et Godr. ? — Sont-ce MM. Grenier et Godron qui l'appliquent à une espèce distincte? Je l'ignore encore.

Ce qui parait certain de l'aveu de tous, c'est que le *P. nemoralis* de Nestler est synonyme du *P. procumbens* Gren. et Godr. (*mixta* Boreau), et non du *P. procumbens* Koch.

J'ai dû faire connaître ces détails, afin que mes lecteurs sachent où trouver la description exacte de la plante péri-

gourdine. Il me reste à dire que celle-ci est plus commune
dans la Dordogne, que je ne l'avais cru d'abord.

Les feuilles, *pétiolées* ou *sessiles*, fournissaient alors le
seul caractère accrédité pour la distinction de cette espèce
et du *P. Tormentilla* Nestl. (*Tormentilla erecta* L.), et
j'avais délimité mes citations en conséquence.

Koch, puis MM. Grenier et Godron, ont appelé l'attention sur les carpelles (caractère bien plus important), *lisses*
dans *P. Tormentilla*, *rugueux* et *tuberculeux* dans *P. procumbens*.

J'ai vérifié tous mes échantillons fructifères, et j'ai constaté que parmi ceux des gazons et des bois secs et rocailleux, attribués jadis par moi au *Potentilla Tormentilla*
Nestl., échantillons maigres et petits, dont la taille est
souvent inférieure à 15 centimètres; il s'en trouve dont les
carpelles mûrs sont *rugueux* et *tuberculeux* vers la pointe
du dos, tout comme dans les échantillons susceptibles d'ac-
quérir les fortes dimensions qu'on leur voit en Normandie,
et qui, à Lalinde, dépassent 2 mètres 10 centimètres!

Ce sont donc des *P. procumbens* Gren. et Godr. (Lanquais, etc.)!

Mais voici où gît la difficulté : les végétaux qu'on rencontre, qu'on recueille même dans les herborisations, ne
sont pas toujours pourvus de fruits parfaitement mûrs; et
il se trouve justement que les carpelles des Potentilles de
ce groupe ne prennent que *très-tard* (quand ils doivent en
être ornés) les *rides* et *tubercules* qui constituent le caractère carpique *essentiel* du *P. procumbens*.

D'un autre côté, il est positif que le caractère tiré des
feuilles caulinaires, *sessiles* ou *pétiolées*, n'a aucune valeur (!); car on trouve fréquemment des individus dont le
pétiole n'est réellement pas appréciable ou qui en manquent

totalement, et dont pourtant les carpelles mûrs sont rugueux et tuberculeux !

Supposons qu'à l'instant de la récolte, l'automne n'a pas
commencé, ou que le terrain ne favorise pas l'allongement
des tiges : leur propriété radicante *ne se montre pas* ; — ou
bien il arrivera que les carpelles n'auront pas atteint la maturité parfaite et seront encore *lisses* comme dans le *P. Tormentilla*. Comment alors reconnaître l'espèce ?

En voici, si je ne me trompe, le moyen : il consiste à se
procurer des échantillons complets, quant à leurs racines,
des échantillons *bien arrachés*. En effet, on accorde généralement et avec raison, au *P. Tormentilla*, des racines très-
grosses, ligneuses, comme *tubériformes*. Ce caractère est
réel ; mais le *P. procumbens* a aussi des racines très-
fortes et ligneuses. Le moyen que je crois infaillible pour
distinguer les deux espèces est celui-ci :

Dans le *P. procumbens*, la racine a la forme habituelle ;
elle *diminue de grosseur à partir du collet* jusqu'à son
extrémité ;

Dans le *P. Tormentilla*, au contraire, elle est *obconique*
à partir du même point, c'est-à-dire qu'elle est *moins
épaisse au collet* qu'elle ne l'est *un peu plus bas*, et c'est
ce qui la rend *tubériforme*.

Il est bon de rappeler que la forme des racines fournit le
meilleur et peut-être le seul caractère essentiel pour la spécification des *Œnanthe* ; et, de plus, que ce caractère n'est
pas totalement étranger au genre *Potentilla ;* car, dès le
mois d'Avril 1835, M. Du Rieu a constaté en ma présence
(à Arlac, près Bordeaux) que, lorsqu'on recueille avec soin
le *P. splendens* Ram. dans les sables presque mouvants des
landes, on trouve que ses longues racines ligneuses *s'épaississent* souvent très-loin du collet et en approchant de leur

extrémité, comme les fibres radicales de l'*OEnanthe Larhe-
nalii*. Le même phénomène s'observe, mais en sens inverse,
sur les *fibres radicales* qui partent de la racine principale
de ce même *Potentilla splendens* et du *P. alba* L.; ces
fibres sont *fusiformes* comme celles de l'*OEnanthe peucedanifolia*.

AGRIMONIA ODORATA. Ait. Kew. — K. ed. 1ª et 2ª, 2.

Je ne l'ai point vu; mais il m'est indiqué, par M. Oscar
de Lavernelle, aux environs de Nontron.

ROSA RUBIGINOSA (Catal. et Suppl. 2ᵉ fasc.) — Ajoutez :
Var. ç *umbellata* Lindl.; Ser. in DC. Prodr. II.
p. 616, n° 85.

Rosæ rubiginosæ variatio. Koch ed. 2ª, n° 12.

Rosæ rubiginosæ forma affinis. Boreau, Fl. du Centr.
2ᵉ ed. p. 181, n. 687.

Rosa tenuiglandulosa Mérat, Fl. paris. (Ce synonyme
est donné par les trois auteurs ci-dessus.)

Cette forme a été recueillie à Manzac, et soumise
en 1852 à M. Boreau, sous le n° 319 (DD).

— SYSTYLA (Bast.). K. ed. 1ª, n° 14 ; ed. 2ª, n° 16.

R. stylosa (Desv.) Sering. in DC. Prodr. II. p. 599, n° 8.
— Gren. et Godr. Fl. Fr. I. p. 555.

Plusieurs variétés ou formes de ce type existent en
Périgord, et je n'en ai vu aucune. Je m'étais proposé
de respecter (en indiquant leurs sources et leurs jus-
tifications) les noms qui me sont envoyés par mes
correspondants; mais comment rester fidèle à un semblable projet, en présence de l'inextricable chaos que
m'offrent les matériaux *authentiques* que je possède

en herbier, et la nomenclature qui me parvient de
divers côtés ?

Il ne m'appartiendrait de *juger* en conscience ces
espèces, que si j'en avais entrepris à fond et à neuf la
très-minutieuse étude, et cela ne se peut que sur le vif.

Je ne les *juge* donc pas ; mais il me sera bien permis,
après toutes les peines que je me suis données pour
étudier les autres espèces du genre qui croissent à
Lanquais, — il me sera bien permis, dis-je, d'énoncer
ici ma conviction *instinctive*, mes préventions si l'on
veut : je crois qu'en cette affaire il y a *beaucoup plus
de mots que de choses*, et je m'en tiens prudemment
à l'opinion qui ne voit qu'une ESPÈCE (*stylosa*) Ser. in
DC. Prodr. [1825]; Gren. et Godr. Fl. Fr. [Décem-
bre 1848]; — *systyla* K. ed. 1ᵃ et 2ᵃ [1827 et 1843]),
là où d'autres botanistes en ont vu deux, trois, quatre
ou cinq différentes.

Cela dit, je me borne à énumérer ce que j'ai reçu
d'indications, en les *enrichissant* de leurs synonymies :
chacun en pensera ce qu'il voudra.

1° « R. SYSTYLA. Bast. — Haies ombragées aux environs
« de Boripetit. Très-belle espèce. » (D'A. 1851.)

SYNON. ex Koch : *R. systyla*, α *Devauxiana* (Ser.)
Koch, syn. — *R. stylosa* Desv. — *R. collina* Sm. non
Jacq.

SYNON. ex Seringe, et Gren Godr. — *R. stylosa*,
β *leucochroa* Ser. in DC. Prodr. II. p. 599, n° 8 ;
Gren. et Godr. Fl. Fr. I. p. 555. — *R. leucochroa*
Desv. — *R. brevistyla*, α DC. Fl. Fr. Suppl. —
R. brevistyla leucochroa Redout. (styli non exserti).
— *R. systyla* Bast.; DC. Fl. Fr. Suppl.

Synon. ex Boreau. — *R. systyla* Bast. ; Boreau , Fl. du Centr. 2ᵉ ed. p. 172 , n° 654.

2° « R. leucochroa. Desv. — Près de Sept-Fons. « Fleurs « très-grandes. » (D'A. 1851.)

Synon. ex Koch : *R. systyla* , β *leucochroa* Koch , syn. — *R. leucochroa* Desv. — *R. brevistyla* DC. , si styli breves vel non emersi sunt.

Synon. ex Seringe , et Gren. Godr. — *R. stylosa* , β *leucochroa* Ser. in DC. Prodr. II. p. 599 , n° 8 ; Gren. et Godr. Fl. Fr. I. p. 555. — *R. leucochroa* Desv. — *R. brevistyla* , α DC. Fl. Fr. Suppl. — *R. brevistyla leucochroa* Redout. (styli non exserti). -- *R. systyla* Bast. ; DC. Fl. Fr. Suppl. (Cette synonymie est absolument la même que pour l'*espèce* précédente.)

Synon. ex Boreau. — *R. leucochroa* Desv. ; Boreau , Notes sur quelques espèces de plantes françaises , III. p. 9 (1844), et Fl. du Centr. 2ᵉ ed. p. 172 , n° 655. — *R. brevistyla* , α DC. Fl. Fr. Suppl. — *R. systyla* Ser. in Duby, Bot. gall.

M. d'Abzac, on vient de le voir , dit les fleurs *très-grandes :* les échantillons authentiques que j'ai reçus de M. Boreau les ont fort médiocres , — ce que je dis certes pas dans l'intention d'attribuer quelque importance à ce pauvre caractère.

5° Rosa fastigiata. Bast. — Dans une haie à Manzac. RRR. Vu par M. Boreau (DD. 1851).

Synon. ex Koch. — Le *R. fastigiata* Bast. est donné avec *cinq* autres espèces nominales de divers auteurs comme rentrant dans les variétés 3 , 4 et 5 (*psilophylla* Rau , *trachyphylla* Rau et *flexuosa* Rau) du *Rosa canina* L., par Koch , Syn. ed. 2ᵃ, p. 252 ! ! ! Or, ces trois variétés de Rau ont maintenant l'honneur d'être comptées comme *espèces*.

Synon. ex Seringe (MM. Gren. et Godron ne citent nulle part le nom dont il s'agit). — *R. canina, ι fastigiata* Desv.; Ser. in DC. Prodr. II. p. 613, n° 75. — *R. fastigiata* Bast.; DC. Fl. Fr. Suppl.; Redout.

Synon. ex Boreau. — *R. systyla* Bast. — Boreau, Not. s. qq. esp. de pl. franç. III. p. 9 (1844), et Fl. du Centr. 2ᵉ éd. (1849), p. 172, n. 654. — *R. systyla* Bast. et *R. fastigiata* Bast. — *R. brevistyla*, γ DC. Fl. Fr. Suppl. — *R. rustica* Léman. — Dans ses *Notes* de 1844, M Boreau joint à la synonymie ci-dessus la très-intéressante observation que je transcris ici pour l'édification des amateurs d'*espèces* : « Les auteurs « rapportent le *R. systyla* Bast. au *R. stylosa* Desv. « et le *R. fastigiata* au *R. canina*. Cependant il n'est « pas douteux pour moi que *les deux espèces* de M. « Bastard *sont une seule et même chose :* l'étude que « j'ai faite des échantillons de l'herbier de l'auteur « m'a démontré que le *R. systyla* n'est qu'un rameau « uniflore du *fastigiata*. Une note placée par M. Bas- « tard dans son herbier, en 1813, prouve que c'était « aussi son opinion à cette époque. Enfin, sur un « même individu, j'ai recueilli les deux formes bien « caractérisées. »

Après de telles paroles, puis-je m'étonner d'avoir reçu, sous la même étiquette, une fois *deux* et une fois *trois* échantillons, et d'avoir retrouvé un représentant de chacune des deux prétendues espèces, dans chacun de ces lots si restreints ?

Pardon, cher lecteur, de vous avoir entretenu si longtemps de ces misères; mais j'ai cru le devoir faire.

Les vieux botanistes s'en vont, et une nouvelle génération s'élève, ardente à la *division*. Il est bon qu'elle écoute la voix grave et expérimentée d'un homme tel que M. Boreau. Ce botaniste, justement célèbre, permettra-t-il à une affection déjà ancienne d'exprimer timidement le vœu qu'il écoute lui-même, à l'avenir, quelques fois de plus cette sage et bonne voix qu'il faisait jadis entendre avec une autorité non contestée?

Je veux le répéter encore : je ne *nie* point absolument l'autonomie spécifique des *trois* formes *stylosa*, *systyla* et *leucochroa* ; je désire même qu'elle soit réelle ; mais si elle l'est, on finira par trouver des caractères, autres et plus sérieux que ceux qu'on a décrits jusqu'ici, soit dans l'ordre *organique*, soit dans l'ordre *physiologique*.

ROSA ARVENSIS (Catal. et Suppl. 2ᵉ fasc.)

Nous avons dans le département :

Var. α *genuina* Gren. et Godr. Fl. Fr. I. p. 554. — *R. arvensis* (Catal.) — *R. repens* Scop.; Reynier. — *R arvensis* (typus), et *b uniflora* Boreau, Not. s. qq. pl. franç. III. p. 9 (1844), et *b pubescens* Desv.; Boreau, Fl. du Centr. 2ᵉ éd. p. 172, nᵒ 653. Cette dernière forme est à Manzac, et a été soumise, en 1852, à M. Boreau, sous le numéro 318 (DD.)

Var. β *bracteata* Gren. et Godr. ibid. — *c multiflora* Boreau, Not. s. qq. esp. franç. III. p. 9 (1844). — *b bibracteata* Guépin; Nob. Suppl. 2ᵉ fasc. — *R. dibracteata* vel *bibracteata* Bast. — *R. bibracteata* Boreau, Fl. du Centr. ibid. — Cette seconde variété, que j'ai indiquée seulement à Mareuil, a été retrouvée, en 1851, au Rudelou, commune de Manzac (DD.)

Rosa sempervirens (Catal. et Suppl. 2ᵉ fasc.) — Ajoutez :
Sur les côteaux arides qui dominent le gouffre du
Toulon , près Périgueux (D'A. 1851.)

XXXV. *SANGUISORBEÆ.*

Poterium polygamum W. et Kit. — K. ed. 1ᵃ et 2ᵃ 2.
   P. muricatum Spach , rev. Pot. — Gren. et Godr. Fl.
   Franç. I. p. 563. — Boreau , Fl. Centr. 2ᵉ éd. p. 170,
   n° 648.

Boripetit et autres localités de la commune de Champcevinel, près Périgueux. Les échantillons récoltés appartiennent à la var. ou forme *a platylophum* Spach ; Boreau
(D'A. 1851). Lanquais, d'où j'en ai retrouvé dans mon
herbier, des échantillons confondus avec l'autre espèce.

Il est incontestable que , convenable ou non quant à la
valeur du caractère qu'il énonce (cfr. Koch, Syn.) le nom
de Waldst. et Kit. est le seul essentiellement légitime , puisqu'il a été établi en vue de la distinction des formes com-
prises par Linné dans son *P. sanguisorba.*

XXXVI. *POMACEÆ.*

Cratægus pyracantha (Sub Mespilo). Linn. et auct. omn.
   — Vulgò *Buisson ardent.*

Ce bel arbrisseau m'est indiqué « sur la frontière de la
« Corrèze (Bas-Limousin) » par M. le comte d'Abzac, qui
l'y a recueilli en 1851 , mais qui ne me dit pas si c'est précisément en-deçà du poteau *départemental.*

Aronia rotundifolia. Pers. — K. ed, 1ᵃ et 2ᵃ, 1.

   Amelanchier vulgaris Moench. — DC. Prodr. — Duby,
   Bot. gall. — Gren. et Godr. Fl. Fr.

Dans les parties les plus escarpées des rochers qui dominent la tréfilerie des Eyzies (OLV. 1852).

Fleurit dans les premiers jours de Mai.

XXXVIII. *ONAGRARIÆ.*

Epilobium lanceolatum Suppl. 2ᵉ fasc.) — Ajoutez : Latour, commune de Saint-Paul-de-Serre, (DD. 1854).
Les échantillons de cette localité sont remarquables
par leur petite taille (20-25 cent.) et par leur couleur
rouge qui indique qu'ils ont crû dans une exposition
très-chaude ; mais ils sont parfaitement caractérisés
par la forme de leurs feuilles et par leurs longues
graines *oblongues-obovées*, finement, mais *très-visi-
blement* tuberculeuses et d'un vert pâle quoique brillant, ce qui leur donne de la ressemblance avec les
élytres de certains charançons dont la couleur et le
grain rappellent l'*imperialis*.

Ces graines offrent une particularité rare, si je ne
me trompe, dans le genre Épilobe. Examinées à l'aide
d'une très-forte loupe double et à la lumière directe
d'un soleil ardent, je ne vois aucun caractère distinctif
entre elles et les graines de l'*E. montanum* le mieux
caractérisé et le plus authentique. Je ne doute pourtant pas de la légitimité de l'espèce, dont il faut décidément chercher les caractères ailleurs, de même que
dans les Orchidées, les Orobanches, le genre *Erythræa* et d'autres encore.

M. de Dives m'écrivit, en 1852, qu'il avait envoyé
à M. Boreau, l'année d'auparavant, sous le nᵒ 325,
un Épilobe de Manzac, que ce savant avait jugé « in-
« termédiaire aux *E. Duriæi* Gay et *collinum* Gml. »
On ne peut assurément aligner une citation à l'aide

d'une indication aussi vague ; mais d'après les formes qui me sont familières dans la Dordogne, je crois pouvoir présumer qu'il s'agit ici d'une des modifications de taille de l'*E. montanum*, lequel, lorsqu'il est petit et que les feuilles sont un peu larges, a effectivement des rapports de *facies* avec les deux espèces nommées dans la réponse de M. Boreau.

EPILOBIUM TETRAGONUM (Catal. et Suppl. 2ᵉ fascic.)

Il est bon de noter que la plante de la Dordogne est l'espèce LINNÉENNE, et non l'*E. tetragonum* de Koch, qui confondait sous ce nom (M le Dʳ F. Schultz en a fourni la preuve dans ses Archiv. de la Fl. de Fr. et d'Allem, I. p. 218-220 [1852] les *E. virgatum* Fr. et *Lamyi* Schultz. — Ajoutez : M. le comte d'Abzac a recueilli, en 1849, dans une vigne voisine du château de Boripetit, la forme ou modification *à lignes saillantes réunies* au-dessous de chaque paire de feuilles, que M. Boreau décrit en note à la p. 191 de la 2ᵉ éd. de sa Fl. du Centre, et qu'il avait signalée dans sa 1ʳᵉ édition, p. 115, sous le nom d'*E. tetragonum* var. *b. obscurum* Reichenb.

— LAMYI (Suppl. 2ᵉ fasc.) — Gren. et Godr. Fl. Fr. I. p. 579. — Ajoutez : C dans un jardin mal cultivé, à Manzac, où se trouve aussi une forme naine et toute rouge de la même espèce (DD. 1851 et 1852). M. Boreau a revu les échantillons récoltés par M. de Dives, sous le n° 321.

ISNARDIA PALUSTRIS (Suppl. 2ᵉ fasc.) — Ajoutez ; CCC à Ribérac, où il m'a été signalé en 1850, par le savant botaniste anglais John Ralfs, qui fit alors un séjour de plusieurs mois dans les environs de cette ville. Ma-

rais de Lanouaille et alluvions humides de Piles (Eug.
de Biran, 1849). — CCC au pont de Léparra, commune de Boulazac (D'A. 1850).

Ce n'est pas seulement à l'histoire de la Botanique, mais
à la vérité et à la justice que M. le professeur Joseph Moretti, de Pavie, a rendu un service réel en publiant, en
1853, sa très-curieuse et très-intéressante notice sur cette
humble plante, et en faisant connaître deux erreurs échap-
pées à deux grands hommes, Linné et Aug. Pyr. de Candolle. Le premier, par un motif quelconque et que
n'*explique* nullement l'*explication* fautive qu'en donne
M. Moretti, changea en *Isnardia* le nom générique *Dantia* qu'un botaniste nommé Petit avait donné, en 1710,
à cette plante qu'il dédiait « à M. Danti d'Isnard, docteur
« en médecine. » Encore une fois, je ne sais pourquoi
Linné le fit, mais il fit ainsi sciemment, car, dans son
Genera (2ᵉ ed. 1742, p. 51), il donne le « *Dantia* Petit,
gen. 49 » pour synonyme à son genre *Isnardia*, n° 118.

Le second, Aug. Pyr. de Candolle, attribua par inadvertance à Du Petit-Thouars le nom créé par Petit 96 ans avant
la publication du *Genera nova Madagascariensia*, et cette
erreur a été répétée par tous les botanistes qui ont écrit
depuis l'impression du T. III du *Prodromus* (1828), et le
pauvre botaniste Petit a été complètement oublié de tout le
monde.

Il est donc constant que le nom légitime de notre plante
devrait être *Dantia palustris* Petit, puisqu'il a été créé
pour un genre établi, non dans la forme *ancienne*, mais
dans la forme et l'acception *linnéennes*.

Les publications botaniques italiennes sont si peu répandues en France, que nous devons à M. Boreau presqu'autant de reconnaissance qu'à M. Moretti ; car M. Boreau a

publié en 1853, dans ses *Notes et Observations sur quelques plantes de France*, n° V. p. 7 (Extrait du *Bulletin
de la Soc. industrielle d'Angers et de Maine-et-Loire*,
n° 6. XXIV° année), une excellente traduction du Mémoire
du célèbre professeur italien.

XXXIX. HALORAGEÆ.

Myriophyllum verticillatum (Catal. et Suppl. 2ᵉ fascic.) —
Ajoutez : La var. β *intermedium* a été retrouvée à
Manzac, dans le Vergt (DD. 1848), et dans le ma-
rais du Toulon, près Périgueux (D'A. 1851).

— **alterniflorum** (Suppl. 2ᵉ fasc.) — Ajoutez : Trouvé
par M. l'abbé Meilhez dans une localité de la Dordogne,
dont le nom me reste inconnu, mais où il a recueilli
les échantillons que M. le comte d'Abzac a vus en
1851. — Manzac, dans le Vergt (DD. 1849). L'échantillon que j'ai sous les yeux était mêlé au *M. verticillatum* β *intermedium* de cette localité.

XLI. CALLITRICHINEÆ.

Callitriche stagnalis. Scop. — Kutzing. — K. ed. 1ª
et 2ª, 1.
Au Toulon, près Périgueux (D'A. 1851.)

— **vernalis.** Kutzing. — K. ed. 1ª et 2ª, 3.
Au Toulon, près Périgueux (D'A. 1851)

— **hamulata.** Kutzing in litt. — K. ed 1ª et 2ª, 4.

· *C. autumnalis* Kutz. (olim) et auctorum feré omnium,
exceptis recentissimis. Non L.
Fontaine du Buguet, près Grignols. Les échantillons
ont été soumis à la détermination de M. Boreau, sous
le n° 230 (DD. 1852).

CALLITRICHE OBTUSANGULA?? Le Gall, Fl. du Morbihan,
p. 202 et 822 (1852). — Lloyd, Notes pour servir à
la Flore de l'Ouest, p. 13 (1851, citant la *Flore encore
manuscrite* de M. Le Gall, à qui la plante appartient!
— Lloyd, Fl. de l'Ouest, p. 166 (1854).

Je ne cite qu'avec les plus dubitatives réserves, et seulement pour engager à rechercher, dans la Dordogne, cette
plante intéressante, les deux misérables échantillons que
M. de Dives m'a adressés, sans nom, et qu'il a recueillis
le 31 août 1854 (par conséquent sans fleurs ni fruits
et ne présentant plus que quelques restes informes des
feuilles rosulaires), dans un fossé à Chabiras, commune de
Jaure.

XLII. *CERATOPHYLLEÆ.*

CERATOPHYLLUM SUBMERSUM, Linn. — K. ed. 1ª et 2ª, 1.

Eaux stagnantes au nord de Bergerac (REV.)
Aucun de nous n'a été assez heureux pour trouver en
fruits l'une ou l'autre de nos deux espèces; mais tout le
monde en fait assez bien la distinction *empirique.*

XLIII. *LYTHRARIEÆ.*

LYTHRUM FLEXUOSUM. Lagasca (1816). — DC. Prodr. III.
p. 82, nº 12. — Boissier, Voyag. Bot. en Espagne
(1839).

Lythrum Græfferi Tenore, Prodr. Fl Neapol. (1819).
— DC. Prodr. III. p. 82, nº 11. — Gren. et Godr.
Fl. Fr. I. p. 594 (1848).

L. acutangulum Lagasc — *L. Preslii* Gusson. — *L. Gussonii* Presl.

Grignols (DD. 1849). — Si l'on en juge par l'aspect
de la plante et par ses tiges souvent couchées, sous-
ligneuses et radicantes à leur base, ce serait à cette
espèce que devraient se rapporter les échantillons de
Lanquais, de 75 à 80 centimètres, que j'ai cités sous
le nom de *L. hyssopifolia*, dans la 2ᵉ fasc. du Supplément; mais comme leurs calices me semblent présenter
les caractères de l'*hyssopifolia*, je n'admets comme
flexuosum, provisoirement du moins, dans le département de la Dordogne, que les échantillons de Grignols, reçus de M. de Dives, depuis l'impression du
2ᵉ fasc. de mon Supplément.

Lythrum hyssopifolia (Catal. et Suppl. 2ᵉ fasc) — Ajoutez : Manzac, sur les bords de la Bertonne, petit
affluent du Vergt (DD. 1848).

Peplis Boræi. Jordan, obs. fragm. 3. p. 81. tab 5. fig.
B. — Gren. et Godr Fl. Fr. I. p. 598. — Boreau,
Fl. du Centr. ed. 2ᵃ p. 197, nº 751.

Ammannia Boræi Guépin, Fl. de Maine-et-Loire, 3ᵉ éd.
p. 346 1845 .

Allas-de-Berbiguières M . Je n'ai pas vu les échantillons ; mais M. le comte d'Abzac qui les a vus, m'a transmis,
en 1851, la nouvelle de cette jolie découverte, alors toute
récente, de M. l'abbé Meilhez.

XLVII. *CUCURBITACEÆ.*

Bryonia dioica (Catal.)

L'individu mâle que j'ai signalé, en 1840, pour la grandeur extraordinaire de ses feuilles, n'est pas sans pareils
dans le département, car M. de Dives en a observé à Manzac, en 1854, un pied dont les feuilles très-peu dentées,

presque entières, mesurent 21 centimètres sur 18. Les
pieds femelles, au contraire, dont les feuilles sont toujours
profondément incisées, atteignent au plus 9 centimètres
sur 6.

XLVIII. *PORTULACEÆ.*

MONTIA RIVULARIS (Suppl. 2ᵉ fasc.' — Ajoutez : Ruisseau
voisin, au Sud, de Jumilhac-le-Grand Eug. de BIRAN .

XLIX. *PARONYCHIEÆ.*

ILLECEBRUM VERT CILIATUM (Catal. et Suppl. 2ᵉ fasc.) —
Ajoutez : Bords de l'étang de la Vernide, commune
de Grum (DD.) — RR sur un côteau inculte et peu
humide, près Jumilhac-le-Grand Eug. de BIRAN.)

POLYCARPON TETRAPHYLLUM (Catal. et Suppl. 2ᵉ fasc. —
Ajoutez : Au Torondel, commune de Saint-Sauveur,
dans une vigne froide et argileuse, où il est fort rare
(Eug. de BIRAN).

LI. *CRASSULACEÆ.*

SEDUM PURPURASCENS (Catal. et Suppl. 2ᵉ fasc.) — Ajoutez : Dans les vignes des Guischards, commune de
Saint-Germain-de-Pontroumieux, où la bêche du vi-
gneron ne lui permet que rarement de fleurir Eug. de
BIRAN).

— ANOPETALUM (Catal. et Suppl. 2ᵉ fasc. — Ajoutez :
Montaud-de-Berbiguières, sur le sommet du mamelon
(M. 1853).

SEDUM REFLEXUM (Catal. et Suppl. 2ᵉ fasc.) ᵟ *cristatum*
DC. Prodr. n° 58 *(S. cristatum* Schrad.) — Ajoutez :
La monstruosité à *rameaux stériles soudés en fais-*

ceau, que les jardiniers ont décorée du nom de
S. *crassicaule*, et que Mutel a signalée dans sa Fl.
Fr. 1. p. 394, a été trouvée par M. de Dives, en
1852, à Périgueux et à Manzac.

— ALTISSIMUM. Poir. *in* Lam. dict. 4, p. 634. — DC. Fl.
Fr. IV. p. 395. n° 3527 ; pl. grass. pl. 40 ; Prodr.
III. p. 408, n° 61. — Duby, Bot. p. 204, n° 25. —
Gren. et Godr. Fl. I. p. 627. — Saint-Amans, Flore
agenaise.

Sur le bord d'un chemin, à Loybesse, près Saint-Marcel
OLV. août 1851 . — Au sommet du mamelon dit Mon-
taud-de-Berbiguières, en face et au nord de Berbiguières
(M. 1853),

LIII. *GROSSULARIEÆ.*

RIBES GROSSULARIA (Suppl. 2ᵉ fasc) — Ajoutez : Que cette
espèce se répand naturellement assez loin des habitations aux environs de Boriebru, commune de Champcevinel, pour pouvoir être inscrite comme subspontanée
dans la Flore du département (D'A. 1851 .

LIV. *SAXIFRAGEÆ.*

SAXIFRAGA AIZOON. Jacq. — K ed. 1ᵃ et 2ᵃ, 2.

Ce n'est assurément ni comme plante duranienne, ni
même comme plante susceptible de se naturaliser et de se
répandre dans le département, que je cite cette espèce ;
mais Mademoiselle de Dives en a recueilli, à Bergerac, une
petite rosette sans fleurs et bien caractérisée, provenant sans
doute d'une graine d'Auvergne, apportée par la Dordogne.
On pourrait donc retrouver la plante dans des cas très-rares
et dans des conditions semblables 1851).

LV. *UMBELLIFERÆ.*

HYDROCOTYLE VULGARIS (Catal. et Suppl. 2ᵉ fasc.) — Ajoutez : Étangs de la Double, notamment celui d'Échourgniac (OLV.); marais du gouffre du Toulon, près
Périgueux (D'A.); CC sur les bords de l'étang de la
forge de Miremont, près Lanouaille (Eug. de BIRAN).

ERYNGIUM CAMPESTRE *à capitules allongés* (Catal.)

Cette curieuse forme est bien constante dans la seule
localité observée jusqu'ici en Périgord, car M. Du Rieu,
après un voyage à Blanchardie, m'écrivait de Paris, le 29
octobre 1850, qu'il venait d'en recueillir *une provision (sic)*.
Elle y est encore très-abondante, et M. de Pouzolz vient de
la décrire (en 1857) dans sa *Flore du Gard*, T. 1ᵉʳ, p.
447, pl. IV. figure coloriée) comme ayant été trouvée une
seule fois avant lui, par M. Palun, à Villeneuve-lez-Avignon.
M. de Pouzolz est le premier qui lui ait donné un nom systématique ; en conséquence, la plante doit désormais être
étiquetée :

Var. *B. megacephalum* De Pouzolz.

PETROSELINUM SEGETUM (Suppl. 2ᵉ fasc.) — Ajoutez :
Retrouvé, après la moisson, sur le côteau *calcaire*
de Lamartinie, commune de Lamonzie-Montastruc,
par M. Eug. de BIRAN à qui nous devions déjà la seule
localité connue dans le département, et qui a trouvé
la plante de Lamonzie plus grêle et moins élevée que
celle de Saint-Germain. M. de Biran ajoute : « Can-
« dolle et Boreau n'attribuent à l'ombelle que deux
« ou trois rayons inégaux. Ceci n'est exact que lors-
« que la plante croît étouffée dans les moissons ou sur
« un sol sec et maigre. Je l'ai vue pour la première

« fois sur les déblais d'un fossé creusé l'hiver précé-
« dent et conservant l'eau en été, et là, sa hauteur
« dépassait un mètre; ses feuilles radicales étaient
« longues de 29 à 32 centimètres, et ses ombelles
« étaient pourvues de six à sept rayons, et même
« davantage. »

HELOSCIADIUM NODIFLORUM (Catal.

Le 8 octobre 1838, je recueillis dans un fossé à Bergerac,
avec une précipitation inattentive et que je regrette fort
aujourd'hui, une sommité que j'ai toujours laissée, sans
examen, sous le nom ci-dessus.

Je m'aperçois aujourd'hui 18 juillet 1856, que l'ombelle
inférieure de cette sommité est normale, c'est-à-dire *très-
courtement pédonculée* (elle est en fruit); tandis que la
supérieure (qui est en fleurs) est *longuement pédonculée*
(pédoncule plus que *double* des rayons). — Malgré cette
circonstance dont je ne connais pas d'autre exemple, et
malgré la forme arrondie des feuilles de l'échantillon, je
n'ose le placer dans l'*H. repens*, non-seulement parce
que son ombelle inférieure est normalement *nodiflorum*,
mais encore parce que l'ombelle fleurie n'a pas conservé
une seule des folioles de son involucre (l'inférieure, fruc-
tifère, en a conservé *une*, comme c'est l'ordinaire dans le
nodiflorum; et enfin, parce que je retrouve la forme insolite des feuilles de mon échantillon, dans un spécimen
d'*H. nodiflorum* (!) récolté par M. Raulin dans l'île de
Crète.

Cette forme est à rechercher et à observer de nouveau
dans des conditions meilleures. Les amateurs d'hybrides
pourront bien en voir une dans ce fragment méconnu; mais
l'*H. repens* n'a pas encore été signalé dans le département
de la Dordogne, et Bergerac a été si minutieusement exploré

par M. de Dives, par M. l'abbé Revel et ses nombreux élèves (sans parler des autres collecteurs duraniens qui y ont
herborisé plus ou moins fréquemment), que l'existence
simultanée des deux espèces paraît peu probable.

Je crois plus sage de m'en tenir à une parole que j'ai
recueillie de la bouche de mon illustre maître, M. J. Gay :
« Il n'y a pas, dans les espèces, de caractères absolus »
sous le rapport de la constance.

SISON AMOMUM (Catal. et Suppl. 2ᵉ fasc.) — Ajoutez :
Environs du château de Boripetit, commune de Champcevinel près Périgueux (D'A).

AMMI MAJUS (Suppl. 2ᵉ fasc.) — Ajoutez : Environs d'Aube-
terre (D'A).

CARUM VERTICILLATUM (Catal. et Suppl. 2ᵉ fasc.) — Ajoutez : CCC dans les terrains froids et argileux, les bruyères et les pâtis, à Sarlande entre Jumilhac et Lanouaille,
et aux Griffouillades, commune de Saint-Germain-de-
Pontroumieux (Eug. de Biran).

BUPLEURUM JUNCEUM ? Linn.

Cette plante m'a été indiquée avec quelque doute, en
1853, par M. l'abbé Meilhez, comme abondante sur le
côteau qui domine Berbiguières (le Montaud-de-Berbiguières) ; mais je n'en ai vu aucun échantillon, et il existe
des espèces trop faciles à confondre avec celle-là, pour que
j'ose la citer avec certitude.

ŒNANTHE FISTULOSA (Catal. et Suppl. 2ᵉ fasc.). — Ajoutez : RRR dans un fossé constamment inondé, des
prairies de Larége, commune de Cours-de-Piles (Eug.
de Biran).

— LACHENALII (Suppl. 2ᵉ fasc.).

Un nouvel examen m'amène à penser que j'ai commis

une complète erreur en rapportant à cette espèce les échantillons recueillis par M. de Dives à Manzac dans un pré argileux. La tige est fistuleuse ; les rayons de l'ombelle s'épaississent en se rapprochant de la maturité ; le fruit se termine inférieurement par un anneau calleux ; les dents du calice sont fortes, etc. d'où je conclus maintenant que la plante n'est qu'un *OE. pimpinellifolia*. L. gigantesque, privé de ses feuilles radicales et des épaississements terminaux de ses fibres radicales.

M. le comte d'Abzac m'a annoncé, en 1851, qu'il a recueilli l'*OEnanthe Lachenalii* près de Périgueux, dans les prairies qui bordent l'Isle. Les feuilles de ces échantillons, ajoute-t-il, se rapprochent beaucoup de celles de l'*OE. silaïfolia*.

ETHUSA CYNAPIUM (Catal. et Suppl. 2e fasc.) — Ajoutez : Champcevinel près Périgueux (D'A).

SESELI MONTANUM (Catal. et Suppl. 2e fasc.)

C'est une des plantes qui m'ont le plus fait travailler, car il en est peu dont les échantillons présentent plus de variété dans leur port. M. Boreau (Fl. du Centre, 2e éd. p. 279 [1849]), tout en décrivant séparément les formes *glaucum* et *montanum*, ne leur donne par deux numéros *spécifiques* distincts, et dit qu'elles sont peut-être des modifications d'une même plante : MM. Grenier et Godron les réunissent sans hésitation, sous le nom de *S. montanum α genuinum*. M. Oscar de Lavernelle a recueilli en 1850 une suite d'échantillons tous pris sur les côteaux calcaires des environs de Lavernelle (commune de Saint-Félix-de-Villadeix), et qui offrent les nuances intermédiaires aux deux formes extrêmes. Enfin, il ne me faudrait que peu d'instants pour récolter des séries pareilles sur les côteaux calcaires de Lanquais, et c'est précisément ce qui m'a toujours empêché de voir deux espèces et même deux variétés, dans des échantillons si différents d'aspect. Lorsque la terre végétale est peu profonde, le gazon court, l'ombrage nul, on a la var. *b*. Soyer-Willemet (*S. glaucum* Bor.) A mesure que quelques-unes de ces conditions changent, et lorsqu'elles se trouvent réunies, on se rapproche peu à peu de la var. *a* Soy. Will. (*S. montanum* Bor), puis on y arrive tout-à-fait. Ces mêmes observations faites à Lanquais, je les ai répétées sur les basses montagnes des environs de Bagnères-de-Bigorre, et je suis arrivé aux mêmes résultats.

Je ne crois pas trop forcer la conséquence en concluant que nous sommes tous d'accord au fond pour ne pas scinder le *S. montanum* Koch , *Syn.*

SELINUM CARVIFOLIA (Catal. et Suppl. 2ᵉ fasc.) — Ajoutez : C dans les bois sombres et humides de Lajuliane, commune de Grum (DD. octobre 1854). — Sur la lisière de la Double (D'A. 1853).

PEUCEDANUM PARISIENSE (Catal.) — Ajoutez : Au Trou de la Forêt de Jaure près Villamblard (DD. 1854.).

— CERVARIA (Catal.) — Ajoutez : Abondant dans certaines parties de la Bessède, à l'exposition du Nord (M. 1853) ; Gravette, commune de Saint-Germain-de-Pontroumieux, dans les bruyères et sur les bords du chemin de Saint-Aubin (Eug. de Biran, 1853).

TURGENIA LATIFOLIA (Catal. et Suppl. 2ᵉ fasc.) — Ajoutez : Bergerac (M. l'abbé Duchassaing). — Très-abondant à Lafarguette, commune de Saint-Félix (OLV). — Champcevinel, près le lieu dit *Septfons* (D'A).

ANTHRISCUS SYLVESTRIS β ALPESTRIS (Suppl. 2ᵉ fasc.) — Ajoutez : Commune de Champcevinel, près Périgueux. « Cette belle espèce » m'écrivait M. le comte d'Abzac en août 1852, « s'y montrait dans tout le luxe de sa végétation, et portait d'innombrables ombelles de « fruits mûrs, d'un beau noir brillant. »

La découverte de M. d'Abzac est fort éloignée de la mienne, dans le temps comme dans l'espace, et me confirme dans le désir que je ressens de voir rendre le rang spécifique à cette belle plante qui se nommerait dès-lors *Anthriscus torquata* (sub *Chærophyllo*) DC. Fl. Fr. Suppl. T. 5, p. 505, n° 3426.

— VULGARIS (Catal.) — Ajoutez : Sur les vieux murs à St-Julien-de-Crempse, et au Mayne près Ménesplet (DD).

LVIII. *LORANTHACEÆ.*

VISCUM ALBUM (Catal. et Suppl. 2e fasc.) — Ajoutez : Sur le *Tilia grandifolia* Ehrh., dans le cimetière de Breuil, canton de Vergt. Le tilleul qui le porte est d'une taille colossale et placé, comme l'église, sur une butte réputée gauloise. Les églises des deux communes contiguës à celle de Breuil (Château-Missier et Église-Neuve-de-Serre) sont placées sur des buttes semblables (DD. *in litt.*, septembre 1849. — Sur l'*Acer campestre* L. à Pissot, près Bordas.

LIX. *CAPRIFOLIACEÆ.*

SAMBUCUS EBULUS (Catal.)

M. de Dives me signale, à Manzac, une var. *laciniata* Bauhin, de cette espèce ; je ne la vois citée nulle part, sous ce nom, dans les ouvrages que je puis consulter. Je présume qu'il s'agit de la var. β *humilis* DC. Prodr. IV. p. 322, laquelle est dite « *Segmentis lineari-lanceolatis* » ; mais je n'ai pas vu la plante.

Sambucus nigra , Catal. ;

M. de Dives me signale , sur un vieux mur à **Périgueux** , une forme singulière de ce Sureau : « Le même pied porte « des folioles larges et entières, et des folioles étroites et « laciniées ».

LX. *STELLATÆ.*

Asperula arvensis, variation à fleurs blanches (Catal.) —
Ajoutez : Deux pieds de cette variation ont été vus par moi, en 1849 , dans les blés, à Faux.

Rubia peregrina (Catal.)

Cette espèce a offert à **M.** de Dives, dans la commune de Manzac, une forme naine et rabougrie que je cite parce qu'elle a été trouvée par lui *dans les bois* , tandis qu'ordinairement ce sont les déformations *par allongement* qui s'y rencontrent, et que les déformations contraires semblent le produit des stations très-sèches et exposées à un soleil ardent.

Galium Aparine (Catal. et Suppl. 2ᵉ fasc.) — Ajoutez :
Forma caule tenero prostrato, foliis lateribus obovato-lanceolatis Koch, syn. , éd. 2ª , p. 362 , nᵒ 7 (*Galium tenerum* Schleich. Cat. 1821. — *Galium spurium* γ *tenerum* Schultz, exsicc, nᵒ 131 ; Gren. et Godr. Fl. Fr. II , p. 44). Cette plante a été déterminée par M. Boreau en 1852 (DD).

Je ne suis pas disposé à croire à une pareille diminution du type spécifique , d'autant que les feuilles n'ont plus la même forme. En outre , les auteurs ne sont pas d'accord sur le type spécifique lui-même , puisque les uns rapportent la plante au *G. Aparine*, les autres au *G. spurium*; je présume donc que Schleicher a eu raison de la considérer comme autonome.

M. de Dives me signale, de plus, à Manzac, une déformation (piqûre d'insecte sans doute) qui rend presque toute les feuilles recroquevillées dans le *G. Aparine*, type.

La plante de Manzac, que j'ai signalée dans le 2ᵉ fascicule du Suppl. sous le nom de var. β *minus* DC. Prodr., doit conserver ce nom, et appartient aux petites formes du type de Koch, et nullement à ses variétés β *Vaillantii* et γ *spurium*, puisque les poils de son fruit partent d'une base *tuberculeuse*; dans les deux variétés de Koch, au contraire, lesquelles constituent pour MM. Godron et Grenier, le *Galium spurium* L., espèce réellement distincte de l'*Aparine*, la base des poils n'est point formée par un tubercule.

GALIUM ULIGINOSUM β *hercynoides* (Suppl. 2ᵉ fasc.)

Une nouvelle étude du genre *Galium* me montre qu'un *Galium* dont la tige est dépourvue *d'aiguillons réfléchis*, ne peut être rapporté au *G. uliginosum*. Cette conviction et un nouvel examen comparatif me déterminent à restituer tout simplement au *G. saxatile* la plante pour laquelle j'avais proposé le nom ci-dessus. Elle reste néanmoins assez remarquable par la longueur de l'*acumen* blanchâtre qui termine ses feuilles.

Quant aux échantillons sans fleurs ni fruits, du village de La Peyre, que j'avais pris pour le type du *G. saxatile*, je reconnais maintenant que ce ne sont que des souches broutées et d'arrière-saison du *G. Mollugo* L. (*G. elatum* Thuill.) dont les petites feuilles et les tiges faibles et couchées m'avaient fait méconnaître l'espèce. Il ne faut donc pas tenir compte de ce que j'ai dit de la grosseur de la racine du *G. saxatile*.

Si je n'ai pas trouvé ce dernier plus abondamment pendant mon excursion dans le Nontronais, il faut l'attribuer à ce que l'espèce est très-printanière et à ce que ses tiges fructifères disparaissent de très-bonne heure. La touffe qui en conservait encore quelques restes et que j'ai recueillie à l'ombre des supports du roc branlant de la Francherie, se trouvait retardée dans sa végétation par cette station exceptionnelle et semblable à celle qu'offrirait l'entrée d'une petite caverne.

GALIUM PALUSTRE (Catal. et Suppl. 2ᵉ fasc.)

Rien n'est plus facile à distinguer que le *G. palustre* L. et le *G. elongatum* Presl., j'en conviens avec M. Boreau, Fl. Cent. 2ᵉ, éd., p. 255, MM. Grenier et Godron (Fl. Fr. II. p. 39).....; mais seulement quand on choisit deux échantillons *extrêmes*, si j'ose ainsi dire. Dans le cas, au contraire, où l'on a sous les yeux de nombreux échantillons, inondés ou exondés, de localités diverses et à divers degrés de développement, je crois qu'il devient réellement impossible de poser une limite entre ces deux prétendues espèces. Dans ma profonde conviction, le *G. elongatum* n'est composé que des échantillons de *G. palustre*, qui par une cause ou par une autre, sont plus developpés *dans toutes leurs parties* également. Les rameaux *déjetés* ou *non déjetés* dépendent de la position de la tige par rapport aux végétaux environnants : je ne puis y voir *un caractère*. Les deux rangs d'aiguillons, en sens contraire, qui garnissent le bord des feuilles de l'*elongatum*, existent souvent aussi, mais plus petits, dans le *palustre* normal!

L'allongement et l'épaisseur plus grande des tiges, la densité moins grande des touffes, la nervure plus sail-

lante, sont les résultats *logiques* du plus grand développement de la plante entière.

Je ne puis donc pas voir là deux espèces, ni même
deux variétés, à cause des nuances innombrables qui
les lient.

Le *Prodromus* d'A. P. de Candolle donne le *G. elon-
natum* Presl. pour synonyme du *G. constrictum*
Chaub. C'est là une assertion diamétralement opposée
à l'appréciation de MM. Boreau, Grenier et Godron ;
car c'est en faire un *diminutif* du *G. palustre*, tandis
que ces trois derniers savants en font un *augmentatif*.
Cette divergence d'opinion prouve l'absence de caractères solides.

M. Boreau, loc. cit. a élevé au rang d'espèce ma
var. β *rupicola* ; c'est son *Galium rupicola*, p. 253,
n° 949. MM. Grenier et Godron l'ont laissée comme moi
au rang de simple variété (β *rupicola* Fl. Fr. II. p. 39
et je crois qu'ils ont bien fait,

J'accepte maintenant très-volontiers, après un nouvel
examen, la réunion des *Galium constrictum* Chaub.
et *debile* Desv. opérée en 1849 par M. Boreau, et
confirmée en 1850 par MM. Grenier et Godron ; mais
je ne l'accepte que sous la forme présentée par ces derniers savants, c'est-à-dire sous le nom de *G. debile*
Desv., parce qu'il est de 1818, tandis que celui de la
Flore Agenaise n'a vu le jour qu'en 1821. — Les
échantillons que je séparais du *debile* sous le nom de
constrictum, vont, les uns au *debile*, dont il ne se
distinguaient que par quelques nuances trop légères
dans le port, les autres au *palustre* γ *debile* DC.
Prodr. dont ils ne se distinguaient que par un peu
plus de grandeur et de fermeté. J'y trouve parfois cinq

feuilles aux verticilles inférieurs, et ils servent de passage presque insensible entre cette var. γ et le type.

GALIUM SYLVESTRE, α *glabrum* (Catal.)

Et 2) *Forma scabriuscula* Nob. (Suppl. 2ᵉ fasc.) doivent être répartis dans deux types spécifiques qui me paraissent maintenant bien distincts. Dans l'un comme dans l'autre, tel que je conçois leurs délimitation, on comprendrait des individus plus ou moins pourvus de poils accrochants, et des individus plus ou moins approchants de l'état glabre : ce sont là des misères auxquelles la spécification ne doit pas descendre.

Ces deux types spécifiques sont :

1° la plante grêle, faible, allongée à tiges *séparées ou facilement séparables*, qui a l'*aspect très-glabre* et *très-lisse*, et dont les poils *accrochants* des feuilles, lorsqu'ils existent, ne se manifestent qu'à la loupe, ou au toucher. C'est là le véritable *G. læve* Thuill. Fl. paris. p. 77, n° 8, an VII (1798-1799) (*Multicaule, procumbens ; caulibus glaberrimis ; foliis suboctonis, oblanceolatis, integris, lævibus ; fasciculis terminalibus confertiusculè paucifloris; corollis muticis;* Thuill. loc. cit. — C'est là par conséquent le *G. sylvestre* α *glabrum* Koch. *Synops.* — Lorsque les échantillons sont ainsi rapprochés autant que possible de la glabriété parfaite, on a la plante du Nord de la France, la plante de Thuillier ; mais elle est malaisée à trouver quand on s'avance vers les régions plus chaudes, et déjà M. Boreau, dans sa *Flore du Centre* 2ᵉ éd., p. 251, n° 937 introduit dans sa description la mention de *quelques cils rares* que portent parfois les feuilles. Si le climat devient moins froid encore, le système pileux se développe, les spinules du bord des feuilles

se montrent plus constamment, plus abondamment, et
naissent même plus ou moins abondantes sur la *face*
supérieure de la feuille, sans que celle-ci perde son
aspect glabre et luisant. On a alors une forme parfaitement décrite par M. Jordan (*Galium scabridum* Jord.
obs., 3ᵉ fragm., 1846, p. 136. — Gren. et Godr. Fl.
Fr. [1850]). — Je crois que l'état typique normal de
l'espèce, est celui décrit par M. Jordan, d'abord parce
que le plus emporte le moins et que l'état le plus riche
doit être attribué au type ; et en second, lieu parce que
la glabriété, que je sache, n'est jamais absolue dans la
plante du Nord, au moins dans ses échantillons bien
développés. — Cela étant, je crois que le nom de
M. Jordan est meilleur que celui de Thuillier : il n'est
pourtant pas parfait, puisque la plante est sujette à
perdre ses poils. Celui de Thuillier ne l'est pas non
plus puisqu'elle est sujette à en porter, mais il n'est
pas tout-à-fait impropre, puisque la plante conserve
toujours l'aspect glabre et luisant, et que sa tige rarement pubescente vers le bas, le conserve toujours de
la manière la plus marquée. — Le moyen de trancher
cette difficulté est simple : il faut recourir à la loi de
priorité. Puisque tout le monde est d'accord maintenant pour conserver spécifiquement distinct, le *G. syl-*
vestre Poll. (776) (*G. Bocconi* DC. Fl. Fr. et Prodr.,
Dub., Bot.; Lois. Fl. Gall.. *non* All. — *G. sylvestre* ᵧ *hir-*
tum, Koch, Syn. — *G. nitidulum* Thuill.), il est clair
que le *G. scabridum* Jord. doit perdre son nom pour
prendre celui de *G. læve* Thuill.

Ce *G. læve*, forme typique à feuilles chargées d'aiguillons au bord et sur la face supérieure des feuilles, se
trouve fréquemment dans la Dordogne et dans la

Gironde ; mais ce n'est pas une plante *sociale* et dont on puisse en peu d'instants faire une récolte considérable ; elle est toujours clairsemée. Ses feuillles sont plus ou moins élargies vers le bout , et ses tiges sont *radicantes* à la base, excellent caractère que nous devons à M. Jordan.

2° Je passe au second type spécifique, aussi admirablement décrit et aussi bien nommé que le premier par M. Jordan ; évidemment, il a été confondu par les floristes comme par moi, dans le *G. læve* ; mais comme je ne sache pas qu'il en ait été distingué avant M. Jordan, je crois que le nom imposé par cet habile observateur doit lui rester sans conteste. C'est le G. IMPLEXUM Jord. obs. 3ᵉ fragm. (1846), p. 141. — Gren. et Godr. Fl. Fr. II. p. 31 (1850). Il est glabre ou plus souvent pubescent et a plus rarement des spinules sur la face supérieure des feuilles , au moins vers le haut des tiges ; mais le bord des feuilles en est le plus souvent chargé. La forme de sa panicule et des lobes de sa corolle, ses tiges bien plus nombreuses , non radicantes et enchevêtrées au point d'être comme le dit si bien M. Jordan , INEXTRICABLES, le font distinguer, au premier coup-d'œil, du *G. læve.*

Je ne pense pas qu'on puisse accorder une valeur absolue aux tiges *radicantes* ou *non radicantes* de cette espèce et du *G. læve*. Celles du *G. implexum* partent , excessivement nombreuses, d'une souche plus forte que dans l'autre espèce ; mais quand elles croissent dans un milieu léger (peu cohérent), par exemple dans des tas de pierres dont les interstices conservent nécessairement de l'humidité et ne renferment que peu ou point de terre , les nœuds inférieurs offrent des radicelles comme des boutures qu'on planterait dans l'eau . Je possède une touffe énorme recueillie à Lanquais dans ces circonstances , et dont je ne pus enlever la souche. La propreté des radicelles prouve bien qu'elles ont crû dans le vide ou à peu près. Dans ce cas, c'est l'*inextricabilité* seule des tiges qui distingue , au premier abord , cette plante du *G. læve*.

Le *G. implexum* , parfois presque aussi *accrochant* que le *parisiense* , abonde dans les stations chaudes des côteaux calcaires de la Dordogne. C'est lui que j'avais *principalement* en vue lorsque je décrivais la forme *scabriuscula* du 2ᵉ fascicule de mon Supplément. M. Jordan ne l'indique que dans le Sud-Est et le Midi.

Les trois espèces de Pollich , de Thuillier et de M. Jordan étant ainsi délimitées , le *G. sylvestre* Poll. indiqué seulement dans l'Est, à Lyon et dans le Nord par MM. Grenier et Godron , manquerait totalement à la Dordogne et à la Gironde.

Le *G. sylvestre* α *glabrum* et 2) *forma scabriuscula* de mon Catalogue et du 2ᵉ fasc. du Supplément, serait remplacé par les deux autres espèces savoir :

Nº 1. GALIUM LÆVE. Thuill. (*G. scabridum* Jord.)

C sur les côteaux secs , herbeux , à demi-ombragés.

Nº 2. GALIUM IMPLEXUM. Jord.

CC sur les côteaux crayeux secs, non ombragés , aux expositions les plus chaudes , dans les gazons courts ou parmi les pierres.

Au *Galium sylvestre* de Koch , dont nous n'avions dans la Dordogne que la var. α *glabrum* , il faut ajouter maintenant la var. δ *supinum*, laquelle, plus grande que les échantillons décrits par Koch, forme une espèce distincte pour MM. Jordan, Grenier et Godron et en forme *deux* pour M. Boreau. C'est le :

Nº 3. GALIUM COMMUTATUM. Jord. obs. nº 3ᵉ fragm., (1846), p. 149. — Gren. et Godr. Fr. Fl. II. p. 33 (1850) auquel ces deux derniers auteurs donnent pour synonyme certain *G. supinum* Boreau, Fl. du Centre, 2ᵉ éd. (1849) p. 251, nº 939, et pour synonyme douteux *G. supinum* Lam. Dict. 2, p. 579 (?).

M. Boreau, lui (loc. cit. nºˢ 938 et 939), sépare ces deux espèces, sous les noms de *G. commutatum* Jord. loc. cit., et de *G. supinum* Lam. loc. cit.

Je distingue assez bien, ce me semble, les deux formes décrites par M. Boreau, dans deux plantes qui ne me semblent pas différer spécifiquement l'une de l'autre et qui ont été recueillies par M. de Dives, savoir :

G. commutatum Jord. — Gren. et Godr. — Boreau.

A Latour, commune de Saint-Paul-de-Serre.

G. supinum Boreau. (*G. commutatum* Jord. Gren. et Godr.)

Dans un petit bois à Limouzi, commune de Manzac.

Cette note était complètement rédigée, lorsque je me suis aperçu que MM. Grenier et Godron attribuent le *G. læve* Thuill. comme synonyme à une autre espèce (*G. montanum* Vill.) Fl. Fr. II. p. 33. — Mais bien qu'on y lise ces mots qui semblent s'appliquer à la forme que j'ai nommée *G. implexum* Jord.* tiges formant dans les débris mouvants, d'énormes touffes très-compactes et de 2-3 centimètres de diamètre* » je trouve le reste de la description si peu applicable à la plante dont j'ai de nombreux échantillons sous les yeux, que je me hasarde à laisser mon travail tel qu'il est.

LXI. *VALERIANEÆ.*

VALERIANA TRIPTERIS. Linn. — K. ed. 1ª, nº 6, ed. 2ª, nº 7.
— Gren. et Godr. Fl. Fr. II. p. 56.

Rochers des Eyzies, dans la vallée de la Vézère (OLV).

Cette précieuse acquisition pour notre Flore, nous est certainement fournie par l'Auvergne, d'où elle descend dans la partie la plus montagneuse de notre département. Elle y trouve des rochers frais et abruptes où elle se multiplie dans des conditions analogues à celles du sol natal.

M. O. de Lavernelle la découvrit en août 1851. L'année suivante, à une époque plus favorable (mai), il en recueillit de nombreux échantillons, parmi lesquels il distingue trois formes, savoir :

1º Le type de l'espèce (*V. tripteris* L. — DC. Prodr. IV p. 636, nº 41), à feuilles caulinaires *divisées en trois lobes* dont l'intermédiaire est de beaucoup le plus grand ;

2º La var. *ε intermedia* K., ed. 1ª et 2ª, laquelle, d'après cet auteur et d'après MM. Grenier et Godron qui lui refusent le rang de *variété* (Fl. Fr. II p. 56), constitue le *V. intermedia* Vahl. Ses feuilles caulinaires sont entières (quoique dentées), c'est-à-dire *non trilobées*. Ce n'est point ainsi que l'espèce de Vahl a été comprise par de Candolle (Prodr. IV. p. 636, nº 40) qui n'admet comme telle, que la plante qu'on trouve dans les Pyrénées et dont les feuilles caulinaires *tripartites* ont leurs lobes *très-entiers*. C'est cette dernière forme que de Candolle admet comme espèce sous le nom de *V. intermedia* Vahl.

3º. Enfin, une forme inséparable, *spécifiquement*, des précédentes, et pour laquelle M. de Lavernelle propose l'institution d'une var. *γ pinnata*, attendu que ses feuilles. caulinaires sont réellement *pinnatipartites*, c'est-à-dire à cinq

boles. Assurément, comme le fait remarquer notre studieux
observateur, cette modification mérite aussi bien le rang de
variété que celle que Koch admet comme telle, et si on
conserve celle-ci, celle-là doit également être admise. Les
feuilles caulinaires sont pourtant, en général, si variables
dans leur forme, qu'il est plus prudent de ne voir en tout
ceci, comme MM. Grenier et Godron, que des variations et
non des *variétés*. J'ajouterai seulement, que si l'on voulait
(et ce n'est certes pas mon avis) admettre comme bonne
espèce le *V. intermedia* Vahl *tel que l'entendait* M. de Candolle, c'est-à-dire à *lobes entiers* et non dentés pour ses
feuilles caulinaires trilobées, ce serait à cette espèce (*V.
intermedia* DC. Prodr. n° 40), qu'il faudrait adjoindre une
var. ε *pinnata* OLV; car les lobes sont parfaitement entiers
dans la forme distinguée par M. de Lavernelle.

CENTRANTHUS RUBER (Catal. et Suppl. 2ᵉ fasc.) — Ajoutez :
    Varie aussi à fleurs d'un rouge beaucoup plus foncé
    que d'ordinaire : sur les murs, à Grignols et à la Tour-
    Blanche (DD.)

— CALCITRAPA (Catal. et Suppl. 2ᵉ fasc.) — Ajoutez : Sur
    les murs à Saint-Marcel, canton de Lalinde (OLV);
    sur un mur à Beauregard, canton de Villamblard
    (REV.).

VALERIANELLA AURICULA (Suppl. 2ᵉ fasc.) — Ajoutez : var.
    α (*typus*) K., ed. 2ᵃ, p. 373, n° 6 (*V. auricula* DC.
    Fl. Fr. Suppl. p. 492. — Gren. et Godr. Fl. Fr. II.
    p. 59). J'ai trouvé pour la première fois ce type
    de l'espèce de Koch, à Lanquais, dans un champ
    argilo-calcaire et humide où l'on cultive des betteraves
    fourragères. La plante y était très-vigoureuse, mais
    rare et sous une forme basse, buissonneuse, touffue,

automnale (c'était le 4 octobre 1846). Fleurs excessivement petites, fruits gros.

M. de Dives en a trouvé, aux Granges, commune de Manzac, une déformation à feuilles recroquevillées (piqûres d'insectes). La plupart des espèces du genre sont sujettes à des déformations semblables.

LXII. *DIPSACEÆ.*

Knautia sylvatica (Catal.).

Je crois utile de faire connaître ici quelques synonymes plus récents que mon Catalogue pour cette charmante plante à fleurs purpurines des falaises herbeuses de la Dordogne. Elle constitue le type décrit par Duby et par Koch, Syn. ed. 2ª, p. 376, nº 3 (1843).

En 1844, M. le Dʳ F. Schultz (Archiv. de la Fl. de Fr. et d'Allem. I, p. 67), la décrivit sous le nom de *Knautia variabilis* F. Schultz *in* Mutel, Fl. Fr. 1835, et *in* Holandre, Fl. Moselle, Suppl. 1836, ɛ *sylvatica*, forme 1), *foliis crenatis integris elliptico-lanceolatis.*

En 1852, le même M. Schultz, dans le même volume, p. 223 de ses archives, se rend à l'opinion qui admet trois espèces dans son *K. variabilis* de 1844, et nomme notre plante *K. sylvatica*, α *vulgaris*, nom qu'elle doit, à mon avis, conserver.

En 1843, dans sa Flore de Lorraine, M. Godron l'avait comprise, avec le *K. arvensis*, dans son *K. communis.*

En 1850, MM. Grenier et Godron (Fl. Fr. II, p. 72) la nomment *K. dipsacifolia* Host.; mais je pense que M. Schultz a raison de dire qu'elle se distingue *comme variété* de la plante de Host, qui est beaucoup plus vigoureuse, plus montagnarde et qui constitue pour M. Schultz, la var. *ϐ dipsa-cifolia* du *K. sylvatica* de Duby.

Dans les lieux herbeux plus secs et moins voisins de la Dordogne, j'ai trouvé une variation de cette jolie plante, qu'on peut rapprocher de la forme 4) *foliis basi incisis* de M. Schultz, loc. cit. p. 67. Elle est assez fortement velue, d'une teinte plus pâle ; ses feuilles sont beaucoup plus étroites (moins elliptiques, plus lancéolées), plus ou moins ondulées sur leurs bords, et ces ondulations s'approfondissent, sur quelques-unes des feuilles inférieures, jusqu'à leur mériter le nom de feuilles *sub-incisées*.

SUCCISA PRATENSIS (Catal. et Suppl. 2ᵉ fasc.)

J'ai retrouvé un pied de la rare variation à fleurs *blanches* dans une clairière de la forêt de Lanquais, toujours sur le terrain argilo-sableux et infertile de la Molasse, et M. de Dives l'a recueillie également dans les prés de la Chasagne, commune de Saint-Paul-de-Serre. Le même observateur a trouvé une forme naine (à fleurs bleues) et la variation à fleurs *roses* dans un bois très-sec, à la Maléthie, commune de Manzac.

Règle générale : la forme glabre appartient aux localités les plus humides, et la plante y acquiert les dimensions les plus fortes dont elle est susceptible (par exemple au Pont-d'Espagne, sur la route de Cauteretz au lac de Gaube). Plus au contraire, les échantillons sont grêles ou petits, plus aussi ils sont velus et croissent dans des stations plus sèches.

SCABIOSA PERMIXTA. Jordan.

CC à Saint-Cyprien (M. l'abbé Neyra). Cette plante ne m'est connue que par l'indication que m'en transmet M. de Dives (septembre 1857).

LXIII. *COMPOSITÆ*.

1. Corymbiferæ.

NARDOSMIA FRAGRANS. Reichenb. — DC. Prodr. V. p. 205,
n° 1. — *Tussilago suaveolens* Desf. Catal. hort. par.
Vulgò *Vanille d'hiver* ou *Héliotrope d'hiver*.

On peut le considérer comme désormais naturalisé aux
environs des jardins où il a été planté, et particulièrement
au *Petit-Salvette* près Bergerac sur les berges de la Dordogne (DD.)

LINOSYRIS VULGARIS. Cassini *in* DC. Prodr. V. p. 352, n° 1.
— K. ed. 2ª 1. — Gren. et Godr. Fl. Fr. II. p. 94.

Chrysocoma Linosyris L. — K. ed. 1ª. — Duby,
Bot. gall.

Cette jolie plante, que personne encore ne m'avait indiquée dans le département lorsque je publiai le Catalogue
de 1840, y existe pourtant dans un bon nombre des cantons
du Sud-Ouest.

M. Du Rieu remarqua son absence dans le Catalogue, et
m'écrivit de la Calle (Algérie) dès le 1er avril 1841, pour
me signaler son existence et même son abondance sur les
côteaux crayeux et arides des communes de Bouniague et
de Saint-Perdoux.

En octobre 1844, elle fut recueillie au *Grand Bois* près
Saint-Capraize-d'Eymet, par M François FOURNIER, et près
du village d'Eyssaboin, commune d'Eyrenville près Issigeac
par MM. MOURGUET et Gustave BOUYSSOU, tous trois élèves
du Petit-Séminaire de Bergerac.

En 1845 et 46, M. l'abbé Revel la retrouva au bas de
la grande route, au Colombier près Bergerac..

En 1847 enfin, M. Al. Ramond me l'envoya du côteau dit *des Brandaous*, dans le canton d'Eymet.

Elle manque totalement, je crois, dans le canton de Lalinde.

SOLIDAGO VIRGA AUREA (Catal.).

Var. β *angustifolia* Gaud., Koch. β *ericetorum*, Duby ; DC., Prodr. — Monpont, au bord de l'Isle (DD.)

Var. γ *latifolia* Koch. — Bergerac, La Roche-Chalais (DD.)

— GLABRA. Desf. — DC. Prodr. V. p. 331, n° 9. — Gren et Godr. Fl. Fr. II, p. 93. — S. *serotina* Ait. Kew. — Duby, Bot. gall., p. 1030.

Originaire de l'Amérique septentrionale, mais complètement naturalisé sur les bords du Rhône, de l'Isère et du Gardon (Gren. et Godr.). M. de Dives l'a trouvé en 1848 dans un îlot totalement inculte (et qui l'a toujours été) de l'Isle, à Chamiers, près Périgueux. Il a soumis ses échantillons à M. Boreau, qui en a approuvé la détermination.

MICROPUS ERECTUS. Linn. — K. ed. 1ª et 2ª, 1.

N'est pas rare autour de Blanchardie, commune de Celles près Ribérac (DR.). — Dans une friche près de Laribérie (REV.). — Cette plante est peu répandue en France, ou du moins peu remarquée : son adjonction à la Flore de la Dordogne a par conséquent un certain degré d'intérêt.

PALLENIS SPINOSA (Catal.) — Ajoutez : Beauséjour, près Neuvic (DD.)

INULA HELENIUM (Catal.) — Ajoutez : Environs de Lafeuillade, canton de Terrasson, où elle paraît spontanée (DD.)

INULA SALICINA (Catal.) — Ajoutez : CCC dans une friche
pierreuse, à la Gabarrie, commune de Saint-Germain-
de-Pontroumieux (Eug. de BIRAN). — Saint-Priest-
de-Mareuil, au bord d'un chemin, R. (M.)

— GRAVEOLENS. Desf. — K. ed. 2ᵃ 16. — *Solidago gra-*
veolens Lam. — K., ed. 1ᵃ, 1. — Nob. Catal. 1840.

A l'exemple du *Prodromus* de Candolle, Koch a trans-
porté cette espèce dans le genre *Inula* ; elle doit donc porter
le nom ci-dessus.

BIDENS CERNUA (Catal.) — Ajoutez : Saint-Astier ; bords du
ruisseau de *Piquecaillou* près Bergerac ; au Bost, dans
la Double (DD.) — Mareuil (M). — Fossés de la
grande route, entre Nontron et Pluviers (1848).

FILAGO GERMANICA (Catal).

Cette désignation répond à deux espèces regardées
maintenant comme distinctes, et qui se trouvent toutes deux communément en Périgord. En citant quelques localités, je ne veux point dire que ce soient les
seules où elles aient été observées ; mais si j'en juge
par ce que je vois à Lanquais où l'une et l'autre abondent, je crois pouvoir dire que l'espèce *linnéenne* est la
moins commune. Elle constitue le

FILAGO GERMANICA Linn.—Gren. et Godr. Fl. Fr. II.
p. 191 (1850). — α DC., Prodr. VI., p. 247, n° 1.
— K. ed. 2ᵃ 1. — Cette espèce, souvent mêlée à la
suivante, est plus précoce qu'elle. Elle s'en distingue
par ses feuilles caulinaires non atténuées à la base,
pointues au sommet, et par ses périclines plus enfoncés dans la bourre cotonneuse du capitule, qui est en
général plus petit et à fleurs plus serrées. Ces périclines
présentent cinq angles peu prononcés et séparés par

des sinus superficiels. Les feuilles qui entourent, comme une collerette, la base du capitule, sont bien plus courtes (Coss. et Germ. — Gren. et Godr.).

Elle se divise en deux variétés, savoir :

Var. α *lutescens*, plante couverte d'un tomentum d'un blanc jaunâtre ou verdâtre. Gren. et Godr., loc. cit.

Filago lutescens Jordan, obs., pl. France, fragm. 3, p. 201, tab. 7, fig. B.

Aux Guillonnets, commune de Varennes, dans les chaumes des terres légères et sablonneuses de l'alluvion ancienne (2e lit de la Dordogne). Elle y acquiert une forte taille. — Lanquais, et probablement les divers lieux où mes correspondants m'indiquent, sans me l'avoir communiqué, le *Filago germanica* des auteurs actuels, distingué du *spathulata*.

Var. 6 *canescens*, plante couverte d'un tomentum blanc. Gren. et Godr. loc. cit.

Je ne comprends pas pourquoi MM. Grenier et Godron ont fait leur type de la var. *lutescens* qui est bien moins commune que leur var. 6.

Celle-ci qui, d'après un échantillon de Saint-Maur près Paris, déterminé par MM. Adrien de Jussieu, Cosson et Germain, et envoyé en 1846 par M. Alix Ramond, constitue le vrai type du *Filago germanica* L., abonde dans tout notre Sud-Ouest depuis la mer jusqu'en Limousin. C'est à elle qu'appartient la forme tout-à-fait naine (*pusilla*, le plus souvent à un seul glomérule de périclines) que j'ai signalée à Saint-Front-de-Coulory, dans mon Catalogue de 1840. — Varennes. — Lanquais. — Nontron. — Manzac (DD), etc.

La seconde espèce est constituée par le

FILAGO SPATHULATA. — Presl. — Gren. et Godr. Fl.
Fr. II p. 191 (1850)

F. *Jussiæi* Coss. et Germ. Ann. sc nat. 2ᵉ sér. T.
20, p. 284, pl. 13, fig. C, 1-3 (1843) et eorumd.
Flor. paris., p. 406 (1845).

F. *pyramidata* Vill. *non* L.

F. *germanica*. β *pyramidata* DC. Prodr. VI., p.
247. — K. ed. 1ᵃ et 2ᵃ 1, et verisimiliter F. *germanica*
δ *spathulata* DC. ibid.

C'est la plante dont j'avais désigné, dans mon Catalogue de 1840, une des formes comme *se rapprochant
de la* var. β *pyramidata* Koch. Quant à la forme la
plus commune, je la confondais encore, comme tout
le monde, avec le F. *germanica*.

Le F. *spathulata* est plus tardif que le *germanica*
dont il se distingue par ses feuilles caulinaires atténuées
à la base et obtuses au sommet, d'où le nom spécifique
que Presl lui a donné et qui prime le *Jussiæi* par sa
date. Ses périclines sont moins enfoncés dans la bourre
cotonneuse du capitule qui est en général plus gros.
Les périclines sont écartés l'un de l'autre à leur sommet, ce qui donne au capitule un aspect plutôt stelliforme
que sphérique. Chacun d'eux présente cinq angles aigus
et séparés par des sinus profonds. — Les feuilles qui
entourent comme une collerette, la base du capitule,
sont au nombre de trois ou quatre, et en général
bien plus longues que lui. (Coss. et Germ. — Gren. et
Godr.)

Je ne sache pas que cette espèce présente de
variété *lutescens*, ce qui n'aurait rien d'étonnant si,
comme le pense M. Jordan, le *lutescens* constituait
réellement une espèce distincte.

Manzac, Jaure (DD.); les échantillons de la première
de ces localités sont diffus et couchés ; ceux de la 2ᵉ
sont droits ; tous ont été soumis par M. de Dives à la
vérification de MM. Boreau et Chaubard. — Lanquais.
— Varennes. — Le Sigoulès et Eymet, où M. Alix
Ramond en a récolté de nombreux échantillons qu'il a
fait authentiquer par MM. Cosson, Germain et Decaisne.
Cet observateur me fait remarquer qu'à Paris comme
dans la Dordogne, l'espèce dont il s'agit est plus commune que le *germanica*.

J'ajoute que, dès le 1ᵉʳ novembre 1845, Koch écrivait à M. F. Schultz qu'il regardait le *F. spathulata*
« comme une espèce assez bien distincte, surtout par
« les caractères suivants : *Differt à G. germanico*
« foliolis interioribus involucri apice enerviis, scili-
« cet, nervo longè antè apicem evanescente, foliis cau-
« linis remotioribus obovato-lanceolatis, capitulis
« paucioribus » (Archiv. de la Fl. de Fr. et d'Allem
I. (1848), p. 127).

FILAGO GALLICA (Catal.).

M. de Dives pense qu'il est bon de mentionner que partout, dans les stations très-sèches, on en rencontre une forme
naine qui doit être spécialement signalée dans le Catalogue.
On la trouve effectivement partout, et ce n'est qu'un appauvrissement de l'état habituel de l'espèce.

GNAPHALIUM LUTEO-ALBUM (Catal.). — Ajoutez : Outre plusieurs localités inutiles à citer, vu la vulgarité de la
plante, que, tandis qu'à certains endroits elle est excessivement maigre et petite (berges argileuses de la Dordogne à Bergerac, DD.) elle prend au contraire ailleurs
un développement remarquable (vignes du château de
Borrieure, commune de Champcevinel ; D'A.).

7

98)

ARTEMISIA ABSINTHIUM (Catal.) — Ajoutez : Carlux M .
— CCC à Saint-Aubin-de-Nabirat et à Daglan dans le
Sarladais (DD.)

— CAMPESTRIS. Linn. et auct. omn. — α (typus) K. ed. 1ª
12, ed. 2ª 13.

Bords de la Lizonne, dans la paroisse de Champa-
gnac, et sur le plateau de la Rochebeaucourt (M.)

— VULGARIS (Catal.) — Ajoutez : Ambelle et Sainte-
Croix-de-Mareuil, dans les terres et dans les vignes.
Dans ces sortes de terrains, la tige est presque toujours
simple, très-droite et élevée (M.) — Bruc (DD.) —
Bords de l'Isle à Périgueux (D'A.) — Berges du canal
de Lalinde et jusqu'à son barrage supérieur à Mauzac;
où la plante est très-abondante.

TANACETUM VULGARE. Linn. — K. ed. 1ª et 2ª, 1.

Sur un tas de pierres à Dives, commune de Manzac;
dans une haie à Bordas; dans une haie au Bel, commune de Manzac, etc. (DD.) M. de Dives exprime des
doutes sur la spontanéité de cette plante et de la suivante. M. Eugène de Biran, qui rencontre de loin en
loin le T. *vulgare* sur la lisière des champs qui dominent un ancien chemin creux entre Saint-Germain-de-
Pontroumieux et Saint-Aigne, regarde cette station
comme trop voisine des habitations pour qu'on puisse
regarder la plante comme indigène ; mais, dit-il, elle
doit s'y être naturalisée depuis longtemps, car on ne
se souvient nullement de l'avoir cultivée dans les jardins du voisinage.

— BALSAMITA. Linn. — K. ed. 1ª et 2ª 2. — Gren. et
Godr. Fl. Fr. II, p. 138.

Sur les vieux murs aux Lèches près Mussidan, à Ménaud près Saint-Julien-de-Crempse, etc. DD.) — Bords du Codeau près d'une haie au nord de Bergerac (Rev.

ACHILLEA LANATA. Spreng. — K. ed. 1ª 13, ed. 2ª 14. (A. *compacta* Lam. Dict. — DC. Fl. Fr. — Gren. et Godr. Fl. Fr. II, p. 163 (non Wild. nec DC.) — A. *magna* DC. Prodr. VI. p. 25, nº 5 (non L. — A. *stricta* Schleich.)

Lanquais. Je ne puis dire plus précisément dans quelle station j'ai trouvé cette espèce, recueillie depuis longues années, et que j'avais toujours confondue jusqu'à présent avec le *millefolium*. L'échantillon que je possède est très-beau et d'une taille élevée (47 centimètres). Proviendrait-il d'un jardin??

ANTHEM S ARVENSIS (Catal.).

M. l'abbé Revel m'a donné, en 1845, un bel échantillon, fragment d'un individu de cette espèce, monstrueux *par arrêt partiel de développement*, et qu'on pourrait cataloguer sous la désignation *forma abortiva*. Cet individu recueilli aux environs de Bergerac, à la maison de campagne du Petit-Séminaire, est extrêmement rameux, touffu, buissonneux quoique grêle dans toutes ses parties, et ses rameaux, comme ses tiges principales, sont *indurés* et d'un jaune brunâtre très-clair. Les calathides, au nombre d'environ quatre-vingt sur le fragment que je possède, sont portées sur des pédoncules si courts, qu'elles paraissent presque sessiles parmi les feuilles. Les unes sont encore en bouton, les autres sont développées, mais si petites, qu'elles ne mesurent guère que six millimètres en comptant les languettes de fleurs de la circonférence. Ces dernières fleurs sont les seules qui se soient développées, et toutes les autres appa-

raissent à la loupe, en boutons et à l'état absolument rudimentaire, au fond de la calathide qu'elles semblent revêtir
d'un petit pavé de mosaïque.

M. l'abbé Revel ne m'a pas fait connaître s'il a rencontré,
au même endroit, d'autres pieds affectés de cette élégante
monstruosité.

MATRICARIA CHAMOMILLA Linn. — K. ed. 1ª et 2ª, 1.

Nous cherchions depuis longtemps et sans succès, dans
le département, cette plante pourtant bien commune en
France, lorsqu'enfin, le 18 Juin 1843, à l'entrée du bourg
de Lanquais, je la vis en abondance, parmi les herbes d'une
cour au bord d'une pièce de Luzerne et au pied des murs
autour d'un tas de fumier; je crois que ses graines y sont
venues avec celles de la Luzerne, car je le répète, mon attention était éveillée sur la singulière absence de cette espèce.

Peu de jours après, le 22 juin, je la retrouvai, abondante aussi et fort belle, dans le jardin du Petit-Séminaire
de Bergerac où M. l'abbé Revel ne l'avait pas observée les
années précédentes.

Cet observateur est si attentif, que je crois également à
une importation récente; d'autant plus qu'à Lanquais, *dans
la cour même du château*, là où, bien certainement ce me
semble, la plante n'avait jamais paru, j'en trouvai tout-à-
coup, le 5 juin 1846, un bon nombre de pieds : or, c'est
dans l'écurie qui s'ouvre sur cette cour qu'on apporte la
Luzerne dont je viens de parler.

Je crois donc que la plante n'est pas, *naturellement*,
répandue partout en France, mais qu'elle s'y propage et s'y
multiplie très-facilement.

Dans la Gironde aussi, elle passait pour rare et n'était
indiquée que dans une couple de localités éloignées de Bordeaux. Je l'ai trouvée en abondance dans les rues de deux

bourgs voisins, Créon et la Sauve. Mais là, c'était la forme *très-odorante* et à capitules plus petits, qui constitue, d'après Koch, le *M. suaveolens* Linn. Fl. suec. *non* Smith *nec* DC. On peut la désigner sous le nom de *forma suaveolens* ou de *forma microcephala*, et le fait est que, recueillie depuis plus de six ans, elle est encore beaucoup plus odorante, dans mon herbier, que le type.

C'est probablement cette forme que M. l'abbé Meilhez a observée au pied d'une haie près Mareuil en 1844 ou 1845, et qu'il désigne dans ses notes sous le nom de *M. suaveolens*. Elle y était abondante ; mais M. Meilhez n'ose affirmer qu'elle soit tout-à-fait spontanée : elle sent si bon qu'elle mériterait une place parmi les plantes officinales cultivées dans bien des jardins de petits propriétaires.

Il me reste à parler du point le plus important que nous ayons à constater en ce qui concerne l'espèce dont il s'agit. Mon vénéré maître, M. J. Gay, avait presque achevé, vers 1842 ou 1843, sur les Anthémidées, un admirable travail qui, malheureusement, n'a jamais vu le jour. Le savant auteur m'a donné des échantillons des trois *variétés* qu'il établissait sur la considération des akènes : α *calva* (akènes non couronnés d'une membrane) ; β *intermedia* (akènes couronnés d'une membrane courte et incomplète) ; γ *coronata* (akènes couronnés d'une membrane dentée, grande et complète . Il serait même possible que M Gay eût conçu depuis lors le projet d'élever cette dernière au rang d'espèce, car Koch (*Syn.* ed. 2ª p. 416) dit : « *M. coronata* Gay, *ab ipso auctore accepta*, etc. »

Quoi qu'il en soit de cette question de spécification, tout ce que j'ai vu, de la Dordogne et de la Gironde, appartient au type du *M. Chamomilla* L., c'est-à-dire à la var. α *calva* de M. Gay.

CHRYSANTHEMUM LEUCANTHEMUM (Catal.) — Ajoutez : var.
β *discoideum* (fleurs *non radiées* (aux Veauvetos, commune de Manzac DD. 1852).

Le type de l'espèce abonde dans les terrains granitiques du Nontronais, et ses fleurs y sont énormes, de
manière à rappeler celles des individus moyens du *Leucanthemum maximum* des Pyrénées.

— PARTHENIUM (Catal.) . 1 .

A cette plante se rattache l'une des observations les plus
curieuses et les plus embarrassantes qu'il m'ait été donné
de faire. Je dois en retracer ici l'historique , pour me faire
pardonner la proposition que j'ose soumettre aujourd'hui
aux botanistes, d'ériger *en genre* une des sections du *Pyrethrum* DC. Prodr.

Je ne me dissimule pas que , s'il est adopté , ce genre
sera artificiel , pauvre , pour ainsi dire *empirique*, comme
presque tous ceux qui composent la tribu des Chrysanthémées du *Prodromus* de Candolle. Il n'y a qu'à jeter les yeux
sur les synonymies de ces plantes, pour voir qu'on n'a jamais
pu se mettre d'accord sur leur compte et qu'on trouve fréquemment transportés comme indifféremment de l'une à
l'autre, selon les auteurs qu'on compulse , des noms qui
semblent, de prime abord, présenter des idées si distinctes :
*Chrysanthemum, Leucanthemum, Pyrethrum, Tanacetum,
Matricaria , Anthemis , Achillea*, etc.

---

(1) J'ai lu à l'Académie des Sciences de Bordeaux, en avril 1857,
le petit travail ci-dessous , en lui donnant ce titre : *Sur les Chrysanthèmes d'automne de nos jardins , et sur quelques plantes qui
leur sont congénères*; et la Compagnie m'a fait l'honneur de le faire
imprimer dans ses Actes, 20e année , 1er cahier (Août 1858) J'en ai
fait faire un tirage à part.

Le nouveau genre aurait pourtant, sur tous les autres de la tribu des Chrysanthémées, un grand avantage : celui d'offrir *en puissance*, si ce n'est toujours *en réalité présente*, un organe distinct par sa nature, et placé dans un lieu où les autres genres ne le montrent pas, tandis que la plupart des autres genres de la tribu ne diffèrent guère entr'eux que par les modifications qu'offrent les formes des mêmes organes.

Les Chrysanthémées ne se distinguent essentiellement des Enanthémidées que par ce seul caractère : *Receptaculum epaleaceum*, au lieu de *receptaculum paleaceum*. Or le nouveau genre se distinguera de toutes les autres Chrysanthémées par ce dernier caractère qui le rapprochera des Euanthémidées, *receptaculum paleaceum*, sans cependant le faire entrer dans leur tribu, d'où l'éloignent son port et presque toutes ses affinités les plus évidentes. Il pourrait servir de chaînon intermédiaire aux caractères tranchés et constants des deux groupes.

Sans doute il devrait appartenir aux Euanthémidées si, comme chez elles, la présence des paillettes sur le réceptacle était universelle, constante, sans exception. Mais, de l'aveu des auteurs qui les ont vues avant moi, la présence des paillettes est irrégulière et inégale dans deux des espèces du genre proposé, et il est certain pour moi que dans les deux autres, elles ne se développent que pendant l'anthèse et à mesure que le capitule vieillit. Il paraît même (mais ce fait a besoin d'une vérification que je n'ai pas le moyen d'opérer sur une assez large échelle), il paraît, dis-je, que les paillettes manqueraient souvent, à tous les âges, dans le *Matricaria Parthenium* Linn., car les auteurs ne les y mentionnent pas.

Cette dernière espèce appartient à la 1re section des *Pyrethrum* du *Prodromus* de Candolle.

A côté d'elle, et pourtant bien distincte par son feuillage, prendrait place l'*Anthemis parthenioides* Bernh. — DC. Prodr.

Les deux autres seraient les *Pyrethrum indicum* Cass. et *sinense* Sabin. du *Prodromus*, et la section dernière de ce genre, DENDRANTHEMA, qu'elles composent à elles seules, donnerait son nom au nouveau genre.

Afin que les quatre espèces que je viens de désigner pussent entrer *rigoureusement* dans ce genre, la caractéristique de la *section* n'aurait à subir, en devenant *générique*, que cette *unique* et *très-légère* modification : au lieu de « *et* » *tunc bracteolas scariosas in receptaculo inter ligulas* « *admittentia.* » on dirait « *et bracteolas scariosas in recep-* « *taculo inter flosculos ligulasque* FREQUENTER *admit-* « *tentia.* »

On le voit, la modification se borne à ceci :

1° La suppression du mot *tunc*, pour montrer que la présence des paillettes ou bractéoles n'est pas *subordonnée* à l'état *double* du capitule;

2° L'addition du mot *flosculos* (fait constaté déjà dans le *Prodromus* à la fin des descriptions des *Pyrethrum indicum* et *sinense* et de l'*Anthemis parthenioides*);

3° L'addition du mot *frequenter*, que des observations ultérieures permettront peut-être de *généraliser* en le remplaçant par ces mots : *in capitulis senescentibus*.

La partie essentielle de cette diagnose générique serait complétée en ces termes : *Cætera Pyrethri* DC. Prodr.

Je reprends, et voici l'historique et l'enchaînement des observations qui m'ont conduit à la proposition que je fais aujourd'hui :

Il y a trente et quelques années que mon regrettable ami le Mis Hercule de Rabar me donna, sous le nom de *Matri-*

caria Parthenium L. à fleurs doubles, un échantillon cultivé dans les jardins de son château de Bomale près Libourne. Les feuilles de cet échantillon présentaient un aspect fort différent de celui qu'offre le *M. Parthenium* simple ou double, soit sauvage, soit cultivé (tel que je l'avais recueilli moi-même en 1817 dans un jardin de Bordeaux . Je conservai néanmoins l'échantillon de M. de Rabar sans y donner beaucoup d'attention. Mais vers 1839, lorsque j'étais occupé à mettre mes Anthémidées dans l'ordre du T. VI du *Prodromus* publié en 1837, je reconnus dans cet échantillon dont le réceptacle était *pailleté*, l'*Anthemis parthenioides* Bernh., DC. loc. cit. p. 7, nº 14. Évidemment, Candolle ne place la plante dans ce genre qu'à cause de ce caractère, car il fait suivre l'initiale *générique* A d'un point de doute, et termine sa description ainsi qu'il suit : « Simillima Matricariæ Parthenio, sed paleis inter flores instructa. Ferè semper plena in hortis occurrit, et fortè ideò paleæ receptaculi ex luxuriante statu ortæ, ut in Chrysanthemis indico et sinensi, sed in speciminibus capitulo semipleno donatis, jam anno 1809 in horto Monspeliensi cultis, video paleas etiam in disco inter flores tubulosos adstantes (v. v. c.) » (1).

Il ne dit rien de semblable à l'article du *Pyrethrum Parthenium* Sm. ibid. p. 50, nº 28 , espèce évidemment distincte par la forme de ses feuilles et dont la véritable patrie n'est pas plus certainement connue que celle de l'*Anthemis parthenioides*.

---

(1). Il est bon de noter qu'entre 1809 et 1837, la connaissance de ces faits avait commencé à se répandre dans le monde botanique. et je trouve dans un ouvrage peu connu, mais fait avec soin (*Flore d'Indre-et-Loire* [1855] p. 136 en note) ces mots : « On cultive... « le *Chrysanthemum indicum*..... ses fleurs.... ont presque tous

En 1840, à Paris, je parlai à M. Gay de cette dernière espèce cultivée par M. de Rabar, et comme elle n'existait dans aucun herbier parisien, je fus heureux de lui envoyer mon échantillon et de le prier d'en agréer l'hommage. Mon vénérable maître me répondit en mars 1842 par la note suivante :

« *Anthemis parthenioides* Bernh., donné par M. de « Rabar. Il faut bien que *oui*, puisque toutes les fleurettes « du capitule ont leur paillette ! Ainsi vous m'envoyez un fait « très-instructif et que j'ai vainement cherché ailleurs ! »

M. de Rabar était déjà mort à cette époque, et je ne pouvais ni avoir recours à son herbier pour savoir s'il avait observé le réceptacle paléacé, ni savoir si la plante s'était perpétuée dans son jardin. Je continuai à la croire très-rare, mais mon erreur ne dura pas longtemps.

En juin de la même année 1842, je vins du Périgord à Bordeaux, et j'eus la joie d'y retrouver ma plante. L'aimable et savant bibliothécaire de la ville, mon honoré collègue feu Jouannet, avait l'habitude — presque la manie — d'avoir toujours quelque fleur ou un bout de rameau à la main, à la bouche ou à la boutonnière, et j'obtins un jour de lui l'abandon de ce *trésor*, qui provenait tout simplement d'un pot acheté au marché aux fleurs. Je m'en procurai bientôt un semblable ; je cultivai la plante à Bordeaux et à Lan-

---

« les fleurons développés en ligules ou en tuyaux : *dans ce cas*, le « réceptable est garni de paillettes, ce qui avait d'abord fait nommer » cette plante *Anthemis grandiflora*.... » Les auteurs de cette Flore mentionnent ensuite le ***Chrysanthemun parthenioides***, plante « qu'il faut aussi rapporter à ce genre... assez voisine du *C. Par-* « *thenium* et appelée aussi *Matricaire ;* ses fleurs très-doubles, « formées de ligules, sont d'un blanc pur. » Ils paraissent n'avoir pas observé les paillettes de son réceptacle

quais ; j'en desséchai bon nombre d'échantillons, et c'est
alors que je vis que les paillettes ne se montrent pas
au début de la floraison, mais seulement à mesure que le
capitule vieillit. Cette observation ne portait que sur des
fleurs parfaitement *doubles*; je ne les connaissais encore
ni semi-doubles, ni simples ; mais je ne sus pas douter alors
que la plante ne dût rester dans le genre *Anthemis*. Il n'y a
rien de bien extraordinaire, en effet (quoique ce soit fort
insolite), dans l'apparition *tardive* des paillettes, surtout
de celles-ci qui ne sont que des diminutifs des écailles du
péricline. Que sont en effet des paillettes, des écailles ? Rien
autre chose que des *feuilles* florales, des bractées bien
moins déformées, bien moins détournées de leur nature
appendiculaire que ne le sont les feuilles dites *carpellaires*.
Or, dans un même genre, la naissance de la feuille ne pré-
cède pas toujours et suit quelquefois de plus ou moins loin
le développement de la fleur (*Magnolia*, *Daphne*, *Calycan-
thus*, la plupart des drupacées, en un mot les *filius antè
patrem* de nos anciens).

L'*Anthemis parthenioides* était devenue alors une des
plantes *d'ornement vulgaire* les plus à la mode dans notre
sud-ouest, et elle a conservé sa vogue pendant plusieurs années, jusqu'à ce que l'impulsion vigoureuse donnée par les
Sociétés d'horticulture, eussent remplacé les vieilles conquê-
tes du jardinage traditionnel par des nouveautés rapportées
de la Californie et des climats tempérés de l'Amérique et de
la Chine. A Saintes par exemple, en Juin 1844, je me souviens d'avoir vu un délicieux reposoir de la Fête-Dieu, abondamment et exclusivement orné de pots d'*Anthemis parthenioides* mêlés à des draperies blanches : j'ai rarement vu,
en ce genre, quelque chose de plus élégant et de meilleur
goût.

Dès le mois de juillet 1842, le zélé collaborateur de notre Flore, M. de Dives, avait remarqué dans son jardin de Manzac, que cette plante, qui s'y reproduisait naturellement depuis quelques années à l'état *double*, commençait à donner des pieds à capitules *semi-doubles* et à capitules *simples*. C'était une dégénérescence de la plante en tant que cultivée, un retour vers son état primitif et normal. M. de Dives m'envoya de bons échantillons des trois états, et il se trouva que les fleurettes des capitules *très-doubles* n'ont pas *toutes* des paillettes ; mais ces paillettes, très-caduques, s'y rencontrent en grand nombre. Il y en a moins dans les capitules *semi-doubles* ; il y en a plus dans les capitules *simples*.

En juin 1843, la plante *double* était abondante et garnie de paillettes, dans le jardin du Petit-Séminaire de Bergerac où M. l'abbé Revel et M. l'abbé Dion Flamand en récoltèrent pour moi.

Depuis cette époque, aucun document nouveau ne m'est parvenu sur l'*Anthemis parthenioides* dont le règne horticole, dans le Sud-Ouest, paraît à peu près fini.

Mais en revanche, la lumière commença, cinq ans après, à se faire sur une autre plante, et c'est de là que date la preuve de l'opportunité qu'il y a à considérer la section *Dendranthema* DC. comme un genre distinct.

Le 28 septembre 1848, deux archéologues justement aimés et appréciés en Périgord, servaient de guides à quelques amis au milieu des curiosités de tout genre qui abondent autour du château de Puyraseau, propriété de leur respectable père. MM. Félix et Jules de Verneilh nous firent visiter le donjon *roman* de Piégut, l'une des merveilles les plus pittoresques du Nontronais. Tout en faisant le métier d'antiquaire, je n'avais garde d'oublier celui de botaniste, et

je fis une *razzia* aussi complète que possible des chétifs
échantillons encore fleuris de *Pyrethrum Parthenium* Sm.,
DC. Prodr. (*Chrysanthemum* Pers. Koch, Nob., Catal.)
qui avaient pullulé, dans une saison moins avancée, parmi
les décombres, dans les fentes et au pied des murs de cette
belle ruine. J'avais d'autant plus d'intérêt à m'emparer du
peu qui en restait encore dans de bonnes conditions d'étude,
que le premier capitule (avancé) que j'avais ouvert d'un
coup d'ongle et soumis sur place à la loupe, m'avait montré
des paillettes sur le réceptacle! Et dans cette localité, tous
les capitules sont *simples!* Ces paillettes, que je n'ai pu
retrouver dans les jeunes capitules encore existants en très-
petit nombre, sont ciliées au bout comme les écailles du
péricline, et *irrégulièrement entremêlées* aux fleurettes des
vieilles calathides.

Je crus alors, ou que j'avais retrouvé, revenu à un état
presque sauvage, l'*Anthémis parthenioides* chez lequel seul
j'avais jusqu'alors vu des paillettes, et dont les feuilles
auraient présenté une forme insolite, — ou que cette
plante et le *Pyrethrum Parthenium* devraient désormais
être considérés comme des formes d'une même espèce. Mon
étiquette provisoire fut ainsi libellée :

Pyrethrum Parthenium (par ses feuilles).

Anthemis parthenioides (par ses paillettes.

Mais l'étude et la comparaison sont venues plus tard et
m'ont prouvé indubitablement que les deux espèces Can-
dolliennes sont distinctes et légitimes. Il n'y a pas de passage d'une forme de feuilles à l'autre, et le *Pyrethrum
Parthenium* est le seul des deux végétaux qui, à ma connaissance, ait été jusqu'ici trouvé à l'état aussi sauvage que l'*Erigeron canadensis* ou tout autre plante d'origine historique-
ment étrangère.

Les descriptions du *Prodromus* sont rigoureusement exactes :

Pour le *Pyrethrum Parthenium* : *foliis petiolatis pinnatisectis, segmentis pinnatifidis dentatis, ultimis confluentibus.*

Pour l'*Anthemis parthenioides* : *foliis petiolatis pinnatisectis, segmentis* BASI CUNEATIS *pinnatifidis,* LOBIS OVATIS MUCRONATIS SÆPÉ TRIFIDIS. On dirait un feuillage d'*Œnanthe Lachenalii.*

En présence de ces faits successivement et si lentement venus en lumière, étudiés et remaniés par conséquent à tant de reprises, il n'y a plus, ce me semble, à hésiter sur les conclusions auxquelles ils doivent aboutir :

1º Le *Pyrethrum Parthenium* Sm. *Matricaria Parthenium* L.) est véritablement congénère de l'*Anthemis parthenioides* Bernh. *Matricaria parthenioides* Desf.

2º Il ne reste plus un seul caractère de quelque valeur, pour éloigner ces deux plantes de la section *Dendranthema* DC., dont les deux espèces (les Chrysanthèmes d'automne de nos jardins) sont de la part de l'auteur du *Prodromus*, le sujet des notes suivantes (VI. p. 62) :

PYRETHR. INDICUM : Receptaculum inter flosculos tubulosos nudum, paleaceum inter ligulas in floribus plenis aut semi-plenis.

PYRETHR. SINENSE. *Paleæ receptaculo adsunt* inter ligulas, desunt aut paucissimæ adsunt inter tubulos, in capitulis simplicibus aut semi plenis.

3º Cette section du *Pyrethrum* DC. est la seule, dans le groupe des Chrysanthémées, dont le réceptacle ne soit pas constamment et entièrement nu : elle mérite donc, autant et mieux que tant d'autres, d'être élevée au rang du genre, et, comme tel, elle doit conserver son nom Candollien.

4° Enfin, le nouveau genre *Dendranthema* ne peut pas, sous peine de rompre toutes ses affinités, être porté parmi les Euanthémidées. Il doit être placé après le *Lasiospermum* Lag. (*Receptaculum latum* BRACTEOLATUM DC. Prodr. VI, p. 37) qui termine les Euanthémidées, mais à la tête des Chrysanthémées, et comme pour montrer une fois de plus combien est faible et artificielle la distinction des deux tribus.

Je termine en présentant la synonymie des espèces connues jusqu'ici dans le genre que je propose.

TABLEAU DES ESPÈCES.

DENDRANTHEMA DC. (sectio *Pyrethri* DC. Prodr. VI. p. 62 NOB.

1. D. PARTHENIUM Linn. (sub *Matricaria*). — Nob.

Chrysanthemum Pers. — Koch, syn. — *Tanacetum* C. H. Schultz. — *Pyrethrum* Sm. — DC. — *Leucanthemum* Gren. et Godr. — *Matricaria odorata* Lam. Fl. Fr.

Sur la terre et dans les fentes des murs du château *roman* de Piégut, commune de Pluviers, près Nontron. Son indigénat reste douteux.

2. D. PARTHENIOIDES Bernh. (sub *Anthemide*. — Nob.

Matricaria parthenioides Desf.

— *Parthenium* flore pleno Hort. Gall.

Anthemis parthenioides DC. Prodr.

— *apiifolia* Brown, bot. reg.

Chrysanthemum parthenioides Fl. d'Indre-et-Loire.

Pyrethrum chrysanthemifolium Hort. Angl.

Patrie inconnue. Cultivé en France.

3. D. INDICUM Cass. (sub *Pyrethro*, non Roxb. — Nob.

Chrysanthemum Indicum L. — Sabin.

— *Japonicum* Thunb.

— *tripartitum* Sweet.

Pyrethrum Indicum DC. Prodr.

Arctotis elegans Thunb.

Cultivé en France. C'est celui de nos Chrysanthèmes d'automne qui offre une taille moins élevée, des fleurs moins grandes mais plus régulièrement doubles, et souvent des fleurs multicolores très-petites et très-jolies, dans la variété dite *Chrysanthème-Pompon* des jardiniers.

4. D. SINENSIS Sabin. (sub *Chrysanthemo*. — Nob.

Pyrethrum sinense DC. Prodr.

Chrysanthemum Indicum Thunb. — Lour. — Pers.

Anthemis grandiflora Ramat.

— *artemisiæfolia* Willd.

— *stipulacea* Mœnch.

Cultivé en France. Celui-ci, plus grand, plus fort, très-variable dans ses couleurs, mais non multicolore dans le même capitule, a souvent ses languettes en tuyaux et très-longues : c'est le plus anciennement cultivé dans nos jardins.

(10 février 1857.)

CHRYSANTHEMUM CORYMBOSUM. Linn. — K. ed. 1ª et 2ª, 7.

Sur les rochers de la formation crayeuse, à Crognac près Saint-Astier (DD. 1843); à Périgueux sur la route de Trélissac (DD. 1848); à Baynac (M. 1844 ou 1845); à Montaud-de-Berbiguières (M. 1853).

Sur les rochers de la formation tertiaire, à la Rouquette, au-dessus du port de Ste-Foy-la-Grande (DD.

Sur les rochers de la formation jurassique à Terrasson (D D.

C'est donc à M. de Dives que nous devons la première découverte de cette belle plante dans le département.

CHRYSANTHEMUM SEGETUM (Catal.) — Ajoutez : Campsegret, dans les moissons, loin de toute habitation (DD. Chalagnac (DD. En m'envoyant des échantillons de ces deux localités, mon honorable ami insiste sur ce point, qu'il n'a jamais vu cette plante cultivée dans les jardins du Périgord. — Boriebru et Ladouze, mais jamais à une grande distance des habitations (D'A.)

DORONICUM PARDALIANCHES (Catal.

Je ne reparle de cette belle plante que pour dire que feu Dubouché, qui avait beaucoup herborisé dans le Limousin, pensait que nous devions retrouver aux environs de Nontron le *Doronicum austriacum* qu'il avait recueilli dans cette province limitrophe du nord de notre département ; mais nous n'avons pas été assez heureux pour voir réaliser cette prévision du regrettable observateur.

SENECIO VULGARIS (Catal.)

J'ai rencontré plusieurs fois, dans l'arrière-saison (octobre et novembre 1844 et 1846) et dans les terrains argileux et humides, une monstruosité de cette espèce, offrant de très-gros capitules, des fleurettes excessivement allongées et dépassant de beaucoup le péricline. Elles tendent plus ou moins à la virescence, et la plante, parfois chargée d'*Uredo Senecionis*, prend un développement inaccoutumé. — Lanquais, lieux cultivés.

Senecio viscosus (Catal.) — Ajoutez : Villefranche-de-Belvès,
sur la frontière du département du Lot (DD. 1844). —
CC dans les sables granitiques de l'arrondissement de
Nontron (1848). — Assez commun à Mareuil (M.). —
Dans les bois près de Lanouaille et sur les sables allu-
vionnels de Piles. RR. (Eug. de Biran, 1849).

— Artemislefolius. Pers. — DC. Prodr. VI, p. 348,
n° 39.

(S. *adonidifolius* Lois. — Gren. et Godr. Fl., Fr.
II, p. 114. — S. *tenuifolius* DC. Fl. Fr., *non* Jacq.
— S. *abrotanifolius* Gouan. *non* L.)

Lieux rocailleux et bruyères sèches où il croît au
milieu des fougères qu'il dépasse en hauteur, sur le
bord de la route de Lanouaille à Payzac, entre le pont
de Ségalaz et la forge de Miremont.

M. l'abbé Védrenne, du Grand-Séminaire de Périgueux, ne l'a rencontré que dans cette seule localité ;
mais il y croissait en grande abondance et s'y trouvait en pleine floraison au milieu d'août 1849. C'est
probablement au même lieu que M. Eugène de Biran
l'a trouvé en abondance, mêlé à la Digitale pourpre et au *Gallopsis tetrahit*, le 4 juillet de la même
année 1849.

— Erucifolius (Catal.) — Ajoutez : Assez commun à
Périgueux et à Grignols (DD.) Saint-Nexant près
Bergerac (Rev.) — Bords de l'Isle au-dessous de Gou-
daud, commune de Bassillac (D'A.) — Mareuil (M.) —
Parc du château de Rastignac entre Thenon et Ter-
rasson. — Bardou et Vuidepot (canton d'Issigeac).

Nous avons les deux variétés qu'admettent en France
MM. Grenier et Godron, α *genuinus* qui est le type

du *Prodromus* de Candolle, et β *tenuifolius* DC. Fl. Fr. Suppl. et Prodr.

SENECIO AQUATICUS. Huds. — K. ed. 1ª et 2ª, 10.

Trouvé pour la première fois dans le département, en mai 1846, par M. l'abbé Revel, au bord d'un pré, au-dessus d'un ruisseau, près Sainte-Foy-des-Vignes, commune située au nord-ouest de Bergerac. La plante y est un peu pubescente et acquiert jusqu'à 65 centimètres de hauteur.

— ERRATICUS? Bertol. — K. ed. 1ª et 2ª, 11.

La Roche-Chalais. M. de Dives n'en trouva qu'un seul échantillon, qu'il donna à M. Boreau et qui était en si mauvais état, que M. Boreau ne crut pas pouvoir affirmer la justesse de la détermination.

2. Cynarocephalæ.

CALENDULA ARVENSIS (Catal.) — Ajoutez : Champs autour de Lille-sur-Dronne (DD.) — CC. dans les vignes sur plusieurs points du canton de Vélines, et notamment dans les communes de Lamothe-Montravel, Saint-Michel-de-Montaigne, Moncarret et Montpeyroux (M. A. Paquerée). Il est à remarquer que ces parties du Périgord sont les plus voisines des limites de la Gironde, et que la fréquence de la plante en ces lieux n'infirme nullement l'observation précédemment signalée de sa rareté, de son absence complète peut-être, dans le vrai Périgord.

ÉCHINOPS SPHÆROCEPHALUS. Linn. — K. ed. 1ª et 2ª, 1.

C. dans les ruines du château de Grignols (DD.)

CIRSIUM LANCEOLATUM (Catal.) — Ajoutez : Variation à fleurs *blanches*, assez abondante dans un champ près Sainte-Aspre (DD.)

CIRSIUM ERIOPHORUM (*typus*, (Catal.) — Ajoutez : entre Ber-tric-Burée et Verteillac (M.), — Goudaud (D'A.) — Alen-tours du château de Panisseau, commune de Thénac (AL. RAMOND).

— PALUSTRE (Catal.), — Ajoutez : Route de Mareuil à Nontron (M.) — Prés tourbeux à Villamblard et à Plazac (DD.

— ANGLICUM (Catal.) — Ajoutez : Bergerac (REV.) — Manzac (DD.); et nous sommes bien sûrs de la détermination de notre plante de la Dordogne, car M. de Dives et moi avons obtenu chacun un échantillon pourvu du carac-tère *essentiel* décrit par MM. Grenier et Godron pour distinguer cette espèce du *C. bulbosum* ; je veux dire *des* STOLONS ! — La forme à plusieurs calathides sur la même hampe est commune à Manzac (DD.) — J'ajoute une autre localité : Marais de Mareuil par la route de Nontron, où il est rare, et où il m'est indiqué sous le nom de *C. bulbosum* par M. l'abbé Meilhez ; mais comme le *C. anglicum* a souvent les fibres radicales plus ou moins *renflées*, et comme le *C. bulbosum* est chez nous du moins, une plante propre, non aux marais, mais aux stations sèches et crayeuses, je crois pouvoir prendre la responsabilité du changement que je fais subir à l'indication de M. l'abbé Meilhez.

— BULBOSUM (Catal.)

M. de Dives m'a indiqué, en 1852, une *grande forme rameuse* de cette espèce, sur le chemin de Bros-sac à Chalais. Je n'ai point vu cette plante, mais je présume qu'elle pourrait être rapportée au *Cirsium spurium* Delastre, Notic. s. 2 esp. de pl. nouv. p la Fl. Fr., *in* Annal. sc. nat. septembre 1842, 2ᵉ sér., T. 18, p. 149.

J'ai reçu de M. Delastre son espèce, que MM. Grenier et Godron (Fl. Fr. II, p. 218) semblent rapporter au *C. bulbosum*, car ils citent pour lui deux des localités de M. Delastre (Châtellerault et Loudun). M. Delastre dit précisément ne l'avoir jamais rencontrée dans le voisinage du *bulbosum*.

Je crois que la plante de M. Delastre, a été reproduite en 1843 (cf. Schultz, archiv. Fl. de Fr. et d'Allem. I, p. 55 [1844], par M. F. Schultz, sous le nom de *Carduus Kochianus* (*Cirsium Kochianum* Loehr. Taschenb. 295 [1842]), dans ses *Exsiccata*, n° 678. — Reste à savoir quel est l'*aîné* parmi ces deux noms quasi-jumeaux de 1842. Il y en a un autre, dont j'ignore la date : *C. laciniatum* Doll. Rheinich Flor. 508. — M. Nœgeli, dans sa *Dispositio Cirsiorum* du *Synopsis* de Koch (2ᵉ éd. p. 997), dit que cette plante provient des *C. palustre* et *bulbosum*, et Candolle (Prodr. VI, p. 646, n° 69) la nomme, en effet, *palustri-bulbosum*.

Nous serons un jour, je l'espère, délivrés de l'effroyable nomenclature *hybridique* ! Et c'est en prévision de cet heureux temps, que j'ai rappelé la question de priorité entre M. Delastre, Loëhr et Doll.

Selon MM Grenier et Godron (Fl. Fr. II, p. 219, le *C. palustri-bulbosum* aliàs *Kochianum*, ne serait que le *C. pratense* DC. Fl. Fr. IV, p. 113 (1815). En ce cas, la question ne subsisterait plus.

Selon les mêmes auteurs, le *C. spurium* et la var. β *uliginosum* de M. Delastre, forment une autre espèce *hybride*, qu'ils nomment (p. 213), *Cirsium anglico-palustre*. Je concevrais beaucoup mieux un rapprochement entre le *C. palustre* et le *bulbosum*, pour expliquer cette forme, qu'entre le *palustre* et l'*anglicum*.

CIRSIUM ACAULE (Catal. — Ajoutez : Variation à fleurs *blanches* ; commune de Saint-Paul-de-Serre (DD.

Inutile de faire remarquer que le département nous offre la forme typique de l'espèce, *acaule*, et sa forme *caulescente* (*Cnicus dubius* Willd. — *Carduus Roseni* Vill., selon que la plante croît dans un lieu plus sec ou plus humide.

— ARVENSE (Catal.

Je n'avais signalé dans le département en 1840, que la var. *ð restitum* Koch. M. de Dives a recueilli en abondance la var. *α horridum* à Manzac et ailleurs.

SILYBUM MARIANUM (Catal.) — Ajoutez : Auberoche, commune du Grand-Change (DD.)

CARDUUS NUTANS (Catal.

La belle variation à fleurs *blanches* a été retrouvée par M. le comte d'Abzac à Bassillac, à Trélissac et à Champcevinel, et par M. de Dives à Bordas, commune de Grum.

LAPPA MAJOR. Gœrtn. — K. ed 1ª et 2ª, 1.

Au Mayne, près Monpont, assez commun (DD. — M. l'abbé Meilhez me l'a aussi donné, du Périgord (probablement des environs de Saint-Cyprien), mais sans préciser la localité — Enfin je l'ai vu moi-même, en 1848, à Lalinde.

CARDUNCELLUS MITISSIMUS Catal.) — Ajoutez : Dans un pré sec au nord de *Ribière*, commune de Saint-Astier; environs d'Issigeac (arrondissement de Bergerac); Château-l'Evêque et Puy-de-Fourche arrondissement de Périgueux, sur les côteaux incultes DD.)

M. de Dives a trouvé, à Manzac, la forme *caulescente* avec le type.

CARLINA CORYMBOSA. Linn. — K. ed. 1ᵉ et 2ᵃ, 5.

M. l'abbé Meilhez l'indique comme abondant sur le *Cingle* de Baynac; mais il ne m'en a pas fourni d'échantillon.

M. l'abbé NEYRA l'a retrouvé sur le *Pech* de Baynac en 1857, et en a envoyé des échantillons à M. de Dives ; mais je ne les ai pas vus.

STÆHELINA DUBIA. Linn. — K. ed. 1ᵃ et 2ᵃ, 1.

Cette belle plante méridionale, déjà connue dans l'Agenais, mais qui n'est pas moins une des plus précieuses acquisitions de notre Flore départementale, fut découverte le 15 septembre 1847, par le jeune CARRIER, élève du Petit-Séminaire de Bergerac, dans un lieu complètement inculte et exposé au midi, sur le tertre de *la Garde*, près Montpeyroux, commune de Villefranche-de-Longchapt.

Elle y était très-abondante, mais tellement avancée, que M. l'abbé Revel ne put, cette fois, m'envoyer que trois calathides vides et desséchées, plus que suffisantes, pourtant, pour la détermination. L'année d'après, je l'ai reçue en parfait état.

Je ne puis citer aucune autre localité, bien que M. l'abbé Meilhez ait fait mention de cette plante dans ses cahiers d'herborisation; mais il n'a pu se souvenir, malgré mes questions de 1848, s'il avait recueilli ses échantillons dans les limites du département.

SERRATULA TINCTORIA (Catal.).

M. de Dives a observé dans la forêt de Jaure toutes les formes décrites par Mutel dans sa Flore Française ; mais il n'y a pas rencontré la variation à fleurs blanches.

CENTAUREA PRATENSIS. Thuill. -- Boreau, Fl. du Centre, 2. éd. 1849), p. 293, n° 1090.

C. Jacea Gr. et Godr. Fl. Fr. II. p 241 (pro parte).

C. Jacea L., β *pratensis* Koch , syn. ed. 1ª nº 2.
— DC. Prodr. VI. p. 570, nº 24. — Nob. Catal.
1840. ζ *pratensis* K. ed. 2ª, 3.

C. nigrescens auct. plur.

Azerat, dans les prés (Catal. — Lieux herbeux
à Limeuil. où je l'ai trouvé très-grand , mais peu
commun, en juin 1845. — Très-grand aussi à Condat près Terrasson , et sur les hautes collines qui
dominent le vallon du Coly D'A.

CENTAUREA MICROPTILON. Godr. et Gr. Fl. fr. II , p. 242 ,
(1850).

C. nigra (pro parte Nob. Catal. 1840.

C. nigra , β *decipiens* (pro parte) DC. Prodr.

CCC à Lanquais au bord des chemins , dans les
bois , sur les côteaux secs et crayeux , et dans les
vignes des terrains sablonneux ou argileux. — Manzac
dans un taillis touffu , mais sec (DD.)

Je ne crois pas l'aigrette complètement nulle dans
cette espèce; mais elle est très-courte , rudimentaire ,
très-caduque , et manque par conséquent très-fréquemment.

Variations à fleurs *blanches* , et d'un blanc *à peine
rosé* : Monbrun, communes de Verdon et de Lanquais,
RR. — Jarjavay, commune de Grum (DD.

C'est au *C. microptilon* qu'appartiennent les échantillons piqués par des insectes , et déformés, dont j'ai
parlé dans le Catalogue de 1840. C'est certainement la
plus commune de nos Centaurées du groupe *Jacea*, et
par conséquent on ne doit pas s'étonner qu'elle offre
des variations fréquentes, non-seulement dans sa taille,
dans la forme et la consistance de ses feuilles (objets

sans aucune importance dans ce groupe), mais encore
dans la grosseur de ses capitules, leur forme allongée
ou sub-globuleuse et dans les détails de forme et d'espa-
cement des écailles de l'involucre.

Je crois l'espèce *très-bonne;* mais ses caractères
sont tracés d'une manière trop rigoureuse , trop
étroite, par MM. Grenier et Godron. On trouve souvent, dans une même localité , — sur un même pied ·!
— des calathides qui répondent exactement à la description de ces auteurs, et d'autres plus sub-globu-
leuses en général) dont les écailles sont presque entièrement cachées (si ce n'est à la base du péricline) par
la longueur des cils de leur appendice.

Le *C. microptilon* foisonne également dans la Gironde.
excepté dans les terrains très-sablonneux où il est en
général remplacé par le *C. Debeauxii* rare dans la Dordogne. Ces deux espèces, je le répète , me paraissent
réellement bonnes quoique très-voisines , et me semblent avoir été confondues , jusqu'à la découverte de
M. Debeaux, dans le *C. decipiens* de Thuillier, que
les auteurs ont porté à leur gré soit dans le *Jacea,* soit
dans le *nigra* auquel il touche de bien plus près.

Reste à savoir (si ma présomption est exacte) quel
est le nom légitime que l'espèce doit conserver. J'emploie celui de M. Godron, parce que cet auteur a caractérisé la plante d'une manière précise et en harmonie
avec le mode actuel de descriptions. Mais si le *C.
Debeauxii,* comme il est probable, ne croît pas au-delà
de la Loire, je présume que le *C. microptilon* devrait
prendre le nom de *C. decipiens* Thuill. , ce qui rédui-
rait à néant le nom de *C. nemoralis* Jord , Pugill, , pl.
nov. p. 104, qui est évidemment, pour moi, synonyme
de *microptilon.*

Quant au vrai *C. nigra* L. (nouvellement nommé
par M. Jordan *C. obscura*, not. s. qq. esp. (1854),
in Schultz Archiv. Fl. de Fr. et d'Allem. I. p. 320),
c'est une plante *montagnarde* à gros capitules sphéri-
ques très-larges à la base *et n'y laissant pas voir à nu
la lame des écailles périclinales inférieures*, plante
que nous ne possédons ni dans la Dordogne ni dans la
Gironde : elle doit donc être effacée de mon Catalogue
de 1840 et remplacée par celle-ci et la suivante.

J'ajoute enfin que j'ai trouvé à Lanquais dans l'arrière-saison (19 novembre 1838) un pied *brouté* de
C. microptilon, dont les repousses fleuries offraient
l'apparence la plus larvée et la plus embarrassante au
premier coup-d'œil. Les appendices du péricline, dans
ces fleurs tardives, sont d'un brun-noir si intense,
d'une longueur si extraordinaire, et leurs cils sont si
longs, que les capitules ressemblent à la fois à ceux du
C. nigrescens DC. Prodr. et à ceux du *C. nigra* L. ;
mais il suffit d'examiner la base de ces capitules, pour
se convaincre qu'on ne peut en réalité les séparer du
C. microptilon.

CENTAUREA DEBEAUXII Godr. et Gren. Fl. Fr. II. p. 243
(1850).

 C. nigra (pro parte) Nob. Catal. (1840).

 C. nigra ε decipiens (pro parte) DC. Prodr.

 Lanquais, dans les pâturages maigres et froids, ar-
gilo-sablonneux, de la molasse (aux Pailloles).

 Variation à calathides *très-pâles* et à fleurs *blanches* :
bois de Ladauge, commune de Grum (DD. 1845).

— SEROTINA. Boreau, Fl. du Centr. 2ᵉ éd. (1849), T. 2,
p. 293, nᵒ 1091, et *ejusd.* Not. et obs. s. qq. pl.
de Fr. (1853), p. 12, nᵒ VII.

C. nigrescens Gren. et Godr., Fl. Fr. II, p. 241
1850, *non* Willd, *nec* al. auct.

Dans ses *notes* de 1853, M. Boreau relève l'erreur
que M. Godron a commise en donnant son *C. serotina*
pour synonyme au *C. amara* L., et ajoute les détails
les plus précis sur la comparaison de son espèce avec
les espèces plus ou moins voisines qui ont donné lieu
à des confusions de synonymie.

Le *C. serotina* Boreau, a été recueilli par M. de Dives
dans les lieux secs et incultes, *aux Eyssarts* ; cette
localité est une commune du département de la Charente ; mais elle n'est séparée de celui de la Dordogne
que par la largeur de la Dronne ; les échantillons de
M. de Dives ont été déterminés par M. Boreau lui-
même.

M. le comte d'Abzac a retrouvé cette espèce dans le
département de la Dordogne à Cublat près Terrasson,
tout près de la frontière de la Corrèze. Les calathides
y sont un peu plus petites, et les feuilles des rameaux
encore plus étroites et plus grisâtres que dans les
échantillons authentiques du département du Cher qui
m'ont été envoyés par M. Alfr. Déséglise. Mais ce qui
distingue encore plus cette forme duranienne (malgré
l'identité spécifique incontestable (!), c'est qu'au
lieu d'avoir les écailles de l'involucre *presque* toutes
pectinées-ciliées, il n'y a guère que la moitié inférieure
du nombre total de ces écailles qui le soient.

Enfin, la même espèce a été recueillie par M. de Dives
aux environs de Sainte-Aulaye-sur-Dronne.

CENTAUREA SCABIOSA , β *coriacea* (Catal.)

La forme que nous offre notre département et que,
dans mon Catalogue de 1840, j'avais rapportée à la

var. *6 coriacea* Koch, syn., ne paraît pas à M. Gay
s'éloigner du type de l'espèce. Il faut donc supprimer
cette indication de variété J. Gay, *in litt.* mars 1842.
Cette belle plante présente d'innombrables variations
dans la dimension de ses calathides et dans la forme
des découpures de ses feuilles; mais toutes ces formes
se rapportent à la var. α *vulgaris* Koch.

CENTAUREA SOLSTITIALIS Linn. — K. ed. 1ª, 17, ed. 2ª, 20.

Découvert en septembre 1847, à Clérac en amont
du pont de Bergerac, sur les berges de la Dordogne,
par M. Eugène de BIRAN. RR.

— CALCITRAPA (Catal.)

La variation à fleurs *blanches* se maintient toujours au
même endroit depuis plus de 50 ans (jonction des communes de Lanquais et de Couze) à ma connaissance. Je l'ai
retrouvée, en septembre 1844, au bord du canal latéral de
la Dordogne, entre Lalinde et Drayaut.

LEUZEA CONIFERA. DC. Fl. Fr. IV, p. 109. — Duby, bot.,
gall. p. 289. — Gren. et Godr. Fl. Fr. II, p. 271.
Centaurea conifera L.

Cette magnifique plante méridionale, déjà connue dans
l'Agenais et le Gers, a été découverte, pour la Dordogne,
en 1846, par M. l'abbé Meilhez, qui l'a retrouvée en 1849
et 1853 sur les côteaux rocailleux de Carlux, de Saint-
Germain-de-Belvès et de Montaud-de-Berbiguières. Rare
dans les deux premières localités, elle est plus abondante
dans la troisième.

XERANTHEMUM CYLINDRACEUM Catal.) — Ajoutez : Côteaux
du *Camp-de-César* à Périgueux, C.; Manzac RR. DD.
— Eymet et le Sigoulès. CC. et employé à faire des
balais (M. Al. Ramond.

3. Cichoraceæ.

SCOLYMUS HISPANICUS. Linn. — K. ed. 1ª et 2ª, 1.
Saint-Vincent-de-Cosse près Saint-Cyprien (M. 1852.)

RHAGADIOLUS STELLATUS. Gœrtn. — K. ed. 1ª 2, ed. 2ª
(spec. unic.)

C'est la forme à fruits hispides (*Lapsana stellata* L.) qui
a été découverte en 1855 dans le Sarladais par M. l'abbé
NEYRA, de Saint-Cyprien, professeur à Guéret, et adressée
par lui, en 1856, à M. de Dives qui me l'a communiquée.
Les achènes intérieurs sont positivement hispides par le
dos : donc, ce n'est pas le *R. edulis* Gœrtn. — Koch, ed. 1ª
nᵒ 1.

LEONTODON AUTUMNALIS (Catal.)

Je n'en reparle que pour dire que je l'ai trouvé très-abondant, mais distingué par un port plus raide et des calathides fort petites, dans les parties hautes des prés de Fon-
roudal, et dans les blés voisins de ces prés, dont le terrain
est sablonneux et humecté par une source voisine (commune de Saint-Aigne.)

PICRIS HIERACIOIDES (Catal.)

J'ai retrouvé, sur la côte des Mérilles, commune de St-
Capraise-de-Lalinde, la jolie forme *collina* que je décrivis
en 1840, et que M. Gay a jugée, comme moi, ne pouvoir sous aucun rapport être distinguée du *P. hieracioides*.

HELMINTHIA ECHIOIDES. Gœrtn. — K. ed. 1ª et 2ª, 1.

Cette plante dont je ne connaissais pas, en 1840, l'existence dans notre département, bien qu'elle foisonne dans
la Gironde, m'a été envoyée en 1845, de Sainte-Croix-de-
Mareuil (seule localité reconnue dans ces environs), par

M. l'abbé Meilhez ; en 1847, de Ponbonne et de Monbazillac, près Bergerac, par M. l'abbé Revel ; en 1848, de Boripetit, communes de Champcevinel et de Goudaud, commune de Bassillac (localité où on ne la trouve que dans des
champs de trèfle), par M. le Comte d'Abzac ; enfin, en
1849, de la Rouquette, vis-à-vis Sainte-Foy-la-Grande, et des
champs entre Gardonne et Saussignac, par M. de Dives.

Le bec de l'akène, dans cette plante, est tellement mince,
fragile et fugace, qu'on l'aperçoit peu facilement à la
maturité ; et il en résulte que l'aigrette est excessivement caduque, à tel point que je n'ai pu réussir à en
avoir, pour mon sachet de graines, un akène *mûr* et
couronné de ses appendices. Ce caractère physiologique
mérite d'être remarqué, parce qu'il explique pourquoi la
plante, qui est susceptible de croître partout, n'est pourtant pas partout répandue : ses graines ne sont réellement
pas voyageuses.

TRACOPOGON PORRIFOLIUS. Linn. — K. ed. 1ª et 2ª, 1.

J'ai complètement oublié d'inscrire au Catalogue de
1840 cette belle plante d'origine étrangère et qui, cultivée dans tous les jardins potagers, grands ou petits
du département *Salsifis*, s'en échappe facilement et
s'y trouve, sans s'y multiplier, dans les prés et les gazons qui bordent les sentiers non ombragés.

M. de Dives, qui m'a fait apercevoir de mon oubli,
a trouvé la plante jusque sur les vieux murs à Périgueux. M. l'abbé Meilhez l'a vue à Allas de Berbiguières,
et moi à Lanquais; elle est partout enfin, dans ces conditions.

DUBIUS. Vill. Dauph. — Gren. et Godr. Fl. Fr. II, p. 313.
T. livescens Bess. — DC. Prodr. VII, p. 112, nº 2.
T. pratensis, ε tortilis Nob. Catal 1840, *non* Koch.

Cette espèce, que j'avais confondue spécifiquement avec
le *T. pratensis*, s'en distingue principalement par une croissance bien plus robuste, par son pédoncule renflé au sommet, par ses feuilles bien plus larges à la base, par sa tige
rameuse, par la forte collerette laineuse du sommet de son
bec et par ce même sommet renflé en massue.

Lanquais, dans les lieux cultivés.

PODOSPERMUM LACINIATUM (Catal.) — Ajoutez : Lembras
(DD.) — Bords du chemin de Mareuil à la Rochebeaucourt (M.)

Nous n'avons, à ma connaissance, en Périgord, que le
type de l'espèce, var. *α genuina* Gren. et Godr., qui constitue seul cette espèce aux yeux des botanistes qui adoptent
la spécification de Candolle.

Nota. 1°. Il faut, en dépit de la résistance opiniâtre de
Koch, restituer le rang *d'espèces* aux formes nos 2 et 3 du
Taraxacum officinale du Catalogue de 1840, savoir : au

T. ERYTHROSPERMUM Andrz. typus DC. Prodr. VII. p. 147.
n° 13;
et au

T. PALUSTRE DC. Fl. Fr., typus et *β intermedium* DC. Prodr.
ibid. n° 21.

2°. Il faut rayer du Catalogue de 1840 le *Lactuca virosa?* L.,
dont j'ai pu, dès 1841, vérifier les achènes, et qui n'est
autre que le *L. Scariola!*

LACTUCA VIMINEA Link. — K. — C. H. Schultz bip. —
K. éd. 2ª, 5. — Boreau, Fl. du Centre, 2ᵉ éd., p. 312.
— Gren. et Godr Fl. Fr. II, p. 318.
Phœnixopus vimineus Reichenb. — K. éd. 1ª p. 430.
Phœnopus vimineus DC. Prodr. VII, p. 176, n° 1.

Phœnixopus decurrens Cassini.

Prenanthes viminea L.

Chondrilla sessiliflora Lam. Fl. Fr.

C'est à M. l'abbé Meilhez que nous devons la découverte de cette jolie plante, dont les échantillons ont été vus par M. le Comte d'Abzac, mais dont on ne m'a pas fait connaître la localité précise.

LACTUCA MURALIS. Fresenius (1832). — DC. Prodr. VII. p. 139, n° 47 (1838). — K. ed. 2ª, 6. — Gren. et Godr. Fl. Fr. II, p. 321.

Phœnixopus muralis K. ed. 1ª p. 420, n° 2.—Nob. Catal. 1840.

Cette plante a été enfin rencontrée par M. de Dives *sur les murs*, à l'église de Merlandes, et par M. l'abbé Meilhez à l'église de Mareuil. M. de Dives l'a retrouvée au bord d'une vigne, à Chalagnac, ainsi que sa variété *coloratus* Coss. et Germ. à la Tour-Blanche. Les échantillons de cette dernière forme ont été vus par M. Cosson lui-même.

Le *L. muralis* est commun dans le Nontronais où je l'ai vu en 1848 dans les bois de la Morinie, commune de Saint-Barthélemy, et parmi les ruines du château de Piégut, commune de Pluviers.

Enfin, M. Oscar de Lavernelle l'a vu dans les fentes des rochers de la Vézère, aux Eyzies, et M. le Comte d'Abzac à Boriebru, commune de Champcevinel.

Ainsi, j'ai eu tort de dire, en 1840, que cette plante était peu commune dans la Dordogne.

— PERENNIS (Catal. — Ajoutez : Sainte-Croix-de-Mareuil M.) — Entre Faux et Issigeac (M. le vicomte Alexis

de Gourgues). CC dans la commune de Champcevinel
(D'A.). Bonnefond sur les hauteurs à l'Ouest de Sarlat
(M. l'abbé Dion-Flamand).

Au *Bout des Vergnes*, près Bergerac (REV.) Fentes
des rochers de calcaire jurassique, le long de la grande
route qui monte d'Azerat à Thenon.

SONCHUS OLERACEUS (Catal.) — Ajoutez : 1° à la variation
jaune pâle au centre, blanche au pourtour, violacée
à l'extérieur des capitules : Manzac (DD.)

J'avais considéré cette coloration singulière comme
une sorte de dégénérescence purement *automnale*;
mais je l'ai retrouvée (moins la coloration *violacée*
de l'extérieur des ligules) à Talence, près Bordeaux,
au commencement de *juin* 1850, sur un jeune pied
très-vigoureux, qui avait crû dans une exposition
sèche et chaude, au pied d'un mur qui borde la route.

2° A la variation hérissée, vers le haut, de poils
glanduleux : CC à Condat près Terrasson et à Champcevinel près Périgueux (D'A.) — CC, à la fin de juillet, et dans des terres argilo-crayeuses de la commune
des Graulges, et dans les champs qui bordent la vieille
route à Sainte-Croix-de-Mareuil (M.)

Dans ces dernières localités, les feuilles sont bien
différentes de celles de la plante trouvée à Blanchardie
par M. Du Rieu (Catal. de 1840), et M. l'abbé Meilhez
a conservé dans ses cahiers des notes si précises
et si curieuses à ce sujet, que je crois devoir en
donner ici un extrait :

« La tige s'élève à plus d'un mètre; ses rameaux
« sont extrêmement peu garnis de feuilles. Les
« feuilles, réunies vers le bas de la tige, sont âpres
« au toucher, lancéolées dans leur ensemble et peu

9

« sinuées ; celles de la tige et des rameaux sont peti-
« tes et presque entières. La tige est droite et d'un
« port élégant. Les calathides, grosses mais se renflant
« peu après l'anthèse, atteignent jusqu'à cinq centi-
« mètres de diamètre, et ressemblent à celles du *Pic-*
« *ris hieracioides*. Le haut de la tige , les pédicelles
« et les involucres sont garnis de poils nombreux,
« glanduleux et glutineux (M. not. mss.)

3º Enfin , une variation (*variatio foliis angustissimis*
DR.) plus curieuse assurément que toutes les autres ,
et dont un seul pied a été recueilli en septembre 1851
par M. Auguste Chastanet (de Mucidan) dans la vigne
de *Gros Bos* à Puyremale près La Valette , arrondissement de Ribérac. C'est à M. Du Rieu que je dois la
communication généreuse d'un petit rameau de cet
échantillon , et voici ce qu'il m'écrivait de Paris en me
l'envoyant, le 3 juin 1852 :

« J'ai fait des recherches dans les grands herbiers ;
« j'ai vu des variations extrêmement nombreuses du
« *S. oleraceus*, mais nulle part il n'en existe d'aussi
« *extrême* pour la ténuité des feuilles. Feu Picard ,
« qui a fait des recherches sur ces formes, n'a figuré
« rien d'approchant, et M. Gay qui s'en est aussi oc-
« cupé, ne se souvient pas d'avoir jamais rien vu de
« semblable ; les formes les plus étroites de son her-
« bier sont encore bien loin de celle de La Valette. C'est
« le pied entier qu'il faut voir ; le fragment ci-joint ne
« saurait vous en donner une idée ! Il est fâcheux que
« M. Chastanet se soit borné à la cueillette d'un seul
« échantillon , ou au moins qu'il ne se soit pas assuré
« que la même forme était répandue dans ce même
« lieu, ce qu'il ne peut affirmer , vu qu'il était alors à

« ses débuts et récoltait au hasard. J'ajoute enfin que
« j'ai semé cette forme ici , pour voir ce qu'il devien-
« dra par la culture, et quoiqu'il soit en retard par
« suite du printemps sec et froid , je puis pourtant
« vous dire, dès à présent, que l'aspect des premières
« feuilles semble présager la reproduction de cette
« forme singulière. ».

Bien singulière en effet, car ses feuilles, roncinées ou
entières , et toutes bordées de petites dents épineuses,
sont exactement *linéaires*, excessivement aiguës , et
atteignent à peine , au point le plus élargi de leur base,
la largeur de TROIS MILLIMÈTRES (abstraction faite
des *roncinures*) sur une longueur de 5 à 7 centimètres
dans le rameau que je possède.

SONCHUS ARVENSIS (Catal.) — Ajoutez : Environs de Mareuil
(**M.**)

La var. que j'ai signalée dans le Catalogue de 1840 et
que Koch, dans la 1re édition de son *Synopsis* n'avait pas
enregistrée sous une lettre grecque (*S. intermedius* Bruckn.
est actuellement admis sous le nom de

Var. γ *lœvipes* Koch , ed. 2ª p. 498, n° 5.

Var. ε *lœvipes* Gren. et Godr. Fl. Fr. II , p. 326.

Ajoutez pour cette variété : Bords d'un marais au Pizou ,
dernière commune du département de la Dordogne sur la
rive droite de l'Isle, à la limite du département de la Gironde
(DD., 1843). Linné , dans ses *Amœn. acad.*, donne le nom
de S. *maritimus* à cette plante ; mais ce n'est pas le vrai
maritimus de Linné , SPEC.

Il faut enfin ajouter une seconde variété du *S. arvensis*.
C'est la var. β *elatior* Boreau , Fl. du Centr. 2ᵉ éd. p. 318 ,
n. 1190 (1849) , laquelle a été recueillie en 1843 (et les
échantillons vus et déterminés par M. Boreau lui-même ,

dans cette même localité du Pizou ; puis , entre Grignols et
Neuvic, toujours dans les lieux humides et toujours par
M. de Dives ; — puis enfin, en 1845 , par M. Alix Ramond
sur les bords du Dropt , à Eymet.

BARKHAUSIA RECOGNITA. Hall. fil. (sub *Crepide*).—DC. Prodr.
VII, p. 154, n. 12. — Gren. et Godr. Fl. Fr. II, p. 331.

Crepis Leontodon Mutel , Fl. Fr. (pro parte tantùm ,
monentibus cell. Gren. et Godr. loc. cit.)

Il faut avouer que cette plante très-voisine , — trop-voi-
sine peut-être du *B. taraxacifolia*, — ressemble extrêmement
par son aspect, mais non par ses caractères, au *B. leon-
todontoides* All. de Provence et de Corse , qui est le *Crepis
Leontodon* Mut. pour la localité de Besançon.

En réalité, ses affinités sont toutes avec le *B. taraxacifolia* dont je l'avais toujours prise pour une repousse tardive
et appauvrie. Aussi, en suis-je fort mal pourvu, et ce n'est
que la Flore de MM. Grenier et Godron qui me l'a fait
reconnaître dans un échantillon en fleurs et fruits , recueilli
le 2 juillet 1835 , au bord d'un des chemins qui mènent de
Varennes à Couze par le fond de la vallée de la Dordogne.

J'en ai aussi un échantillon de Libourne , envoyé par feu
le marquis de Rabar sous le nom de *taraxacifolia*. Il est
probable que dans la Gironde comme dans la Dordogne , il
n'y aura qu'à la chercher pour la trouver abondamment et
l'étudier dans tous ses états, et particulièrement au point de
vue de sa floraison plus tardive de deux mois.

CREPIS PULCHRA (Catal.) — Ajoutez : Sainte-Croix-de-
Mareuil, Fontgrand (M.) — Commune de Champcevinel au bord de la route d'Agonac ; commune d'Antonne au-dessous du château de Trigonan (D'A.) —
Beaumont.

Tolpis barbata. Gœrtn., *non* Duby, Bot., *nec* DC. Prodr.
— Gren. et Godr., Fl. Fr., II., p. 287 (pro parte
tantùm).

M. Gay, en 1836, écrivait à M. Du Rieu que cette espèce n'avait point encore été trouvée, à sa connaissance,
en France; il ne la possédait que de Tanger et des Asturies
d'où M. Du Rieu venait de la rapporter.

MM. Grenier et Godron vont plus loin (en 1850), car ils
paraissent admettre que le vrai *T. barbata* ne diffère pas
spécifiquement du *T. umbellata* Bertol. — DC. Prodr. —
— Nob. Catal. 1840.

Ce n'est point, à mon sens du moins, dans la longueur
un peu moins grande des bractéoles extérieures de l'involucre que git la différence réelle de ces deux espèces très-voisines, mais bien dans la nature même de ces bractéoles.
Elles sont molles, planes, herbacées, parfois roulées en
dessus par les bords, indurées, blanchâtres et calleuses *seulement à leur base* dans le *T. barbata; indurées, blanchâtres, calleuses* et RENFLÉES DANS PRESQUE TOUTE LEUR
LONGUEUR dans le *T. umbellata* : ce qui donne à celles de
cette dernière espèce quelque analogie avec les folioles de
l'involucre d'un *Rhagadiolus*.

En outre de ce caractère, et comme notes accessoires,
on peut remarquer, avec les auteurs, que le *T. barbata* a
ses bractéoles presque toujours plus longues, la tige presque
toujours plus abondamment feuillée, et les fleurettes toujours plus longues que ces bractéoles, c'est-à-dire la fleur
plus grande que celle de l'*umbellata*. Le capitule de la
première est aussi plus gros.

Mais il est vrai de dire que, chez l'*umbellata*, il y a
presque toujours quelques bractéoles qui dépassent les fleurettes du capitule, et qu'avant la maturation des akènes,
les deux espèces sont malaisées à distinguer.

Prenant pour base de la distinction les caractères que je viens d'exposer, je crois que le *T. barbata*, moins commun que l'autre, existe pourtant en France, et même dans la Dordogne.

Il a été recueilli, le 20 mai 1842, par **M.** de Dives, à Sainte-Madeleine, près Montpont; les échantillons qui m'ont été communiqués sont d'une vigueur remarquable et que n'atteint jamais le *T. umbellata*.

Je dois avouer que, sur les dix échantillons de *T. barbata* que j'ai en ce moment sous les yeux, il n'en est pas un qui offre des akènes aussi parfaitement mûrs que ceux de l'*umbellata* que je possède, et c'est ce qui me prive de parler de quelques différences de détail dont je soupçonne l'existence. Si, en acquérant le dernier degré de maturité, les capitules de la première espèce devaient offrir l'accrescence gibbeuse des bractéoles, telle qu'elle existe dans la seconde, il ne resterait plus, pour les distinguer, que les caractères donnés par les auteurs, et ce serait bien peu de chose.

HIERACIUM VULGATUM (Catal.). — K. ed. 2ª, 28.

H. sylvaticum Lam. — Gren. et Godr., Fl. Fr. II, p. 375.

Lorsque les feuilles sont très-larges et presque ovales, la plante devient *H. Lachenalii* Gmel., forme très-belle et très-grande que Koch n'a pas séparée du *vulgatum*, et que M. le comte d'Abzac a trouvée dans les lieux sylvatiques et humides de la commune de Champcevinel.

M. Boreau (Fl. du Cent. 2ᵉ éd., p. 321), regarde le *H. Lachenalii* comme une bonne espèce : je ne connais pas sa plante, mais je crois que la nôtre est bien celle de Koch, et je ne vois pas de différences caractéristiques entre elle et le *vulgatum* type.

HIERACIUM MURORUM (Catal.

Abondante dans notre département, cette belle
plante ne nous y offre qu'un petit nombre de formes
bien tranchées.

Dans la 2ᵉ édition de son *Synopsis*, Koch a décrit la
var. *γ rotundatum* de sa 1ʳᵉ édition, sous le nom de *H.
lasiophyllum* Koch , Deutschl. Fl. inéd., et lui a assigné
des caractères précis qui me font voir que notre plante
périgourdine en est différente et rentre tout simplement, à titre de forme petite et peu dentée, dans le type
de l'*H. murorum*.

MM. Grenier et Godron (Fl. Fr. II, p. 372) ont enre-
gistré comme variétés, plusieurs espèces de M. Jordan,
ainsi qu'ils l'ont fait pour les *H. boreale* et *sylvaticum*.
D'après leur nomenclature, je ne vois en Périgord que
que deux variétés de l'*H. murorum*, savoir :

α (*typus*). Lanquais, etc. , etc.

γ *ovalifolium* ; dans les lieux très-secs, à Génébrié-
ras , commune de Manzac (DD.), etc.

Quant aux taches rouges, violettes ou noirâtres, qui
se trouvent sur les feuilles de cette espèce et de l'*H.
vulgatum*, et qui parfois les envahissent tout entières ,
elles ne constituent ni des espèces, ni des variétés, ni
même des formes. Ce sont de simples variations de
couleur, dont on doit se borner à faire mention dans
la description des espèces.

— — BOREALE. Fries, nov. ed. 2ᵃ, p. 161. — K. ed. 2ᵃ
51. — Gren. et Godr., Fl. Fr. II, p. 385.

H. *sabaudum* (Catal. 1840).

Tout le monde convient que le *H. sabaudum* de nos anciennes Flores est bien celui de Linné, FL. SUEC., p. 274;
mais Fries lui a donné le nom de *H. boreale*, adopté par

Koch et par MM. Grenier et Godron, afin de réserver le nom *sabaudum* à la plante que Linné a décrite sous ce nom dans le Species, p. 1131.

Nous avons en Périgord, à ma connaissance, les variétés suivantes du *H. boreale* Fr. et qui toutes, pour M. Jordan (Catal. du jard. de Grenoble, 1849), sont autant d'espèces distinctes auxquelles les auteurs de la Flore de France ont conservé leurs noms en les réduisant au rôle de *variétés*.

Elles croissent toutes dans les bois, ou plutôt sur la lisière et dans les éclaircies ou les défrichements récents des bois.

β *rigens*, Champcevinel (D'A.) Lanquais, etc.

δ *vagum*, Lanquais, etc.

ε *concinnum*, vallon de Lapouleille dans la forêt de Saint-Félix (OLV.), etc.

η *occitanicum*, Lanquais; c'est la plus rare de nos variétés périgourdines, mais elle abonde aux Pyrénées.

M. le comte d'Abzac m'a indiqué, dans une lettre déjà ancienne, le Hieracium rigidum Hartm., Koch., syn. ed. 2ª p. 530, nº 52 (*H. lævigatum* Koch. Syn. ed. 1ª, p. 461. — *H. tridentatum* Gren. et Godr. Fl. Fr. II, p. 383), comme croissant *sur les frontières du département de la Corrèze* (Bas-Limousin); mais comme il ne me dit pas si c'est dans les limites administratives de notre circonscription duranienne qu'il l'a recueilli, je n'ose lui faire prendre régulièrement son rang dans ce Supplément.

LXVI. *CAMPANULACEÆ.*

Jasione montana (Catal.).

J'ai recueilli le 4 juillet 1848, sur le *diluvium*, dans une friche caillouteuse battue par tous les vents au sommet de la Peyrugue, commune de Lanquais, un pied unique de

cette plante. Il rentre dans la var. β *hirsuta* Duby. Bot , et
ses feuilles sont planes. Il forme un buisson excessivement
touffu , haut de 11 à 12 centimètres , large de 10, et se
compose d'une cinquantaine au moins de tiges filiformes ,
dressées , très-feuillées , et terminées chacune par un capitule pauciflore. Les plus grands de ces capitules atteignent à
peine 4 millimètres de diamètre. Je crois que cette élégante
déformation est due à la piqûre d'un insecte , dans la jeunesse de la plante.

PHYTEUMA ORBICULARE (Catal.) — Ajoutez : C à Mareuil (M.)

— SPICATUM (Catal.)

Mes doutes sur l'existence réelle de cette plante dans le
département sont dissipés. En 1855, M. de Dives l'a recueillie
dans la forêt de Leyssandie, commune de Montren; M. Oscar
de Lavernelle l'avait déjà observée aux environs de Nontron ;
M. d'Abzac à Champcevinel ; M. l'abbé Revel dans les bois
de la Marzaie , commune de Ménestérol ; M. l'abbé Meilhez
sur le chemin de Mareuil , aux Graulges , et dans les bois
sombres du château de la Roque près Saint-Cyprien ; M. E.
de Biran aux environs de Jumilhac-le-Grand , sur la route
de Lanouaille (1849) ; enfin M. Du Rieu sur un côteau
inculte et maigre à Leyssonie , commune de Bertric-Burée ,
près Ribérac. C'est dès le mois d'avril 1841 que M. Du
Rieu me signalait cette omission du Catalogue de 1840 , par
une lettre datée de la Calle (Algérie).

CAMPANULA ROTUNDIFOLIA (Catal. — Ajoutez : var. γ *velutina* Koch, syn. ed. 1ª et 2ª (var. β *velutina* DC. — Godr.
et Gren. Fl. Fr.) aux Vauvetas et aux Granges, commune
de Manzac, dans les lieux secs et découverts, R. (DD)

— RAPUNCULOIDES. Linn. — K. ed. 1ª , 18 ; ed. 2ª , 11.
Des individus cultivés dans un jardin à Périgueux ,

avaient été pris, sauvages, aux environs de cette ville;
du moins c'est ce que M. de Dives a lieu de croire ;
mais on n'a pu lui faire connaître le nom de la localité
qui leur avait donné naissance.

CAMPANULA RAPUNCULUS. Linn. — K. ed 1ª 14; ed. 2ª, 21.

Naturalisé sans doute à la maison de campagne du
Grand-Séminaire de Sarlat, où il croît sous les arbres
de la terrasse et au pied des murs (Eug. de BIRAN,
1850).

— PERSICIFOLIA. Linn. — K. ed. 1ª, 15; ed. 2ª, 22.

Au pied des rochers des Eyzies (OLV.). Dans les
bois sablonneux près Mareuil (M.)

— GLOMERATA (Catal.)

Je l'ai trouvée, dans la forêt de Lanquais, à fleurs
presque blanches, revenant faiblement et en partie seulement au bleu par la dessiccation.

Le type, à feuilles assez molles et simulant parfois celles
du *Betonica officinalis*, abonde dans les bois.

Nous avons, dans les lieux sylvatiques mais découverts,
la belle variété ε *sparsiflora* et la variété plus belle encore ζ
cervicarioides du *Prodromus* de Candolle.

Quant à la var. δ *pusilla*, qu'il ne faut pas confondre
avec les individus *nains* du type (qui se rencontrent partout), M. de Lavernelle l'a trouvée sur les côteaux secs de
Saint-Félix-de-Villadeix.

Nous n'avons pas la var. δ *elliptica*, très-velue et qui
appartient aux pays de montagnes (Auvergne, Pyrénées).

SPECULARIA SPECULUM. Alph. DC. — K. ed. 2ª 1ª. — (*Prismatocarpus Speculum* Catal.)

Dans sa monographie des Campanulacées, M. Alphonse de Candolle n'a laissé le nom de *Prismato-*

carpus qu'aux espèces de ce genre qui habitent le cap de Bonne-Espérance, et qui diffèrent profondément de celles dont le *C. speculum* L. est le type générique. Il a adopté pour ces dernières le genre *Specularia* créé par Heister, et tous les botanistes ont accepté cette manière de voir.

SPECULARIA HYBRIDA. Alph. DC. — K. ed. 2ª, 1. — *Prismatocarpus hybridus* (Catal.) — Ajoutez : Issigeac (DD.) —Rossignol (M.) CC. — Bergerac (REV.)

WAHLENBERGIA HEDERACEA. Reichenb. — K. ed. 1ª, 2 ; ed. 2ª, 1. — Dans les pacages, parmi les touffes de joncs au bois de Peyre et aux bords du Bandiat près Nontron ; trouvé en 1847 par MM. Sagette, Jollivet, Agard et Château, du Petit-Séminaire de Bergerac (REV.) — C dans les taillis de châtaigniers aux environs de Lanouaille, au bord de l'étang de la forge de Miremont (Eug. de BIRAN). — C dans les taillis humides et sur les bords du Haut-Vézère (ou *Auvézère*), et au moulin de Payzac, où M. l'abbé Védrenne, du Grand-Séminaire de Périgueux, l'a trouvé et me l'a adressé en 1849.

Enfin, M. l'abbé Meilhez l'a rencontré en 1852 dans le marais de Veyrines près Domme.

Il est fort singulier que cette plante si commune dans les Landes de Bordeaux, manque totalement dans l'arrondissement de Bergerac, pour se retrouver dans ceux de Périgueux et de Sarlat.

LXVIII. *ERICINEÆ*.

CALLUNA VULGARIS (Catal.) — Variation à fleurs *blanches*. — Ajoutez : Environs de Périgueux (D'A. — Forêt de Lanquais.

ERICA TETRALIX. Linn. — K. ed. 1ª et 2ª, 1.

C'est à M. Eugène de Biran que nous devons la connaissance de cette belle espèce dans le département. Elle occupe presque exclusivement certains terrains découverts, entre Lanouaille et Angoisse (1849.

— CILIARIS (Catal.) — Ajoutez : CC dans la forêt de Jaure, où elle a été rencontrée une ou deux fois à fleurs *roses* et une fois à fleurs *blanches* ; à fleurs *blanches* aussi, à Gonaguet, canton de Saint-Astier (DD.) — Forêt de Saint-Félix-de-Villadeix, mais rare et disséminée (OLV.) — C dans deux ou trois localités aux environs de Mareuil (M.) — Entre Monpont et Villefranche de Longchapt, ainsi qu'entre Villamblard et Saint-Jean-d'Estissac, dans les bois et les bruyères (M. l'abbé Dion-Flamand.) — CCC dans certaines parties de la Double, et dans plusieurs coupes humides et presque marécageuses de la commune de Champcevinel (D'A.) — CC dans les bruyères des sables granitiques du Nontronais entre les rocs branlants de Saint-Estèphe et de la Francherie. — CCC sur la lande du vaste plateau de sables de la moiasse (avec fragments de meulière et de silex de la craie supérieure), qui sépare le vallon de la Massoulie de celui de Grignols. — Assez abondant dans les bois montueux de la molasse, entre les Lèches et le Pas-de-l'Eyraud sur la route de Mussidan à Bergerac. — Assez rare, au contraire, sur le chemin de Jumilhac-le-Grand à Lanouaille (Eug. de BIRAN.)

— VAGANS (Catal. — Ajoutez : Forêt de Saint-Félix-de-Villadeix, « où elle se trouve sur différents points, » mais sans jamais couvrir de grands espaces » (OLV.) — Plusieurs localités aux environs de Mareuil (M.

— Plateau boisé qui domine le bourg et le château d'Escoire (DD.) — Bruyères du plateau de *Puy-de-Fourches* qui domine la vallée de la Dronne et la ville de Bourdeilles.

LXX. *MONOTROPEÆ.*

Monotropa Hypopitys (Catal.) — Ajoutez : Montand-de-Berbiguières et la Rochebeaucourt (M.)

LXXII. *AQUIFOLIACEÆ.*

Ilex Aquifolium (Catal.)

La forme *sans épines* est beaucoup moins commune dans le département que la forme ordinaire ; elle n'a été rencontrée, à ma connaissance, que par M. de Dives, et dans un petit nombre de localités, savoir : les bois du Mortier et du Rudelou (commune de Manzac), Taboury près Millac-d'Auberoche, et Monmège près Chalagnac.

M. de Dives a trouvé quelquefois, comme je l'ai vu également aux environs de Bordeaux, les deux formes *sur le même pied*, et toutes deux fleurissent également. A La Tresne, près Bordeaux, j'ai vu un vieux pied *inerme*, dont les jeunes repousses étaient *épineuses*.

LXXIII. *OLEACEÆ.*

Ligustrum vulgare (Catal.) — Ajoutez : Var. *fructu luteo* Dumont de Courset.

Manzac, dans un lieu très-éloigné des bosquets et des cultures d'agrément (DD.)

M. de Dives (in litt. mars 1850), remarque qu'il n'avait jamais vu, ni cultivé, ni sauvage, un Troëne à fruits *murs* de couleur jaune. Il avait seulement lu, dans le catalogue de MM. Jacquemet et Bonnefont, pépiniéristes à Annonay

(Ardèche), l'indication d'un *Ligustrum vulgare*, *fructu*
ALBO. Il soumit alors la plante périgourdine à M. Moquin-
Tandon qui lui fit connaître la publication de cette rare
variété par Dumont de Courset, en ajoutant qu'il en existe,
au Jardin des Plantes de Toulouse, un assez beau pied
qu'il présume dater du temps de Philippe de Lapeyrouse.

SYRINGA VULGARIS. Linn. — K. ed. 1ª et 2ª, 1.

Le *Lilas* commun est naturalisé en si grande abondance
sur les rochers de Bourdeilles (DD). qu'on ne peut se dispenser de le mentionner dans le catalogue de nos végétaux
spontanés.

LXXIV. *JASMINEÆ.*

JASMINUM FRUTICANS (Catal.) — Ajoutez : Sarlat, près du
Séminaire (M.).

J'ajoute à la note du catalogue de 1840, relative au
J. officinale, que M. de Dives l'a retrouvé comme naturalisé sur les ruines du château de Grignols, et aussi *sur un*
rocher à Puyguilhem.

LXXV. *ASCLEPIADEÆ.*

CYNANCHUM VINCETOXICUM (Catal.)

Autant qu'il m'est possible de me former, sur l'étude des
plantes sèches, une opinion relativement aux deux espèces
maintenant distraites de l'*Asclepias Vincetoxicum* L. et
attribuées à la France par MM. Grenier et Godron (Fl. Fr.
II, p. 480), je crois que les échantillons de la Dordogne,
conservés actuellement dans mon herbier, appartiennent au
CYNANCHUM LAXUM Bartling ; Koch, Syn. ed. 2ª p. 555,
n° 3 (*Vincetoxicum laxum* Gr. et Godr. loc. cit. — *Cynan-*
chum medium Koch, Syn. ed. 1ª p. 483, n° 2 (excl. synon.)
nec DC. Prodr.) — Si je puis m'assurer, sur le vif, de la

vérité de ma supposition, cette espèce devra être ajoutée à la Flore duranienne, mais non substituée à l'indication du Catalogue de 1840; car je me souviens d'avoir vu fréquemment et dans bien des localités du département, la plante ordinaire et beaucoup moins belle, dont j'ai, pour cette raison, malheureusement négligé de conserver des échantillons.

(23 mai 1857).

LXXVI. *APOCYNEÆ.*

Vinca major (Catal.)

Plusieurs localités aux environs de Mareuil M.. — Monclar; Conne (OLV.) — Bord d'un chemin près le château de Montfort en Sarladais (M. l'abbé Dion).

On a élevé des doutes sur son indigénat dans nos provinces; mais tous les botanistes du Sud-Ouest, dont j'ai été à même de recueillir les opinions, sont convaincus que cette jolie plante nous appartient réellement. M. Alph. de Candolle (Prodr. VIII, 1844). paraît ne l'exclure que de la Flore espagnole.

— minor (Catal.) — Ajoutez : Bois de Boriebru, commune de Champcevinel (D'A.) — CC dans le bois taillis qui a crû sur l'emplacement de l'ancienne église de Bayac.

LXXVII. *GENTIANEÆ.*

Menyanthes trifoliata. Linn. — K. ed. 1ª et 2ª, 1.

Bords de la Nisonne, près la Rochebeaucourt; bords du ruisseau entre Beaussac et les Graulges (M. 1845).

Dans un petit étang à Gouts près Ribérac (DD., 1846).
— Marais des Eyzies (OLV., 1851. — R dans les marais

tourbeux de l'étang de **Miremont** près Lanouaille (E. de
B:RAN, 1849).

Dans toutes ces localités, la plante est abondante ; et il
est assez remarquable qu'elle manque entièrement dans
l'arrondissement de Bergerac, de même que quelques
autres grandes plantes aquatiques si communes généralement en France.

CHLORA PERFOLIATA (Catal.)

J'en ai recueilli, à Clérans, un échantillon portant des
fleurs à 5, 6, 7 et 8 lobes corollins.

GENTIANA PNEUMONANTHE. Linn. — K. ed. 1ª, 7; ed. 2ª, 10.

J'ai assez assidûment fouillé les bruyères des environs de
Lanquais, pour pouvoir dire que cette jolie plante n'y
existe pas ; elle a été reconnue, depuis la publication du
Catalogue, dans plusieurs localités, mais on peut dire
qu'elle est peu répandue dans le département. Elle y présente d'ailleurs les différentes variétés de forme qu'elle a
coutume d'offrir en France. Ainsi, allongée, maigre et
pourvue de feuilles étroites et espacées à Saint-Sicaire (DD.),
elle se retrouve fort petite, souvent uniflore, et portant des
feuilles courtes et larges, à Saint-Martin–du-Bost (DD.) et
parmi les gazons tourbeux de la tuilerie de Payzac (M. l'abbé
VÉDRENNE, du Grand-Séminaire de Périgueux).

M. de Dives la signale encore à Saint-Barthélemy (dans
la Double), et à la Roche-Chalais, et remarque qu'elle
n'est pas très-commune dans les localités qu'il a explorées.

M. Oscar de Lavernelle en a rencontré un seul pied sur
le bord d'un étang de la Double, entre les Tables et le
Passot.

Seul, M. l'abbé Meilhez l'a trouvée en abondance dans
deux localités (Font-Grand et Malignat) des marais de

Marenil, et là elle est très-grande et très-développée ; elle y atteint jusqu'à *six* décimètres de hauteur.

CICENDIA FILIFORMIS. Reichenb. — K. ed. 2ᵃ, 1.

> *Microcala filiformis* Link. — Grisebach, *in* DC. Prodr. IX, p. 62, nᵒ 1.

> *Gentiana filiformis* L. — K. ed. 1ᵃ, 1. — Nob. Catal. 1840.

Je transcris ici un passage d'une lettre de M. le comte d'Abzac, en date du 5 juillet 1849. Il ne m'a pas communiqué la plante, en sorte que je n'en puis rien dire par moi-même :

« J'ai trouvé près de Boriebru, commune de Champce-
» vinel, une forme de cette plante, pourvue d'un caractère
» que je n'ai vu consigné dans aucune Flore. Ses feuilles
» radicales sont *presque rondes*, et ce n'est point une ano-
» malie individuelle, car tous les échantillons en possèdent
» de semblables. »

Il faut bien que la plante européenne offre, en effet, sous ce rapport, des caractères peu uniformes, car M. Grise-bach dit : *Foliis imis linearibus ;* Koch, *Synops. : foliis linearibus vel lineari-oblongis*, et MM. Grenier et Godron : *feuilles radicales oblongues.* Elles sont linéaires ou presque linéaires dans tous les échantillons de mon herbier, qui proviennent d'une douzaine de localités différentes, et je n'ai rien qui rappelle la forme indiquée par M. d'Abzac.

ERYTHRÆA CENTAURIUM (Catal.) — Ajoutez : Variation à fleurs *blanches*, R. — Manzac et Cadouin (DD.)

> Var. β *capitata* Koch. — Lanquais, etc., et sa varia-tion à fleurs *blanches*, RR. — Sur un côteau crayeux très-sec et en friche à Bourzac, commune de Bayac près Lanquais. Il faut remarquer que cette *variété* de Koch appartient au type de Grisebach *in* DC. Prodr., et nullement à la var. γ de ce dernier, malgré les fleurs ramassées en tête.

10

ERYTHRÆA PULCHELLA (Catal.) — Ajoutez : Variation à fleurs *blanches* ou à peine teintées de *rose* à l'état vivant , et qui repassent au rose clair , mais décidé , peu d'heures après avoir été récoltées et même avant d'être mises sous presse. — Je l'ai recueillie dans une petite friche crétacée , exposée à toute l'ardeur du soleil , à Cause-de-Clérans , le 24 août 1841.

Une forme semblable , mais à fleurs roses sur le vivant , abonde dans les terrains peu profonds , dits de *caussonnal* , presque à nu sur la craie , à Lanquais et partout où ce terrain se présente.

Variation naine , *uniflore*, à fleur rose ou blanche : Queyssac (DD.) Cause-de-Clérans.

Willdenow a appelé cette espèce *Chironia inaperta*, parce qu'il y a plus de chances de rencontrer ses fleurs fermées qu'ouvertes. Elles le sont *parfaitement* jusqu'à midi, quand le soleil luit , mais pas plus tard , ni quand le temps est couvert.

Je renvoie, pour de plus amples renseignements sur les formes duraniennes de ce joli genre, au travail spécial que j'ai publié en 1851 , dans les *Actes* de la Société Linnéenne de Bordeaux , T. XVII , p. 231-260, et dont le tirage à part porte pour titre : *Erythræa et Cyclamen de la Gironde*.

On m'a beaucoup reproché ce travail, comme étant un des plus mauvais que j'aie produits ; et ces reproches portent sur ce que je n'ai pas donné de caractères tranchés et positifs pour la séparation des espèces que tout le monde admet pourtant comme distinctes.

Je conviens que, si j'ai réussi à montrer que quelques caractères admis jusqu'alors sont sans valeur réelle, je n'ai pas réussi du tout à en découvrir de

meilleurs. Aussi, n'ai-je point rédigé de phrases *diagnostiques*. Mon travail n'a point été fait pour une satis-
faction d'amour-propre , mais pour faire voir que dans
certains genres, des espèces peuvent être admises
comme excellentes malgré qu'il soit pour le moins
très-difficile de leur assigner des caractères nets et
tranchés. J'ai indiqué le degré de grossissement que
j'ai employé dans mes analyses. S'il y a des caractères
visibles *dans ces conditions*, et que je ne les aie pas
aperçus , je suis tout prêt à passer condamnation sur
un travail que j'ai pourtant fait avec toute l'attention
dont je suis capable, car alors je me trouverai en état
de culpabilité réelle. S'il y a des caractères visibles
seulement à un degré de grossissement supérieur à
celui que j'ai employé, je suis tout prêt à accepter ces
caractères avec reconnaissance, et à m'avouer coupable
ou malheureux de n'avoir pas su ou pu employer des
moyens plus énergiques d'investigation.

Pour les points qui touchent à ces deux hypothèses ,
j'attends donc les découvertes des botanistes plus
habiles ou plus heureux que moi ; mais j'ai eu un tort
évident, et je m'empresse de l'avouer : c'est d'avoir
catalogué comme simples variétés 6 et γ de l'*E. linari-
folia*, les *E. chloodes* et *tenuifolia*, qui méritaient
assurément le rang d'*espèces*.

ERYTHRÆA CANDOLLII (Catal.' — *Cicendia pusilla* Gren. et
Godr., Fl. Fr. II, p. 487. — *Cicendia pusilla* et
Cicendia Candollei Grisebach , *in* DC. Prodr. IX,
p. 61, nᵒˢ 1 et 2.

Ajoutez :.Pronchiéras, commune de Manzac (DD.) —
Bords de l'étang de Petitonne, près Echourgniac, dans la
Double (OLV)

La synonymie que je viens de donner est celle de MM.
Grenier et Godron ; mais il ne serait pas impossible que ces
auteurs eussent eu tort de réunir sous un même nom les
deux espèces de M. Grisebach. Bastard, Desvaux et Candolle les tenaient pour distinctes, et pourtant, dans la
pratique, les botanistes angevins, Desvaux lui-même, se
trompaient souvent dans l'application des deux noms, si
toutefois l'hypothèse que j'émets aujourd'hui a quelque
réalité.

Je crois qu'il faudrait laisser de côté toute considération
tirée de la couleur des fleurs (M. Grisebach l'a déjà dit) et
attribuer le nom de C. *pusilla* à la plante rameuse *dès le
collet*, à rameaux *filiformes* et *excessivement divariqués*.

Dans ce cas, le nom de C. *Candollei* resterait à la plante
très-rameuse tout le long de la tige, mais à rameaux *dressés* ou ouverts et *non divariqués*, bien plus robuste, bien
plus glauque, bien plus grande dans toutes ses parties,
dont le Périgord nous offre des échantillons plus beaux que
tout ce que j'ai vu du Bordelais et de l'Anjou.

Cette question a besoin d'être étudiée à nouveau.

(27 mai 1857.)

LXXIX (bis). *CUSCUTACEÆ.*

Bartling, *Ord.* 192. — Pfeiffer, Bot. Zeit. (1845).
— Coss. et Germ. Fl. Paris. (1845). — Kirschleg,
Fl. d'Alsace (1852). — Ch. Des Moul., Etud. organ.
s. les Cuscutes, *in* Compte-rendu de la XIXe ses-
sion (Toulouse) du Congrès scientifique de France,
T. 2 (1853).

(CONVOLVULACEARUM *tribus.* Link. — Choisy *in* DC.
Prodr. — Koch, Syn. ed 2ª — CONVOLVULACEIS
genus affine. Endlicher.)

Dans mon Catalogue de 1840, je n'indiquai pour le département, qu'une espèce, *Cuscuta Epithymum*, L., commune sur les bruyères et autres plantes basses. Mes études sur ces curieux parasites m'ont donné lieu de reconnaître que j'avais confondu deux espèces sous un même nom, et que la plante trouvée sur la luzerne, à Verdon, n'est pas l'*Epithymum*. Je vais donc exposer à nouveau ce que la Dordogne renferme, à ma connaissance, en *Cuscutacées*.

Mais je dois dire que nous n'avons jusqu'ici trouvé dans le département que le genre *Cuscuta* proprement dit, et pourtant il est moralement impossible que nos luzernières ne nous offrent pas, un jour ou l'autre, le parasite qui dévore celles de l'Agenais et qui a été recueilli plusieurs fois dans la Gironde. Je veux parler du *Grammica suaveolens* (sub *Cuscutâ*) Seringe, que j'avais nommé *Cassutha suaveolens* dans mes *Études organiques sur les Cuscutes*, et qui a dû reprendre le nom générique *Grammica*, créé par le P. de Loureiro en 1790, dans sa Flore de Cochinchine.

Trib. I. — CUSCUTEÆ. Ch. Des M. loc. cit.

CUSCUTA EPITHYMUM. Linn. — K. ed. 1ᵃ et 2ᵃ, 2. — Ch. des M. loc. cit. nº 2.

CC dans les bruyères découvertes, et particulièrement sur l'*Erica cinerea* (Nob. Catal. de 1840).

Ajoutez : Sur le Lierre à Lacassagne, près Terrasson (DD. Je n'ai pas vu ces échantillons, qui ont été déterminés par M. Boreau). — Sur *Ulex nanus*, *Sarothamnus scoparius*, et enveloppant les basses herbes voisines, aux environs de Lanquais. — Sur *Sarothamnus scoparius*, *Mentha rotundifolia*, *Genista pilosa*, *Erica scoparia* et *ciliaris*; *Calluna erica* et *Ulex*

nanus, dans les communes de Manzac et Grum (DD).
— Sur les Ajoncs, aux environs de Périgueux (D'A.)

CUSCUTA TRIFOLII. Babington et Gibs.— Gren. et Godr. Fl.
Fr. T. 2., p. 505 (1852 . — Ch. Des M. loc. cit.
n° 3.

C. *minor* β *Trifolii* Choisy *in* DC. Prodr. IX , p.
453, n° 5 (1845).

C. *Epithymum* (échantillons de Verdon, sur la Luzerne (Nob. Catal. 1840).

Trouvé une seule fois, le 25 septembre 1834, en abondance, dans une pièce de Luzerne, près du château de
Monbrun, commune de Verdon. Je ne l'ai jamais vu dans
les luzernières de Lanquais.

Retrouvé par M. de Dives sur le *Trifolium pratense*, aux
Granges, commune de Manzac , le 21 octobre 1855, et à
Lassudrie, commune de Bourrou , le 10 septembre 1854.

LXXX. *BORAGINEÆ*.

ECHINOSPERMUM LAPPULA (Catal.) — Ajoutez : Dans les
vignes, à Manzac et à Terrasson (DD.) ; à Saint-Félix-
de-Villadeix et à Clermont-de-Beauregard (OLV.) ; à
Mareuil et à Cimeyrolles (M.)

CYNOGLOSSUM OFFICINALE (Catal.) — Ajoutez : Sainte-Croix-
de-Mareuil, R. (M.)

ANCHUSA ITALICA (Catal.) — Ajoutez : Assez commun à
Champcevinel ; moins abondant dans les vallées de
l'Isle et de la Vézère (D'A.) — C. dans les champs cré-
tacés à Fossemagne, à Campsegret et à Cause-de-
Clérans. — Entre Faux et Issigeac sur le terrain de
calcaire d'eau douce (M. Alexis DE GOURGUES).

— SEMPERVIRENS. Linn. — DC. Fl. Fr. — Duby, Bot.
gall. — Gren. et Godr. Fl. Fr. II , p. 514.

Caryolopha sempercirens Fisch. et Trautv. — DC
Prodr. X, p. 41 (spec. unic.)

Aux environs du château de Boripetit, commune de
Champcevinel, où il n'a certes pas été semé, et où M. le
Comte d'Abzac l'a découvert en 1848 (ou peut-être même
plus tôt). Feu le docteur Moyne l'avait déjà trouvé aux environs de Libourne et il est probable que, quoique rare, il
appartient réellement comme le *Prodromus* de Candolle le
dit d'après Mutel, à nos régions occidentales (je l'ai reçu
de Cherbourg, récolté par M. Auguste Le Jolis). M. d'Abzac
(in litt. 5ª nov. 1848) me faisait remarquer que, bien que
Mutel attribue à cette magnifique Boraginée des écailles
corollines *presque glabres*, ces organes sont velus à leur
partie inférieure et papilleux au sommet. Ce dernier caractère est décrit dans le *Prodromus*, pour le genre *Caryolopha* comme pour l'*Anchusa*. Mais il en est un autre dont les
auteurs ne font pas mention, et M. d'Abzac s'en étonne avec
raison : je veux parler de l'énorme racine *tubéreuse* qui suf-
firait à attirer l'attention sur le beau végétal qu'elle nourrit.

M. GAGNAIRE fils, pépiniériste à Bergerac, a annoncé
(1858) à M. Du Rieu que le *Nonnea alba* DC. est assez abondant dans les moissons, aux environs de Bergerac. Il ne
nous a point mis à même de vérifier l'exactitude de sa détermination, et, en la supposant exacte, M. Du Rieu fait
observer que cette espèce, essentiellement méridionale et
méditerranéenne, a certainement été introduite avec des
semences de blés du midi. Elle est donc purement acciden-
telle et ne saurait prendre rang dans la Flore duranienne,
aussi longtemps du moins qu'elle ne se sera pas propagée
hors des moissons.

SYMPHYTUM OFFICINALE. Linn. — K. ed. 1ª et 2ª, 1.

Dans les prés un peu humides, près Ribérac, R.
(DR. Allas-de-Berbiguières près Saint-Cyprien (M.)

SYMPHYTUM TUBEROSUM (Catal.) — Ajoutez : C sur les bords
de l'Isle, près du château des Bories (D'A.) — Blanchardie près Ribérac, le long des fossés des prairies dans
les vallons frais (DR.) — C'est la plante de cette localité qui a fourni l'échantillon n° 40 de la 2ᵉ centurie
des *Exsiccata* de M. F. Schultz — Bords du ruisseau
de Manzac (DD.) — C. à Mareuil (M.).

Nota. Le *S. bulbosum* Schimp. (*S. macrolepis*, Gay ; T. Puel,
catl. du Lot) paraît ne pas exister dans la Dordogne.

ECHIUM VULGARE (Catal.)

C'est à tort que j'ai signalé comme *ne fleurissant pas*, sa
curieuse déformation due à des piqûres d'insectes. Sans doute
elle ne fleurit pas aussi abondamment que la plante à l'état
normal, mais M. l'abbé Prosper Fabre-Tonnerre, alors
vicaire de Lalinde, m'en a donné en 1848 un pied récolté à
Couze et qui portait un bon nombre de fleurs ; j'en ai moi-
même vu de semblables, sur la grande route de Bergerac à
Périgueux, dans un terrain montueux et crétacé, près de la
première de ces localités.

J'ai retrouvé la variation à fleurs *blanches*, sur la berge
sablonneuse du canal latéral, au port de Lanquais. M. l'abbé
Labouygue l'a recueillie également aux environs d'Eymet
(Al. Ramond, in litt , 1847), et M. de Dives à Bergerac.

PULMONARIA SACCHARATA Mill., ex Koch syn.; *non* Mill., ex
Jordan. — Koch, syn. ed, 1ª et 2ª n. 2. — DC. Prod.
X , p. 92, n. 2. — Gren. et Godr. Fl. Fr. , p. 527.

P. affinis Jordan, Cat. Dijon, 1848, p. 13 (sans des-
cript.) et Not. sur div. esp., *in* Schultz, Archiv. Fl. de Fr.
et d'Allem. I, p. 321 , 322 (1854).

P. officinalis Nob. Catal. 1840 ; *non* Linn.

Je n'en parle que pour rectifier ma détermination de 1840.
Le vrai *P. officinalis* paraît peu répandu et est peu connu.

LITHOSPERMUM OFFICINALE (Catal.) — Ajoutez : Bords de la Gardonnette et du Vergt; Manzac (DD.). — Assez commun dans l'arrondissement de Périgueux (D'A.). — Sainte-Croix-de-Mareuil (M.).

— PURPUREO-CÆRULEUM (Catal.) — Ajoutez : Diverses localités aux environs de Mareuil (M.).

MYOSOTIS STRIGULOSA Reichenb. — *M. palustris* With., α, *forma pilis caulis adpressis.* — K. ed. 1ª et 2ª, 1.

Je n'ai pas inscrit cette plante au Catal. de 1840, et je m'étonnais de ce que, commune comme elle l'est à Bordeaux, elle n'eût pas été rencontrée en Périgord. M. Dubouché partagea mon étonnement; car en recevant mon Catalogue il m'écrivit le 18 novembre 1840 : « Puisque vous avez le *M. cæspitosa*, vous devez « trouver aussi le *palustris* With., qui est si commun « partout, au bord des rivières et des fontaines. »

Et en effet, M. de Dives me communiqua à la fin de la même année, un échantillon de *M. strigulosa* Rchb. (que la plupart des botanistes actuels réunissent, probablement avec raison, au *palustris*), qu'il avait omis de me communiquer plutôt, et qu'il avait recueilli le 22 mai 1839 à Nontron, sur les bords du Bandiat.

Depuis lors, M. de Dives m'a signalé la même plante dans les prés de la *Fon-Vive*, commune de Manzac, au bord du Vergt et dans ceux des bords de l'Isle.

Le *M. strigulosa* m'est indiqué, depuis 1840, dans les prés humides de Goudaud, commune de Bassillac, et sur la lisière d'un bois à Boripetit, commune de Champcevinel (D'A.); dans un pré humide au château

de la Beaume (M. l'abbé Dion-Flamand); dans le bois
taillis de Toutifau, et à la Junière dans un pré humide
(REV.)

Je ne l'ai point vu aux environs de Lanquais.

MYOSOTIS CÆSPITOSA (Catal.) — Ajoutez : Dans le Vergt, à
Manzac (DD); à Font-Grand près Mareuil où il est rare
et où il présente quelquefois des corolles quadri-
lobées (M.)

— SYLVATICA (Catal.) — Ajoutez : R. à Manzac et à
Grum (DD.)

LXXXI. SOLANEÆ

LYCIUM BARBARUM (Catal.) — Ajoutez : Hautefort (DD.); et
probablement dans le Sarladais, à cause du voisinage
du Quercy où il abonde (Dubouché, in litt. 1840.) —
Jardin public de Périgueux, où il ne semble pas avoir
été cultivé depuis longtemps ; au voisinage du château
des Bories (D'A.) — Dans les haies à Eymet; mais
peut-être y a-t-il été planté (AL. RAMOND.) — Minzac,
près d'une église (DD.)

SOLANUM MINIATUM. Bernh. — K. ed. 1ª et 2ª, .2 — Dunal
in DC. Prodr. XIII, p. 56, n° 83 (typus.)

S. nigrum, γ *miniatum* Gren. et Godr. Fl. Fr. II,
p. 543.

C'est la seule des espèces (toujours litigieuses) du
groupe *nigrum* que je trouve à ajouter *avec certitude*
au NIGRUM authentique que j'ai signalé dans le catalogue de 1840. — De plusieurs côtés, on m'a signalé
le *S. villosum* ; mais heureusement il m'est venu beaucoup d'échantillons, et dans *tous* j'ai retrouvé le MINIA-
TUM, savoir :

A Bézenac, côteaux pierreux (OLV.)

Aux environs de Mareuil (M.)

A Condat près Terrasson ; à Trélissac et à Badefol ,
où il est très-abondant (D'A.)

Dans une vigne à Manzac ; baies *rouges* ; plante
couchée ; odeur du *musc* (DD.)

Dans les chenevières à Manzac ; baies *orangées* ;
plante *dressée* ; forte odeur de *musc* (DD.)

A Bergerac, C parmi les graviers et sur les berges du
lit de la Dordogne. Les fruits mûrs étaient *rouges* ,
mais la plante ne répandait aucune odeur musquée : il
est vrai que la saison était fort avancée (9 octobre 1848),
et j'ai toujours remarqué (forêt d'Arcachon et ailleurs
que la chaleur développe beaucoup cette odeur. Je n'ai
vu , dans la localité dont je parle , aucun fruit *noir*.

Les deux espèces qu'il me reste à mentionner sont
encore douteuses pour moi , car je ne les ai pas vues ,
et il suffit d'avoir suivi la variation de couleurs qu'offrent les collections de piments et de tomates qui figurent parfois dans les expositions des Sociétés d'horticulture , pour savoir combien ce genre de caractère est
variable. Je viens même d'en mentionner un exemple ,
en citant les baies *rouges* et les baies *orangées* que
M. de Dives a observées dans la même commune
(Manzac) sur le *Solanum miniatum*. J'interprète de
la même manière une note écrite par le même observateur (in litt. 18 avril 1846), et dans laquelle il dit
avoir vu, *sur le même pied* de Morelle, des baies *rouges*,
jaunes et *brunes*. Il rapporte cette plante au *Solanum villosum*, et comme je n'ai celui-ci, incontestable,
que de la Provence où il est *bien différent* de ce qu'on
lui rapporte dans notre sud-ouest , j'applique la note

de M. de Dives au MINIATUM, dont les baies me semblent pouvoir être, tout naturellement, *jaunes* quand
elles approchent de la maturité, *rouges* quand elles
l'atteignent, *brunes* quand elles l'ont dépassée et
approchent de la décomposition. Cette supposition n'a
rien, je crois, de déraisonnable, car je ne puis plus
retrouver, en herbier, de baies jaunes ou jaunâtres :
par la dessication, elles passent toutes au *rougeâtre*
et au *brunâtre* plus ou moins intense.

SOLANUM OCHROLEUCUM. Bastard. — Boreau, Fl. du Centr.
2ᵉ éd. p. 368, nᵒ 1361. — Dunal, *in* DC. Prodr. XIII,
sect. I. p. 56, nᵒ 81.

Cette espèce m'est indiquée :

1ᵒ Aux environs de Marcuil ; tige presque entièrement
glabre ; baies d'un *jaune pâle* à la maturité (M. notes mss.)

2ᵒ A Dives, commune de Manzac, dans les jardins.
« Depuis plusieurs années, dit M. de Dives dans une note
» manuscrite, j'étudie la plante vivante, et j'ai toujours
» trouvé que la description de M. Boreau lui est parfaite-
» ment applicable : rameaux très-*anguleux-tuberculeux*,
» parsemés ainsi que les feuilles, de *poils rudes* ; feuilles
» *ovales-sinuées*, anguleuses ; baies *jaunes tachées de vert*
» d'abord, puis d'un *jaune citron uni* à la maturité. »

3ᵒ A Champcevinel ; baies mûres d'un *jaune verdâtre*.
C'est sous le nom de SOLANUM HUMILE Bernh. que M. de
Dives et M. le comte d'Abzac m'indiquent cette plante de la
part de M. Charles Godard qui l'a observée dans le domaine
de Boriebru. Si je la cite sous la rubrique de l'*ochroleucum*,
c'est que je n'ai jamais reçu l'*humile* des provinces qui nous
avoisinent, mais plutôt du nord et de l'est. De plus, Koch
qui distingue l'*humile* du *nigrum*, réunit à ce dernier le
chlorocarpum Spenner, dont Dunal ne parle pas, et que

MM. Godron et Grenier réunissent à l'*humile* comme synonyme de l'*ochroleucum* et variété du *nigrum*. Cette dernière manière de voir a été adoptée par M. Alex. Braun, (en 1854, dans son *appendix specierum novarum*, etc. du Jardin des plantes de Berlin, *Annal. des sciences natur.*, 4ᵉ sér., t. 1ᵉʳ, p. 354), qui réunit au *S. nigrum* le *chlorocarpum* (*baccis maturis viridibus*) comme var. β, et l'*humile* (*baccis subluteis*) comme var. γ *luteo-virens*. M. Braun ne fait aucune mention de l'*ochroleucum* (espèce d'un botaniste français, et dont il n'a pas probablement une connaissance directe).

PHYSALIS ALKEKENGI (Catal.) — Ajoutez : Gouts, Maisonneuve, Sainte-Croix-de-Mareuil, etc. (M.) — Naussanne (M. l'abbé Fabre-Tonnerre, curé de Couze.) — CCC. dans les vignes des domaines de Boripetit et de la Roussie, commune de Champcevinel (D'A.)

DATURA STRAMONIUM (Catal.) — Ajoutez : Var. β *chalybæa* K. (*Datura Tatula* L.) qui, primitivement semé, selon toute apparence, à Manzac, s'y reproduit depuis quarante ans dans les jardins et dans les champs. M. de Dives, à qui je dois cette indication, a retrouvé la même plante à Verneuil, commune de Creyssensac, et à Malaval, commune de Coursac.

Je dois ajouter que d'après M. Alphonse de Candolle (Biblioth. univers. de Genève, novembre 1854), le *Datura Stramonium* L. semble être originaire des environs de la mer Caspienne; tandis que le *D. Tatula* paraîtrait être originaire d'Amérique, « ce qui conduirait à penser que ce » sont deux espèces distinctes, » malgré l'opinion la plus commune des botanistes modernes.

LXXXII. VERBASCEÆ.

VERBASCUM SCHRADERI (Catal.) — Ajoutez : Environs de
Mareuil (M.) — Gardonne, Larouquette vis-à-vis
Sainte-Foy-la-Grande ; les Rouyoux, près Grignols ;
chemin de Marsac à Périgueux (DD.) — Lanquais, où
il joue souvent le rôle de plante rudérale. — Environs
de Bergerac (REV.)

C'est cette plante qui, selon Fries, Bentham *in* DC.
Prodr. et MM. Grenier et Godron, est le vrai *V. Thapsus* Linn. Fl. suec. 69. Ces auteurs ont donc bien fait
de lui conserver le nom linnéen, et j'en ferais autant
si je faisais autre chose qu'un catalogue. Quant au
V. Thapsus de la 1re éd. de Koch, *Syn.*, il devient
dans la 2e *V. thapsiforme* Schrad., et doit conserver
ce nom.

— THAPSIFORME. Schrad. — K. ed. 2ª p. 587, nº 2
(*V. Thapsus* Koch, ed. 1ª, 2.) — Bentham *in* DC.
Prodr. X, p. 226, nº 4. — Gren. et Godr. Fl. Fr. II,
p. 549.

M. le comte d'Abzac me signale cette espèce (mais
sans m'en faire parvenir d'échantillons), aux environs
de Périgueux. Il m'y indique également le *V. cuspi-
datum* Schrad., que Koch et M. Bentham (*in* DC.
Prodr.) ne distinguent pas spécifiquement du *thapsiforme*.

Le *V. thapsiforme* est, du reste, une espèce commune dans certaines parties du département, bien
qu'aucun de nous ne l'eût distinguée lors de la rédaction du Catalogue de 1840. Je l'ai trouvée en abondance dans les expositions chaudes des bords de la
Dordogne et du canal latéral, ainsi que le long de la
grande route, depuis Lalinde jusqu'à Trémolat ; mais

elle est rare au-dessous de Lalinde, car j'ai noté, dans
une excursion du 19 juillet 1846, que j'en rencon-
trais seulement *quatre* pieds depuis le pont de Lanquais jusqu'à Mouleydier (14 kilomètres environ.) Je
ne la connais pas, dans ces passages, par la rive
gauche.

A 15 kilomètres plus bas encore, à l'embouchure
du Codeau dans la Dordogne (Bergerac), l'espèce a
été retrouvée par M. l'abbé Revel, et là, sa taille est
gigantesque.

VERBASCUM PHLOMOIDES (Catal.)—Ajoutez : Au Bel, commune
de Manzac (DD.) — C sur le chemin de Périgueux à
Champcevinel et dans la plaine de Trigonan (D'A.) ;
M. d'Abzac me signale aussi dans les environs de Périgueux, mais sans me les avoir communiqués, les *Verbascum nemorosum* Schrad. (rapporté au *phlomoides*
par Koch et Benth. *in* DC. Prodr.), et *thapsoides*
Hoffm. et Link (rapporté par Bentham, loc. cit., et
par MM. Grenier et Godron au même *phlomoides*). Je
dois donc me borner à en faire simplement mention.

— MONTANUM. Schrad. — K. ed. 1ª et 2ª, 4.

Lanquais, sur un côteau sec et découvert, en friche, à peine gazonné sur un fond de déblais, nommé
le *roc de l'Auzel*, et dans les cultures voisines du château. La plante y est très-abondante et haute, au
plus, de 30 à 40 centimètres ; elle y joue le rôle de
plante rudérale, et les échantillons rameux y sont très-
rares. Elle répondrait *parfaitement* à la description
de Koch, si celle-ci ne renfermait une faute *typographique* bien évidente : « Filamentis 2 longioribus...
» antherâ suâ... quadruplò *brevioribus* », au lieu de
LONGIORIBUS.

C'est là, du reste, une bien triste *espèce*, et Koch semble insinuer, par ses observations sur elle, sur le *V. phlomoides* son plus proche voisin, et même sur le *V. thapsiforme*, qu'il ne fait pas grand état des caractères de décurrence et des caractères staminaux qui servent plus ou moins sûrement à les distinguer.

(17 septembre 1858.)

VERBASCUM LYCHNITIS Catal.)

Var. α *flor. flavis.* — Ajoutez : R sur les côteaux calcaires au-dessus de Trélissac (D'A.)

Var. ε *album.* — Cette belle plante, si commune et si manifestement *calcicole* dans le département, croît assez abondamment sur la butte *granitique* du donjon ruiné de Piégut ; mais le mortier dont il a fallu employer une grande quantité dans la construction de ce château, a dû nécessairement modifier le terrain. Je n'ai vu la plante que dans cette localité du Nontronais.

— NIGRUM. Linn. — K. ed. 1ª, 17 ; ed. 2ª, 9.

M. Du Rieu seul avait observé cette belle espèce, à Burée près Ribérac, avant l'impression du Catalogue ; mais il avait omis de me la signaler, en sorte que, ne l'ayant point rencontrée aux environs de Lanquais, je ne l'inscrivis point dans mon travail. Je l'y fais entrer aujourd'hui, sans savoir à quelle forme ou variété se rapporte l'indication de M. Du Rieu qui n'a point, à Bordeaux où nous sommes tous deux, son herbier périgourdin. — M. le comte d'Abzac m'a signalé aussi le *V. nigrum* à Ladouze, mais sans indication de forme.

Le type de l'espèce (à feuilles *glabrescentes*, au moins en dessus), ne m'est connu qu'à Eymet, où M. Al. RAMOND l'a découvert en 1847, sur la route d'Agnac (terrain sablonneux de la vallée du Dropt.)

Var. β *thyrsoideum* Koch. loc. cit. — *Forme à feuilles plus tomenteuses*, DC. Prodr. X , p. 238 , nº 62. — Gren. et Godr. Fl. Fr. II, p. 552.

Aucun de nous n'avait observé cette belle plante lors de la publication de mon Catalogue de 1840. Elle se trouve à Bordas, où ses feuilles inférieures, très-tomenteuses sur les deux faces, sont légèrement *sinuées-lyrées* à la base (caractère qu'on attribue au *V. Chaixi* Vill.); et aussi sur le chemin de Sainte-Aulaye-sur-Dronne à Bonnes (DD.); — A Monclard et à Saint-Martin (OLV.); — Dans la commune de Saint-Vivien, tant auprès des bords de la Lidoire que dans les champs restés en friche (REV. et M. CARRIER , élève du Petit-Séminaire de Bergerac ; — R au bord de la Dordogne , en face du bourg de Creysse (REV.); — Environs de Mareuil (M.); — Enfin, je l'ai vu moi-même en abondance (1848), dans le Nontronais (commune de Pluviers, etc.)

Cette var. β y présente une *forme* (selon Koch , l. c., à fleurs du double plus petites (*Verbascum parisiense* Thuill.), que MM. Grenier et Godron, loc. cit., signalent comme forme *rameuse*, à *rameaux dressés*, et que M. G. Bentham (*in* DC. Prodr. loc. cit.) caractérise par ces mots : *racemo subramoso*. Elle est représentée dans mon herbier par de beaux échantillons (à fleurs passablement grandes) recueillis par M. PAVIL-LON, élève du Petit-Séminaire de Bergerac , et communiqués par M. l'abbé Revel.

VERBASCUM VIRGATUM. With. — Benth. *in* DC. Prodr. X, p. 229, nº 17. — Gren. et Godr. Fl. Fr. II, p. 554. — Boreau, Fl. du Centr. 2ᵉ éd. p. 376, nº 1393. — (*V. blattarioides* Lam Fl.Fr. —DC.Fl.Fr.2679. —Duby, Bot.12.

Tel est le nom que doit conserver, selon moi, cette très-belle plante, découverte par M. de Dives à Saint-Michel-de-Double, où elle est fort abondante, le 13 juin 1842. Je ne l'ai pas vue d'ailleurs.

En même temps que les caractères essentiels attribués à cette espèce, la plante très-vigoureuse de M. de Dives en présente d'autres, de moindre importance ce me semble, et qui la feraient rentrer plus particulièrement dans la forme décrite sous les noms suivants :

V. ramosissimum DC. Fl. Fr. suppl. p. 416, n° 2679*. Duby, Bot. n° 15, *non* Poir.

V. Bastardii Rœm. et Schult., *ex* Boreau, Not. s. qq. espèces de pl. fr. (1844), n° VI, p. 15. — Guépin, Fl. de Maine-et-Loire, 3ᵉ éd. p. 154, n° 520.

V. Blattarioides, ε ramosissimum Bastard, Fl. de Maine-et-Loire, suppl. p. 42.

V. pilosum Doll. (ex. Gr. et Godr. Fl. Fr.)

V. thapsiformi — Blattaria Godr. et Gren. Fl. Fr. II, p. 554 (1852, sp. hybrid.)

Tous les auteurs que je viens de citer, à l'exception peut-être de Doll et de Rœmer et Schultes, dont je n'ai pas les ouvrages sous les yeux, émettent des doutes plus ou moins explicites sur la légitimité de leurs espèces (*virgatum, blattarioides, ramosissimum, Bastardii*), et il serait bien possible, si ce n'est même tout-à-fait probable, que *Blattaria* fût le seul nom véritablement *légitime* de toutes ces formes. Dans le doute qui subsiste encore, et n'ayant pu étudier sur le vif les quatre espèces nominales que je viens d'énumérer, je m'arrête provisoirement à la nomenclature de M. G. Bentham, parce qu'elle consacre le nom le plus ancien (*virgatum* Wither.) Je me bornerai à consigner ici le fait suivant : Un échantillon qui, sauf ses fleurs solitaires et plus espacées,

et sa pubescence plus rare, se rapprochait sensiblement de
ceux de M. de Dives, et recueilli par moi à Caudéran près
Bordeaux, passa sous les yeux de feu C. J. G. Schiede,
lorsqu'il vint me voir à Bordeaux, vers 1828, partant pour
l'Amérique méridionale en compagnie de M. de Deutz, de
l'université de Dorpat. Feu L. Reynier, de Lausanne, à
qui j'avais envoyé ma plante, lui avait attribué le nom
de *Verbascum blattarioides*. Schiede me le fit changer et
remplacer par *Blattaria*, tout simplement. Or, Schiede
fut, sinon le premier, du moins le principal promoteur de
l'étude des hybrides spontanées, — mais promoteur encore
contenu et modéré, auquel ont succédé des élèves ardents,
puis des imitateurs fanatiques, tout comme les *romanti-
ques* ont succédé à Châteaubriand. Je n'avais alors qu'une
douzaine d'années d'études botaniques, — et d'études
assurément fort terre-à-terre, et je m'étais peu mis en
peine de recueillir ces embarrassants *Verbascum* qui, selon
la remarque de M. Boreau, figurent généralement en petit
nombre dans les herbiers comme dans les envois. J'en avais
donc un fort mince assortiment, et je crois pouvoir néanmoins faire remarquer que Schiede n'écrivit ou ne dicta
chez moi que des noms d'espèces *légitimes*.

Depuis lors, l'influence allemande a fait chez nous d'ef-
froyables dégâts dans la nomenclature spécifique. C'est à la
seconde édition du *Synopsis* de Koch que nous en devons,
je crois, la fatale introduction dans les livres de nos com-
patriotes. Trois ans plus tard, le magistral *Prodromus*,
abrité sous les grands noms et la sagesse bien connue des
deux Candolle et de Bentham, eut beau protester contre
l'innovation malheureuse que Schiede avait enfantée; —
M Boreau, que ses observations consciencieuses, sa profonde érudition et ses descriptions nettes et précises ont

rendu si populaire parmi les botanistes français, eut beau
se refuser à cette taxonomie barbare, elle ne céda pas un
pouce de terrain, parce que le vice en était dans le fond
des choses, plus encore que dans la forme. M. Boreau
n'avait résisté qu'au point de vue de la forme, mais il commençait à céder pour le fond, puisqu'il reconnaissait chez
son *V. Bastardii*, des *capsules souvent avortées*.

On en est venu enfin à adopter en France, — dans cette
patrie de la clarté, de la précision et de la propriété des
termes, — deux divisions dans le genre qui nous occupe :
l'une pour les espèces *légitimes*, à *capsules* FERTILES (*sic*),
l'autre pour les *hybrides*. Mais la loyauté de M. Godron ne
lui a pas permis de rester sous le coup d'une adoption si
compromettante ; il a inscrit la condamnation générale et
solennelle de la *spécification* des hybrides en tête de sa section B : CAPSULES AVORTÉES (*sic*) !!!

Tout soldat, pour si obscur qu'il soit, doit son serment
au chef de l'armée ; tout botaniste doit sa profession de foi
à tous les hommes qui se livrent aux mêmes travaux. Voici
la mienne :

1° L'hybridité offre une étude du plus haut intérêt au
botaniste-*physiologiste* ; mais le botaniste-*taxonomiste*
(l'homme de la méthode, le spécificateur, le floriste), n'a
à s'en occuper que pour signaler, sous la rubrique de celui
des parents dont les caractères sont dominants dans l'échantillon examiné, les cas d'hybridisme constatés ou supposés
jusqu'à plus ample informé. Tel est le modèle que M. G.
Bentham nous a donné à suivre dans le *Prodromus*, et je
n'en connais pas de meilleur. Rien n'empêche, d'ailleurs,
de faire suivre d'une description, dans les ouvrages locaux
ou monographiques, la détermination de l'hybride qu'on a
sous les yeux.

2° L'hybridité *spontanée* est possible, puisque nous pratiquons l'hybridation artificielle ; mais cette hybridité spontanée doit être rare, sinon dans un certain nombre de genres déterminés, du moins eu égard à l'ensemble du règne végétal. Cette rareté proportionnelle est démontrée par la fixité bien constatée d'un nombre immense d'espèces.

Or, si cette fixité n'était par la règle générale, sujette à un petit nombre seulement d'exceptions, — la *loi* en un mot, — tout, depuis les temps historiques, serait confusion dans le règne végétal. Or encore, la confusion n'est pas, ne doit pas, ne peut pas être la *loi* dans les œuvres de la suprême Sagesse. Tout est réglé dans l'univers ; tout doit être réglé dans chacune de ses parties. *Confusion* et *loi* sont deux idées qui s'excluent d'une manière absolue ; et l'hybridisme, c'est la confusion, la rupture de la loi, partant *l'exception*, *l'anormalité*. La méthode (ou le système), et la nomenclature qui en est l'expression, doivent s'appliquer exclusivement à ce qui est *normal*.

Ce que je viens de dire ne s'applique point à la tératologie, car la *monstruosité* n'est point une *confusion de rapports* ; c'est une anomalie de développement, et cette anomalie étant soumise à des lois particulières, forme une science distincte et a, de droit, sa nomenclature propre.

Je reviens à l'hybridisme végétal. Il n'est pas et ne saurait être *la loi* ; donc il doit être nécessairement rare, et j'applaudis à la réserve prudente et sensée de Koch : *Hybridæ sunt vel saltem pro hybridis habentur* (Syn. ed. 2ᵃ p. 589.)

Si les caractères de ces formes sont constants, si elles se reproduisent normalement et indéfiniment, ce sont des *espèces* qu'on n'a pas jusqu'ici distinguées, et qu'il faut distinguer à l'avenir. Si non, ce sont des *accidents* passa-

gers, et il ne faut pas, en présence de l'admirable harmonie de la création, — en présence de la paix, ou comme
dit saint Augustin, en présence de la *tranquillité de l'ordre*
qui brille de toutes parts dans les œuvres de Dieu, — il ne
faut pas croire, dis-je, que certains êtres *non modifiés par
artifice* s'écartent de la règle, — assez fréquemment pour
que cette aberration prenne une apparence de normalité,
— jusqu'à remplir à l'égard d'autres êtres spécifiquement
différents, la double fonction de *fécondateur* et de *fécondé*,
que la mode du jour attribue alternativement, indifféremment, et si je l'osais dire, *promiscuément*, à une même
espèce. Qu'on me permette, — et cela suffira pour me
faire comprendre, — de citer ici quelques combinaisons de
noms de ces prétendues *espèces* hybrides : *Verbascum nigro-
thapsus* et *V. thapso-nigrum* ; — *V. nigro-lychnitis* et
nigro-pulverulentum ; — *V. lychnitidi-blattaria* et *thapso-
lychnitis*, etc., etc.

Je mets fin à cette digression fondée, je crois, sur les
principes les plus sains de la philosophie, de la raison et de
l'observation. Je sais qu'on peut se tromper sur les principes *de second ordre*, comme on peut se tromper sur les
faits. Mais dès qu'on ne se trompe pas sur les principes, je
me fais honneur de proclamer avec M. Alexis Jordan que LE
PRINCIPE EST PLUS FORT QUE LE FAIT, et que, si ces deux
choses sont en contradiction, il faut nécessairement que le
fait ait été mal observé ou mal interprété, car le fait n'est
dans l'ordre des choses *possibles*, que parce qu'il est la réa-
lisation *d'un principe* ; autrement il ne pourrait avoir lieu.
La philosophie la plus élémentaire enseigne que deux véri-
tés ne peuvent pas être opposées l'une à l'autre ; or, qui dit
principe, et qui dit *fait*, les proclame également *vérité*.

La conclusion que je tire de tout ceci, c'est que l'HYBRI-

DOLATRIE passera, comme passera l'oïdium, comme ont passé la maladie de la pomme de terre et le choléra. Je n'ai pas l'orgueil de donner cette confiance pour une prédiction : ce n'est qu'une simple déduction, mais aussi l'expression d'un vif désir et d'une ferme espérance.

3 août 1857.

Nota. Quelques autres *Verbascum* réputés *hybrides* me sont signalés dans le département par M. Oscar de la Vernelle ; je ne les ai point vus. Voici les noms qui leur sont donnés :

1. *V. lychnitidi-floccosum* Ziz *in* Koch, syn. ed. 2ª. — Godr. et Gren. Fl. Fr. II, p. 360. — (*V. pulvinatum* Thuill.)
C Dans la vallée du Codeau, près Bergerac.

2. *V. thapso-lychnitis* Mert. et Koch, deutsch. fl. — Godr. et Gren. loc. cit. p. 359. (*V. spurium* Koch, Syn. ed. 1ª).
Près de la Vernelle, commune de Douville.

3. *V· thapso-nigrum* Schiede. — Godr. et Gren. loc. cit. p. 555. (*V. collinum* Schrad.)

4. Enfin, une forme désignée seulement comme hybride du *V. Blattaria.*
La localité des deux derniers ne m'est pas signalée.

SCROPHULARIA NODOSA (Catal.) — Ajoutez : Lachassagne, commune de Saint-Paul-de-Serre, aux bords du Vergt ; sur un plateau élevé, sec et crayeux près Bordas, où les échantillons de cette plante sont très-petits (DD.) — CC dans quelques bois à Boriebru, commune de Champcevinel (D'A.) — C sur les bords de la Vézère à Limeuil, et sur ceux du Bandiat, à Nontron.

— CANINA (Catal.) — Ajoutez : Route de Sarlat à Souillac, dans la paroisse d'Eyvignes (M. — CC aux environs de Montignac-le-Comte (DD. — Côteaux crayeux entre Lalinde et Pezul.

LXXXIII. *ANTIRRHINEÆ.*

DIGITALIS PURPUREA (Catal.) — Ajoutez : Assez commun
dans toute la région granitique du Nontronais, où j'ai
encore vu deux ou trois fleurs, sur des repousses de
plantes broutées, au 25 septembre.

— PURPURASCENS. Roth. — K. ed. 1ª et 2ª, 2. — Gren.
et Godr. Fl. Fr. II, p. 602. — Benth. in DC. Prodr.
X, p. 452, nº 17. — Le Jolis, pl. rar. de Cherbourg,
in Ann. sc. nat. 1847, 3ᵉ sér. t. 7, p. 219.

Je ne l'ai point vu, mais il m'est indiqué par M. Oscar
de Lavernelle aux environs de Nontron (1853.)

— LUTEA (Catal.) — Côteaux crayeux de Mareuil (M.) —
Côteaux crayeux, entre Lalinde et Pezul, et *blocs granitiques!* à la minoterie de Nontron.

ANTIRRHINUM ORONTIUM (Catal.

J'en ai trouvé un seul pied à fleurs *rosées*, à Lanquais,
dans le champ pierreux qui couronne le côteau dit *la Peyrugue*, sur le *diluvium*.

LINARIA SPURIA (Catal.)

Elle a été retrouvée, à l'état plus ou moins *pelorié*, à
Mareuil par M. l'abbé Meilhez, et à Lanquais. J'ai revu
aussi, mais à Couze, la var. β *grandifolia*.

— MINOR (Catal.)

Var. β *glabrata* Delastre, suppl. inéd. à la Flor. de
la Vienne (ipso monente in schedul. 1846.)

Linaria prætermissa Delastre! *in* Annal. sc. nat.
septembre 1842, 2ᵉ sér. T. 18, p. 152. — Boreau,
Fl. du Centr. 2ᵉ édit., p. 377, n. 1398. — Gren. et
Godr. Fl. Fr. II, p. 582. — Benth. *in* DC. Prodr. X
p. 288, nº 121 (spec. non satis not.)

On ne peut qu'applaudir à la sage détermination qu'a prise le savant auteur de la Flore de la Vienne, lorsqu'il a renoncé à considérer comme distincte une espèce fondée sur un seul caractère (dont la valeur est plus que douteuse et qui ne peut plus être constaté sur le sec), la gorge de la corolle *presque fermée* au lieu d'être *ouverte*.

La pubescence de toutes les parties de la plante est totalement insignifiante au point de vue spécifique, ainsi que je m'en suis assuré sur de nombreux échantillons, et ainsi que le prouve un échantillon *très-vigoureux*, fortement *velu-glanduleux*, haut de *trente centimètres* et que M. Alfred Déséglise m'a envoyé de Marmagne (Cher), sous le nom de « *L. prætermissa* « Delastre! *corolle complètement fermée!!* »

Je crois devoir ajouter cette forme à notre Catalogue, parce que M. de Dives l'a recueillie en août 1846 à Saint-Aygulin, localité de la Charente-Inférieure, qui n'est séparée du département de la Dordogne que par la minime largeur de la Dronne.

LINARIA PELISSERIANA (Catal.) — Ajoutez : Ladauge, commune de Grum ; Issac ; Bourrou (DD.) — Ladouze (D'A.) — Mareuil (M. — Lalinde, etc. J'ai remarqué, dans les chaumes des environs de Lanquais, que cette jolie espèce conserve encore quelques fleurs fraîches et des fruits bons à récolter, jusqu'aux premières gelées légères, mais *à glace*, qui se font sentir dans l'année.

— STRIATA (Catal.)

J'ai retrouvé, sur la levée du moulin du port de *Lanquais* (commune de Varennes) la var. *b. brevifolia* du Catalogue de 1840, laquelle me paraît reproduire exactement la var. *a galioides* de feu M. Guépin. Fl.

de Maine-et-Loire, 2ᵉ éd. (1840, ou peut-être 1839 car elle est sans date, et l'auteur eut la bonté de me l'envoyer à la fin d'août 1840).

J'ai rencontré à Lanquais, au commencement d'août 1846, dans une vigne sèche et caillouteuse, une jolie variation du type de cette espèce. La fleur était *blanche* et il fallait, pour apercevoir sans loupe les stries violettes qui la parcourent, la regarder par transparence.

Une autre forme, très-petite, très-élégante, à fleurs d'un jaune pâle et qui semble être annuelle (ce qui pourrait bien être si elle provient, comme je le crois, d'une seconde génération de l'année) abonde dans les vignes maigres de Blanchardie, etc., près Ribérac (DR.) et a été retrouvée par M. de Dives au-dessous des vignes de Leysarnie, commune de Manzac. Elle paraît répondre assez bien à la var. β *ochroleuca* de M. Boreau (Fl. du Cent. 2ᵉ éd., p. 379 [1849]), sauf que ses fleurs ne sont pas striées de violet, mais d'une teinte jaunâtre presque uniforme.

LINARIA VULGARIS (Catal. — Ajoutez : Échourgniac, dans la Double (M.)

— SPARTEA. Hoffmansegg et Link.—Benth. *in* DC. Prodr. X. p. 276, nᵒ 54. — Gren et Godr., Fl. Fr. II, p. 578.

Antirrhinum sparteum L. spec.
Linaria juncea Desf. — Duby. — Nob. Catal. 1840.

Ajoutez : Prigonrieux (REV.) — Moissons des bords de la route de Périgueux à Libourne (D'A.). — La Roche-Chalais, Ménesplet. Bergerac; très-abondant dans cette dernière localité, où les terres sont sablon-

neuses (DD.), ainsi que dans tous les champs de
même nature qui bordent la Dordogne dans la commune de Cours-de-Piles et de Saint-Germain-de-Pontroumieux (Eug. de BIRAN).

— SUPINA (Catal.)

Je l'ai retrouvé dans les champs crayeux et très-arides
du vallon de Grignols. Il y est fort abondant, mais toujours
de fort petite taille et à feuilles très-étroites. La fleur, petite aussi, a l'éperon *jaune* dans certains échantillons, *violet*
dans d'autres.

Nota. M. de Dives pense que l'*Anarrhinum bellidifolium*
Desf., Koch, etc., devrait se rencontrer sur les schistes des
environs de Terrasson et de Brardville (jadis Le Lardin) parce
qu'il l'a trouvé sur les schistes de Brives (Corrèze). Je dis
avec mon honorable ami que cette rencontre est probable ;
mais elle n'est pas constatée, et les stations des plantes offrent
parfois des anomalies singulières, — *positives* ou négatives.

VERONICA SCUTELLATA. Linn. — K. ed. 1ª et 2ª, 1.

Étang de la Vernide, commune de Grum, 1840 ;
bords du petit ruisseau le *Galant*, près Montpont,
1842 (DD.). — Ribérac, 1850 (M. J. RALFS, botaniste
anglais, *in litt.*). — Assez rare dans les étangs de la
Bessède (M.) — Dans un fossé à Larége, commune
de Cours-de-Piles (Eug. de BIRAN).

Var. β *pubescens* Koch, l. c. (*V. parmularia* Poit.
et Turp.) — Pronchiéras, commune de Manzac, dans
une grande mare, 1843 (DD.), ce qui fait bien voir
que, comme pour le *V. Anagallis* et son mauvais dérivé
(*V. anagalloides* Guss.), le développement variable des
poils est indépendant de la station plus sèche ; mais
cette observation ne remédie nullement à l'inanité de
ces prétendues espèces.

Veronica Anagallis (Catal.)

Nous avons principalement , et si je ne me trompe , presque uniquement dans le département , *même dans l'eau* , la forme réputée *méridionale* , à feuilles et lobes du calice bien plus étroits , et à pédicelles poilus-glan-duleux , que M. Gussone a érigée en une espèce adoptée aveuglément par plusieurs auteurs , et dubi-tativement par M. G. Bentham (*V. anagalloides* Guss. ic rar. p. 5 , t. 3, et Syn. Fl. Sic. 1. p. 16.)

M. l'abbé Revel m'a envoyé un charmant échantillon d'une *sous-forme* excessivement grêle et délicate , de cette très-mauvaise espèce. Il l'avait recueilli sur les bords du Codeau , près de la Monzie-Montastruc.

— MONTANA. Linn. — K. ed. 1ª et 2ª, 6.

Découvert , au bord d'un fossé ombragé , près le domaine des Guischards , commune de Saint-Germain-de-Pontroumieux , par MM. Eugène de Biran et l'abbé Revel. — Retrouvé par M. Charles Godard dans un bois à Boriebru , commune de Champcevinel.

— LATIFOLIA (Catal.)

C'est par erreur que j'ai indiqué comme localité unique de cette plante dans l'arrondissement de Périgueux , le chemin de Douville à Saint-Mametz ; il faut lire : *Chemin de Bourdeille à Brantôme.*

Nota. Le Veronica præcox Allion. — Koch, Syn. ed. 1ª nº 24 ; ed. 2ª nº 25, m'est indiqué à Mareuil par M. l'abbé Meilhez. Je n'ai pas vu ses échantillons, et je ne crois pas devoir inscrire l'espèce dans notre Catalogue départemental , 1º parce que je ne l'ai jamais recueillie en deçà de la Loire ; 2º parce qu'elle est facile à confondre avec le *V. triphyllos* L. que nous avons ici et qui m'a été envoyé de Poitiers sous le nom de *præcox .*

LIMOSELLA AQUATICA. Linn. — K. ed. 1ᵃ et 2ᵃ, 1.

Dans une flaque d'eau au bois de La Pause près Ribérac (DD. 1841). — M. du Rieu de Maisonneuve, qui habitait alors Blanchardie, tout près de là, l'y aurait-il ensemencée ? Il ne m'a jamais, du moins, signalé son existence en Périgord ; mais son indigénat reste démontré, car M. de Dives l'a retrouvée en 1854 dans une flaque d'eau à Chaumont près Grignols.

LXXXIV. *OROBANCHEÆ.*

OROBANCHE CRUENTA. Bertoloni. — K. ed. 1ᵃ et 2ᵃ, 1. —
α *typus* Reuter *in* DC. Prodr. XI, p. 15, n. 2. —
α *typus* (pro parte) Gren. et Godr. Fl. Fr. II, p. 629.

Dans les prés, entre Neuvic et Sourzac ; les échantillons ont été vus par M. Boreau (DD.) — Sainte-Croix-de-Mareuil (M.) — Dans un pré sec et montueux entre Bourrou et Saint-Joseph, sur le *Lotus corniculatus* ; sa fleur a une odeur assez prononcée d'œillet ou de giroflée (REV.) D'après les échantillons très-beaux que j'ai reçus de M. l'abbé Revel, cette espèce paraitrait aussi, dans cette localité, adhérer au *Scabiosa succisa.*

Var. ε *citrina* Coss. et Germ. Fl. paris. — Reuter *in* DC. loc. cit. — Gren. et Godr. loc. cit.

O. concolor Boreau, Fl. du Centr., *non* Duby. — Bézenac ; peu commun (M. 1852.)

Var. γ *Ulicis* Reuter *in* DC. loc. cit.

O. Ulicis Ch. des Moul. *in* Annal. sc. nat. 1835, et Catal. Dordogne, 1840. — Boreau, Fl. du Centr. 2ᵉ éd. p. 397, n° 1473.

MM. Godron et Grenier (Fl. Fr.) et M. Lloyd (Catal. et Fl. de l'Ouest), ne l'admettent ni comme espèce ni

comme variété de l'*O. cruenta*. En 1847, au moment
où le xie volume du *Prodromus* venait de paraître,
M. le D. F. Schultz (Archiv. Fl. de Fr. et d'Allem. I. p.
99 — 105, [1848]) écrivit une *Notice sur quelques
espèces d'Orobanchacées* (*Phelipœa, Orobanche* et son
nouveau genre *Boulardia*), et déclara, de même, ne
pas trouver dans ma plante des caractères suffisants
pour en faire même une variété (p. 101.)

Je suis assurément bien loin de chercher à défendre
mon *O. Ulicis* attaqué par des savants si compétents
et si spéciaux. Je ne pourrais même l'essayer, privé
comme je le suis maintenant de la possibilité d'en faire
une nouvelle étude comparative avec l'*O. cruenta* type.
Je me bornerai seulement à faire remarquer à ma
décharge, si l'espèce est décidément mauvaise : 1° qu'en
1834 et 1835, j'étais très-mal pourvu d'*O. cruenta*
Bertol., dont je ne connaissais pas même l'existence
en Périgord ; 2° que j'étais alors sous l'empire des
idées en vogue, lesquelles tendaient fortement et à
part un très-petit nombre d'exceptions (*O. minor* et
cœrulea), à *cantonner* chaque *espèce* d'Orobanche sur
une espèce déterminée de plante nourricière ; 5° enfin
(et c'est là la seule objection vraiment *grave* à mon
sens, que je croirais maintenant pouvoir soulever contre
l'opinion unanime de ces savants), on attribue généralement une odeur agréable et suave à l'*O. cruenta*,
tandis que ma plante est très-puante. Sur ce point, et
sur ce point seulement, je crois devoir consigner ici
quelques réserves. Je crois qu'une *espèce* peut être
indifféremment *odorante* ou *inodore* ; mais quant à
changer d'odeur, c'est là une propriété dont l'existence
me paraît bien loin d'être prouvée.

Voici, pour terminer cet article, deux nouvelles localités pour la plante qui croît sur les racines de l'*Ulex nanus* : toutes deux me sont indiquées par M. le comte d'Abzac :

Landes de Cablans ; autres landes entre Hautefort et Excideuil. Dans cette dernière localité, la couleur des fleurs n'est pas la même qu'à Cablans, et il est probable dès-lors qu'il s'agit de la var. β *citrina*.

OROBANCHE GALII. Vaucher. — Duby, Bot. — K. ed. 1ᵉ et 2ᵃ, 8.

Sur le *Galium Mollugo* à la Rochebeaucourt, où il est commun dans les terrains secs et montueux (M.)

— MINOR (Catal.) — Ajoutez : Mareuil, dans un pré, croissant au milieu d'individus nombreux du *Trifolium pratense* et du *Medicago maculata* (M.) — Bourrou, où cette plante devient très-grande et vit sur le *Trifolium pratense* ; Lembras, sur l'*Ononis repens* (DD.) — Derrière le village de Gala près Bergerac, sur la Lentille cultivée (REV.) — CC sur le Trèfle de Hollande dans les domaines de Boripetit et de Boriebru, commune de Champcevinel (D'A.)

Var. 6 *flavescens* Reut.

En 1847, M. Reuter (*in* DC. Prodr. XI, p. 29, n° 52) a rapporté à cette espèce, comme var. β *flavescens*, l'*O. Carotæ* Nob. de mon Catalogue de 1840. En 1852, MM. Grenier et Godron (Fl. Fr. II, p. 640, ont suivi l'exemple de M. Reuter. — Cette plante a été trouvée par M. de Dives, dans son verger, à Manzac, sur la carotte sauvage et sur le panais sauvage ; et une fois seulement, cet observateur a réussi à en extraire un pied qui adhérait à la fois aux racines de ces deux plantes.

J'ajoute que si mon *O. Carotæ* n'a trouvé créance, comme espèce *distincte*, auprès de personne, elle n'a pas été jugée de la même manière par tout le monde, car c'est à l'Orobanche du Lierre (*O. Hederæ* Vauch. — Duby. — etc.), que Mutel la rapporte (Fl. Fr. II, p. 342), sous le nom d'*O. barbata* Poir., *e Carotæ* (*O. barbata* est pour lui le synonyme plus ancien d'*O. Hederæ*.)

Il me sera permis de faire remarquer, à ma décharge, que j'ai signalé, en décrivant mon *O. Carotæ*, la ressemblance qu'elle offre avec l'*O. Hederæ* (1835), et en l'inscrivant au Catal. de 1840, celle qu'elle offre aussi avec l'*O. minor*.

OROBANCHE HEDERÆ (Catal.) — Ajoutez : Côteau d'Écornebœuf près Périgueux ; aux Planes près le Sigoulès ; sur un vieux mur couvert de lierre, à la cité de Périgueux (DD.) — Blanzac, commune du Grand-Change (D'A.) — Châteaux de Bayac et de Lanquais, au pied des murs et dans les jardins boisés qui les environnent.

— AMETHYSTEA. Thuill. — K. ed. 1ᵃ, 16 ; ed. 2ᵃ, 18.

Sur les racines de l'*Eryngium campestre* :

Manzac, dans les moissons, et à l'exposition du Nord; CCC sur le côteau crayeux, très-découvert et presque inculte de Peycherel, même commune ; Coursac, Notre-Dame-de-Sanilhiac (DD. 1841.)

Environs de Bergerac (REV. 1843.)

Sur les rochers d'un côteau aride, en montant de Mareuil à Montignat (M. 1845.)

Dans un champ de blé à Rouby, commune de Clermont-de-Beauregard (OLV. 1851.)

OROBANCHE RAMOSA (Catal.)

(*Phelipœa ramosa* C. A. Meyer. — Reuter *in* DC. Prodr.
XI, p. 8, n° 14. — Gren. et Godr. Fl. Fr. II, p. 627.)

Ajoutez : Mareuil (M.) — Manzac, sur le *Matricaria parthenioides* Desf., cultivé, une seule et élégante touffe, de
petite taille, trouvée et donnée à M. Boreau par M. de
Dives ; et aussi à Manzac dans une chenevière près la Fon-
taine-de-Salles (DD.) — Enfin, je l'ai retrouvé en abondance prodigieuse, dans une chenevière où je l'avais vainement cherchée pendant de longues années, à Lanquais, le
18 août 1848.

LATHRÆA CLANDESTINA (Catal.).

M. l'abbé Meilhez, qui l'a trouvé à Sarlat, me fait remarquer qu'il n'a jamais pu, malgré ses recherches, l'apercevoir à Mareuil.

Ajoutez : Variation à fleurs presque *blanches*, avec les
lobes de la corolle teints de *violet clair*. J'ai vu ce curieux
échantillon, que M. Charles GODARD a recueilli au château
de Boriebru près Périgueux, parasite sur la racine d'un
Châtaignier (1858)!

LXXXV. *RHINANTHACEÆ.*

MELAMPYRUM ARVENSE. Linn. — K. ed 1ª et 2ª, 2.

Découvert en 1844, par M. l'abbé Revel, dans un lieu
inculte près du moulin du Bout-des-Vergnes (banlieue de
Bergerac). Il y a été recueilli de nouveau en 1846. — M. de
Dives l'a retrouvé à Manzac, dans un champ d'avoine, en
1855. Il a annoncé la rencontre de cette belle plante dans
la partie du département qu'il habite, à la Soc. Bot. de Fr.
(Bulletin, 1855, t. 2, p. 767.)

PEDICULARIS SYLVATICA (Catal.) — Ajoutez : Perbouyer
près Mucidan (DD.), etc. Cette espèce est en réalité

12

très-répandue dans tous les lieux tourbeux, ou sylvatiques et humides.

PEDICULARIS PALUSTRIS. Linn. — K. ed. 1ª et 2ª, 11.

Peu de mois après la publication de mon Catalogue,
M. de Dives m'envoya sous ce nom, en septembre 1840, un
fragment de tige recueilli par lui le 21 mai 1839, et me fit
remarquer que l'espèce avait été omise dans mon travail.
Les fleurs de cet échantillon n'étaient pas favorablement
disposées pour l'examen ; il n'y avait point de fruits ; j'étais
prévenu contre l'existence de cette espèce dans le Sud-Ouest ;
bref, je la méconnus, malgré la présence des dents blanches et calleuses qui bordent les feuilles. Mais depuis lors,
de nombreux et bons échantillons sont venus lever tous mes
doutes. Nous avons donc certainement le *P. palustris*, mais
seulement *dans le nord* du département, savoir :

Saint-Martin-le-Peint près Nontron (DD. 1839.)

Saint-Sernin-de-Beaupouyet, dans une lande médiocrement humide (DD. 1844.)

Ponteyraud près Ribérac (DD. 1846), dans un pré tourbeux.

Prés tourbeux entre Mareuil et Courbiers, vis-à-vis d'Ambelle ; — aux Graulges, dans les prés de Rudeau, le long de
la Lisonne (M., avant 1845, mais j'ignore l'époque précise.)

Environs de Brantôme (M. l'abbé DION, 1853.)

Prés marécageux du vallon de Lanouaille (Eug. de BIRAN,
1849.)

BARTSIA VISCOSA (Catal.)

Eufragia viscosa Benth. *in* DC. Prodr. X, p. 543,
nº 2. — Gren. et Godr. Fl. Fr. II, p. 611.

Ajoutez : Pontbonne près Bergerac, Grum, dans les moissons DD. — Mareuil (M.) — Mescoulet (Al. RAMOND), etc.

C'est une plante assez répandue partout où les terres
sont profondes, froides, argileuses et surtout sablonneuses
(*bouvées* ou *boulbènes.*)

Genre EUPHRASIA (Benth. *in* DC. Prodr.)

Depuis ma publication de 1840, j'ai beaucoup étudié les
formes pyrénéennes du groupe *officinalis*, et je reconnais
volontiers que je ne suis arrivé à rien de neuf, ni de bien
satisfaisant. Il faudrait qu'un botaniste actif, pourvu d'yeux
infatigables et d'un coup d'œil scientifique intelligent autant
que raisonnable, consacrât dix ans de sa jeunesse à parcou-
rir les Alpes, les Pyrénées et l'Auvergne, pour débrouiller
ce difficile et minutieux sujet d'étude. Je ne dis pas trop ;
car en ouvrant seulement trois des ouvrages les plus feuil-
letés par nos contemporains, on voit que Koch (Synops.),
M. G. Bentham (*in* DC. Prodr.), et MM. Grenier et Godron
(Fl. Fr.) sont à peu près aussi peu d'accord qu'il soit possible de l'être sur la spécification de ces plantes charmantes.

Dès 1835, dans le Mémoire (excellent, comme tout ce
qui sort de ses mains) que M. Soyer-Willemet consacra à ce
genre sous le titre d'*Euphrasia officinalis et espèces voisines*, mémoire dont les études furent faites *sur le sec*, le
savant et consciencieux auteur, tout en admettant *trois espèces*, se demandait s'il y en a réellement plus d'une ou si
Candolle n'avait pas raison, du haut de son génie (Fl. Fr.
1815) de ne voir dans toutes ces formes que des races, des
variétés et des sous-variétés.

L'état présent des travaux botaniques ne me semble pas
permettre qu'on se renferme dans cette manière de voir : il
y aurait trop de réformes à opérer ailleurs, et il n'existe pas
assez de preuves incontestables de la justesse de ces réformes.

En 1846, M. G. Bentham, travaillant au nom de Candolle dans le *Prodromus*, s'en tint aux conclusions de la Flore Française.

En 1852, MM. Grenier et Godron empruntèrent tous les détails du travail de M. Soyer-Willemet; mais selon moi, ils en détériorèrent la substance, en refusant d'admettre l'*E. alpina* Lam.

Dans l'intervalle qui sépare M. Soyer-Willemet de la nouvelle Flore de France, les Allemands, selon leur habitude, s'étaient jetés plus ou moins à corps perdu dans la spécification; et maintenant, en forçant l'application de ses excellents principes (c'est là, selon moi, le seul reproche *juste* qu'on puisse adresser à ce savant), M. Jordan vient encore enchérir sur les botanistes d'Outre-Rhin.

Parmi les ouvrages que je viens de citer, celui dont les principes de spécification me semblent les meilleurs, est donc le Mémoire de M. Soyer-Willemet.

Je crois cependant qu'en présence de la variété innombrable de formes que présentent les Euphraises des montagnes, ce profond botaniste n'a pas fait assez, et que s'il n'y a rien à retoucher à son *Euphrasia officinalis* caractérisé (*dans toutes ses formes*) par la présence des poils glanduleux rares ou abondants; il ne faut pas admettre que son *nemorosa* et son *alpina* répondent, en englobant toutes les autres formes, aux besoins réels de la spécification.

J'emprunte donc à Koch l'*Euphrasia minima* de Jacquin et Schleicher, en y joignant, à l'exemple de M. Soyer-Willemet qui les a aussi fort rapprochés l'un de l'autre, l'*E. micrantha* Rchb.

J'emprunte également à Koch son *E. salisburgensis*, mais pour le faire rentrer comme variété, à l'exemple de M. Soyer-Willemet, dans l'*alpina* Lam., dont on n'aurait

jamais dû se permettre d'abandonner le nom ; car il est à
la fois le plus ancien et le meilleur. Cette forme, au premier
coup-d'œil, est extrêmement différente de l'*alpina* ; mais
Koch lui-même avoue que ces différences ne lui semblent
pas *spécifiques* ; elles ne consistent en réalité que dans le
nombre moins grand des dents latérales de la feuille, et
cette modification est exclusivement *alpine* dans les Pyrénées (Pic d'Éreslids, au-dessus de 2,000ᵐ). Quant au type,
je ne l'ai jamais retrouvé au-dessous de la région décidément montagneuse où la végétation est celle de la zone
sous-alpine. La modification extrême de l'*E. alpina* parait
être l'*E. tricuspidata* L. que M. Bentham admet avec doute
comme espèce distincte, et que M. Soyer-Willemet, suivi
par MM. Grenier et Godron, joint au précédent comme var.
γ. — Je possède cette dernière plante, mais elle n'est pas
en ce moment sous mes yeux, et je ne puis mieux faire,
à en juger par la description, que de suivre aussi l'exemple
du respectable bibliothécaire de Nancy.

Je m'écarte cependant un peu de son opinion pour adopter celle de MM. Grenier et Godron qui rapportent l'*E. alpina* DC. Fl. Fr. à l'*E. nemorosa* Pers. β *intermedia* Soy.-
Will., au lieu de la rapporter à l'*E. alpina* Lam.

Ayant ainsi retiré de l'*E. nemorosa* de MM. Grenier et
Godron les var. γ et δ, il me reste une espèce homogène,
qui conserve le nom de Persoon et les var. α et β de M.
Soyer-Willemet. Elle est excessivement répandue en France,
depuis les pays de plaines jusqu'aux régions alpines où elle
devient plus rare. J'avoue qu'elle se lie bien étroitement à
l'*E. minima* surtout, et aussi à l'*alpina* ; mais toutes les
espèces d'un groupe si naturel ne doivent-elles pas nécessairement être très-voisines l'une de l'autre ? Enfin, je
crois, avec MM. Grenier et Godron, que le *nemorosa* reste

bien plus voisin des deux dernières espèces que de l'*offici-*
nalis.

Voici, à vue de pays et au moyen de caractères pour ainsi
dire empiriques, comment, et en attendant qu'on nous donne
une bonne monographie, je voudrais disposer nos Euphraises Françaises ;

I. *E. officinalis.* Linn. — Soy.-Will. loc. cit. — Gren.
et Godr. Fl. Fr. II, p. 604. — Var. *γ vulgaris* (pro parte)
Benth. *in* DC. Prodr. X, p. 552, n° 2. — Var. *α praten-*
sis Koch, Syn. ed. 1ª et 2ª, 1.

Fleurs où le blanc domine. Poils glanduleux abondants,
ou du moins en petit nombre sur les calices. Feuilles à peu
près 5-dentées de chaque côté.

II. *E. nemorosa.* Pers.— Var. *α grandiflora* et *β inter-*
media Soy.-Will loc. cit. — Gren. et Godr. loc. cit., p.
553.

E. officinalis, γ vulgaris (pro parte) Benth. loc. cit. —
β neglecta, γ nemorosa, δ alpestris (hæc pro parte tantùm)
Koch, loc. cit.

Fleurs grandes ou moyennes, plus colorées, où le violet
et le bleu dominent souvent. Jamais de poils glanduleux ;
pubescence crépue. Dents des feuilles supérieures fortement
cuspidées. Feuilles à peu près 5-dentées de chaque côté ; les
inférieures à divisions aiguës.

III. *E. minima.* Schleich. — Jacq. — DC. Fl. Fr. —
Koch, loc. cit. n° 2.

(*E. officinalem δ alpestrem* Koch, l. c. [pro parte quoad
E. micrantham Rchb. spectat] complectens).

E. officinalis, δ minima et *γ vulgaris* (hæc pro parte
quoad *E. micrantham* Rchb. spectat) Benth. loc. cit.

E. nemorosa γ parviflora Soy.-Will. loc. cit. — Gren. et
Godr. loc. cit.

Fleurs très-petites, fortement colorées, dont la lèvre inférieure est toujours toute jaune, la supérieure jaune, bleue ou violet-rouge. Jamais de poils glanduleux ; pubescence crépue ; poils des bractées et des calices courts et raides, mais courbes et dirigés vers l'extrémité de la feuille. Dents des feuilles supérieures courtement mucronées, les extrêmes rarement cuspidées. Feuilles à peu près 5-dentées de chaque côté.

IV. *E. alpina* Lam. — Soyer-Willemet, loc. cit. (*non* DC. Fl. Fr.)

E. salisburgensis Funke. — Koch, loc. cit. (cum varietate Lamarckianâ, non autem Candollianâ).

E. officinalis, ε *salisburgensis*, et γ *vulgaris* (hæc pro parte, quoad *E. alpinam* Lam. spectat) Benth. loc. cit.

E. nemorosa δ *alpina* Gren. et Godr. loc. cit.

Fleurs élégamment colorées, grandes, où le bleu clair et le rose-lilas dominent. Jamais de poils glanduleux ; pubescence crépue. Dents des feuilles supérieures fortement cuspidées. Feuilles 1-2-3-dentées de chaque côté, étroites, à dents aiguës.

Si maintenant j'applique cette distribution spécifique au département de la Dordogne, j'y trouve deux espèces : *Officinalis* et *nemorosa*.

Euphrasia officinalis (Catal.

α *pratensis* Koch, ed. 1ª et 2ª, 1.

γ *vulgaris* (pro parte tantùm) Benth. *in* DC. Prodr.

Formæ *grandiflora, intermedia* et *parviflora* Soy. Will., loc. cit. — Gren. et Godr. Fl. Fr.

Gazons et bruyères, bords des bois. — Nous devons avoir les trois formes empruntées par MM. Grenier et Godron à l'excellent travail de M. Soyer-Willemet ;

mais j'avoue que j'ai négligé, comme il arrive trop
souvent pour les plantes communes, de les récolter.

On peut considérer aussi cette espèce sous un autre
point de vue et y reconnaître deux formes dans chacune des trois de M. Soyer-Willemet :

1) *laxa*, simple ou rameuse, mais lâche et souple.

2) *stricta* (non *Euphr. stricta* Schleich.) simple
ou rameuse, mais raide, à fleurs et bractées très-rap-
prochées, comme en épi. C'est l'*Euphr. ericetorum*
Jordan.

Euphrasia nemorosa. Pers.

E. officinalis, c. nemorosa Koch.—Nob. Catal. 1840.

E. officinalis, γ vulgaris (pro parte) Benth. *in* DC.
Prodr.

E. nemorosa Pers.—Gren. et Godr. Fl. Fr., II. p. 605.
Je connais, dans le département, les var. :

α *grandiflora* Soy.-Will. — Gren. et Godr. —
Lanquais.

β *intermedia* Soy.-Will. — Gren. et Godr. — Lanquais. — Saut-de-la-Gratusse. — Landes de Colombat
près Mucidan (DD.)

Id. — Id. — forme *parviflora* Nob. — Dans les bois
à Mânzac (DD.) — Friche maigre près le dolmen dit
le *Roc-de-Cause*, à Cugnac.

EUPHRASIA ODONTITES (Catal.)—Ajoutez : CC dans les terres
qui bordent le Vergt dans la commune de Manzac (DD.).
Lanquais, dans les blés. — C sur la terrasse que
forme l'escarpement de la montagne au niveau du
deuxième étage du clocher de Brantôme. Pour cette
dernière localité, je dois faire observer que n'ayant pu
atteindre la plante, ses caractères de détail n'ont pas été

vérifiés, et comme c'est le 24 septembre que je l'ai
vue, elle pourrait bien plutôt appartenir au *serotina.*

— SEROTINA (Catal.) — Ajoutez : *Variatio flore albo.*
RR dans le *terrefort* de Varennes (20 septembre
1845.) — M. A. Ramond m'écrivit le 21 décembre de
la même année, qu'il avait vu, mais sans pouvoir la
recueillir ni l'examiner, au Sigoulès, une plante à
fleurs *blanches* qu'il a prise pour l'*Odontites* (dont la
var. blanche ne lui était connue que par la citation de
la Flore de M. Boreau); et, ajoutait-il, si ce n'est pas
l'*Odontites,* serait-ce une transition de l'*Odontites* (*serotina*) au *Jaubertiana* qui croît aussi dans ce lieu? —
Sur ce document incomplet, je ne puis rien dire de positif, mais j'incline beaucoup à croire que c'est ma
plante qui a été vue au Sigoulès par M. Ramond.

Ajoutez aussi, comme localité nouvelle de l'*E. serotina* : côte des Mérilles, commune de Saint-Capraise-
de-Lalinde (24 août 1841). Il faut remarquer qu'à cette
date, quelques pieds commençaient à peine à montrer
un petit nombre de fleurs ouvertes. Or, cette station,
bien qu'assez élevée au-dessus du fond de la vallée de la
Dordogne, est l'une des plus chaudes que je connaisse
dans le département. C'est un côteau très-abrupte,
de calcaire crayeux à peine recouvert de quelques pou-
ces de terre argilo-calcaire, et exposé à toute l'ardeur
du midi (le *Convolvulus cantabrica* L. y devient
énorme). Ceci soit dit pour répondre à une supposition de M. J. Gay à qui j'envoyai la plante, et qui me
dit dans une note de mars 1842 qu'il n'y a pas, suivant lui, *deux* espèces dans l'*Odontites* de Linné; que
la plante fleurit de bonne heure (*E verna* Bell.) dans
les champs et autres terrains meubles, et tard (*E.*

serotina Lam.) dans les terres dures et compactes. —
Mais quoique fortes et compactes, les terres à blé de
Lanquais, de Périgueux, etc., sont bien des *terrains
meubles* puisqu'ils sont travaillés tous les ans, et l'*E.
verna* y croît comme l'*E. serotina*; et d'autre part,
une exposition aussi chaude que celle que je viens de
décrire pour la plante des *Mérilles* devrait bien com-
penser pour l'*E. serotina* l'ameublissement annuel du
terrain, qui n'existe pas dans l'escarpement où j'ai
recueilli mes échantillons.

Ceux-ci constituent, pour MM. Grenier et Godron,
Fl. Fr. II, p. 607, l'*Odontites serotina* Rchb., β *divergens* (1) (*Euphrasia divergens* Jordan *in* Billot, Archiv.
de la Fl. de Fr. et d'All., I, p. 191 [1851]), et cette
forme *étalée* me portait à écrire à M. Gay, le 24 octobre 1841, en lui adressant mes échantillons, que :
Euphrasia odontites (*verna*) : *E. serotina* :: *Cu-
pressus fastigiata* : *C. horizontalis*.

Ce caractère, que j'étais le premier à faire valoir en
tant que *spécifique*, a été adopté comme tel par
MM. Grenier et Godron qui disent de leur *Odontites
serotina* (type) : « Tiges à rameaux *étalés*, » par oppo-
sition à « tige à rameaux *ascendants* » qu'ils attribuent
à leur *O. rubra* (*E. verna* Bell.). Ils n'admettent que
comme variété l'*E. divergens* Jord., en la caractéri-
sant par ses « rameaux plus allongés et *plus étalés* »,
parce que les caractères *spécifiques* que M. Jordan
assigne à son espèce « ne leur ont pas paru se soutenir
« sur les exemplaires mêmes de l'auteur. »

---

(1) J'ai recueilli la même var. ε *divergens*, commençant à peine à
fleurir, le 19 août 1831, à Badefol, dans une station analogue à celle
des Mérilles.

Quoique n'ayant pas vu d'échantillons authentiques de M. Jordan, je suis disposé à partager l'opinion de MM. Grenier et Godron. Je vais même plus loin qu'eux, et ce n'est plus dans les rameaux *ascendants* ou *étalés*, ni même dans la *longueur proportionnelle* des bractées florales, ni même encore dans les *dentelures plus ou moins rapprochées* des feuilles, ni surtout dans la *grosseur relative* des fruits, que je cherche le *vrai* caractère spécifique qui distingue les deux plantes de Bellardi et de Lamarck.

C'est : 1° dans les feuilles caulinaires sessiles et arrondies (élargies) à la base du *verna*, atténuées à la base et *sub-pétiolées* du *serotina* ;

2° Dans l'époque de la floraison (juin et juillet pour le *verna* ; août et septembre pour le *serotina*). Ce caractère me semble avoir une gravité réelle, car, EN PROVENCE, à Lisle près Vaucluse, j'ai recueilli, le 7 septembre 1846, un échantillon de *serotina*, dont pas un fruit n'approche de la maturité.

En distinguant ainsi les deux espèces à l'exemple de Bellardi, de Lamarck, de Reichenbach, de Koch, de MM. Grenier et Godron et de M. Jordan, j'ai le regret de m'éloigner de la manière de voir de M. Gay et de M. G. Bentham, lequel n'admet qu'une espèce sous le nom d'*Odontites rubra* Pers., Benth. *in* DC. Prodr. X, p. 551, n° 10.

J'avoue bien volontiers que ce ne sont pas là ce qu'on appelle de *fortes* espèces, et leur histoire prouve qu'elles sont loin d'être inattaquables ; mais puisque les *Rhinanthacées* sont parasites, l'apparition de deux formes dans les mêmes lieux ne tiendrait-elle pas à quelque différence de temps ou d'espèce, dans les conditions essentielles de la germination et de la nutrition des jeunes plantes ? Cela vaudrait peut-être la peine d'être recherché.

— JAUBERTIANA (Catal.)

Odontites Jaubertiana Dietr. — Benth. *in* DC. Prodr. X , p. 551 , nº 12. — Gren. et Godr. Fl. Fr. II , p. 607.

Ajoutez : CC dans plusieurs terres à blé de Mareuil et de Sainte-Croix-de-Mareuil (M.) — CC dans cinq localités des cantons d'Eymet et du Sigoulès (terr. argilo-calcaires) (Alix RAMOND.) — CC dans quelques terres à blé au-dessous de Goudaud près Bassillac (D'A.)

M. Decaisne ayant témoigné à M. Alix Ramond le désir de savoir quelle est la plante dont les racines servent de *sol* à l'*Euphr. Jaubertiana* , nécessairement parasite comme les autres Rhinanthacées, j'ai profité de son abondance à Varennes pour essayer de m'en assurer, mais je n'y ai pas réussi d'une manière certaine. Le 14 octobre 1848 , un fort pied, arraché après la pluie, amena avec lui un chaume de froment dont les racines semblaient adhérer solidement à celles de l'Euphraise. L'ayant immédiatement lavé dans le ruisseau , puis examiné le lendemain à la loupe, au grand jour, et avec le plus grand soin, je n'ai pu constater ni *adhérence* ni *pénétration* , mais seulement l'entrecroisement intime des racines. M. l'abbé Dupuy, auteur de la Florule du Gers, avec qui j'avais le plaisir de faire cette excursion, obtint un pied semblablement pourvu d'un chaume, et l'emporta à Auch sans l'avoir lavé ni examiné.

Je crois, avec M. Alix Ramond qui m'a écrit une lettre très-intéressante à ce sujet, que l'*E. Jaubertiana* est parasite *des graminées* , car on ne le trouve que dans les terres à blé (soit qu'il ait la fleur *jaunâtre* , soit qu'il l'ait décidément *jaune* , et le *terrefort* de Varennes m'a offert ces deux couleurs), tandis que l'*Euphrasia chrysantha* Bor. et l'*Euphr. lutea* L. (cette dernière parasite *des labiées*, d'après ce que M. Decaisne a dit à M. Ramond), ne se trouvent JAMAIS *dans les moissons*. M. Ramond fait observer, il est vrai, que le *Galeopsis Ladanum* abonde dans les champs de blé où croît l'*Euphr. Jaubertiana*; mais j'insiste en faveur *des graminées* (sans spécifier *le blé*), et voici pourquoi :

Le 23 septembre de la même année 1848, je visitais le magnifique manoir de Bourdeilles. Au premier étage du *château neuf*, sur la corniche d'appui des fenêtres qui font face au nord, je fus fort étonné d'apercevoir, en grande abondance, l'*Euphrasia Jaubertiana*, à fleurs d'un *blanc à peine jaunâtre* (elles ont bruni par la dessiccation), croissant, *parfaitement isolé* entre deux pieds de *Cheironthus Cheiri*, et plus souvent encore engagé en nombre considérable dans les touffes inextricables (et si difficiles à arracher des fentes de la maçonnerie), du *Poa pratensis*. J'en conserve deux échantillons *en apparence* adhérents à ce feutrage des racines de la graminée; mais je n'ai pu réussir à en dégager des tiges, de manière à constater cette adhérence. Cependant, je crois qu'on peut raisonnablement poser ce syllogisme : Les Rhinanthacées sont parasites; or, des deux seules plantes avoisinantes, l'une (*Cheiranthus*) était évidemment sans communication possible avec l'Euphraise; donc, celle-ci était parasite de l'autre plante (*Poa*); donc encore, il est probable que diverses graminées peuvent servir à la germination de ses graines.

J'ajoute une dernière réflexion. Grands partisans de l'assolement biennal, les cultivateurs périgourdins mettent du blé, de deux en deux ans, dans leurs terres bonnes ou mauvaises. Quand le *terrefort* de Varennes n'est pas emblavé,

on y chercherait vainement l'*Euphrasia Jaubertiana*, et
cependant le *Galeopsis Ladanum* y pullule tout autant que
pendant les années réservées aux céréales.

LXXXVI. *LABIATÆ*.

Lavandula Spica (Catal) — Ajoutez : Grives près Belvès, rive gauche de la Dordogne, et Saint-Pompon,
(DD.) — Côteaux secs à Cimeyrolles (M.) — Dans
les champs en friche, chaudement situés sur les hauteurs de Sarlat, en plusieurs localités auxquelles l'abondance de cette plante communique une teinte grisâtre
(M. l'abbé Dion-Flamand), où feu M. le docteur Sieu-
zard, de Limeuil, l'a observée aussi, et, en faisant la
même remarque, sur trois ou quatre côteaux entre
Savignac et Roffignac. Il est probable que cette indication rentre dans la précédente, et il en est de même
de celle-ci : Entre Manaurie et Fleurac (environs de
Limeuil), où elle « bleuit les côteaux arides » (OLV.)
J'ai cité avec détail ces indications, bien qu'elles se rapportent toutes au Sarladais, parce que leur réunion constate
de la manière la plus irréfragable l'existence à l'état sauvage
du *Lavandula Spica* hors de la région des oliviers, et c'est
là un fait important de géographie botanique, que mon Catalogue de 1840 n'avait pas réussi à faire remarquer par les
auteurs des ouvrages plus récents.

Mentha rotundifolia (Catal.) — Ajoutez que M. de Dives
en a rencontré, en 1852, plusieurs pieds dont les
feuilles, petites, étaient presque toutes panachées de
jaune.

— sylvestris, α *vulgaris* (Catal.) — Ajoutez : Mouli-
naud, commune de Razac-sur-l'Isle (DD.)

Mentha viridis ˏCatal. ˎ

Koch persiste, dans sa 2ᵉ éd., à faire de cette belle plante une variété δ *glabra* du *M. sylvestris*. Je suis heureux de voir M. Bentham (*in* DC. Prodr. XII , p. 163 , n° 8), et MM. Grenier et Godron (Fl. Fr. II , p. 649), s'unir sans hésitation pour la déclarer distincte d'une espèce à laquelle elle ressemble en effet si peu.

La forme que nous avons dans la Dordogne est le type de M. Bentham et la var. α *genuina* de MM. Grenier et Godron.

Ajoutez : Parmi des tas de pierres à Blanzac, commune du Grand-Change; aux Granges, commune de Manzac (où ses feuilles inférieures sont un peu tomenteuses) , et dans un vieux chemin auprès de Ribérac (DD.)

— gratissima (Catal.) — Ajoutez : Aux Granges, commune de Manzac (mais, dans cette localité, M. de Dives croit qu'elle a été plantée à dessein) ; — Leyparon et Saint-Jean-d'Ateau, dans la Double; — Saint-Front-de-Mussidan (DD.) — Je l'ai trouvée en abondance dans des terres arables à Naujals entre Faux et Beaumont.

Les auteurs en renom continuent à ne point vouloir du *M. gratissima* Wigg., et on n'a pas tenu compte de ce que j'ai dit. dans mon Catalogue de 1840 . *d'après M. Du Rieu* , « qu'il serait probablement impossible » de faire végéter le *M. sylvestris* dans un terrain tel » que celui où croît le *gratissima*. »

MM. Grenier et Godron ne nomment que le *M. gratissima* Lejeune, Fl. de Spa, et le rapportent au *sylvestris*.

M. Bentham *in* DC Prodr.) rapporte le *M. gra-tissima* Willd. à la var. *δ vulgaris* du *sylvestris*, et le *M. gratissima* Wigg. et Rchb. (qui est le mien) à la var. *ε nemorosa* de la même espèce.

Quant à moi, je persiste plus que jamais à défendre l'autonomie de l'espèce que j'ai signalée dans la Dordogne en 1840. On m'a demandé des caractères *de forme*, des caractères *matériels* que j'aurais pu discerner peut-être, si j'étais resté dans une localité où je pouvais analyser à la fois, sur le vif, les *M. sylvestris*, *rotundifolia* et *gratissima*, et comparer leurs graines mûres. — Je ne suis plus en position de le faire, et je m'appuie uniquement, mais confidemment, pour soutenir mon espèce, sur deux caractères physiologiques :

1° *Le terrain où elle croît, partout où nous l'avons rencontrée*. Il ne s'agit pas ici de composition chimique, mais d'*humidité*. Voici la phrase écrite par M. Du Rieu, par cet homme que son habileté en fait de culture a rendu célèbre parmi les botanistes : « Il n'est pas pos- » sible que le *M. gratissima*, tel que nous le connais- » sons, appartienne au *M. sylvestris*. D'ailleurs, les » plus habiles jardiniers du monde ne parviendraient » pas à faire croître le *sylvestris* là où prospère ici le » *gratissima* (in litt. 16 mars 1838.) »

Je n'avais pas osé transcrire cette phrase dans sa fière crudité ; j'ai eu tort, et puisqu'on m'y force, je l'invoque comme une autorité qu'un grand nombre ne récusera certainement pas.

2° *L'odeur de menthe poivrée qu'elle exhale*, lorsqu'on froisse ses feuilles. Assurément je puis me tromper mille fois pour une ; mais je déclare que c'est sans hésitation et avec la conviction la plus profonde que je

sépare *spécifiquement* deux plantes lorsque leurs odeurs
sont *de nature différente*. Je conçois qu'une variété
soit *inodore* dans une espèce *odorante ; la même
plante* est bien odorante ou sans odeur selon l'heure
du jour, par ses feuilles ou par ses fleurs ; mais *changer d'odeur*, c'est-à-dire d'HUILE ESSENTIELLE, je ne
le crois pas possible (1). Est-il un caractère qui soit
plus intime à la plante, plus *intùs et in cute*, que
celui-là ? Il gêne pourtant les auteurs qui, *toujours*,
EXCEPTÉ POUR LES MENTHES, signalent les odeurs, et
ce silence leur est commode pour donner comme synonymes à la plus puante des herbes (*M. sylvestris*),
des synonymes comme *sapida, dulcissima, gratissima*.

Je dis avec empressement, à la louange de l'intelligent et consciencieux auteur de la remarquable Flore

---

(1) Je ne change pas un mot à ce que j'avais écrit en regrettant
que le défaut de connaissances chimiques me privât d'aller demander à cette science des attestations que j'étais instinctivement bien
assuré de trouver chez elle. On comprendra ma joie lorsque j'ai rencontré, dans les écrits tout récents d'un savant chimiste qui, par
lui-même, n'est pas botaniste, mais qui exprime nécessairement
l'opinion commune des chimistes-botanistes, ou du moins bien ren-
seignés, lorsque j'y ai rencontré, dis-je, le passage suivant :
« Dans le règne végétal, une espèce déterminée produit toujours
» la même huile, le même corps gras. L'huile d'olive est toujours la
» même, et l'on sait combien elle diffère des huiles de colza, de lin
» et de pavot.
» Quoique les animaux mangent des produits renfermant des
» matières grasses fort différentes, chaque espèce en contient cepen-
» dant aussi une espèce déterminée, sans vouloir dire par cela qu'il
» y ait autant d'espèces de graisses que d'espèces animales. » (A.
Baudrimont, *Dynamique des êtres vivants, in* Act. de l'Acad. Imp.
des Sciences, etc. de Bordeaux, 1856 p. 396.) Évidemment, ce dernier alinéa peut s'appliquer aussi parfaitement à la nutrition des
végétaux qu'à celle des animaux.

13

d'Alsace, M. Kirschleger, qu'il fait exception à la règle commune en ce qu'il parle des odeurs de presque toutes ses Menthes, tandis que les autres auteurs n'en parlent qu'exceptionnellement et d'une manière non comparable. Dans deux occasions seulement, M. Kirschleger a cédé au torrent, et a réuni sous un même nom spécifique des espèces différant entre elles par un caractère dont on voit bien pourtant qu'il apprécie la gravité.

Et en effet, ce sont bien des *organes matériels* et visibles que les glandes qui contiennent l'huile essentielle! La pubescence a beau la dissimuler, on les retrouve toujours, et quand je dis *toujours*, je veux dire que ces organes sont plus tenaces que tous les caractères *de forme*. Brisez la plante en mille et mille fragments; quand elle n'aura plus ni formes, ni caractères appréciables, elle aura encore son odeur et les glandes qui l'exhalent.

Et si tout cela résiste au brisement, à la déformation de l'individu, tout cela résiste aussi au temps et même au poison. Je pourrais citer en exemple toutes les Menthes des herbiers; j'en citerai deux seulement.

J'ai sous les yeux deux échantillons, l'un de *Mentha viridis*, recueilli par moi dans un jardin, à Corbeil-sur-Seine, en juin 1821 ou 1822; l'autre de *M. undulata* Willd. recueilli par moi dans le Jardin des Plantes de Genève en octobre 1820 (sous la fausse étiquette *M. crispa* L.) Après trente-cinq et trente-sept années de séjour en herbier, et après avoir été, il y a peu de mois, plongés dans la dissolution alcoolique de sublimé corrosif, leurs feuilles froissées entre les doigts, les embaument encore, la première d'une odeur de *men-the poivrée*, la seconde d'une odeur de *citronnelle* !

J'ai maintenant une variété remarquable à ajouter à notre espèce périgourdine. Ce sera pour moi M. GRA-TISSIMA Wigg., β Nob., et on va voir pourquoi je m'abs-tiens de lui assigner en ce moment un nom spécial.

Cette belle plante, découverte en 1852, dans une haie près de Champcevinel, par M. le comte d'Abzac, ne peut, selon moi, rester dans le *M. sylvestris*, puisqu'elle offre le délicieux parfum du *M. gratissima* (ses glandes *infra-foliales* sont excessivement petites et d'un jaune clair et brillant). Elle me paraît répondre *très-exactement* à la description du *M. sylvestris*, var. ζ (sans nom particulier), « *caule divaricato-ramoso,* » *spicis gracilibus interruptis* verticillastris *paucifloris* » *distinctis* » Benth. *in* DC. Prodr. XII. p. 167 ; var. à laquelle M. Bentham donne pour synonymes deux plantes que je ne connais point et dont j'ignore quelle est l'odeur ; ce sont les *M. urticæfolia* Tenore ? et *M. origanoides* Tenore.

Si ces plantes napolitaines appartiennent au *M. gra-tissima*, ma variété 6 devra prendre l'un de leurs deux noms.

Si elles appartiennent au *M. sylvestris*, je n'ai plus rien à faire avec elles ; mais alors il resterait prouvé que le *M. gratissima* a une forme parfaitement analo-gue à celle que M. Bentham décrit pour le *sylvestris*. Dans ce cas, et dans le cas aussi où la variété que M. Bentham décrit, devrait rentrer dans le *gratissima* sans être spécifiquement identique aux plantes napoli-taines, je proposerais de donner à ma var. β le nom particulier *Benthamiana*.

MENTHA ARVENSIS. Linn. — K. ed. 1ª et 2ª, 8.

> *M. sativa* L. — K. ed. 1ª et 2ª, 7. — Nob. Catal. 1840.

C'est avec joie que j'ai vu l'illustre monographe des Labiées dans le *Prodromus*, réunir sous le nom d'*arvensis* les deux espèces linnéennes *arvensis* et *sativa*, si difficiles et minutieuses, si *impossibles* même à distinguer solidement, et que la plupart des auteurs allemands et français continuent à séparer. Je suivrai l'exemple donné par M. Bentham en comprenant celles de leurs diverses formes qui ne diffèrent que *par le calice* plus ou moins cylindracé, sous le nom ARVENSIS.

Mais ce n'est pas à dire que les auteurs allemands et français eussent tout-à-fait tort de voir plus d'une espèce dans le *M. arvensis* Bentham. Il en faut distinguer spécifiquement, à mon sens, celles de ses variétés qui exhalent une autre odeur, savoir γ (*Mentha gentilis*, α et β Smith.). — Boreau, — Gren. et Godr., — et δ *rubra* (*M. rubra* Smith), — Boreau, — Gren. et Godr.

Je ne connais, dans la Dordogne, que des formes qui restent dans l'ARVENSIS ainsi limité, et qui appartiennent aux variétés suivantes :

Var. α *sativa* Benth. (*M. sativa* γ *hirsuta* Koch, Syn. ed. 1ª, 7, 2ª, 6). Forme des lieux humides et ombragés.

Var. ε *vulgaris* Benth. (*M. arvensis*, α *vulgaris* Koch, Syn. ed. 1ª et 2ª, 8). Forme des terres arables sèches et exposées au soleil ; bien plus trapue et ramassée.

Var. ζ (*M. gracilis* Sole) Benth. (*M. arvensis*, β *glabriuscula* Koch, Syn. ed. 1ª et 2ª, 8). Forme à feuilles minces et à pédicelles glabres, des lieux très-humides tels que les ilots de l'Isle à Sourzac (DD.)

PULEGIUM *vulgare*. Mill. — K. ed. 2ª, 1. — *Mentha Pule-*
   gium (Catal.)

M. Bentham, dans le XIIᵉ vol. du *Prodromus* de Candolle, et MM. Grenier et Godron, dans le 2ᵉ vol. de
leur Flore Française, n'ont point adopté le genre *Pule-*
gium.

Ajoutez aux localités de la variation à *fleurs blanches* :
Entre Minzac et Saint-Mer, dans un chemin qui sépare les
départements de la Gironde et de la Dordogne (DD. . J'ai
revu plusieurs fois cette variation, dans diverses localités du
Périgord.

ROSMARINUS OFFICINALIS. Linn. — K. ed. 1ª et 2ª, 1.

Sur les ruines du château de Vitrac dans le Sarladais
(localité signalée à M. de Dives par M. Alexandre LAFAGE,
licencié en droit.)

SALVIA OFFICINALIS. Linn. — K. ed. 1ª et 2ª, 1.

Sarlat (indiqué par M. JAMIN *in* Puel, Catal. du Lot.)
M. Puel ne regarde son indigénat que comme *probable*;
mais M. l'abbé Neyra affirme que la plante est réellement spontanée dans le Sarladais.

— SCLAREA (Catal.) — Ajoutez : Grignols, sur le côteau
que surmonte l'antique château des comtes de Périgord,
mais seulement à l'exposition du Midi (M. de Dives et
moi-même.) — Saint-Crépin-de-Salignac ; Cimeyrolles
et Saint-Pardoux-de-Mareuil (M.) — Rive droite de la
Dordogne, près Bergerac (REV.)

Ainsi, voilà la plante connue dans les quatre arron-
dissements de Périgueux, Bergerac, Sarlat et Mareuil;
elle ne m'est point indiquée dans celui de Nontron qui
est sensiblement plus froid.

Salvia pratensis (Catal.) — Ajoutez : 1° Variation à fleurs *blanches* : Saint-Vincent-de-Jalmoutier, arrondissement de Ribérac (DD.) — Emplacement de l'*oppidum* gaulois de Layrac près Limeuil.

2° Variation à fleurs *roses* : Campsegret ; Lembras ; Champillion, commune de Grum ; Bossignols, commune de Chalagnac (DD.

3° Variation à fleurs d'un *bleu très-clair* : Manzac (DD.)

— Verbenaca (Catal.) — Ajoutez : Bords de la Lidoire, près du pont qui sépare le département de la Dordogne de celui de la Gironde ; La Mothe-Montravel (DD.) — Vignobles et bords de l'avenue du Château de Tiregand, commune de Creysse (Rev.) — CCC sur les bords de la route départementale de Bergerac à Lalinde, dans le voisinage de l'embouchure du canal latéral (à Tuillière, commune de Mouleydier.)

Origanum vulgare (Catal.)

Il offre plusieurs variations et variétés :

1) *Typus* auct. omn. — Bractées d'un rouge foncé ; fleurs roses ; c'est la forme la plus commune.

2) Var. δ *virens* Benth. in DC. Prodr n° 9. — β *virescens* Boreau, Fl. du Centr. 2e éd. — Manzac (DD.); chemin de hallage de la Dordogne, à Lalinde. — Bractées pâles, fleurs légèrement rosées.

3) Variatio flore *albo*; bractées vertes. Saint-Front-de-Coulory, commune de Couze.

Thymus Serpyllum (Catal.)

La var. γ *angustifolius* Koch (*Th. angustifolius* Pers. — Benth. in DC. Prodr. n° 18 . est aussi bien caractérisée sur les côteaux arides de Bourzac, entre Lanquais et Bayac, que dans les meilleurs échantillons des Pyrénées et de l'Allemagne ; mais lorsqu'on a sous les yeux beaucoup d'échantillons provenant de localités et de stations diverses, on trouve tant de nuances et de transitions graduées (et cela parfois *sur le même pied*), qu'il est impossible de les distinguer toutes et d'admettre le *Th. angustifolius* à un autre titre que celui de variété du *Serpyllum*.

La variation *à fleurs blanches* présente tantôt des feuilles *larges*, tantôt des feuilles *demi-larges* (Manzac, DD.); vignes caillouteuses à Lanquais). Je ne l'ai jamais vue à feuilles réellement *étroites*, mais on la trouvera sans doute, un jour ou l'autre.

SATUREIA HORTENSIS. Linn. — K. ed. 1ª et 2ª, 1.

On est très-porté à se défier de la spontanéité de cette plante, parce qu'elle est cultivée dans un grand nombre de jardins potagers. Cependant elle est reconnue pour spontanée dans le Rouergue, le Toulousain et l'Agenais, et elle est si abondante et si répandue dans le Sarladais que nous ne pouvons plus douter de son indigénat dans cette partie du département de la Dordogne, où elle a été suivie pendant plusieurs années par différents observateurs. Si elle s'échappait volontiers des potagers, on la trouverait partout, et il n'en est pas ainsi ; mais, dès qu'on s'engage dans le pays montueux au-delà de Lalinde, sur la route départementale qui conduit à Sarlat, sur les deux flancs du vallon de Pezul, on trouve la plante en abondance sur les bords de la route et presque dans les ornières de ses bas-côtés (M. l'abbé REVEL, M. l'abbé DION et moi-même).

De plus, CC à Saint-Cyprien (M. l'abbé Meilhez et M. l'abbé Neyra). — Cimeyrolles (M. CHADOURNE, élève du Petit-Séminaire de Bergerac.)

Nota. — A propos de cette espèce, je dois relever une erreur typographique de mon Catalogue de 1840, à l'article de *Satureia montana*, au lieu de « aux environs de Bourg », il faut lire : « aux environs *du bourg* » (le bourg de Saint-Aulaye-sur-Dronne.)

CALAMINTHA OFFICINALIS (Catal.)

Selon M. Bentham (*in* DC. Prodr. XII, p. 228), notre plante n'est pas le *C. officinalis* Moench, mais le *C. sylvatica* Bromfield ; et c'est ce dernier nom qu'il adopte. M. Boreau (Fl. du Centre, 2ᵉ édit., p. 410), suit l'opinion de M. Bentham.

Selon MM. Grenier et Godron (Fl. Fr. II. p. 663), notre plante est bien le *C. officinalis* Moench, et ces auteurs lui conservent ce nom, auquel ils donnent pour synonyme *Melissa Calamintha* L., que MM. Bentham et Boreau reportent à l'espèce suivante.

Ce qu'il y a de positif, c'est 1° : que l'espèce suivante étant plus commune que celle-ci, il semble que le nom *officinalis* lui va mieux ;

2° Que l'espèce dont je parle ici appartient bien plus particulièrement aux lieux couverts, aux bois ; tandis que la suivante affectionne les expositions chaudes et fortement éclairées. Le nom *sylvatica* va donc mieux à l'espèce dont je m'occupe en ce moment ;

3° Que Koch, dans la première et dans la seconde édition de son *Synopsis*, a confondu sous le nom *officinalis* deux espèces bien distinctes, dont l'une est celle dont je m'occupe ici, et l'autre est le *C. Nepeta* de mon Catalogue de 1840, mais non celui de Link et Hoffmansegg ; je parlerai tout-à-l'heure de cette seconde espèce qui est, pour MM. Bentham et Boreau, le vrai *officinalis*.

Dans l'impossibilité où je me trouve de recourir à toutes les sources pour me former une opinion *person-*

nelle sur l'application du nom *officinalis* Moench , il me semble que le parti le plus sage à prendre pour moi , consiste à compter les voix , sans faire mention de M. Jordan, pour qui la question n'est pas *l'attribution du nom* à l'une ou à l'autre espèce.

D'un côté, je trouve l'illustre monographe des Labiées et M. Boreau , qui font *deux* auteurs ; de l'autre, je trouve MM. Grenier et Godron, qui n'en font qu'*un* : je vais suivre la marche tracée par MM. Bentham et Boreau , en faisant remarquer que ce dernier y est arrivé après de longs tâtonnements, après plusieurs variations, ce qui présuppose une sérieuse et profonde étude.

(1ʳᵉ Espèce) CALAMINTHA SYLVATICA. Bromfield ! — Benth. *in* DC. Prodr. XII , p. 228 , nᵒ 10 (1848). — Boreau , Fl. du Centr., 2ᵉ éd. p. 410 (1849),

C. officinalis (Moench ?) — Koch , Syn. ed. 1ª et 2ª , nᵒ 4 (pro parte). — Boreau , Not. s. qq. esp. franç., nᵒ XXII, p. 24 (1846). — Gren. et Godr. Fl. Fr. II. p. 663 (1852). — Jordan , obs. fragm. IV, p. 4. pl. 1, A. — Nob. Catal. 1840 !

CCC Dans les haies et surtout dans les lieux couverts ; ce sont mes propres paroles de 1840.

Cette espèce présente parfois des fleurs d'une grandeur remarquable. C'est ainsi que M. Al. Ramond l'a trouvée une fois, en septembre 1845, à Eymet. En m'en envoyant une fleur dans sa lettre , cet observateur ne manqua pas de me faire observer qu'il ne pouvait évidemment être question de la rapporter au *C. grandiflora* Moench, qui appartient aux contrées montueuses du plateau central de la France et de l'Est.

2ᵉ Espèce. CALAMINTHA OFFICINALIS (Moench!) —
Benth. *in* DC. Prodr. XII, p. 228, n° 9 (1848). —
Boreau, Fl. du Centr., 2ᵉ édit. p. 410 (1849). —
Koch, Syn. ed. 1ᵃ et 2ᵃ, 4 (pro parte).

C. menthæfolia Host. Fl. Austr. 2, p. 129. — Boreau,
Not. s. qq. esp. franç. n° XXII, p. 25 (1846). —
Gren. et Godr. Fl. Fr. II, p. 664 (1852.)

C. Nepeta Nob. Catal. 1840, NON Link et Hoffmansegg,
nec Benth., Koch, Gr. et Godr., DC. Fl. Fr., etc.

C. umbrosa Rchb. Fl. g. exc. p. 329.

C. ascendens Jordan, obs. fragm. IV, p. 8, pl. 1, B.

CC dans les haies et au bord des chemins, aux
expositions chaudes et découvertes ; ce sont mes propres paroles de 1840. Aujourd'hui, je pense qu'il faut
ajouter hardiment un troisième C, car mes courses
subséquentes dans le département, et les indications
que j'ai reçues, me font regarder maintenant cette
espèce comme plus abondante, dans le terrain granitique (*Nontronais*), comme dans le terrain calcaire,
dans la Gironde comme dans la Dordogne, que ne l'est
le *C. sylvatica.*

— NEPETA. Link et Hoffmsgg. — Benth. *in* DC. Pr. XII,
p. 227, n° 8. — Boreau Fl. du Centr. 2ᵉ éd. p. 410,
n° 1518. — Gren. et Godr. Fl. Fr. II, p. 664. —
Jordan, obs. fragm. 4, p. 12, pl. 2, A. — Koch,
Syn. ed. 1ᵃ et 2ᵃ, 5.

NON Nob. Catal. 1840 !

Découvert par M. le comte d'Abzac, sur le chemin
de Périgueux à Champcevinel (1852).

CLINOPODIUM VULGARE (Catal.)

Calamintha Clinopodium Benth. *in* DC. Prodr. XII, p.
233, n° 32 (1848). — Gren et Godr. Fl. Fr. II, p. 667.

Ajoutez : Variation *à fleurs blanches*, trouvée une seule fois au Mortier, commune de Manzac, par M. de Dives, et à Champcevinel par M. d'Abzac.

A propos de cette insignifiante mais très-rare variation, on me permettra, j'espère, de consigner ici le souvenir d'une anecdote peu connue en France, et qui montre combien les dispositions de la haute société à l'égard de la science, sont différentes en Suisse de ce qu'elles sont dans notre patrie.

A la fin de septembre 1820, je passai quelques jours à Lausanne, où j'eus l'honneur d'être présenté (par le bon Louis Reynier, l'un des premiers guides de mes études botaniques), à Mlle de Constant de Rebecque, cousine du député-publiciste si connu sous le nom de Benjamin Constant. Cette demoiselle, âgée et très-infirme, charmait ses longues douleurs par l'exercice d'un talent très-distingué pour la peinture des fleurs. Sa collection d'aquarelles était immense, et bien souvent l'illustre Augustin-Pyrame de Candolle avait confié à son habileté non moins qu'à son zèle ardent pour la Botanique, le soin de conserver la fidèle image de plantes rares ou nouvelles. Elle avait été l'une des femmes de la Société Genévoise, qui prêtèrent à ce grand maître un secours si généreux et si utile, dans une circonstance où un trésor botanique allait forcément s'échapper de ses mains. Une collection très-considérable de dessins coloriés de plantes exotiques lui avait été confiée, et il espérait la conserver plus longtemps pour l'étude et la description ; mais elle lui fut redemandée d'une façon tellement exigeante qu'il en dut promettre le renvoi pour une époque assez rapprochée (un mois ou deux, je crois). Les dames de Genève, instruites de son affliction, lui promirent qu'il ne perdrait pas une parcelle du trésor regretté. Elles se partagèrent la besogne, et en firent une part aux habitantes des villes voisines. Toutes se mirent à l'œuvre, et avant le délai fatal, le Prince de la botanique avait entre les mains la reproduction fidèle du dépôt dont il allait se dessaisir. Oh! que ne m'est-il possible de dire que ce fait s'est accompli à quelques kilomètres plus près de Paris !

Pour en revenir au Clinopode à fleurs *blanches*, j'en avais trouvé un pied unique sur la montagne de Vevey, le 24 septembre 1820. J'en parlai à Mlle de Constant qui regretta beaucoup de ne l'avoir pas eu vivant, car on ne l'avait jamais, à sa connaissance, rencontré en Suisse, et elle eût voulu le peindre.

Je ne quitterai pas le Clinopode sans avouer que ce serait avec regret que je verrais adopter la suppression de ce genre linnéen. Je sais bien qu'il est de peu de valeur, puisqu'il ne repose que sur un seul caractère de végétation ; mais ce caractère est facilement appréciable, malgré la grande ressemblance de port qu'offre la plante avec les *Calamintha*. Dans une famille aussi éminemment naturelle que les Labiées, la *mise en genres*, indispensable pour soulager l'esprit du travailleur, est chose nécessairement fort difficile, et dépend beaucoup du point de vue où chaque observateur se place. C'est pour cette raison, sans doute, qu'en dépit des désirs exprimés par le législateur d'Upsal, on voit parmi les Labiées tant de genres *faits avec des caractères*, au lieu de n'y trouver que des genres dont l'ensemble fasse sauter aux yeux les caractères dont ils sont pourvus. Le genre *Clinopodium* avait cet avantage, et réduit à l'état de section, il le perdra pour ainsi dire complètement.

NEPETA CATARIA. Linn. — K. ed. 1ª et 2ª, 1.

Saint-Pardoux-de-Mareuil (M.) ; trouvé une seule fois. Bord d'un chemin près la forge de Monclard, commune de Saint-

Georges (OLV.) — Au pied des murs en ruines du château
de Grignols, à l'exposition du Midi (DD. 1846, et moi-
même en 1848, R.)

Melittis Melissophyllum (Catal.) — Ajoutez : Sainte-Foy-
les-Vignes près Bergerac (M. l'abbé Revel et quelques
élèves du Petit-Séminaire). — Saint-Félix-de-Mareuil
et Pissot (DD.) — Bois-de-la-Vache-Morte près Boriebru, commune de Champcevinel, et côteau de la Boissière vis-à-vis Périgueux (D'A.)

Nota. Dans le Catalogue de 1840, pour la localité attribuée
à cette espèce, il faut lire « commune de Grum » au lieu de
commune de *Grienc*, et de même pour toutes les indications
que j'ai enregistrées avec la même faute.

Lamium purpureum (Catal.) — Ajoutez : Variation à fleurs
blanches ; Bergerac (DD.)

Lamium maculatum (Catal.) — Ajoutez : Près le château
des Mirandes, dans la vallée de la Dordogne (M.)

> Nota. — M. Gagnaire fils, pépiniériste à Bergerac,
> fait connaitre (1858) qu'il a trouvé un seul pied de
> de Lamium garganicum L. sur la berge herbeuse de la
> Dordogne, rive gauche, entre le ruisseau de la Mérille
> et le faubourg de la Madeleine (Bergerac). M. Du Rieu,
> qui me transmet cette indication, fait observer que l'es-
> pèce en question n'appartient pas à la circonscription
> actuelle de la France, mais qu'elle se propage facilement
> autour des villes. Cet échantillon, que nous n'avons vu
> ni l'un ni l'autre, aurait donc crû dans le département
> par une circonstance tout-à-fait accidentelle, et je ne
> puis lui donner place dans le Catalogue de la végétation
> duranienne.

— album (Catal.) — Ajoutez : Rive gauche de la Dordogne, au pied des terrasses du château de Piles, à
l'exposition du nord, commune de Cours-de-Piles

Eug. de BIRAN . — Environs du château des Mirandes, près Castelnau (M.)

GALEOBDOLON LUTEUM (Catal.) — Ajoutez : Mareuil (M.) — Près d'une fontaine au Bel, commune de Manzac (DD.) — En grande abondance au pied du côteau de La Boissière, vis-à-vis Périguenx, et ne s'y mêlant point avec le *Lamium album* très-abondant aussi dans le même lieu (D'A.) — Au bord de la Dordogne au-dessous du pont de Mouleydier (REV.)

GALEOPSIS OCHROLEUCA. Lam. — K. ed. 1ª et 2ª, 2

M. Eugène de Biran, qui a trouvé cette plante à Bergerac, en 1847, sur un terrain qui portait du blé l'année d'auparavant, et qui a été ajouté à la pépinière du sieur Perdoux, se demande si elle y était réellement spontanée : ce qui pourrait le faire croire, c'est que M. l'abbé Revel l'a retrouvée auprès du Petit-Séminaire. pendant cette même année 1847.

— TETRAHIT (Catal.) — Ajoutez : C sur des tas de pierres à Dives, commune de Manzac; dans un chemin, au bourg de Grum (DD.) — Peu commun à Goudaud et sur quelques autres points de l'arrondissement de Périgueux (D'A.) — Sur la butte du château de Grignols, où je l'ai vu en septembre 1848. — Ruines et déblais, aux environs de Mareuil (M.) — Peu abondant sur la berge humide et ombragée de la Dordogne, à Saint-Germain-de-Pontroumieux; grand et très-rameux au bord du ruisseau qui passe au pied du château de Piles (Eug. de BIRAN.)

— VERSICOLOR. Curtis. — K. ed. 1ª et 2ª nº 5.

G. *Tetrahit*, γ *grandiflora* Benth. *in* DC. Prodr. XII. p. 498, 3.

Ruines du château de Mareuil, et village de la Neulhie (M.
— C'est d'après un échantillon accompagné d'une description très-soignée et très-exacte, dûs l'un et l'autre à
M. l'abbé Meilhez, que je me décide à admettre cette belle
plante comme espèce distincte, dans le Catalogue départemental.

Koch a exprimé une grande défiance à l'endroit de l'autonomie du *G. bifida* Bonningh., et il a eu bien raison.
M. F. Schultz a renoncé, en 1844, à le considérer comme
distinct, et l'a réuni au *G. Tetrahit* comme var. β *bifida*.
M. Bentham, dans le *Prodromus*, en 1848, a été plus
loin encore et en a fait le type même (sauf une légère variation dans le galbe de la lèvre inférieure) du *Tetrahit*, sous
le nom de var. α *parviflora*, et je crois que cette manière
de voir est conforme à l'exacte vérité.

Mais Koch exprime aussi, d'une manière très-précise,
son opinion en faveur de l'autonomie des *Galeopsis pubescens* Besser et *versicolor* Curtis (qui sont pour M. Bentham
les var. β *pubescens* et γ *grandiflora* du *G. Tetrahit*), et
je crois qu'ici l'opinion fondée est celle de Koch. — M. Schultz
a annoncé, en 1844, une différence entre les nucules du
pubescens, qui offre aussi d'autres caractères distinctifs, et
le *Tetrahit* : je n'ai pas été à même de la vérifier, faute de
fruits mûrs de la première espèce. Je ne trouve pas, sous
ce rapport, de différence sensible entre le *versicolor* et le
Tetrahit (ce qui n'est pas surprenant dans un genre aussi
homogène); mais les feuilles, leur couleur et l'ensemble des
caractères de végétation, me semblent justifier leur séparation.

STACHYS GERMANICA (Catal.)

Répandu partout où il trouve les stations calcaires
et sèches qui lui conviennent, il s'y montre plus ou

moins *soyeux*, selon qu'il est plus ou moins exposé au soleil. On me l'a envoyé des deux extrémités opposées du département sous le nom de *St. lanata* : c'est une erreur. Le *St. lanata*, plante authentiquement originaire du Caucase, ne s'est encore naturalisé (ou à peu près) en France, qu'à Malesherbes (Loiret) et à Court-Cheverny (Loir-et-Cher).

STACHYS ALPINA. Linn. — K. ed. 1ª et 2ª, 3.

Abondent aux environs d'Allas-de-Berbiguières, près Saint-Cyprien, où il a été récolté par M. l'abbé Meilhez, curé de cette paroisse.

Je n'ai pas vu les échantillons, mais ils ont été étudiés par M. Laceynie et M. Oscar de Lavernelle. Ce dernier m'écrivait, le 23 janvier 1854 : « Le *St. alpina* » d'Allas est parfaitement identique à celui des mon- » tagnes ». Il faut remarquer d'ailleurs que MM. Grenier et Godron (Fl. Fr. II, p. 687) disent qu'il se trouve sur les côteaux calcaires, *dans presque toute la France.*

— PALUSTRIS (Catal. — Ajoutez : Bords de la Dronne à Saint-Aulaye (DD.). — Assez commun dans les haies humides aux environs de Périgueux (D'A).

BETONICA OFFICINALIS (Catal.)

La variation à fleurs *blanches* a été retrouvée par M. de Dives dans la forêt de Jaure, et une variation à fleurs *roses* a été observée également par lui à Loup-magne près Vallereuil.

SIDERITIS HYSSOPIFOLIA. Linn. — DC Fl. Fr. — Duby. Bot. — Gren et Godr. Fl. Fr. II, p. 699.

S. Scordioides (L.) Koch. syn. ed. 1ª et 2ª, 1. (*pro parte*). — Var. ζ *angustifolia* Benth. Lab, et *in* DC Prodr. XII, p. 442, n. 27.

Koch a suivi l'exemple de M. Bentham, en réunissant les deux espèces linnéennes sous le nom de *S. Scordioides*. Je ne puis me déterminer à reproduire cette adjonction, malgré les nombreuses formes que présente le *S. hyssopifolia*, parce qu'il n'y aurait pas de raison bien concluante, à mon sens, pour ne pas réunir, de proche en proche, le *S. hirsuta*, et probablement quelques autres, au *Scordioides*.

Le *S. hyssopifolia* a été découvert, en 1846, sur les rochers exposés au soleil, dans la commune de Monsac, canton de Beaumont, par M. Deschamps, ancien maire de cette commune. La plante y acquiert les dimensions les plus fortes que je lui aie jamais vues (60 centimètres et plus).

Elle a été retrouvée par M. l'abbé Meilhez, qui me l'a adressée, sur les plateaux crayeux et extrêmement arides d'Argentine près La Rochebeaucourt; elle y est assez rare et bien moins développée qu'à Monsac.

BALLOTA NIGRA (Catal.) — Ajoutez : 1° var. β *ruderalis* Koch, syn. (*B. ruderalis* Fries. — *B. vulgaris* Link et Hoffmsgg.) Répandue dans le département comme les var. α *fœtida*.

2° Variation à fleurs *blanches*. Dives, commune de Manzac et Saint-Martin-l'Astier près Mussidan (DD.) Les deux échantillons que M. de Dives m'en a communiqués appartiennent à la var. β *ruderalis*, et selon feu M. Chaubard qui les avait vus, ils appartiendraient positivement au *Ballota alba* Linn., espèce que les modernes ne séparent plus du *nigra*.

LEONURUS CARDIACA (Catal.) — Ajoutez : Saint-Martial-d'Artensec (DD.) — Vigneras, commune de Champcevinel et vallon de Notre-Dame près Périgueux (D'A.)

14

Scutellaria minor (Catal). — Ajoutez : Mareuil (M.) —
Bords des étangs de la Double (OLV.) — Ribérac
(M. John Ralfs).— Dans un pré très-humide des landes
de St-Severin-d'Estissac ; dans un taillis très-humide
à Bordas (DD.) — Dans un bois humide à Boriebru,
commune de Champcevinel (D'A.).

Prunella vulgaris et Prunella alba (Catal.)

M. Bentham (*in* DC. Prodr. XII, 1848) a pris un
grand parti, et je crois qu'en dépit du prestige qui
s'attache, avec justice, aux noms de Pallas et de
Marschall-Bieberstein, il y a lieu de l'en féliciter. Les
deux espèces sont réunies par lui sous le nom *vulgaris* L.

Ces deux espèces nominales sont distinguées par
des caractères qui font de l'effet *sur le papier*, mais
qui, je le crois, manquent de constance. Celui de la
direction de l'appendice hypostaminal paraît grave,
mais il est en réalité excessivement misérable en lui-
même, et, de plus, impossible à observer sur le sec,
où toutes les directions et inflexions imaginables se
retrouvent sur le même échantillon.

Le caractère pris autrefois dans les dents supérieures
du calice serait bien plus facilement appréciable ; mais
il est si peu constant que tout le monde, à peu près,
l'a abandonné.

Les deux espèces nominales croissent à peu près
partout, et les feuilles, la grandeur et la couleur des
fleurs n'offrent pas même de bons caractères *de variétés*.

Je possède une masse très-considérable d'échantillons de *Prunella*, recueillis dans des localités très-
diverses ; je crois donc pouvoir suivre avec confiance

la route tracée par l'illustre botaniste anglais, et dire
que nous avons dans le département :

1º PRUNELLA VULGARIS L., β *vulgaris* Benth. l. c. —
(typus) Koch, syn. nº 1. — α *genuina* Gren. et
Godr. Fl. Fr. (pro parte).

2º δ *parviflora* Benth. l. c. — β *parviflora* Koch, l.
c. — α *genuina* Gren. et Godr. l. c. (pro parte).

3º ε *pinnatifida* Benth. l. c. — γ *pinnatifida* Koch, l.
c. — β *pennatifida* Gr. et Godr. l. c.

4º ζ *laciniata* Benth, l. c.

Prunella *alba* Pallas *in* Marschall-Bieberst. (typus
Koch, l. c. — α *integrifolia* Gr. et Godr. l. c.

Et β *pinnatifida* Koch; Gren. et Godr. ll. cc.

Quant aux variations de couleurs, nous avons les
fleurs *bleu-violacé*, *blanc-violacé*, *rose*, *blanc-rosé*,
blanc-jaunâtre.

S'il y a quelque bon caractère à découvrir pour distinguer solidement les deux espèces de Linné et de
Pallas, il n'y a de chance de la rencontrer que dans
les nucules ; mais je manque des matériaux nécessaires
pour en faire à présent la comparaison.

PRUNELLA GRANDIFLORA (Catal.) — Ajoutez : Chemin de Condat à Champagnac-de-Belair (M. l'abbé DION). — Forêt
de la Bessède (DD.) où cette jolie plante acquiert des
dimensions très-fortes et présente parfois les *oreillettes
horizontales* qui sont censées distinguer la var. γ *pyre-
naica* de MM. Grenier et Godron, et même des feuilles
(inférieures) parfaitement *cordiformes* à la base, ainsi
que je l'ai récoltée en 1846. — Côteaux arides à La
Bruyère, commune de Saint-Félix-de-Villadeix (OLV.)
— Côteau crayeux et très-aride entre La Massoulie et
Grignols : côteaux crayeux entre Périgueux et Bran-

tôme ; *cingle* du Bugue. — Côteaux les plus arides aux environs de Mareuil (M.) — Villamblard (var. β *pinnatifida* Koch) (DD.)

Il résulte des observations ci-dessus que M. Bentham a parfaitement bien fait de n'admettre, dans cette espèce, aucune *variété*, puisqu'elles manquent de constance, ainsi que je l'avais déjà fait pressentir dans mon Catalogue de 1840.

AJUGA REPTANS (Catal.) — Ajoutez : variation à fleurs *blanches*, trouvée par M. de Dives à Valadeix, sur les bords du Bétarosse, commune de Manzac.

— GENEVENSIS. Linn. — K. ed. 1ª et 2ª, 2.

Cette jolie plante paraît manquer totalement dans le nord et dans l'ouest du département, bien qu'elle se trouve, dans celui de la Gironde, sur les bords de la Garonne.

J'ai eu la bonne fortune de la rencontrer, le 8 juin 1845, en petite quantité, dans une friche gazonnée, couvrant la pente d'un côteau entre Saint-Geniès et le château de Pellevési. M. l'abbé Meilhez me l'a signalée, en 1851, sur un autre point du Sarladais, à Allas-de-Berbiguières.

TEUCRIUM BOTRYS (Catal.) — Ajoutez : Mareuil (M.) Côteaux autour de Sarlat : Pezul, au bord de la grand'route (M. l'abbé Dion-Flamand).

— SCORDIUM (Catal.) — Ajoutez : Mareuil (M.) — Bords de l'étang du parc de Fayolle (D'A.) — Chemin de Condat à Champagnac-de-Belair M. l'abbé Dion-Flamand.)

— CHAMŒDRYS (Catal.)

J'en ai trouvé, dans les roches calcaires de Saint-Front-de-Coulory, un petit échantillon à feuilles fortement *panachées de jaune*.

Nota. — Je ne crois pas devoir inscrire au Catalogue le
Teucrium Polium L., bien que M. l'abbé Meilhez me l'ait envoyé avec des plantes de la Dordogne. Mais, questionné par
moi sur les localités précises de ces plantes, il n'a pu se souvenir distinctement de celle du *Teucrium*, et son envoi con-
tenait des échantillons recueillis dans d'autres départements.

LXXXVII. *VERBENACEÆ.*

VERBENA OFFICINALIS (Catal.) — Ajoutez : Variation à fleurs
blanches. — Lestignac, près le Sigoulès (AL. RAMOND,
1847.)

LXXXIX. *LENTIBULARIEÆ.*

PINGUICULA LUSITANICA. Linn. — DC. — Duby — Gren.
et Godr. Fl. Fr. II, p. 443.

Bruyères humides et marais tourbeux, à Perbouyer près
Mussidan; à Échourgniac et à Saint-André-de-Double ; à
Beaupouyet et dans les landes qui séparent Monpont de
Mussidan (DD., 1842). — La Marzaie, commune de Ménes-
térol (REV.) — Environs de Mareuil (M.) — Environs de
Ribérac (M. John Ralfs, botaniste anglais, 1850).

UTRICULARIA VULGARIS (Catal.) — Ajoutez : Dans la plupart
des étangs de la Double, particulièrement aux environs
d'Échourgniac (OLV.) — Dans les mares à la Bertinie
près Ribérac (DR.) — Assez commun dans une flaque
d'eau près le pont de *Lépara*, commune de Boulazac,
et dans le marais qui avoisine le gouffre du Toulon
près Périgueux (D'A.)

— NEGLECTA ? Lehmann. — K. ed. 1ª et 2ª, 2.

Entre Saint-Vincent-de-Connézac et Beauronne (DD.)
Je n'ai pas vu les échantillons; M. de Dives m'écrit
qu'ils ont été déterminés par M. Boreau, *mais avec
un point de doute.*

Utricularia minor. Linn. — K. ed. 1a, 4 ; ed. 2a, 5.

Dans la tourbe du marais de M. Létang près Mareuil (M.)

XC. *PRIMULACEÆ.*

Lysimachia Ephemerum, Linn. — DC. Fl. Fr. et Prodr. —
Duby, Bot. , 2. — Gren. et Godr. Fl. Fr. Il , p. 463.

La citation , au nombre des plantes duraniennes spontanées , d'une espèce jusqu'ici regardée comme exclusivement espagnole et pyrénéenne , engagerait à tel
point ma responsabilité , que je dois , pour la mettre à
couvert , dire avec détail tout ce que j'ai pu recueillir
de renseignements sur un *habitat* si extraordinaire.

M. Henri Loret, bien connu des botanistes français
pour la rectitude de ses déterminations et le soin intelligent qu'il porte dans ses récoltes et dans ses observations, m'envoya d'Orthez, dans une lettre datée du
14 novembre 1853, un fragment de tige , des feuilles
et des fleurs de cette belle plante recueillie à la Roche-
Chalais (Dordogne , tout près des limites de la Gironde),
par une dame amateur de botanique , Mme Reclus, dont
les parents habitent cette localité ; elle est, elle-même ,
habitante d'Orthez. La plante est connue des parents
de cette dame , sous le nom de *la fleur blanche*.

A la vue de ces fragments , il n'y avait pas moyen de
mettre en question la justesse de la détermination , et
je ne pus que prier M. Loret de demander à Mme Reclus
depuis quand et comment la plante paraissait avoir été
introduite et en apparence naturalisée à la Roche-
Chalais.

M. Loret voulut bien me répondre , le 4 février 1854
par les lignes qu'on va lire :

« J'ai fait observer à Mme Reclus que , probablement,
« on avait semé à la Roche-Chalais le *Lysimachia*

» *Ephemerum*, lorsque, à ma grande surprise, cette
» plante, dont elle ignorait le nom, se montra à moi,
» dans son herbier, avec le nom de la Roche-Chalais au
» bas de l'étiquette. Cette dame a ri de mon idée, car
» elle a trouvé sa plante en assez grande quantité,
» dans un taillis éloigné des habitations, et où elle a
» herborisé souvent. Outre que personne, à sa con-
» naissance et de mémoire d'homme, n'a été de ce
» pays-là à Luchon, personne non plus, affirme-t-elle,
» n'aurait eu l'idée de semer cette plante au lieu où
» elle l'a trouvée. »

Le fait est donc certain; mais il ne l'est pas moins,
à mes yeux, que la plante a été rapportée et s'est naturalisée à La Roche-Chalais : quand et par qui? C'est la
question qui demeure à résoudre et qui, peut-être, ne
sera jamais résolue.

LYSIMACHIA NEMORUM. Linn. — K. ed. 1ª et 2ª, 6.

Je ne l'ai point vu; mais il m'est indiqué par M. O. de
Lavernelle aux environs de Nontron.

ANAGALLIS ARVENSIS (Catal.) — Ajoutez que M. de Dives a
retrouvé la jolie et rare variation à fleurs *roses*, dans
une rue à Vergt.

PRIMULA ACAULIS (Catal.)

La plante typique (fleurs d'un *jaune pâle*) abonde
dans les bois rocailleux du département, et M de Dives
a observé que, dans cette nature de localités, sa fleur
est plus petite qu'aux bords des ruisseaux.

Une variation dont la couleur sale (jaune rougeâtre
ou couleur de brique pâle, variable sur le même pied),
me parait provenir de l'hybridation du type avec la
variété rose signalée par Candolle et d'autres auteurs.

Je l'ai trouvée à Lanquais dans un petit bois très-sombre, qui borde le parterre où la var. *rose* est cultivée. Sa fleur est très-grande et, par la dessiccation, passe au jaune brunâtre ou un peu violacé.

La variation à fleur *blanche* (blanc très-pur sur le vif, jaunissant par la dessiccation) se trouve dans plusieurs localités des environs de Manzac (DD.). Elle croit abondamment dans le petit vallon de Fouleix, près Saint-Félix (OLV.). Je ne la vois jamais passer *au vert* comme le type, quand les échantillons sont depuis longtemps en herbier.

PRIMULA VARIABILIS. Goupil, annal. soc. Linn Paris, 1825, p. 294. — Gren. et Godr. Fl. Fr. II, p. 448.

C'est la plante que je n'avais pas vue en 1840 et que j'avais mentionnée dans le Catalogue d'après l'indication de M. de Dives, sous le nom de P ELATIOR. M. de Dives lui-même, qui avait soumis ses échantillons à M. Boreau, m'a fait connaître, en 1856, que ce changement de nom devait être opéré dans le Supplément.

Du reste, le *P variabilis* Goup. avait déjà été reconnu dans le département. M. Oscar de Lavernelle m'en a envoyé une magnifique suite d'échantillons, de la chaussée du moulin des Trompes, commune de Clermont-de-Beauregard, où cette plante croit en société avec les *P. grandiflora* et *officinalis*. M. de Lavernelle l'a recueillie également au moulin de l'Étang, commune de Fouleix.

M. l'abbé Meilhez m'en a envoyé un très-bel échantillon trouvé avec trois ou quatre autres pieds, une fois seulement, parmi les pierres et les ronces d'une haie, près Mareuil, sous le nom de *Primula elatior ?* (bien vrai par rapport à mon Catal. de 1840) ou de *P. gran-*

diflora β caulescens ? Koch, qui ne lui est point applicable. L'échantillon de M. Meilhez a la hampe et les
pédicelles remarquablement velus.

Malgré mon extrême aversion pour les hybrides,
j'avoue qu'il y a bien des probabilités *de position* en
faveur de l'hybridité de cette forme, très-variable elle-
même.

PRIMULA OFFICINALIS (Catal.) — Ajoutez : Une variation à
fleurs *pourpres* a été trouvée en abondance et certainement sans y avoir été plantée, dans les bosquets de
Vigneras, par le jardinier GUÉRIN du château de Boriebru, commune de Champcevinel.

Une autre variation, à fleurs *blanches*, représentée par
un seul individu, a été vue en même temps dans cette localité (D'A. *in* litt. 20 juin 1851.)

HOTTONIA PALUSTRIS. Linn. — K. ed. 1ª et 2ª, 1.

Dans les fossés et dans le ruisseau le *Galant* près Mon-
pont; dans une grande mare au milieu de la forêt de
Vergt; dans un petit ruisseau à Saint-Barthélemy-de-Double
(DD.)

M. de Dives, à qui nous devons la connaissance de cette
belle plante dans le département, croit qu'elle y est rare, et
je n'ai reçu, en effet, qu'une seule indication nouvelle
depuis les siennes : fossés des prés de la métairie de M. de
Garraube, près Bergerac (M. GAGNAIRE fils.)

XCIII. *PLANTAGINEÆ.*

LITTORELLA LACUSTRIS. Linn. — K. ed. 1ª et 2ª, 1.

Notre Catalogue départemental doit l'intéressante acquisition de ce genre à M. John Ralfs, botaniste anglais, qui
l'a découvert en 1850 aux environs de Ribérac, où il a passé

quelques mois. Il n'a pas été trouvé ailleurs, à ma connaissance du moins.

PLANTAGO MAJOR (Catal.) — Ajoutez : Var. *γ intermedia*
Decaisne *in* DC Prodr. XIII, sect 1, p. 994. n° 1.
— *Plantago intermedia* Gilibert. — Duby. Bot. Gall.
n° 20. — Boreau, Fl. du Centr. 2ᵉ éd. p. 428. — Gr.
et Godr. Fl. Fr. II, p. 720 (*non* Lapeyr.)

Manzac (DD. 1852.) — C'est à cette forme, nettement caractérisée par M. Decaisne, que je rapporte
maintenant celle que j'avais signalée en 1840 comme
étant le *Pl. minima* DC.

- MEDIA (Catal.) — Ajoutez : La monstruosité à épi
bifurqué a été retrouvée par M. de Dives, à Bellet près
Grignols.

— LANCEOLATA (Catal.) — M. de Dives en a trouvé deux
monstruosités remarquables :

1° *Spicâ apice foliosâ*, à Queysac près Bergerac,
1850.

2° *Spicis digitalis ternis seu quinis*, à Manzac,
1852.

J'ajoute que j'ai trouvé à Lauquais un scape très-
grand, prolifère au sommet qui est noueux, laineux,
et donne naissance à six feuilles et à trois scapes ter-
minés par leurs épis.

- ARENARIA. Waldst. et Kit. — K. ed. 1ª, 13 ; ed. 2ª, 16.

Bergerac, dans tous les champs sablonneux des deux
rives de la Dordogne jusqu'à Prigonrieux et Sainte-Foy-
la-Grande en aval, jusqu'à Couze en amont ; c'est dans
les chaumes qu'on le trouve en abondance, de juillet
en octobre (REV., l'abbé Dion, DD. OLV. Eug. de
Biran, et moi.)

PLANTAGO CYNOPS. Linn. — K. ed. 1ᵃ, 14; ed. 2ᵃ, 17.

C dans une friche rocailleuse à Orliaguet, canton de Carlux (M.) — CC à Ladernac et sur les côteaux voisins de Villefranche-de-Belvès (DD.) — C aux environs de Nadaillac-le-Sec (D'A.) — C sur les rochers de Bézenac près Saint-Cyprien (OLV.) — R parmi les graviers, au confluent de la Vézère et de la Dordogne, sous les murs de Limeuil. — R sur les parties sèches de la berge de la Dordogne à Saint-Germain-de-Pontroumieux, et sur les sables alluvionnels de Piles (Eug. de BIRAN.)

XCIV. *AMARANTHACEÆ.*

AMARANTHUS BLITUM (Catal.)

Euxolus viridis Moq. in DC. Prodr. XIII, sect. 2, p. 273, nᵒ 5.

Amarantus ascendens Lois. — Boreau, Not. sur la synonym. de deux esp. d'Amaranth. (1855).

Ajoutez : C dans les champs de la plaine de la Dordogne à Lamothe-Montravel (DD) — C dans la Cité, à Périgueux (D'A.)

— ALBUS. Linn. — DC. Fl. Fr. — Duby, bot. — Gr. et Godr. Fl. Fr.

Découverte en 1851, par M. Oscar de Lavernelle, à Limeuil, parmi les graviers de la Dordogne, cette singulière plante est probablement fort rare dans le département.

XCVI. *CHENOPODEÆ.*

POLYCNEMUM ARVENSE (Catal.)

Pour M. Moquin-Tandon (in DC. Prodr. XIII, sect. 2, p 335), nous n'avons en France qu'une espèce (*P. arvense* L.), qu'il divise en cinq variétés.

M. Al. Braun, Koch dans la seconde édition de son Synopsis, et MM. Gren. et Godr. dans leur Flore Française, ainsi que la plupart des botanistes actuels, admettent *deux* espèces (*arvense* L. et *majus* Al. Br.)

Nous les avons toutes deux en Périgord et particulièrement abondantes aux environs de Lanquais. Croyant le genre absolument monotype pour la France, je n'ai point noté, sur les lieux, la différence des terrains sur lesquels croissent les deux plantes, et je ne puis maintenant reconnaitre si, comme M. Jullien-Crosnier m'écrivait (en 1852), l'avoir observé à Orléans, le *P. majus* est propre aux terrains *calcaires*, et l'*arvense* aux terrains *siliceux*. A vrai dire, je crois me rappeler que j'ai trouvé l'un et l'autre dans les chaumes de nos côteaux *argilo-calcaires*, où la terre est très-forte, mais presque toujours un peu mélangée de sable siliceux, à cause du manteau de *molasse* ou de *diluvium* qui couvre, ou a couvert toutes nos sommités.

Quoi qu'il en soit, le *P. arvense* est la seule espèce récoltée, à ma connaissance, dans l'arrondissement de Périgueux (par M. de Dives, à Castan-Michel, commune de Bourrou.)

Nous devons donc inscrire désormais :

I. POLYCNEMUM ARVENSE. L. — Koch, syn. ed. 2ᵃ, 1.

II. POLYCNEMUM MAJUS. Al. Br. — Koch, syn. ed. 2ᵃ, 2.

Koch maintient le genre *Polycnemum* dans les Chénopodées.

MM. Grenier et Godron, après l'avoir décrit parmi les Paronychiées dans le 1ᵉʳ volume de leur Flore Française, le reportent, dans le 3ᵉ, dans les Amarantacées, à l'exemple de MM. Moquin-Tandon et Boreau.

CHENOPODIUM HYBRIDUM (Catal). — Ajoutez : Ladouze, et CC dans diverses parties de la commune de Champcevinel

(D'A.) — C dans les champs de maïs à la fontaine
du Maine, commune de Clermont-de-Beauregard (OLV.),
et sur le côteau de Lamartinie, commune de Lamonzie-
Montastruc (Eug. de BIRAN).

CHENOPODIUM URBICUM β *intermedium* (Catal.) — Ajoutez
C à Ladouze (D'A.

— AMBROSIOIDES (Catal.) — Ajoutez : Bords de la Dordogne
à Bergerac, à Saint-Germain et à Manzac, où je l'ai vu
beaucoup plus développé qu'à Lanquais. — Il en est de
même sur les sables alluvionnels de Piles, où il atteint
parfois un mètre de haut et où il est très-abondant
(Eug. de BIRAN).

— POLYSPERMUM (Catal.)

Var. α *spicatum* Moq. *in* DC. Prod. n. 4. — Gren.
et Godr. Fl. Fr. — β *spicato-racemosum* Koch, syn.
ed. 1ª et 2ª, 8.
Chenopodium acutifolium Smith. — Kit. — Boreau, Fl.
du Centr., 2e éd.

C'est la plante que j'ai signalée dans le Catalogue de 1840,
et qui est très-rare à Lanquais. Elle a été retrouvée par
M. de Dives aux Nauves, commune de Manzac. M. Boreau
lui conserve la dignité *spécifique ;* mais il ne s'étonnera pas,
sans doute, de voir d'autres botanistes la lui refuser.

J'ignore si nous avons, dans le département, la var.
β *cymosum* Chevall. Fl. Paris. — Moq. loc. cit. — Gr. et
Godr. loc. cit. — α *cymoso-racemosum* Koch, loc. cit. J'ai
noté dans mes excursions, mais sans le recueillir et sans
préciser la variété, le *Ch. polyspermum* dans tous les environs de Nontron et dans le dolmen dit la *Case du Loup* à
Cugnac, canton d'Issigeac. M. le comte d'Abzac me l'indique, mais aussi sans distinction de variété, comme extraor-

dinairement abondant à Ladouze et dans la commune de Champcevinel.

BLITUM RUBRUM. Reichenb. — K. ed. 1ª. 4. — Var. γ pauridentatum K. ed. 2ª, 4.

    Var. ɔ humile? Moq. in DC. Prod. XIII, sect. 2. p. 84, n. 9).

    Découvert en septembre 1844, par M. de Dives, au Bel, commune de Manzac.

— GLAUCUM. Koch, Deutschl. Flor. suppl. — K. ed. 1ª et 2ª, 5.

    Chenopodium glaucum L. — DC. — Duby. — Gren. et Godr. Fl. Fr. — Moq. in DC. Prodr.

Cette plante, assez répandue géographiquement, mais partout peu abondante, a été découverte dans notre département, en septembre 1847, par M. Eugène de Biran, dans les sables du lit de la Dordogne, rive gauche, commune de Saint-Germain-de-Pontroumieux.

Je l'inscris, d'après Koch, sous le nom générique *Blitum*; mais, tout en convenant que ses graines parfois *verticales* quand le calice offre des avortements ou des déformations, réduisent à bien peu de chose la valeur générique des *Blitum* à fruit *non charnu-bacciforme*, je pense, avec la majorité des botanistes, que cette espèce n'aurait pas dû être éloignée du genre *Chenopodium*.

ATRIPLEX LATIFOLIA (Catal.) — Ajoutez : Boriebru, commune de Champcevinel (D'A.)

XCVII. *POLYGONEÆ.*

RUMEX OBTUSIFOLIUS. Linn. — K. ed. 1ª et 2ª, 7. — *R. Friesii* Gren. et Godr. Fl. Fr. III, p. 36.

    CCC partout. — Je suis d'autant moins excusable d'avoir omis de l'inscrire dans le Catalogue de 1840,

qu'il croît précisément en abondance sous la fenêtre
de l'appartement où j'écrivais ce Catalogue; mais c'est
une plante si commune, que je n'avais jamais songé
à en récolter des échantillons périgourdins.

Faute d'attention peut-être, je n'ai point observé,
dans le département, la var. β *discolor* de Koch ;
mais j'y trouve les deux autres, savoir :

α (typus) Koch. — Les trois divisions intérieures
du périgone sont *granifères* ; mais le grain de l'anté-
rieure est le plus gros (Lanquais, prés, gazons, décombres).

γ *sylvestris* Koch. (var. ε *microcarpus* Mutel, Fl.
Fr. n. 18). Les trois valves sont également granifères
(Manzac, DD.)

RUMEX HYDROLAPATHUM. Huds. — K. ed. 1ª, 11 ; ed. 2ª,
12.

Dans la Dronne à Parcou près La Roche-Chalais (DD.)

— SCUTATUS. Linn. — K. ed. 1ª, 15 ; ed. 2ª, 16.

CCC sur quelques vieux murs à Périgueux (DD.) et
notamment dans les ruines du château de Barrière et
des Arènes. M. de Dives et M. l'abbé Meilhez l'ont
retrouvé dans des stations analogues à Lisle-sur-
Dronne et sur plusieurs autres points de la partie septentrionale du département, tandis qu'il n'a jamais été
vu, que je sache, dans le Sarladais ni dans le Bergeraquois.

Les échantillons duraniens que j'ai vus jusqu'ici
appartiennent, par leurs feuilles, à la variété la plus
commune, α *hastifolius* Koch ; mais ils sont glauques
comme la var. γ *triangularis* que Koch dit être si
rare. Cela prouve que les variétés de cette espèce se

fondent l'une dans l'autre, et que MM. Grenier et Godron ont bien fait de ne pas leur attribuer d'importance.

RUMEX BUCEPHALOPHORUS, ε *hispanicus* (Catal.) — Ajoutez : CCC dans les blés de la vallée de la Dordogne, en la remontant du Bugue à Limeuil, et en la descendant de Lanquais à Bergerac.

On retrouve cette plante *en fleurs* et *en fruits*, non-seulement jusqu'aux gelées, mais je l'ai récoltée encore parfaitement fraîche le 15 décembre 1841, lendemain de la première gelée *à glace* (légère à la vérité) de l'hiver.

POLYGONUM AMPHIBIUM (Catal.) — Ajoutez : α *natans* Moench. — Périgueux (DD.); canal latéral de la Dordogne à Lalinde.

γ *terrestre* Moench. — Koch, syn. — Périgueux, dans les prés des bords de l'Isle (DD.; D'A.; M. Ch. Godard). — Prairies de Saint-Aigne près Lanquais.

Je crois que pour suivre exactement le *Synopsis* de Koch, il faudrait inscrire comme var. β *cænosum* les beaux échantillons recueillis par M. de Dives au Pizou et au Mayne près Monpont, sur les bords de l'Isle, mais non dans l'eau. Leurs tiges sont très-longues et radicantes au-dessous des feuilles ; mais comme ils n'ont conservé aucune feuille de la forme *natans*, je n'ose affirmer leur identité avec la variété β. Du reste, je suis convaincu que c'est une mauvaise variété, qui doit se retrouver partout comme passage de α à γ.

M. d'Abzac fait observer que les auteurs ne décrivent pas, en général, la var. γ *terrestre* avec le soin qu'elle mériterait à cause des caractères de forme et de consistance des feuilles qui sont en outre très-scabres en

dessus et en dessous : les épis de fleurs, eux-mêmes,
n'offrent pas le même aspect dans les deux formes. —
Je conviens volontiers de la justesse de cette observation ; mais je fais remarquer, à mon tour, qu'il en est
presque toujours ainsi lorsqu'une espèce est très-dis-
tincte de ses congénères. On signale alors ses caractères *saillants* et on néglige les autres. Si l'on vient à
découvrir une espèce extrêmement voisine, il faut
établir son diagnostic, et dans ce cas la science s'enri-
chit des descriptions sévèrement détaillées de l'ancienne
espèce, en même temps que de celle de la nouvelle. Cela
arrive tous les jours pour les espèces *linnéennes* et
pour les genres monotypes.

POLYGONUM LAPATHIFOLIUM (Catal.) — Ajoutez : Var. β *inca-*
num Koch. (δ *incanum* Gr. et Godr. Fl. Fr.) Forme très-
petite, abondante sur la plage sableuse du port de
Périgueux, près le pont de la Cité (DD.)

Si nous considérons l'espèce telle que l'ont décrite
MM. Godron et Grenier, nous trouverons dans le département ses quatre variétés, savoir :

α *genuinum* Gr. et Godr. Fl. Fr. III, p. 47. —
Ladouze (D'A.) — Bords de la Dordogne au port de
Lanquais et au bord d'une mare à la Maison-Blanche,
commune de Lanquais.

β *virescens* Gr. et Godr. loc. cit. — Bords de la
Dordogne au-dessous du barrage de Mauzac.

γ *nodosum* Gr. et Godr. loc. cit. — C à Ladouze
(D'A.) — Fourny près Mussidan (DD.)

δ *incanum* Gr. et Godr. loc. cit. — C'est la var.
mentionnée ci-dessus, ou pour mieux dire, la modification qui, comme MM. Grenier et Godron ont soin

15

de le dire eux-mêmes, peut se reproduire dans les variétés β et γ comme dans le type.

Cette belle espèce, aussi variable que le *P. Persicaria*, s'en distingue éminemment par la forme de ses akènes, qui sont tous *semblables*, tandis qu'ils présentent deux formes différentes *dans le même épi* de *P. Persicaria*.

Polygonum Persicaria (Catal.) — Ajoutez que Koch n'ayant pas distingué de variétés, je n'en ai signalé aucune ; mais MM. Grenier et Godron l'ont fait, et nous avons, outre le type de l'espèce (α *genuinum* Gr. et Godr. Fl. Fr. III, p. 48),

β *elatum* Gr. et Godr. *ibid.* — Bords du Vergt, vis-à-vis le Bost, commune de Manzac (DD.) ; Lanquais.

γ *incanum* Gr. et Godr. *ibid.* — Je ne l'ai pas recueilli, mais je me rappelle assez l'avoir vu, pour le signaler à peu près partout (il est très-commun dans les lieux très-humides à Bordeaux).

— mite. Schranck. — K. ed. 1ª et 2ª, 6.

Il m'est indiqué, mais sans localité précise (probablement aux environs de Marcuil), par M. l'abbé Meilhez ; mais je n'ai pas vu les échantillons.

— aviculare (Catal.)

Outre le type, que j'ai signalé en 1840, nous avons : Var. β *erectum* Roth ; Koch, Syn. ; Gren. et Godr. Fl. Fr. III, p. 53. — Manzac, etc. (DD.)

Var γ *arenarium* Gr. et Godr. loc. cit. — Lanquais.

Var. δ *polycnemiforme* Lecoq et Lamoth. — Gren. et Godr. loc. cit. — Manzac, etc. (DD.) — Lanquais.

— dumetorum Linn. — K. ed. 1ª et 2ª, 13.

Saint-Cyprien (M. l'abbé Neyra) ; Manzac (DD.) — Je ne l'ai jamais vu dans l'arrondissement de Bergerac.

C. SANTALACEÆ.

Thesium pratense (Catal.)

Maintenant que les travaux des botanistes allemands ont fait connaître à fond la spécification du genre *Thesium* représenté chez eux par des espèces plus nombreuses qu'en France, il est bien reconnu que la plante des landes de Bordeaux et de Dax, et des gazons secs et ras du Périgord, n'appartient point au *Th. pratense* Ehrh. Ce nom doit donc être remplacé dans notre Catalogue par celui-ci :

Thesium humifusum

DC. Fl. Fr. Suppl., p. 366. — K. ed. 2ª, 4.

A la localité indiquée par moi en 1840 (Lanquais), il faut ajouter : Champs voisins du dolmen de Blanc, canton de Beaumont, où je l'ai récolté en 1846. — Gazons des taillis à Manzac (DD. 1842). — Peu commun à Goudaud et près de Saint-Privat (D'A.) — CCC à Mareuil (M.)

Mais ce n'est pas tout, et là ne se bornent pas les difficultés qu'offre l'étude de cette plante si longtemps litigieuse.

Les Allemands, et après eux MM. Grenier et Godron, et M. Boreau, admettent une autre espèce, le *Th. divaricatum* Ehrh., Koch, syn. ed 2ª, n° 3, à côté de l'espèce dont je viens de parler.

M. Boreau rapporte à cette autre espèce des échantillons recueillis par M. de Dives à Saint-Félix-de-Mareuil, et que je n'ai pas vus. Mais j'avoue qu'après avoir attribué sans scrupule, soit à l'*humifusum,* soit au *divaricatum,* une bonne partie des nombreux échantillons que j ai sous les

veux et qui appartiennent à cinq ou six départements du
centre et de l'ouest de la France (y compris le Périgord);
j'ai encore des échantillons, recueillis avec les autres, que
je ne saurais, en conscience, rapporter de préférence à
l'une plutôt qu'à l'autre de ces deux espèces, tant les bractées varient dans leur longueur *proportionnelle*, tant la
longueur du pédicelle varie aussi, tant enfin (sur le même
échantillon), la forme (allongée ou raccourcie) du fruit offre
elle-même de variations. La gracilescence et la couleur (noirâtre ou blonde) des échantillons n'est pas non plus constante et exclusive.

Je crois donc devoir me conformer à l'opinion déjà anciennement adoptée par M. Gay, et ne pas distinguer spécifiquement le *Th. divaricatum* du *Th. humifusum*.

J'ajoute enfin (à ma décharge si je me trompe en ceci)
que MM. Grenier et Godron semblent attribuer presque
exclusivement le *Th. divaricatum* à la région des oliviers,
aux vallées du Rhône et de la Durance et aux Pyrénées-
Orientales, c'est-à-dire, à des contrées qui appartiennent au
midi de la France : or, je ne possède aucun échantillon de
ces provenances.

Ce n'est que dans les terrains sablonneux et très-meubles
de la lande d'Arlac près Bordeaux, qu'il m'a été donné de
voir de mes yeux l'*adhérence* qui range les *Thesium* au
nombre des plantes parasites. Là, c'est sur le Serpolet que
les suçoirs du *Th. humifusum* s'attachent, mais si légèrement, qu'il m'a été impossible de préparer pour l'herbier un
seul échantillon qui montrât *le fait* de cette adhérence.

CIII. *ARISTOLOCHIEÆ.*

ARISTOLOCHIA CLEMATITIS. Linn. — K. ed. 1ª et 2ª, 3.

Jardin public de Périgueux; Lamothe-Montravel, près le
tombeau de Talbot; Brantôme; Gouts près Ribérac; Gar-

donne, près des limites du département de la Gironde (DD.)
— Dans une seule localité auprès de Mareuil, et dans une
commune du canton de Verteillac (M.). — A *L'Alba* près
Bergerac, et dans deux localités seulement de la commune
de Grand-Castang (OLV.)

Je n'ai jamais aperçu cette plante à Lanquais ni dans les
communes voisines.

CV. *EUPHORBIACEÆ.*

BUXUS SEMPERVIRENS (Catal. — Ajoutez : Coteau *du Sud*,
   commune de Monbos, et côteaux qui dominent le ruisseau de l'*Escourroux* à Sainte-Eulalie, et généralement
   partout (sur les rochers calcaires) dans les cantons
   d'Eymet et du Sigoulès (M. Alix RAMOND).

A l'entrée du bourg de Pluviers (Nontronnais), du côté
de Piégut, à l'angle d'un jardin (terrain de sables granitiques), il existe un Buis à tronc monocylindrique parfaitement droit, qui a 1^{m}10^c de tour à un mètre des racines,
et dont les branches (formant tête) s'élèvent régulièrement
comme celle d'un chêne pyramidal. — Ce bel arbre a environ 10^m de haut. On ne peut lui contester le rang de var.
α *arborescens* Koch. Syn., et je crois que tous les buis du
département doivent être rapportés à la même variété,
attendu que Koch n'indique que dans le Tyrol méridional
sa var. β *humilis*.

Le Buis a donné lieu dans le sein de la Société Botanique
de France, en 1856 (*Bulletin*, t. III) à des communications
très-intéressantes de MM. Lenormant, Baillon, de Mé-
licoq, etc. Il s'agissait de savoir si l'on peut, partout, le
considérer comme appartenant au fond de la végétation, ou
s'il ne faut pas plutôt croire qu'en certains endroits, en
Normandie par exemple, il ne se trouve que dans le voisi-

nage d'anciennes constructions, particulièrement *romaines*, autour desquelles, originairement importé, il se serait propagé et perpétué.

Partout, en France, il y a eu, ou il peut y avoir eu des constructions romaines, non loin des lieux où l'on trouve aujourd'hui le buis ; il est donc impossible, à mon sens, de tirer au clair la question posée devant la Société Botanique ; et encore, faudrait-il en excepter les pays de montagnes, tels que le Jura, les Cévennes et les Pyrénées, où l'abondance de cette plante, dans les parties calcaires de basse altitude est telle, que l'importation originaire serait bien plus surprenante que la spontanéité de cette robuste espèce. Assurément, le *Buxus sempervirens* est plus commun dans ces montagnes que l'*Erigeron canadensis* dans nos champs.

Les indications que j'ai données dans mon Catalogue de 1840, et celles que j'y ajoute aujourd'hui d'après M. Ramond, me font croire que la plante est *spontanée* dans certaines parties du département ; mais je me hâte d'ajouter qu'elle ne l'est pas partout, car les rochers calcaires du canton de Lalinde n'en montrent pas un seul pied, si ce n'est sur le côteau de la Boissière (commune de Banneuil où elle a été plantée *de mémoire d'homme*.

EUPHORBIA HELIOSCOPIA (Catal.) — Ajoutez : Manzac (DD.) — Sarlat (M — C à Saint-Avit-Sénieur, à Couze, à La Mothe-Montravel et à Azerat. C'est donc ma faute si je la croyais, en 1840, peu répandue dans le département.

— PLATYPHYLLOS Catal. — Ajoutez : Assez commune à Manzac (DD.) — Bords du canal latéral à Lalinde ; bords de la Dordogne et de la Vézère à Limeuil.

La forme pourvue de rameaux florifères *au-dessous* de l'ombelle principale, et que je regarde depuis long-

temps comme l'*E. Coderiana* DC. Fl. Fr. suppl., a été
trouvée pour la première fois dans le département par
M. de Dives à Manzac, sur les bords de la Bertonne,
petit affluent du Vergt, le 16 août 1840. Je l'ai retrouvée à Couze où elle est peu commune, en juin et
novembre 1841.

EUPHORBIA STRICTA. Linn. — K. ed. 1ᵃ et 2ᵃ, 5. — Gren. et
Godr. Fl. Fr. III, p. 78. — Boreau, Fl. du Centr.
2ᵉ éd. p. 453, nᵒ 1680.

E. serrulata Thuill.

E. micrantha Marsch. Bieberst.

E. Coderiana DC. Fl. Fr. suppl. p. 365 (selon MM. Gren.
et Godr.; mais je crois que ce nom doit être rapporté
de préférence à l'*E. platyphyllos*; ou pour mieux dire,
les *E. platyphyllos* et *stricta* ont chacun leur forme
Coderiana, c'est-à-dire, des échantillons pourvus de
rameaux florifères *au-dessous* de l'ombelle principale.)

Environs de Bergerac, au Bout-des-Vergnes, et sur
la route de Prigonrieux (REV. — Manzac (DD.) — Parc
du château de la Vitrolle appartenant à M. le comte
d'Arlot, dans une haie sur les bords ombragés de la
Vézère, près Limeuil, où je l'ai trouvé abondamment et
en fruits presque mûrs, à la fin de juillet 1846.

— DULCIS β *purpurata* (Catal.) — Ajoutez : Forêt de
Leyssandie, commune de Montren (DD. 1855.)

— ANGULATA. Jacquin. — K. ed. 1ᵃ et 2ᵃ, 7. — Gren.
et Godr. Fl. Fr. III, p. 81. — Boreau, Fl. du Centr.
2ᵉ éd. p. 454.

E. dulcis, var. γ *Filipendula* Chaubard *in* Saint-
Amans, Fl. Agen.

Cette jolie espèce, bien distincte du vrai *dulcis* L.
(*purpurata* Thuill.) par la forme et les tubercules de
son rhizôme, par la forme des feuilles de son verti-
cille ombellaire et par la couleur de ses glandes péta-
loïdes, est peut-être moins rare dans le département
que l'*E. dulcis.*

Elle a été découverte par M. de Dives, en 1841,
aux trois Frères, commune de Grum, puis retrouvée
par lui dans les bois de Ladauge, même commune, et
à Loupmagne, commune de Vallereuil.

Je n'ai vu d'échantillons que de la première des trois
localités ; mais MM. Boreau et Chaubard ont reçu
communication des autres, et feu Chaubard a donné
lui-même son synonyme à M. de Dives.

EUPHORBIA VERRUCOSA (Catal.) — Ajoutez : Bords de la
Couze, à Bannes, où je l'ai recueilli sur la petite levée
qui encaisse le ruisseau. — CC dans les prés entre
Neuvic et Sourzac, etc. (DD.) — Bergerac (REV.)

Nota. Je crois que nous aurons à ajouter au Catalogue départemental l'EUPHORBIA HYBERNA L. DC. Fl. Fr. — Duby, bot.—
Gren. et Godr. Fl. Fr. III, p. 80. Je n'ai pas vu l'échantillon,
récolté à la fin de juin 1845 dans un endroit pierreux de l'en-
clos du Grand-Séminaire de Sarlat; mais M. PIÉPASSÉ, élève
du Séminaire, qui l'a trouvé, m'en a donné une description
qui me fait penser que la plante appartient à cette espèce.
M. Piépassé a cru la reconnaître dans l'*E. hyberna* de mon
herbier; mais je ne suis pas assez sûr de l'existence des caractères *essentiels* à l'espèce pour lui donner une place définitive
dans mon travail.

— GERARDIANA (Catal.) — Ajoutez : Sur les côteaux **crayeux**
qui dominent le château de Pellevési et sur tous ceux
qu'on rencontre entre Montignac et Sarlat ; la plante

y est très-commune. — Hautes collines qui dominent le vallon du Coly près Terrasson (D'A.)

Bien que cette espèce soit extrêmement variable sous
le rapport de la taille , de la forme et de la dimension
des feuilles , je n'ose pourtant pas la diviser en variétés. MM. Grenier et Godron en distinguent trois , qu'ils
signalent dans des contrées très-éloignées l'une de l'autre. Il faudrait en avoir sous les yeux des échantillons
authentiques, pour rapporter à chacune de ces variétés
les formes disparates qui vivent pêle-mêle chez nous ,
par exemple sur les bords sablonneux de la Dordogne.

Feu M. Chaubard ne voulait point admettre la nomenclature des Euphorbes telle qu'on l'admet généralement aujourd'hui. Selon lui , *in* litt. ad cl. A. G. de
Dives) notre *Euphorbia Gerardiana* de la Dordogne
était l'E. *Esula* L. , et l'*Euphorbia Esula* DC Fl. Fr.
était l'*E. amygdaloides* L

EUPHORBIA CYPARISSIAS (Catal.)

Koch ne signale , pour cette espèce , aucune variété
ou forme assez tranchée pour mériter une désignation
particulière ; mais je crois que MM. Grenier et Godron
ont bien fait d'attirer l'attention (celle des élèves surtout , qui pourraient confondre cette plante avec l'*E.
Gerardiana* sur une forme *robuste* Gren et Godr. Fl.
Fr. III , p 91) dont la couleur est plus glauque , les
rameaux moins minces , et les feuilles *beaucoup plus
larges*. A. P. de Candolle, qui n'avait pas eu occasion
d'observer sans doute les passages insensibles qui existent entre le type et cette forme. avait fait d'elle son
E. Esuloïdes (Fl. Fr. suppl. p. 362.) Elle est fort
abondante à Lanquais , souvent mêlée avec le type ,
mais on ne la rencontre pas partout.

EUPHORBIA PEPLUS (Catal.) — Ajoutez : C dans la rue
du faubourg Saint-Martin, à Périgueux (D'A.)

— EXIGUA. — (Catal.)

Cette espèce varie non-seulement sous le rapport de
la taille et de la forme générale, mais aussi sous le
rapport de la coloration. Elle est habituellement d'un
vert pâle et glauque ; mais M. de Dives l'a recueillie,
entièrement *rougeâtre*, à Bourrou, en 1854.

— LATHYRIS Linn. — K. ed. 1ª, 32 ; ed. 2ª, 33.

Dans les haies à Payrance, commune de Grum ; sur un
bloc de grès à Liorac (DD.) — Champcevinel, Boulazac, le
Grand-Change (D'A.) — M. l'abbé Meilhez me l'a aussi
envoyé, mais sans indication de localité précise.

MM. de Dives et d'Abzac font observer que cette plante,
très-souvent cultivée dans les jardins des paysans, se répand
facilement dans les environs, au point de devenir véritablement *sauvage*. Il faut donc la mentionner dans les Cata-
logues locaux, sans pour cela lui attribuer la qualité d'espèce autochtone.

Aux environs de Manzac, l'*E. Lathyris*, en français
Épurge, en patois périgourdin *Catapuce*, est employé par
les gens de la campagne comme purgatif économique, et
M. de Dives m'écrivait en 1852 qu'un de ses voisins est
mort pour en avoir mangé *trente graines*. Il faut entendre
par là *trente fruits*, car la graine proprement dite des
Euphorbes (albumen et embryon) donne une huile abondante, *douce*, et qui parut pour ainsi dire comestible à la
Société Linnéenne de Bordeaux, lorsque cette Compagnie
fit sous ce rapport, vers 1824 ou 1825, quelques études sur
l'*Euphorbia paralias* L. L'âcreté réside dans la capsule
comme dans toutes les autres parties de la plante, l'amande
huileuse exceptée.

CVI. *URTICEÆ.*

URTICA URENS (Catal.) — Cette plante vulgaire ne manque plus complètement aux environs de Saint-Astier : M. de Dives l'a enfin trouvée à Grignols , mais seulement à partir de 1854.

Nota. Feu M. Dubouché m'écrivait, en 1840, que l'*Urtica pilulifera* L.; K., 1 , lui paraissait devoir se trouver à Sarlat, ville voisine du Quercy où cette plante est commune. Dix-sept ans se sont écoulés depuis lors , et il n'est jamais venu à ma connaissance qu'elle ait été vue dans notre circonscription départementale.

FICUS CARICA. Linn. — K. ed 1ᵃ et 2ᵃ, 1 .

Je n'avais pas osé comprendre le Figuier dans mon Catalogue de 1840, bien que je l'eusse vu en abondance dans les fentes des rochers inaccessibles et chaudement exposés qui forment les falaises de la vallée de la Couze , à Bayac et à Bannes ; mais il a été retrouvé en telle quantité par M. de Dives , dans des stations absolument analogues , à Bourdeilles , à Brantôme , à Ramefort et à Saint-Astier, ainsi que par M. E. de Biran à la forge de Lamouline près Sainte-Croix , que je ne puis plus me dispenser de l'admettre comme plante profondément naturalisée , si ce n'est autochtone.

CELTIS AUSTRALIS. Linn. — K. ed. 1ᵃ et 2ᵃ, 1 .

Environs de Saint-Aulaye-sur-Dronne , R. (DD. ,

ULMUS CAMPESTRIS (Catal.) — Parmi les végétaux qui ornent les abords de la demeure de l'homme , il n'en est pas qui inspirent un intérêt plus légitime et plus général que les arbres , quand leur âge ou les souvenirs historiques qu'ils rappellent , les ont rendus particulièrement précieux , j'oserai même dire vénérables. Le

chêne, le châtaignier, l'if et l'ormeau sont les essences
qui fournissent, en France, le plus d'arbres remarquables à quelqu'un de ces titres, et c'est la dernière qui
m'offre, en Périgord, des sujets dignes d'être signalés d'une façon toute spéciale. Je ne nommerai certainement pas tous les Ormeaux qui, dans notre circonscription, mériteraient l'honneur d'une citation; mais
je veux faire connaître ceux qui m'ont offert un intérêt
particulier, et, dans le but de grouper ensemble des
végétaux qui se recommandent au même titre, je ferai
précéder l'indication de nos Ormeaux remarquables
par celle d'un chêne auquel la même distinction me
semble due.

1° Le Chêne de *Monsagou*. -- Un *Chêne blanc* (*Quercus
pedunculata*), qui est certainement le doyen des végétaux
existants à plusieurs myriamètres à la ronde, couronne la berge
d'un chemin qui va de Varennes à Saint-Aigne, au pied du
talus qui sépare le premier lit de la Dordogne du deuxième
lit (vallée à plusieurs étages). Il appartient à la métairie de
Monsagou, dépendante de la terre de Lanquais, et il termine
le plateau où se rencontrent des silex taillés en forme de
couteaux, et dont le nombre est tel qu'il n'y a pas lieu de
douter que ce ne fût une sorte d'atelier de fabrication de
ces instruments celtiques. Ce chêne porte encore des glands
assez nombreux; ses feuilles sont petites, comme celles de
tous les vieux arbres, et les loupes dont il est chargé fournissent encore de nombreuses ramilles pour bourrées ou
menus fagots; mais sa flèche (au nord-est) est complètement
vermoulue, et il n'a plus que deux branches; l'une plus
petite au sud-est, l'autre très-forte et rameuse au sud.

Sa bille, totalement creuse de la base au sommet, mais
conservant une croûte fort épaisse, équivalente *à la moitié*

du périmètre, a six mètres de hauteur, entre l'énorme empattement des racines et l'origine des branches. Mesurée à un mètre du sol, c'est-à-dire à mi-distance du collet et des plus basses loupes du tronc, et par conséquent dans sa partie *la plus mince*, sa circonférence n'a pas dû être moindre de six mètres. La concavité de la croûte, toute percillée par les larves et les frelons, regarde le nord et par conséquent le chemin creux. Les fissures de l'écorce vivante nourrissent deux touffes peu développées du champignon connu sous le nom de *langue de bœuf (Fistulina hepatica* Fries).

2° Quinze Ormeaux qui, en moyenne, dépassent certainement trente mètres de haut, et qui sont pourtant âgés de moins de deux cents ans, forment dans la riche plaine de Limeuil, près des bords de la Vézère, la majestueuse avenue du château de la Vitrolle, appartenant à M. le comte d'Arlot. Leurs branches s'élèvent, en général, presque verticalement au lieu de s'étaler comme il arrive souvent dans cette espèce. Le plus gros de ces arbres, mesuré à un mètre de terre, a 5^m 40^c de tour.

3° Le grand Ormeau, tout carié, du vieux château (maintenant métairie) de la *Morinie*, près du *Château manqué* (butte avec restes de constructions en pierres sèches), commune de Saint-Barthélemy, arrondissement de Nontron, près des limites du département de la Haute-Vienne, aurait environ quatre mètres de bille s'il eût conservé autre chose que son écorce. Cette bille, passée à l'état de fantôme, est formée de trois corps d'arbre entièrement creux, et donne naissance à des branches toutes verticales. Mesurée à 1^m 50^c de terre, elle a 6^m 20^c de tour.

4° Le grand Ormeau de Montpazier est placé sur la route ou boulevard qui ceint la ville en dehors des murs, du côté du midi. Lorsqu'on a régularisé la pente de la rue qui aboutit à ce boulevard, on a enterré la base du tronc dans une espèce de tour en maçonnerie, d'un mètre de haut. La base de cette tour est à peu près au niveau de l'ancien sol et du collet de la racine; car les robustes divisions de cette racine s'échappent horizontalement de dessous la tour pour s'étendre autour de l'arbre. Le tronc, mesuré à 1ᵐ 50ᶜ au-dessus du sommet de la tour de maçonnerie, a 4ᵐ 20ᶜ de circonférence, et sa bille avait environ cinq mètres de haut avant d'y être enterrée par sa base. — La ville de Montpazier fut fondée, au commencement de 1284, par Jean de Grailly, sénéchal du Périgord pour Edouard Iᵉʳ d'Angleterre. Rien n'empêche de croire que l'ormeau dont il s'agit ne soit contemporain de la ville, et l'écorchement du terrain qui le supporte tendrait même, ce me semble, à le faire regarder comme plus vieux que la ville elle-même; car cet écorchement a été rendu nécessaire par l'éboulement des terres descendues du plateau sur lequel (exclusivement!) ont été tracées les fondations de la ville. Il n'a donc jamais été planté dans son enceinte, puisqu'il est sur la pente du côteau, et il pouvait appartenir à quelque habitation située sur la lisière de la forêt que Jean de Grailly fit défricher avant de faire marquer, d'un trait de charrue, le périmètre de la nouvelle *Bastide*.

5° L'Ormeau qu'on voit dans l'ancien cimetière de Saint-Martin-de-Limeuil, près de la porte de l'église, mesure 5ᵐ 75ᶜ à 1ᵐ 50ᶜ de terre. L'église a été consacrée en 1194 et, si ce n'était la croissance extraordinaire des arbres de l'avenue de la Vitrolle, qu'explique la fertilité merveilleuse de la vallée où ils sont plantés ainsi que celui de Saint-Martin, je serais bien tenté de voir en celui-ci un contemporain de l'église. Sur la pente aride du côteau de Montpazier, il n'y aurait pas à hésiter : ici, le doute est permis.

6° Enfin, j'ai gardé pour ma dernière citation deux merveilles végétales qui, sous le rapport historique comme sous le rapport de l'histoire naturelle, doivent être comptées au nombre des titres de gloire du Périgord. Je veux parler des deux Ormeaux de la place publique de Pellevési, commune de Saint-Geniés, entre Montignac et Sarlat. Les branches supérieures de ces deux arbres (ils étaient autrefois au nombre de quatre) s'élèvent verticalement à plus de cent pieds. Leurs branches inférieures, plus grosses que des barriques, s'étendent horizontalement à plus de 20 mètres du tronc, et l'une d'elles est soutenue de vigoureux étançons qui l'empêchent de se rompre sous son propre poids. Un énorme bourrelet de loupes et de cicatrices entoure la base des troncs, et s'élève notablement au-dessus du sol; les troncs mesurent de 13 à 14 mètres de circonférence (d'après M. Audierne, *Périgord illustré*, p. 38); je suis obligé de recourir à cet ouvrage, ayant malheureusement égaré la note des mesures que j'avais prises moi-même en 1845. — J'ai dit que ces deux ormeaux sont l'une des illustrations historiques du Périgord; et, en effet, une grave tradition, recueillie dans l'ouvrage que je viens de citer, rapporte qu'en allant vénérer le Saint-Suaire à l'abbaye de Cadouin, avant d'entreprendre sa seconde croisade, saint Louis s'arrêta au château de Pellevési, et donna, *sous ces mêmes ormes*, audience aux députés du monastère de Sarlat. Et si l'on n'en veut croire ni la tradition, ni le grand âge, pourtant bien évident, de ces admirables végétaux, on trouvera leur certificat, non de naissance, mais de vieillesse, dans un acte de 1363 que possède encore M. le comte de Montmège, propriétaire du château de Pellevési. Ils sont qualifiés ainsi dans cet acte : *Sub ulmis* VETERIBUS.

ULMUS MONTANA. Smith. — Boreau; Fl. du Centr. 2ᵉ éd. p. 462. — Gren. et Godr. Fl. Fl. III, p. 106. —

Planchon, mém. s. les Ulmacées, *in* Ann. sc. nat.
1848, 3e sér. t. 10, p. 274.

U. nitens Mœnch.

U. carpinifolia Ehrh.

U. campestris, var. Duby bot. gall. — Koch, Syn. —
Spach, revis. Ulmorum, *in* ann. sc. nat. 1841, 2e sér. t.
15, p. 359.

La Roche-Chalais, etc. (DD.)

CVIII. *CUPULIFERÆ.*

FAGUS SYLVATICA (Catal.) — Ajoutez : Forêt de Leyssandie ;
CC dans la forêt de Vergt (DD.) — Orliagues, canton
de Carlux ; y est-il réellement spontané ? (M.) — CC
dans les bois et les bruyères de Lanouaille et de Sarlande (Eug. de BIRAN).

Nota. Je crois devoir consigner ici un renseignement qui
peut avoir son utilité et que je trouve dans l'*Echo du monde
savant* n° 35, du 10 novembre 1842, p. 844, où son insertion
est due à un botaniste du département de l'Aube, M. S. Des
Etangs. En décembre 1841, M. Lefort, vétérinaire à Champlitte
(Côte-d'Or) aurait, le premier, signalé plusieurs cas d'empoi-
sonnement de chevaux à qui on avait fait manger du marc ou
tourteau de faînes (fruits du Hêtre), résidu qu'on obtient après
avoir extrait des faînes l'huile abondante qu'elles contiennent,
et qui est comestible.

QUERCUS PUBESCENS. Willd. — K. ed. 1a et 2a, 3.

Plagnes près Périgueux (DD. 1848). M. de Dives m'a
écrit, en décembre 1852, que ses échantillons ont été vus
et approuvés par M. Boreau. Celui qu'il m'a envoyé ne ressemble guère à la plante que M. Joh. Lange, de Copen-
hague, a recueillie à Bordeaux en juin 1851 sans fleurs ni
fruits et dans laquelle il a cru reconnaître le *Q. pubescens* des
Allemands. L'échantillon de M. de Dives me semble iden-

tique à un *sessiliflora* dont les écailles et les feuilles seraient velues.

CIX. *SALICINEÆ*.

SALIX FRAGILIS. Linn. -- K. ed 1ª et 2ª, 3. — Sering. *Saul* (1806) et revis. ined. (1824.

    S. *pendula* Sering. Ess. (1815.)

    S. *vitellina* Linn., secund. citat. hort. Upsal. Fries, nov. ed 2ª, p. 43 (ex Koch, loc. cit.), NON Linn. sp., nec auctor. gall. et german.

Vulg¹. *Osier*, — à Bordeaux, *Vime-Brûle* ou *Vime* à vignes, — à Périgueux, *Saule rouge* ou *Osier rouge*.

Cultivé partout en Périgord comme Osier, et ne pouvant fleurir en cet état ; mais je l'ajoute au Catalogue, parce que M. de Dives m'affirme « qu'il existe » à l'état *véritablement sauvage* dans un grand nom- » bre de localités du Périgord ». Si, dans ce cas, il prend la forme arborescente qu'il revêt dans les grands marais de la Gironde où M. Du Rieu l'a découvert en septembre 1854, on peut espérer de le trouver en fleurs et en fruits.

Il faut se garder de confondre cette belle espèce, ainsi que je l'ai fait trop longtemps par suite d'une double application du nom linnéen, avec la var. *vitellina* du S. *alba*.

Le S. *fragilis* offre un grand nombre de variétés, particulièrement sous le rapport de la couleur de l'é-corce et des bourgeons des jeunes rameaux. Je ne suis pas en mesure de donner la liste de celles qu'on rencontre dans la Dordogne ; mais dans les échantillons de diverses localités, je vois cette couleur varier du jaune-blanchâtre le plus pâle au pourpre-noirâtre.

En outre de l'indication générale et vague donnée par
M. de Dives, je puis signaler une localité plus précise,
qui m'est fournie par M. Du Rieu : les bords de la
Dronne, dans l'arrondissement de Ribérac.

SALIX AMYGDALINA. Linn. sp. 1443. — β *concolor* K. ed. 1ᵃ
et 2ª, 5.

    S. *triandra* Linn. sp. 1442, — et auct. plur.

    Bergerac (sur les bords de la Crempse) [1841] ;
Périgueux (au bord de l'Isle, près le pont de la cité
[1843] ; Sourzac, au bord de l'Isle [1844] où les
feuilles sont beaucoup plus larges (DD.) — Bords du
ruisseau de Lembras [1845] (REV.) — Bords du Dropt,
près Eymet [1847] M. Al. RAMOND . — CC sur les
sables alluvionnels de Piles (M. Eug. de BIRAN, 1849).

— PURPUREA (Catal. — Ajoutez : Eymet (M. Al. RAMOND .
1847).

— VIMINALIS. Linn. — K. ed. 1ᵃ et 2ª, 14.

    M. de Dives le trouve partout, mais sans oser dire
qu'il soit spontané. Je pense, comme lui, qu'il ne se
trouve chez nous qu'échappé des cultures ; mais qu'il a
conquis le droit de cité par la facilité de sa reproduction.

Nota. Le SALIX CAPRÆA de mon Catalogue de 1840 doit être
rayé de la liste des plantes de la Dordogne, parce qu'il est
reconnu depuis plusieurs années que celle-ci ne s'avance pas, en
France, au sud de la Loire. Tout ce que les floristes indiquent
sous ce nom, dans nos départements méridionaux, doit être
réparti dans les espèces voisines.

Voici celles qui ont été, jusqu'à ce moment, reconnues dans
le département de la Dordogne :

SALIX CINEREA. Linn. — K. ed. 1ᵃ et 2ª, 22.

    Forêt de Lanquais. — Toutifaut et Campsegret près
Bergerac (DD.) — Eymet (M. Al. RAMOND . etc.

C'est cette espèce que j'ai particulièrement eue en vue, lorsque j'ai mentionné le *S. Capræa* Saule Marceau comme C dans les bois et les buissons humides.

Nous avons les deux formes principales distinguées par Koch au milieu des innombrables variations de l'espèce :

1° le type. Feuilles allongées et rétrécies aux deux bouts (*S. acuminata* Hoffm. *non* Sm. *nec* Koch. — *S. cinerea* Smith). — Environs d'Eymet (Al. RAMOND.

2° La var. β. Feuilles obovées (*S. aquatica* Smith. — Sur la route d'Eymet au moulin d'Agnac Al. RAMOND.)

SALIX AURITA. Linn. — K. ed. 1ᵃ et 2ᵃ, 27.

Mescoulès (M. Al. RAMOND). — Falaises de la Dordogne, près le moulin du port de Lanquais.

M. Ramond a fait suivre sa détermination d'un double point de doute, parce qu'il n'a trouvé que des rameaux feuillés, sans fleurs ni fruits, en septembre 1847, à Mescoulès. Si je me permets d'être plus affirmatif que le savant le plus au courant, à Paris, de la nomenclature des Saules, c'est que les châtons mâles que j'ai recueillis au port de Lanquais le 12 février 1833, presque tous encore accompagnés des écailles rougeâtres, luisantes et *parfaitement glabres* (!) de leur bourgeon, ne me permettent plus de doute sur l'indigénat de cette espèce dans le département.

CX. *BETULINEÆ.*

BETULA ALBA. Linn. — K. ed. 1ᵃ et 2ᵃ, 1.

Clair-semé dans les bois et les bruyères de Lanouaille et de Sarlande ; il en existe même, dit-on, quelques individus dans la forêt de Vergt (DD. et Eug. de BIRAN).

CXII. *CONIFERÆ.*

Juniperus communis, β *fastigiata* (Catal.)

M. de Dives en a vu un seul individu dans la commune de Merlande, et un seul aussi dans celle de Manzac.

Feu M. Loudon, auteur d'un grand nombre d'ouvrages anglais sur la botanique et l'horticulture, m'a dit à Paris en 1840, peu de mois après l'impression de mon Catalogue, que cette variété est, à l'état sauvage, plus commune en Angleterre que la forme à rameaux *pleureurs* qui abonde chez nous. M. Gay ajouta que cette dernière forme abonde dans la forêt de Fontainebleau, où elle se montre, soit en individus magnifiques, âgés d'une cinquantaine d'années, hauts de 8 à 10 mètres, et placés dans des parties abritées de la forêt, — soit en individus bien plus que séculaires, hauts de 5 mètres tout au plus, mais découronnés, ayant des troncs énormes, et placés sur les hauteurs battues des vents.

M. Spach, un an après la publication de mon Catalogue dans sa Révision des *Juniperus*, *in* Annal. Sc. nat. 1841. 2ᵉ série, t. 16, p. 290) a donné à ma var. *fastigiata* le nom de β *arborescens* ; il dit qu'à l'état *spontané* elle est rarissime.

CXIII. *HYDROCHARIDEÆ.*

Hydrocharis Morsus-ranæ (Catal.) — Ajoutez : Bergerac, dans le petit ruisseau de Piquecaillou ; la Force, dans un fossé ; le Pizou, près Monpont, dans une mare (DD.) Il est à remarquer que toutes ces localités appartiennent à l'Ouest du département, c'est-à-dire, au voisinage de celui de la Gironde.

CXIV. ALISMACEÆ.

ALISMA NATANS (Catal.) — Ajoutez : Babiol, commune de Vergt ; Taboury, près Millac-d'Auberoche ; CCC dans les étangs de la Double (DD.) — C dans un fossé entre les villages de Marzat et de Marragout, commune de Ménestérol, canton de Monpont (REV.). — Ruisseau de la Haute-Loue près Lanouaille (Eug. de BIRAN.)

— RANUNCULOIDES. Linn. — K. ed. 1ª et 2ª, 4.

Sur les bords du Vergt, au gué des Nauves, commune de Manzac ; fossés pleins d'eau aux environs de Monpont (DD.). — Environs de Ribérac M. J. RALFS).

Cette espèce me paraît toujours manquer au Sarladais et au Bergeracquois.

SAGITTARIA SAGITTÆFOLIA (Catal.) — Ajoutez : Dans la Lidoire près Lamothe-Montravel DD. . — Dans la Nisonne entre Beaussac et La-Rochebeaucourt M. . — C dans les bas-fonds de la vallée du Dropt (Alix RAMOND). — M. Eugène de Biran en a trouvé trois pieds, dont un en fleurs, le 1er août 1849, dans une lagune située au nord du château de Piles, dans le lit, par conséquent, de la Dordogne qui l'inonde en hiver et ne lui permet de se dessécher qu'en partie pendant les grandes chaleurs.

CXV. BUTOMEÆ.

BUTOMUS UMBELLATUS. — Linn. — K. ed. 1ª et 2ª, 1.

Cette magnifique plante a été recueillie pour la première fois dans le département, au commencement d'août 1847, par le jeune PARADOL, élève du Petit-Séminaire de Bergerac, tout près de cette ville, au lieu dit le Grand Salvette, dans le lit de la Dordogne.

Depuis lors, M. l'abbé Meilhez a reçu une indication vague, de laquelle il résulte que la plante aurait été retrouvée dans nos limites; mais la localité me reste inconnue, et peut-être, est-ce la même.

M. de Biran l'a recueillie en 1849, mêlée, mais en très-petite quantité, à l'espèce précédente, et il l'a revue, mais sans fleurs, un peu plus loin du château de Piles, dans une mare vaseuse qu'alimente une petite source.

CXVII. POTAMEÆ.

POTAMOGETON NATANS (Catal.)

D'après la 2ᵉ édition du *Synopsis* de Koch, nous avons reconnu jusqu'ici en Périgord :

Var. α *vulgaris*. — Eaux stagnantes. — M. de Dives l'a recueilli en 1843, dans la forme typique la plus parfaite, à Pronchiéras, commune de Manzac.

Var. β *prolixus*. Dans l'Isle, au Pizou (DD., 1843.). Cette forme y acquiert des proportions gigantesques, et je suis presque tenté de croire que le nom de *P. fluitans* β *stagnatilis* Koch, ed 2ª, 3; β *ambiguus* Gren. et Godr., lui conviendrait mieux encore, car il me semble positif que notre plante est bien le *P. natans* β *explanatus* Kunth, Enum., t. 3, p. 128, que Koch et MM. Grenier et Godron donnent pour synonyme à leur *P. fluitans* β. — Il faudrait voir les fruits *mûrs et vivants*, pour se déterminer avec certitude en faveur du *natans* dont le fruit frais offre un bord OBTUS, et le *fluitans* dont le bord est une carène *acutiuscule* (Koch.)

La var. ε *minor* du *Deutschl. Flor.* que j'ai mentionnée au *Lac Salisson* dans mon Catalogue de 1840, est maintenant reconnue pour espèce légitime : c'est la suivante.

POTAMOGETON OBLONGUS. Viviani, Fragm. flor. ital., p. 2,
tab. 13. — Koch. Syn. ed. 2ᵃ, p. 775, nᵒ 2 (1844). —
Coss. et Germ. Fl. Paris.

P. *natans ε minor* Deutschl. Flor.

P. *natantis α vulgaris* forma minor K. Syn. ed. 1ᵃ, 1
(mentionné sous cette dénomination dans mon Catalogue de 1840).

P. *parnassifolius* Schrad. in litt. ad cel. Koch.

P. *polygonifolius* Pourr. — Gren. et Godr. Fl. Fr. III,
p. 312. — Du Rieu, Not. détach. s. qq. pl. Girond. in
Act. soc. Linn. Bordx. t. 20 (1854.)

Lanquais, au *lac Salissou*, petit marécage tourbeux
rempli de *Sphagnum* et presque desséché pendant
l'été.

Mauzac, dans la partie du ruisseau le Vergt qui
demeure presque sans eau pendant l'été (DD.)

— HORNEMANNI. Meyer. — K. ed. 1ᵃ, 5; ed. 2ᵃ, 6.

P. *coloratus* Hornem. — Kunth, Enum. t. 3, p. 130,
nᵒ 4.

P. *plantagineus* Ducros. — Rchb.

Mentionné, avec doute, par moi, dans le Catalogue de
1840, sous le nom de P. *lucens*, et déterminé définitivement par M. Boreau.

Queyssac, dans un pré vis-à-vis Lafourtonie (DD.)

Je dois faire remarquer que les échantillons du 26
mai 1843, que M. de Dives m'a envoyés, appartiennent au type (P. *plantagineus* Ducros; Rchb. Ic. t. 7,
pl. 45, fig. 82, 83, 84), tandis que le petit échantillon
du 18 juin 1837, que j'avais seul sous les yeux en
1840, se rapporte *par ses stipules* seulement, au P.
plantagineus β? pachystachyus subspathaceus Rchb.
loc. cit. pl. 46, fig. 85; mais il ne s'y rapporte pas

par ses épis floraux, qui ne sont pas plus gros que
ceux du type.

POTAMOGETON LUCENS (Catal.)

Les doutes que j'exprimais dans mon Catalogue et
alors que je ne connaissais pas le beau *P. Hornemanni*
Mey., se sont bientôt changés en certitude, et M. Boreau a rapporté avec toute justice à cette dernière
espèce les échantillons recueillis à Queyssac par M. de
Dives, et que j'avais mentionnés sous le nom de *P.*
lucens.

Je n'ai point cependant à retrancher de notre flore
duranienne, la magnifique espèce de Linné, la plus
belle, à mon avis, du genre entier. J'ai retrouvé, dans
la Couze, le vrai *P. lucens* Lin., dont certains individus
y passent plus ou moins à la singulière forme *cornuta*
que Presl avait considérée comme espèce distincte, et
dont Schumacher a fait son *P. acuminatus*. Reichenbach l'a représentée dans la pl. 40, fig. 69 du t. 7 de
ses *Icones.*

Le *P. lucens* m'est encore signalé, mais avec quelque doute, par M. le comte d'Abzac, à Goudaud, commune de Bassillac.

— PERFOLIATUS. Linn. — K. ed. 1ª, 10; ed. 2ª, 12.

Ruisseau du Codeau à Saint-Martin près Bergerac
(Eug. de BIRAN). — CC dans l'Isle, à Périgueux (D'A.).
— Dans l'Isle, à Saint-Astier; dans la Dronne, à Saint-
Aulaye-sur-Dronne (DD.)

Cette espèce doit nécessairement se trouver dans tous
nos cours d'eau un peu considérables. Je ne l'ai néanmoins jamais vu dans ceux qui avoisinent Lanquais; mais
les bateaux plats l'ont certainement apporté du bassin de

la Gironde dans le canal latéral de Lalinde, depuis que
je n'habite plus le Périgord, car M. de Biran l'a trouvé,
en 1847, dans la Dordogne même, au port de Mouleydier.

POTAMOGETON CRISPUS (Catal.)

Cette espèce, que je n'ai indiquée que dans les eaux
stagnantes, croit également dans les eaux vives; elle
abonde dans l'Isle, à Périgueux, près le pont des
Barris.

Souvent, il arrive que ses feuilles sont planes ou
presque planes, au lieu d'être fortement ondulées ; elles
varient aussi sous le rapport de leur largeur : M. de
Dives a recueilli ces diverses formes à Manzac dans une
petite mare.

— PUSILLUS. Linn. — K. ed. 1ª, 15; ed. 2ª, 17.

C dans le Codeau, du côté de Montclar (OLV.). —
Dans une fontaine près Sainte-Foy-la-Grande (D'A.).
— Dans le Vergt, aux Nauves, commune de Manzac,
et dans une fontaine à Lavergne près Vallereuil (DD.).
— C dans les fossés d'eau courante à Saint-Germain-
de-Pontroumieux, et à Lamonzie-Montastruc (Eug. de
BIRAN).

C'est à la même espèce que doit être rapportée la
plante que, dans mon Catalogue de 1840, j'avais à
tort rapportée au *P. compressus* Lin., Koch.— M. Boreau m'écrivit, il y a déjà plusieurs années, qu'elle
constituait pour lui le *P. pusillus* α *major* Fries;
K. 15, et ed. 2ª, 17. — J'adopte complètement cette
correction dont je reconnais l'entière justesse, et j'a-
joute que Rchb. (Icon., t. 7, pl. 24, fig. 42) applique
le synonyme *P. pusillus major* FRIES, à une plante

fort différente , qu'il prétend être le vrai *P. compressus*
Lin., Œder ¡*P. mucronatus* Schrad., Rœm. et Schultes), et qui est différente aussi de l'espèce que Koch
regarde comme le vrai *P. compressus* Linné *P. zos-
teræfolius* Schum. — Rchb.)

Le nom du *P. compressus* Lin., Koch, doit donc,
quant à présent, être effacé du Catalogue des plantes
de la Dordogne.

POTAMOGETON TRICHOIDES. Chamiss. et Schlectend. — K. ed.
1ª, 16 ; ed. 2ª, 18. — Gren. et Godr. Fl. Fr. III, p. 318.
P. monogynus Gay, ap. Coss. et Germ. suppl. Cat.,
p. 89.
P. tuberculatus Guépin, Fl. Maine-et-Loire, suppl.
P. pusillus δ *trichoides* Kunth, Enum.

Je n'ai pas été assez heureux pour voir les échantillons duraniens de cette très-curieuse espèce, dont les
fruits, ornés d'une carène dentelée et de quelques
tubercules saillants, ne permettent de la confondre
avec aucune autre. Elle m'est indiquée dans une mare
près de Champcevinel par M. le comte d'Abzac, dans
deux lettres de 1851 et de 1853. Je dois dire cependant, que cet observateur paraît n'avoir pas vu les fruits
mûrs, puisqu'il se contente, dans ses notes, de comparer les deux plantes distinctes, par leurs feuilles, et
de conclure, par l'inspection des fruits parfaitement
mûrs du *pusillus*, que l'autre espèce est nécessairement le *tuberculatus* Guépin.

Ce dernier ¡*P. trichoides* Cham. et Schlect.) est indiqué par MM. Grenier et Godron dans tout l'ouest de
de la France et à Paris. M. du Rieu l'a recueilli à La
Teste; rien ne rend improbable son existence dans la
Dordogne.

Potamogeton densus, α et β (Catal.) — Ajoutez : γ *angus-tifolius* Koch, syn. ed. 1ª et 2ª. — Dans le Vergt, à Manzac, avec la var. α (DD.).

Zannichellia palustris (Catal.) — Ajoutez : Dans le Vergt à Manzac, et dans une fontaine aux Combes, près le château de Rossignol aux environs de Périgueux (DD.). Les échantillons de ces deux localités n'ont pas passé sous mes yeux ; mais ils ont été soumis à M. Boreau qu'il les a déterminés ainsi qu'il suit :

Z. *repens* Bonningh. — Boreau, Fl. du Centr.

— *dentata* Lloyd Fl. de l'Ouest.

— *palustris* β *repens* Koch, syn. ed. 1ª, p. 679.

Ils appartiennent donc au Z. *dentata* Willd. — Gren. et Godr. Fl. Fr. III, p. 320 ; — au Z. *palustris* Kunth, Enum., t. 3, p. 124 (cet auteur ne distingue point de variétés, mais signale seulement quelques formes) ; — au Z. *dentata* Steinheil, *in* Annal. sc. nat. 1838, 2ᵉ sér., t. 9, p. 87.

Mais, il faut l'avouer, tous ces synonymes-là ne disent pas grand'chose, — ne disent même *rien* — depuis que l'illustre et vénérable auteur de tant d'études analytiques sur les plantes de la France, M. J. Gay, a réformé ce genre en démontrant qu'il ne renferme que *deux espèces*, auxquelles il a cru pouvoir se permettre de donner des noms nouveaux, à cause de la confusion absolument inextricable qui règne à leur sujet dans tous les livres. L'une d'elles, Z. *brachystemon* (à étamine *courte*) se trouve partout, et il est plus que probable que la plante duranienne lui appartient, bien que je n'aie pu la récolter en fleurs. L'autre, Z. *macrostemon* (à étamine *longue*) est fort peu répandue et appartient particulièrement aux eaux saumâtres.

En considérant ainsi, d'une manière générale, les deux
espèces admises par Steinheil et M. Gay, on pourrait être
assez près de la vérité en disant que :

Z. *dentata* Steinh. (qui croît dans l'intérieur des terres)
répond au Z. *brachystemon* Gay ;

Et que :

Z. *palustris* Steinh. (qui croît au voisinage de la mer)
répond au Z. *macrostemon* Gay.

CXVIII. *NAIADEÆ*.

NAIAS MAJOR. Roth. — K. ed 1ª et 2ª, 1.

Dans l'Isle, à Saint-Martial-d'Artensec, et à Neuvic (DD.).
— Dans le canal latéral de la Dordogne, à Lalinde, où la
plante est excessivement abondante et parfaitement fructi-
fiée en septembre ; la plupart des échantillons appartiennent
à la var. β *spinulosa* DC. Fl. Fr. (*N. spinulosa* Thuill.). —
Dans le lit même de la Dordogne, où il existe une petite
lagune entre son cours et le château de Piles (Eug. de
BIRAN.).

Cette plante nous a certainement été apportée de Bordeaux par les bateaux plats, depuis l'ouverture du canal
latéral.

CXIX. *LEMNACEÆ*.

LEMNA TRISULCA. Linn. — K. ed. 1ª et 2ª, 1.

Dans la rigole qui conduit au ruisseau, l'eau d'une
fontaine entre Pombonné et Lembras près Bergerac
(REV.. — Aux Fontrouyes, commune de Jaure, et
dans une mare à Jeanbuvant, commune de Manzac
(DD.. — Couze, dans les dérivations de la rivière de
ce nom. — CC dans les deux fossés qui portent à la
Dordogne les eaux des fontaines des Guischards, com-

mune de Saint-Germain-de-Pontroumieux, et de Larége, commune de Cours-de-Piles Eug. de BIRAN.

LEMNA POLYRRHIZA. Linn. — K. ed. 1ª et 2ª, 2.

Je ne l'ai point vu, mais il m'est indiqué par M. O.
de Lavernelle dans la Bessède (1853).

— GIBBA. (Catal.)

Telmatophace gibba. Schleid. — Ajoutez : Jaure; fontaine de Lordioule, commune de Grum (DD.).— Dans
une mare au Torondel, commune de Saint-Sauveur
près Mouleydier (Eug. de BIRAN).

CXX. *TYPHACEÆ*.

TYPHA ANGUSTIFOLIA (Catal.) — Ajoutez : Étang de Puyraseau, commune de Pluviers, près Nontron, où j'ai
observé, en septembre 1848, que cette espèce est can-
tonnée sur l'un des côtés de l'étang, tandis que la rive
opposée est occupée par le *T. latifolia*, en avant
duquel, favorisé par la plus grande profondeur de
l'eau, pullule le *Nymphæa alba*. — Tous les étangs
de la Double (OLV.). — Ribérac (M. John Ralfs. —
Dans le Vergt, aux Nauves, commune de Manzac;
dans une mare à Lapourcal près Bergerac; à Campagnac près Campsegret, etc., etc. (DD.).

— LATIFOLIA. Linn. — K. ed. 1ª, 1 ; ed. 2ª, 2.

Étangs d'Echourgniac, de la Rode, et quelques
autres étangs de la Double, où cette plante semble
devenir de plus en plus abondante à mesure qu'on
s'approche de la plaine de Monpont, et à mesure que le
T. angustifolia se montre en moins grande abondance
(OLV. 1851). — Campagnac près Campsegret, où il
est mêlé au *T. angustifolia*: moulin de Maziéras.

dans la Crempse, commune d'Issac; Millac-d'Auberoche; Jeansille, commune de Manzac; Jaure, et au Périer près Bergerac (DD.; 1840 à 1857). — Étangs du Nontronnais, et particulièrement à Saint-Estèphe (Lettre de feu M. Dubouché, du 18 novembre 1840, et moi-même en 1848). — Fossés, à Saint-Germain-de-Pontroumieux; viviers, à moitié comblés, du château de Bellegarde, commune de Lamonzie-Montastruc. Les fabricants de chaises communes préfèrent cette plante au jonc et à la paille (Eug. de BIRAN).

TYPHA SHUTTLEWORTHII. Koch et Sond. — K. ed. 2ª, 3. — Gren. et Godr. Fl. Fr. III, p. 334.

Dans un petit étang à Flaugat, commune de Villamblard (DD.; 1841).

Les caractères essentiels de cette espèce, surtout celui du pistil — le plus important de tous, — la rapprochent du T. *latifolia*, tandis que son port et l'aspect général de son inflorescence donnent toute facilité pour la confondre avec le T. *angustifolia*. C'est ce que nous avons tous fait jusqu'à ces derniers temps dans la Gironde, où l'*angustifolia* habite spécialement les bords de la mer, tandis que le *Shuttleworthii* se trouve à Saint-Denis-de-Pilles près Libourne; et probablement, quand on y fera quelqu'attention, on le trouvera dans toutes les mares d'*écorchement* qui sont résultées de l'établissement de la voie de fer de Bordeaux à Libourne.

C'est avec le T. *elatior* Bonningh., signalé en France par M. Boreau (Archiv. de Botan. t. 2., 1833) et maintenant reconnu pour une simple *forme* du T. *angustifolia*, qu'il est le plus facile de confondre notre plante : aussi, suis-je porté à penser que c'est elle qui existe dans plusieurs des localités périgourdines que je viens de citer pour

l'*angustifolia*, car je n'ai recueilli et examiné les échantillons que d'une seule d'entr'elles (aux Roques , commune de
Lanquais , Catal. de 1840 , et là , c'est le vrai *angustifolia !*

SPARGANIUM SIMPLEX (Catal.) — Ajoutez : Périgueux, au-
dessus du Pont-Vieux , dans l'Isle (DD.). — Pont de
Léparra près Boulazac, dans un fossé , où il est abondant (d'A.). — Dans un des étangs d'Échourgniac
(OLV.).

CXII. *ORCHIDEÆ.*

ORCHIS FUSCA (Catal.).

O. purpurea Huds. — Gren. et Godr. Fl. Fr. III ,
p. 289.

Ajoutez : Rochers de Beaussac près Mareuil (M.). —
C à Manzac, sur les hauteurs qui dominent un petit
ruisseau dont M. de Dives a retrouvé le nom aujour-
d'hui oublié (le *Bétarosse* dans de vieux titres. On en
rencontre une variation encore plus foncée en couleur,
dans une terre argileuse et rougeâtre, à Razac-de-
Saussignac (DD.).

Dans toutes ces localités, la *station* de la plante est
la même que j'ai signalée dans le Catalogue de 1840.
J'ajoute seulement une remarque que j'ai faite en
avril 1845, sur un échantillon que je récoltai à Bayac.
Ses feuilles , en se desséchant sous presse , acquièrent
une odeur très-agréable de *Mélilot* desséché.

— MILITARIS. Linn. Fl. suec. — Gren. et Godr. Fl. Fr.—
K. ed. 1ª et 2ª, 2. — *Non* DC. Fl. Fr. *nec* Duby , Bot.,
nec Boreau, Fl. du Centr.

O. galeata Lam. — DC. Fl. Fr. — Duby , Bot. Boreau ,
Fl. du Centr. 2ª éd.

Marcuil, où il fleurit au 15 mai (M.). — Assez commun dans les prés entre Neuvic et Sourzac 'en fleurs
au 1er mai ; DD.). — Dans ces mêmes prairies, M. de
Dives a vu, une fois, la variation à fleurs *blanches*. Il
croit aussi avoir vu, en 1851, la même espèce à Manzac; mais l'échantillon s'est égaré, et mon consciencieux ami n'ose plus rien affirmer. — M. Boreau a vu,
comme moi, les échantillons de Neuvic, recueillis par
M. de Dives, et j'ai vu, outre celui de Marcuil, récolté
par M. l'abbé Meilhez, les bonnes notes descriptives
que ce dernier observateur a prises sur le vivant.

ORCHIS CIMICINA (Catal.) — Cette curieuse plante, que je
n'ai pas eu l'heureuse chance de retrouver depuis 1837,
et qui, peut-être, à l'heure qu'il est, se cache sous
quelqu'un des noms grotesques dont l'hybridomanie a
empoisonné la science, doit peut-être changer de nom.
M. de Brébisson, qui a reconnu l'identité de ma plante
et de la sienne, mais qui a reconnu aussi que l'*O.
cimicina* Crantz appartient à une autre espèce, M. de
Brébisson, dis-je, a donné un nouveau nom à l'espèce
normande et périgourdine.

Orchis olida Brébiss. Fl. Normand. 2e éd. (1849), p.
257, n° 13.

Cet habile observateur se demande si nous n'aurions pas
là une hybride des *O. coriophora* et *Morio*, au milieu desquels croît effectivement cette jolie forme. Son opinion n'est
pas rejetée par le savant monographe des Orchidées euro-
péennes, M Lud. Reichenbach fils (*Icones* Reichenb. t. 13.
p. 22, n° 7 (1851), pl. 152, DIV.). Cependant, cet auteur
lui conserve le rang d'espèce et préfère pour elle le nom
d'*O. cimicina* BRÉB., parce que la plante décrite sous ce
nom par Crantz est synonyme du vrai *O. coriophora* L.

C'est *dans le texte* que M. L. Reichenbach formule son choix, car, *dans la planche citée*, il adopte le nouveau nom *olida*.

Je me permettrai de faire observer à ce sujet que, si *cette même plante* avait été décrite primitivement par un auteur antérieur à M. de Brébisson sous le nom de *cimicina*, cette dénomination lui appartiendrait à tout jamais, en vertu de la loi de l'antériorité. Mais ici, le cas est différent. C'est M. de Brébisson LUI-MÊME qui croit devoir changer le nom qu'il avait primitivement donné à cette plante ; et l'on ne peut pas plus lui disputer ce droit, qu'on ne dispute au testateur celui d'écrire un codicille qui anéantit le testament primitif. D'après ce principe, ce serait OLIDA qui serait le nom *légitime* de la plante. Il serait à désirer que le savant botaniste de Falaise, qui, seul, a le droit de décider souverainement entre les deux noms, voulût bien faire connaître s'il souscrit à la proposition de M. L. Reichenbach, ou s'il préfère laisser à l'espèce le nom qu'il lui a donné dans sa 2e édition. Sa volonté doit faire loi.

M. Reichenbach a honoré notre jolie plante duranienne d'une mention toute particulière. Il est vrai que, d'une part, M. J. Gay lui avait donné un brevet d'illustration en écrivant au savant allemand, au sujet des deux seuls échantillons recueillis à Lanquais « *Alterum herbarii mei decus* » ; — et d'autre part, que M. de Brébisson lui avait écrit aussi : « *Orchis olida mea reperta est* dans la Dordogne « *à cl. Ch. Des Moulins.* »

En terminant cet article, je crois devoir faire connaître une particularité curieuse et relative à notre plante normande et périgourdine. Peu de semaines après l'impression de mon Catalogue de 1840 (le 28 juillet de la même année), j'eus l'occasion d'étudier, dans l'herbier de Sibthorp dont feu M. Webb s'était rendu acquéreur, un échantillon rapporté de Grèce par Sibthorp lui-même (probablement de l'île de Zacinthe, localité indiquée par le *Prodromus Floræ Græcæ*), et étiqueté *Orchis coriophora* L. — Cet échantillon, entièrement collé sur la feuille de papier, me laissa pourtant voir distinctement *les trois divisions externes du périgone* NON SOUDÉES JUSQU'AU SOMMET, mais, au contraire, *très-étalées et très-séparées au moins jusqu'à la moitié* de leur longueur. De pius, l'éperon de la fleur était *court*, *conique*, légèrement courbé, la convexité en avant. J'inscrivis dans mes notes prises sur place, l'expression de la conviction qui résultait de là pour moi, qu'il y avait identité parfaite entre la plante grecque et celle de Lanquais, et que cette dernière était, par conséquent, l'*O. coriophora* Sibth. Fl. Græc., *non* Linn. — M. Webb voulut bien m'autoriser à annoter en conséquence l'echantillon grec; mais, comme je n'avais plus sous les yeux l'échantillon périgourdin, et que je ne pouvais le comparer rigoureusement à l'autre, je me bornai à écrire, au crayon, sur l'étiquette, que la plante grecque paraît différer du *coriophora* par ses sépales externes *non soudés jusqu'au sommet*.

ORCHIS MASCULA (Catal.) — Ajoutez : Manzac, RR (DD.).
.   — Dans un taillis à la Combe-des-Calpres, près la Ribérie, sur le chemin de Bergerac à Monclard (OLV.).

— LAXIFLORA (Catal.)

C'est la var. α *Tabernæmontani* Koch, syn. ed. 2ª, nº 13.

Ajoutez : β *palustris* (*O. palustris* Jacq. et auct. plur.) Koch, syn. ed. 1ª, 12; ed. 2ª, 13. — Dans le *pré fermé* à Manzac; échantillons vus par M. Boreau (DD.).

ORCHIS INCARNATA. Linn. — K. ed. 2ᵃ, 18. — Gren. et
Godr. Fl. Fr. III, p. 296. — Boreau, Fl. du Centr.,
2ᵉ éd., p. 522.

O. angustifolia Wimm. et Grab. — K. ed. 1ᵃ, 16.

O. divaricata Rich. — Chaub. *in* St-Am. Fl. Agen.

Dans les prés humides entre Campsegret et Queysac
(DD.), et probablement dans tout le département, où,
comme dans la Gironde, je l'aurai sans doute confondu
d'abord avec l'*O. latifolia.*

GYMNADENIA CONOPSEA (Catal.) — Ajoutez : Mareuil (M.).—
CC à Manzac, dans les prés gras ; plus petit, sur un
côteau crayeux et inculte près de Bordas (DD.). —
CCC, à fleurs violettes ou roses, mais R à fleurs blanches, dans les prés entre Saint-Florent et Lavernelle,
commune de Saint-Félix (OLV.). — Assez commun
dans les prés humides de Lamonzie-Montastruc (Eug.
de BIRAN).

— ODORATISSIMA (Catal.) — Ajoutez : Côteaux au-dessus
du moulin des Trompes, commune de Clermont-de-
Beauregard (OLV.). — Assez commun dans les prés
humides de Lamonzie-Montrastruc (Eug. de BIRAN).

PLATANTHERA BIFOLIA (Catal.) — Ajoutez : Assez rare dans
les prés du château des Bories (D'A.). — C dans le
petit bois de Lavernelle, commune de Saint-Félix
(OLV.).— Servanche, et C dans toute la Double ; dans
une petite lande à Colombiers près Bergerac ; Foulac
près Montignac-le-Comte (DD.)

— CHLORANTHA (Catal.) — Ajoutez : Environs de Bergerac sur un côteau voisin du hameau appelé Manelou,
au sud de Monteil (REV.). M. l'abbé Revel a observé
que, récoltée vers six heures du soir, le 1ᵉʳ juin 1846,

la plante répandait une odeur de *sureau* assez prononcée. — Lisière qui sépare un bois d'une prairie, à Boripetit, commune de Champcevinel D'A.).— R sur le versant oriental des côteaux de La Bruyère près Saint-Félix-de-Villadeix (OLV.). — Environs de Mareuil (M.). — Environs de Villefranche-de-Longchapt, où il est presque inodore (DD.).— Bois du château de Cussac, commune de Saint-Germain-de-Pontroumieux Eug. de BIRAN .

OPHRYS MUSCIFERA (Catal.) — Ajoutez : R sur le plateau d'Argentine et dans un bois, vis-à-vis *Maroc*, aux environs de La Rochebeaucourt (**M.**)

— ARANIFERA (Catal. — Ajoutez : 1° (pour le type de l'espèce : CC sur les côteaux incultes et crayeux à Manzac et à Grignols (DD.) — RR dans un pré très-élevé et très-sec, à Lavernelle (OLV.) — C dans plusieurs localités aux environs de Mareuil et à Beynac (M.) — C sur les côteaux crayeux de la Roussie et sur d'autres points de la commune de Champcevinel (D'A.)

2° Var. δ *araneola* Reichenb. fil. Icon. t. 13, p. 89, n° 12 : « planta tenuis, hebetata videtur » ; pl. 98, CCCCL. fig. II, 4, 5.

O. araneola Reichenb. pl. crit. IX, p. 22. — Mentionné sous ce nom, comme croissant *dans le département de la Dordogne*, et comme plante à floraison *très-précoce* (vers le 20 avril) par M. Boisduval *in* Bulletin Soc. Bot. de Fr. t. 4, p. 373 ; mentionné aussi ibid. par M. de Schœnefeld sous le nom d'*O. aranifera*, var. *pseudo-speculum* Cosson.

Trouvé en fleurs déjà vieillies et en jeunes fruits, le 6 mai 1855, dans un lieu sec et découvert à La Maléthie commune de Manzac, par M. de Dives.

J'ajoute que nous n'avons jamais trouvé, dans le département, l'*Ophrys arachnites* Reichard et auct. plur. (*O. fuciflora* Reich. et al. auct.), plante qui semble habiter de préférence les départements plus septentrionaux. M. Oscar de Lavernelle a cependant trouvé le 21 mai à Lavernelle, commune de Saint-Félix-de-Villadeix, un seul pied, que je n'ai pas vu, d'une plante qui lui parut alors se rapporter à l'*O. arachnites*. Il me semble probable qu'elle appartient à cette var. *araneola* de l'*O. aranifera*, car si elle eût dû être rapportée tout simplement à l'*aranifera* type, M. de Lavernelle ne l'aurait assurément pas méconnue.

Je crois pouvoir hasarder la même attribution à l'égard de l'*O. aranifera*, forme *naine et uniflore*, que M. de Dives m'a indiqué, en 1852, comme trouvé avec le type à Manzac, et que je n'ai pu comparer en nature avec les échantillons récoltés par lui à La Maléthie en 1855, échantillons qui sont sous mes yeux.

3º Var *ɛ fucifera*, *αα pseudo-speculum* Reichenb. fil. Jcon. t. 13, p. 89, nº 12, pl. 165, DXVII, fig. I et pl. 113, CCCCLXV, fig. II et III (aranifera *apiculata*.)

O. pseudo speculum DC. Fl. Fr. suppl. p. 332. — Koch, Syn. ed 1ª p. 692 (exclu de la flore d'Allemagne dans la 2e édition). — Duby, bot. gall. p. 447. — Boreau, Fl. du Centr. 2e éd. p. 529, nº 1947.

Il faut remarquer que MM. Gren. et Godr. Fl. Fr. III, p. 302, réunissent cette espèce à l'*aranifera* sans même la distinguer comme variété, et d'un autre côté, que M. Boreau lui donne pour synonyme l'*O. araneola* Rchb., dont il vient d'être question. — Il me semble ressortir de ces diverses remarques (et c'est aussi l'opinion de M. Du Rieu), que

M. Reichenbach fils a très-bien fait de réunir en une seule espèce les *O. aranifera* et *pseudo-speculum* ainsi que l'*araneola* de son père, et que les variétés qu'il a distinguées et figurées sont si voisines et si peu tranchées qu'il est à peu près impossible, surtout sur le sec, d'éviter quelque erreur dans les attributions. J'ai donc cru devoir consigner ici tous les documents, *écrits* ou *en nature*, qui me sont parvenus, et je me résume en disant, pour ne pas m'éloigner de la vérité, que nous avons en Périgord l'*O. aranifera* Huds. et plusieurs de ses formes ou variétés.

Celle qui m'est signalée comme *pseudo-speculum* a été trouvée : 1° abondamment à Mensignac par M. de Dives, et M. Boreau a vu les échantillons de cette localité ; 2° CCC à la Ribérie, à la Martinie, à Monsac, à l'Escaut, en un mot sur toutes les pelouses des côteaux calcaires qui bordent la vallée du Codeau, par M. Oscar de Lavernelle. La plante y est habituellement très-petite ; — sa taille moyenne ne dépasse pas quinze centimètres, et elle est la *première orchidée qui fleurit* (18 avril 1851) dans le pays (nouveau motif de la rapprocher de l'*araneola*). M. de Lavernelle m'en apporta une douzaine de pieds vivants et fleuris ; nous l'étudiâmes ensemble, et nous y reconnûmes la var. *r. limbata* Mutel de l'*O. aranifera*. C'est celle qui est exactement représentée dans la pl. 165, fig. I de Reichenbach (var. *pseudo-speculum*), et le limbe *glabre* de la fleur y est très-bien marqué.

En obéissant à l'opinion qui semble dominante aujourd'hui, et qui range sous un même nom spécifique les *Ophrys aranifera* et *pseudo-speculum*, je sacrifie, peut-être, un principe que je crois pourtant bien vrai, et qui consiste à considérer comme spécifiquement et essentiellement distinctes, deux orchidées qui, dans la même contrée, à la même expo-

sition et dans la même année, fleurissent à deux époques
différentes (à quinze jours de distance par exemple); mais
je suis obligé d'en agir ainsi, provisoirement du moins,
parce que je ne suis plus en position de faire cette comparaison sur les lieux, et d'étudier sur le vivant les minimes
différences de l'extrémité pendante du labelle, si profondément caractéristiques des bonnes espèces, dans le genre
Ophrys.

Ophrys fusca (Catal.)—Ajoutez : Var. β *iricolor* Mutel, Fl.
Fr. — Magnifiques échantillons dans un pré, à Boripetit, et sur une pelouse sablonneuse au bord du chemin qui conduit de ce château à Périgueux (D'A.) —
M. de Dives a trouvé une variation de couleurs, où le
jaune domine dans la fleur ; il ne m'en a pas signalé la
localité particulière.

— apifera (Catal.)—Ajoutez : CCC en 1851 (on sait que
les Orchidées sont très-capricieuses sous le rapport de
leur développement dans un lieu donné) aux environs
de Boripetit, commune de Champcevinel, dans les
prés (D'A.) — Campsegret (DD.). — Parc du château
de Rastignac près Azerat, canton de Thénon.

Nous avons les deux variétés, α et β, si curieuse-
ment distinctes, que Mutel a établies en 1835 dans les
Annal. des Scienc. natur. 2ᵉ sér. t. 3, pl. 8, B, et figurées de nouveau dans l'atlas de sa Flore française, pl.
66, fig. 512 et 513. Ces deux variétés croissent et
fleurissent en même temps; mais β est bien plus abondant qu'α.

Le 29 mai 1841, je recueillis et j'étudiai sur le
vivant, treize pieds de cette espèce (2 de la var. α, 11
de la var. β *Muteliæ* Mut). Ils croissaient parmi les
gazons courts et secs, à demi-ombragés, du terrain dit

de *caussonnal*, sur un côteau exposé à l'Ouest, appelé la *Garenne verte*, parce qu'il est peuplé principalement de chênes verts, à Lanquais.

Les couleurs et la forme des taches du labelle n'ont aucune valeur pour la distinction des deux variétés! Le seul *bon* caractère réside dans la longueur des deux divisions périgonales intérieures très-longues et excessivement étroites dans la var. α, plus larges et bien plus courtes dans la var. β.

La var. α (fig. 512) a le bec de son gynostème *droit* pendant que la fleur est jeune (j'ai fait la même observation sur les échantillons de la citadelle de Blaye); il ne se courbe en S que plus tard. Les divisions périgonales externes sont tantôt blanches, tantôt roses, dans la même localité. Une seule fleur de cette variété m'a montré une teinte à peine rosée sur les divisions périgonales intérieures.

La var. β *Muteliæ* (fig. 513, a, b.), qui abonde aussi dans le parc du château de Rastignac, présente, dès les premiers moments de l'épanouissement de la fleur, la courbure en S du bec de son gynostème. On voit bien mieux que dans la var. α, parce qu'elles sont moins étroites, que les divisions périgonales intérieures sont roulées en dessus.

L'*O. apifera*, comparé à l'*O. scolopax*, présente les différences suivantes : *Floraison bien plus tardive !* L'*apifera*, à Lanquais, fleurit seulement au 20 mai ; — taille (à Lanquais du moins) bien moins élevée. Dent terminale du labelle recroquevillée *en dessous !* Habituellement, le bouton est complètement *blanc*, parcouru par une nervure verte ; et parfois la fleur conserve une couleur blanc-jaunâtre après son épanouis-

sement complet, ainsi que M. de Dives l'a observé à
Manzac, en 1856.

Ophrys Scolopax (Catal.).

La plante de mon Catalogue de 1840 est, d'après un
échantillon authentique de Venteuil près La Ferté-sous-
Jouarre, déterminé par M. Adrien de Jussieu et donné par
lui le 27 avril 1828 à M. Gay qui me l'a donné à son tour
le 27 juillet 1840, l'*Ophrys apiculata* Richard, Orchid.
d'Europ. (1817), p. 33! M. Mutel donne ce dernier nom
comme synonyme d'*O. Scolopax*; mais MM. Grenier et Godron ne le citent pas.

Ce n'est que le 13 mai 1843 que je suis parvenu à retrouver cette belle plante en Périgord. Elle croissait dans
cette *Garenne verte* de Lanquais, dont je viens de parler
au sujet de l'*O. apifera*, et dans une station moins élevée
que cette dernière espèce. Je l'ai revue presque chaque
année depuis lors, et toujours avec une avance d'une dizaine
de jours, au moins, sur l'*apifera*, quant à son entrée en
floraison. Cette remarque avait déjà été faite à Venteuil par
M. Adrien de Jussieu, qui évaluait à une quinzaine de jours
la différence entre les deux floraisons (note prise dans l'herbier de M. Gay).

Depuis lors, l'*O. Scolopax* a été retrouvé en plusieurs
localités du Périgord, savoir :

Dans un lieu inculte près le village du Manelou au-dessus
du Monteil près Bergerac (Rev. 1846).

Vélines, en 1845; Saussignac; Dives (commune de Manzac, en 1852) (DD.).

Marcuil (?), en 184... (M.). — Je n'ai pas vu les échantillons.

Cussac et Sireygeol, commune de Saint-Germain-de-

Pontroumieux ; Lamonzie-Montastruc ; Monsac. Plus ou
moins rare dans ces trois communes (Eug. de BIRAN).

ACERAS ANTHROPOPHORA. R. Br. — K. ed. 1ª et 2ª, 1. —
Gren. et Godr. Fl. Fr.

Ophrys anthropophora L. — DC. — Duby. — Mutel. —
Boreau.

Découvert, le 29 mai 1845, par M. l'abbé Meilhez, qui
m'en a adressé deux bons échantillons, sur les rochers
en face de Mareuil, du côté du Nord, et dans un pré à
droite de la route des Graulges. La plante ne paraît pas
très-rare dans cette contrée ; et, en effet, M. de Dives l'a
retrouvée à Brossac (Charente), non loin des limites de la
Dordogne.— M. d'Abzac, qui ne l'a pas vue dans notre département, m'a fourni une note curieuse à son sujet : il
m'écrivait, en 1852, que les échantillons qu'il en a récoltés
à Ayen (département de la Corrèze) répandaient une odeur
fort désagréable de *bœuf cuit et avarié*, tandis que ceux des
montagnes du Guipuscoa avaient un parfum *des plus sua-
ves*. Existerait-il deux espèces voisines, confondues sous un
même nom ?

CEPHALANTHERA PALLENS. Rich. — K. ed. 1ª et 2ª, 1.

C. *grandiflora* Babingt. — Gren. et Godr. Fl. Fr. III,
p. 269.

Razac-de-Saussignac (DD.). — Je ne l'ai pas vu.

— ENSIFOLIA. Rich. — K. ed. 1ª et 2ª, 2.

Montaud-de-Berbiguières (M.). — Je ne l'ai pas vu.

— RUBRA. Catal. — Ajoutez : Saint-Julien près Bourdeilles, avec une variation à fleurs d'un *blanc rosé*
(DD.). — Plusieurs localités aux environs de Mareuil,
avec variation à fleurs *blanches* dans le parc de M. le
comte de Béarn M.. — C dans les charmilles du châ-

teau des Bories, dans divers lieux de la commune de
Champcevinel et sur les côteaux entre Sept-Fonds et la
vallée de l'Isle (D'A.). — Divers côteaux à Lavernelle,
entre Saint-Marcel et Saint-Félix-de-Villadeix; côteau
du Mayne, commune de Clermont-de-Beauregard (OLV.).
— Bord d'un bois à Labélie, commune de Saint-Martin-
des-Combes (REV.). — Bois sombres et rocailleux
du calcaire jurassique à Rastignac, canton de Thenon;
bois rocailleux de la commune de Couze, entre le Saut-
de-la-Gratusse et Saint-Front-de-Coulory; côteaux
crayeux, secs et découverts du vallon des Oliviers, à
Lanquais (localité où j'ai herborisé dix ans sans le rencontrer). Dans ces deux dernières stations, la fleur est
d'un *rose clair*.

EPIPACTIS LATIFOLIA (Catal.) — Ajoutez : Bois sombres et
rocailleux à Rastignac, canton de Thenon, où je l'ai
trouvé en mai 1844. — Même genre de station aux
environs de Mareuil (M.). — Bois d'Ecorne-Bœuf près
Périgueux, et bois de Blanzac, commune du Grand-
Change (DD.).

Var. β *viridiflora* Boreau, Not. sur qq. pl. de la
Nièvre, *in* Archiv. de Botan. t. 2, p. 403 (1833), et
Flor. du Cent. 1re et 2e édit. — Bois du Bel, commune
de Manzac (DD.).

— RUBIGINOSA. Gaud. — K. ed. 2a, 2.

E. *latifolia*, β *rubiginosa*. — K. ed. 1a, 1. — Coss. et
Germ. Fl. Paris.

E. *atrorubens* Hoffm. — Gren. et Godr. Fl. Fr. III,
p. 270.

Cette espèce m'a été signalée, en 1851, comme très-rare,
dans un bois sec, sur le côteau du Mayne, commune de

Saint-Félix-de-Villadeix, par M. Oscar de Lavernelle ; je
n'ai pas vu les échantillons.

Je rapporte à la même espèce, si tant est qu'elle ait
quelque valeur, des échantillons très-vigoureux et multiflo-
res, recueillis en 1845 dans les bois du Bel, commune de
Manzac, et que M. de Dives m'a envoyés mélangés avec la
var. β *viridiflora* Bor. de l'*E. latifolia*. Ces échantillons,
étudiés sur le sec, me paraissent bien offrir les caractères
assignés à l'espèce de Gaudin et d'Hoffmann ; mais, encore
une fois, quelle est la valeur réelle de ceux de ces caractères, dont MM. Grenier et Godron ont la loyauté de signaler *la parfaite inconstance?* Mettons-les donc de côté, et
n'admettons la légitimité de l'espèce que dans le cas où le
seul caractère important (celui qui réside dans les deux
gibbosités du labelle) serait reconnu *constant*. S'il l'est, je
le crois suffisant pour constituer l'autonomie de l'espèce ;
mais n'ayant pu ni la comparer, ni même la voir à l'état
vivant, je dois me borner à exprimer des doutes qui me
font pencher vers l'opinion de MM. Cosson et Germain. Les
échantillons de la Dordogne sont bien plus grands que tous
ceux que j'ai reçus des environs de Paris.

EPIPACTIS MICROPHYLLA. Ehrh. — K. ed. 1ᵃ, 2 ; ed. 2ᵃ, 3.

> *E. latifolia*, β *microphylla* DC. Fl. Fr. suppl. — Duby,
> Bot. n° 7.

Excellente espèce assurément, et reconnue telle par tous
les botanistes de notre époque; mais toujours très-rare, à
ce qu'il paraît, là où elle se montre.

Je l'ai découverte en juillet 1841 dans un petit bois sombre et rocailleux qui borde le parterre du château de Lanquais, et huit années de recherches ne m'en ont pas fait
rencontrer plus de quatre à cinq pieds dans cette localité :
aussi ai-je eu soin d'épargner toujours les racines, afin de

pouvoir fournir cette jolie et très-rare plante à quelques-uns de mes correspondants. Elle est si grêle et si peu brillante, que sa délicieuse odeur de giroflée donne seule, le plus souvent, le moyen de la trouver. Vue de près, sa fleur est charmante, et M. Oscar de Lavernelle en a fait, à l'aquarelle, un très-joli dessin qu'il a bien voulu me donner, et que je conserve avec reconnaissance dans mon herbier, pour compléter les échantillons.

Je n'ai rencontré nulle part l'*E. microphylla*, si ce n'est dans le petit bois dont je viens de parler ; mais il a été recueilli : 1° en 1845, par M. Oscar de Lavernelle dans un bois sec sur le côteau du Mayne près le château de Lavernelle, commune de Saint-Félix-de-Villadeix ;

2° En 1845 et 1852, par M. l'abbé Meilhez dans des bois secs et rocailleux à Maroc près Mareuil et à Bézenac ;

3° En 1846, par M. Eug. de Biran, dans le bois de Bellegarde, commune de Lamonzie-Montastruc, où il est assez abondant, et dans le bois des Grèzes, commune de Monsac, où il est très-rare.

Dès 1834 ou 1835, j'en avais vu un échantillon non fleuri dans la localité citée à Lanquais, mais ne pouvant le déterminer, je l'avais laissé sur pied, dans l'espoir qu'il fleurirait l'année d'après ; et ce n'est qu'en 1841 que je l'ai obtenu, non encore en bon état, mais avec une seule fleur piquée par un insecte et métamorphosée en une sorte de capsule monstrueuse et renflée, ressemblant au fruit de *Lilium Martagon* Enfin, je le trouvai plus tard en bon état ; les échantillons que je conserve sont de 1845, 1846 et 1847.

EPIPACTIS PALUSTRIS. Crantz — K. ed. 1ª, 3 ; ed. 2ª 4.

Cette jolie espèce, qui manque complètement aux environs de Lanquais et de Bergerac (bien qu'elle abonde dans la Gironde), a été trouvée dans plusieurs localités du département de la Dordogne, savoir :

Dans un pré marécageux à deux kilomètres de Mareuil, sur la route de Nontron (M.), en 1845.

A Ribérac, par M. John Ralfs, botaniste anglais, en 1850.

Dans les marais des Eyzies (OLV.), en 1851.

LISTERA OVATA (Catal.) — Ajoutez : Dans un pré froid et humide à Maroc près Mareuil (M.). — Dans un lieu très-humide près de Bordas, commune de Grum (DD.).

SPIRANTHES ÆSTIVALIS (Catal.) — Ajoutez : Sarlat, et tous les marais des environs de Mareuil (M.). — Prés et landes très-humides de Saint-Séverin-d'Estissac (DD.).

CXXIII. IRIDEÆ.

CROCUS NUDIFLORUS. Smith. — Gren. et Godr. Fl. Fr. III, p. 237.

C. *multifidus* Ramond. — Duby, Bot. n° 2.

« Cette jolie plante pyrénéenne a été découverte par « M. Charles GODARD dans les prés qui avoisinent le château « des Bories, commune d'Antonne. Je l'ai vue vivante ; elle « est identique avec les échantillons pyrénéens » (D'A., *in litt.* 5 octobre 1848). J'ajoute que le fait ne présente rien de très-surprenant, puisque la plante s'avance dans les Landes jusqu'aux environs de Bazas, et par le Lot jusques dans l'Aveyron.

GLADIOLUS ILLYRICUS. Koch. — K. éd. 1ª et 2ª, 3.

Cette espèce m'est indiquée par M. le comte d'Abzac à Boripetit, commune de Champcevinel, dans un champ maigre où le froment vient mal (1852).

Je ne nie pas , parce que je n'ai pas vu la plante ; mais je
doute , et je doute beaucoup , parce que M. d'Abzac ne
parle nullement des graines qui doivent être *ailées*, bien
qu'étroitement Ce genre, si peu nombreux en espèces
françaises, est bien difficile !

M. Eugène de Biran a trouvé en abondance à Cazelle ,
commune de Naussanes , et très-rarement à Monsac, un
Glayeul messicole qu'il regarde comme très-voisin de l'*illyricus*, et que M. de Lavernelle a pensé pouvoir être le
Guepini Koch. Je me borne à le mentionner, ne pouvant
me prononcer sur une plante que je n'ai pas vue.

GLADIOLUS SEGETUM. Gawler. — K. ed. 1ª et 2ª, 5.

Malgré l'affirmation que j'ai émise dans mon Catalogue de 1840, il faut bien que j'avoue que je me suis
trompé. On ne connaissait alors que les faibles caractères que fournit la fleur, et, malgré les travaux de
M. Bouché et ceux de M. Schlechtendal dans le 7ᵉ volume de la *Linnæa*, Koch n'avait pas encore introduit
dans la première édition de son *Synopsis*, le caractère
ESSENTIEL tiré de la *graine* (largement *ailée* dans le
communis), et duquel il résulte que notre plante
(graine sphérique, 3-4 angulaire, *non ailée!*) est
indubitablement le *Gladiolus segetum!* C'est à M. Na-
poléon Nicklès, pharmacien à Strasbourg, qui a publié
dans les Mémoires de la Société d'Histoire naturelle de
cette ville (avant 1843, mais j'ignore la date précise),
une note sur les *Gladiolus* de France et d'Allemagne ,
que nous devons la connaissance de ce caractère
(exclusif en France jusqu'à présent) de l'espèce de
Gawler.

Il faut donc retrancher le nom *G. communis* de mon Catalogue. et le remplacer par celui-ci. Comme *localités*, il

faut ajouter à celle de Manzac, primitivement signalée par M. de Dives :

CCC sur un plateau crayeux et très-aride à Luzignac près Ribérac ; C dans les blés, aux environs d'Issigeac ; dans les blés, au-dessous des ruines du château de Gurçon (DD.).

M. l'abbé Meilhez me l'a également envoyé de la Dordogne, mais sans localité précise.

Dans le *G. communis*, les capsules sont obovées-allongées, presque cylindriques ou plutôt prismatiques. — Dans le *G. segetum*, elles sont si courtement obovées, que MM. Godron et Grenier ont pu justement les nommer *globuleuses*.

IRIS GERMANICA (Catal.) — Ajoutez : Rochers auprès de la ville de Montignac-le-Comte ; ruines du château de Grignols (DD.). — Je l'ai vu, comme M. de Dives, croissant par milliers sur les rochers de Brantôme, et il abonde sur ceux qui soutiennent le château de Bourdeilles. Assurément, si cette belle espèce n'est pas autochtone, il est impossible d'en voir une plus complètement naturalisée.

— FÆTIDISSIMA (Catal.) — Ajoutez : Saint-Louis près Mussidan ; Saint-Séverin d'Estissac ; environs du bourg de Coursac et de la ville de Terrasson, etc. (DD). — Chemin des Graulges à Mareuil (M.).

CXXIV. AMARYLLIDEÆ.

STERNBERGIA LUTEA Gawl. — K. ed. 1ᵃ et 2ᵃ, 1. — *Amaryllis lutea* Linn. — DC. — Duby.

Cette belle plante a été découverte en Périgord, vers le 20 septembre 1849, par M. le comte d'Abzac, dans un pré attenant au château des Bories, commune d'Antonne, où elle croit en grosses touffes.

Depuis lors (vers 1851) M. de Dives l'a retrouvée dans un pré voisin d'un jardin à Eymet ; et ce qui lui a fait penser qu'elle est bien réellement spontanée en cet endroit (voisin de l'Agenais où la plante est connue depuis longtemps , c'est que ses feuilles y sont bien plus courtes et plus étroites que sur les individus cultivés. M. Oscar de Lavernelle me l'a envoyée aussi , cette même année 1851 , des vignes de Montclard où elle est abondante et où elle pourrait avoir été jadis introduite, car on ne la voit pas ordinairement dans cette partie centrale du département.

NARCISSUS PSEUDO-NARCISSUS. Linn. — K. ed. 1ᵃ 4 ; ed. 2ᵃ, 5.

Trouvé en petite quantité, dans les derniers jours de février 1843, par M. Alexis de Gourgues, dans les terrains voisins de la ligne de Dolmens qui s'étend de Faux à Beaumont, au sud de Faux, sur les terres appartenant à M. du Repaire, maire de cette commune.

GALANTHUS NIVALIS. Linn. — K. ed. 1ᵃ et 2ᵃ, 1.

Abondamment, au nord, sur les *Cingles* de Saint-Cyprien, au bord de la Dordogne, où il fleurit à partir du 8 au 10 mars (M. 1854). — Il descend même bien plus bas, le long de la Dordogne et toujours sur la rive gauche et à l'exposition du Nord ; car MM. Eugène de Biran et Oscar de Lavernelle en ont recueilli des ognons au pied des côteaux qui s'élèvent au sud du château de Paty, commune de Pontours, vis-à-vis Lalinde. Ces ognons plantés chez M. de Biran, aux Guischards, commune de Saint-Germain-et-Mons (Saint-Germain-de-Pontroumieux, ainsi nommé jadis du parcours d'une voie romaine), ont fleuri, en 1857, dès le 25 février, parce que le pays est bien moins froid et montagneux qu'à Saint-Cyprien.

CXXV. ASPARAGEÆ.

ASPARAGUS OFFICINALIS. Linn. — K. ed. 1ᵃ et 2ᵃ, 1.

M. d'Abzac trouve, à Champcevinel, cette espèce assez loin des habitations, et passant assez facilement à l'état sauvage, pour qu'il devienne nécessaire de lui donner place dans l'énumération de nos plantes spontanées.

CONVALLARIA POLYGONATUM. Linn. K. ed. 1ᵃ et 2ᵃ, 2.

En dépit de son nom spécifique (*Polygonatum vulgare* Desf.) cette plante, qui est le vrai *Sceau de Salomon* des jardiniers, est moins répandue, dans le Midi du moins, que l'espèce suivante.

Elle a été trouvée à Terrasson, dans les bois rocailleux, par M. de Dives ; — abondamment aux environs de Mareuil par M. l'abbé Meilhez, dans cinq ou six endroits différents, toujours dans les bois ombragés : — enfin, dans une haie des prés de Cazelle, commune de Naussanes, par M. de Biran.

— MULTIFLORA. Linn. — K. ed. 1ᵃ et 2ᵃ, 4.

Bois du château de Corbiac vis-à-vis Lembras, près Bergerac (M. l'abbé Revel, 1846 ; M. le pasteur A. Hugues, 1851. — Bords du ruisseau à La Mouline près Bergerac (OLV. — Serve-d'Ambelle près Sainte-Croix-de-Mareuil (M.)

β *ambigua* Nob. — M. de Dives a découvert, en très-petite quantité, dans les landes de Saint-Barthélemy-de-Double, le 30 avril 1844, cette plante qui est certainement, eu égard à ses caractères, l'une des plus curieuses et des plus litigieuses du département.

Le plus grand des deux échantillons qui j'ai reçus de lui, a 45 centimètres de haut. Les feuilles seraient *exactement* celles du *C. verticillata* L., si, au lieu d'être verticillées par trois ou par quatre, elles n'étaient *éparses*. Les fleurs, qui ne sont encore qu'en boutons, n'ont que *cinq* millimètres de long, au lieu de dix ou quinze qu'elles acquièrent dans le *multiflora*, et leurs pédoncules (1-3 flores) sont *dressés* au lieu d'être penchés comme ceux du *multiflora*.

La petitesse des fleurs et la forme lancéolée-acuminée des feuilles rapproche donc extrêmement notre plante du *C. verticillata* ; mais l'absence de villosité sur leurs nervures et leur disposition non verticillée, l'en éloignent. J'espère qu'on ne songera pas à invoquer ici le bénéfice de l'hybridité, puis. que le *C. verticillata* ne croît point dans nos contrées.

Il existe une plante du Caucase, que je ne connais malheureusement pas en nature, et dont la description semblerait répondre fort bien à notre plante, sauf pour ses feuilles *un peu hérissées* en-dessous et ses fleurs *d'un tiers* seulement *plus petites* que celles du *multiflora* (au lieu d'être *trois fois* plus petites). C'est le *Polygonatum polyanthemum* Dietr. in Otto, Gartenz. 1835, n° 28, p. 223 — Kunth, Enum. t. 5, p. 137, n° 9. — Kunth le dit extrêmement voisin du *multiflorum*, d'après la description de Marshall-Bieberstein. — Ne possédant ni fruits, ni fleurs adultes de la plante duranienne, je n'ose hasarder une assimilation qui ne serait justifiable qu'après comparaison avec des échantillons caucasiens ; mais je dois faire remarquer que, comme dans la plante du Caucase, le périgone de la nôtre est resserré au-dessus de l'ovaire, ce qui l'éloigne du *verticillatum* pour le rapprocher du *multiflorum*.

Au résumé, il est plus prudent de supposer, dans la plante de Saint-Barthélemy, un appauvrissement étrange de tout le végétal, qu'une transplantation sans intermédiaire connu, des frontières de l'Asie boréale à l'extrémité austro-occidentale de l'Europe.

CONVALLARIA MAIALIS. Linn. — K. ed. 1ª et 2ª, 5.

Le *Muguet* a été recueilli à l'état sauvage, par M. de Dives, à Terrasson en 1845; CC dans une petite gorge très-boisée (nommée dans le pays *forêt de Leyssandie*) de la commune de Montren, entre celles de Manzac et de Saint-Astier, en 1855. M. Alexandre Lafage, avocat, l'a trouvé aussi sur l'Arzène, petite colline des environs de Montignac-le-Comte, dans un bois rocailleux Enfin, il se trouve, mais en très-petite quantité, sur un côteau crayeux et aride à l'est du bourg de Monsac (Eug. de BIRAN).

RUSCUS ACULEATUS (Catal.) — Ajoutez : var. β *major*. — Laterrade, Fl. Bord. 3ᵉ éd., p. 457 (1829).

R. *aculeatus*, β (*R. laxus* Smith, Act. Soc. Linn. Lond. t. 3, p. 334) Kunth, Enum. t. 5, p. 273, nᵒ 1 (1850)?

Pinquat, commune de Manzac (DD.; 1852). — Je n'ai pas vu cette variété.

CXXVII. *LILIACEÆ.*

TULIPA SYLVESTRIS. Linn. — K. ed 1ª et 2ª, 1.

C dans un champ de blé à Conuord, commune de Pomport près Bergerac, où elle a été découverte en 1851, par M. le pasteur A. HUGUES, président du Consistoire.

FRITILLARIA MELEAGRIS (Catal.)— Ajoutez : CCC dans tous les prés entre Mareuil et La Rochebeaucourt (M.). — Prairies de Château-l'Évèque, arrondissement de Périgueux (D'A.). — CC dans les prés qui bordent le Dropt, aux environs d'Eymet (Al. RAMOND).

ASPHODELUS ALBUS (Catal.).

Les précieuses observations que M. J. Gay a publiées en 1857 (Bulletin de la Société Botanique de France, t. 4, p. 608, et Annales des Sciences naturelles, 4ᵉ série, t. 7, p. 118) sur les Asphodèles de la section *Gamon*, ont donné lieu à un remaniement total des espèces de cette section, et à la radiation de la dénomination spécifique *ramosus*, qui répond simplement à une forme de végétation. M. Gay fait espérer un travail synonymique complet sur ces espèces. Jusque-là, il est impossible de donner, avec sûreté, la synonymie des plantes dont ce savant observateur s'est occupé. Je me borne donc à dire que notre espèce périgourdine, qui est celle de la Gironde, doit porter le nom de :

Asphodelus albus. Mill. — Gay, ll. cc, n° 1.

Cette belle plante, que j'ai signalée à Lanquais (dans le Catalogue de 1840), a été retrouvée, avec sa forme rameuse, autour de Manzac par M. de Dives; à Champcevinel par M. d'Abzac; à Allas-des-Bois et à Castels près Saint-Cyprien par M. l'abbé Neyra, qui me l'a désignée sous le nom d'*A. sphærocarpus* Gren. et Godr. Fl. Fr. III, p. 223; mais M. Gay déclare positivement, dans les Mémoires cités plus haut, que ce nom est synonyme du vrai *A. albus* Mill. Il en est de même de l'*A. subalpinus* Gren. et Godr., et, quant à l'*A. albus* de ces auteurs, c'est un mélange de l'*albus* et du *cerasiferus*, espèce nouvelle établie par M. Gay.

ANTHERICUM LILIAGO (Catal.). — Ajoutez : Dans un petit bois de pins maritimes, au-dessus du bourg d'Issac (DD.). — Sainte-Nathalène dans le Sarladais; mais cette indication ne m'est donnée qu'avec doute par M. l'abbé Meilhez, qui n'a pas conservé la plante.

— RAMOSUM. Linn. — K. ed. 1ª et 2ª, 2.

C'est par inadvertance que MM. Grenier et Godron ont dit en 1855 (Fl. Fr. III, p. 222), que le *Phalan-*

gium ramosum Lam. manque dans le Sud-Ouest Dès 1847, **M.** Lagrèze-Fossat le signalait dans sa Flore de Tarn-et-Garonne.

C'est en 1838 que M. de Biran l'a découvert dans le département de la Dordogne, au tertre de Castillon près Lamonzie-Montastruc. M. de Dives le retrouva, en 1841, au Pont-du-Cerf, commune de Notre-Dame-de-Sanilhiac près Périgueux ; puis, en 1847, aux environs de Neuvic, et entre Queyssac et Campsegret. Cette plante croît toujours dans des stations sèches et pierreuses, exposées au grand soleil, et où il n'y a presque pas de terre végétale.

Ces localités, déjà nombreuses, ne sont pourtant pas les seules où l'on trouve, en Périgord, cette charmante espèce. J'en signalerai plusieurs autres, savoir :

Sur des côteaux secs près de Mareuil (**M.**). — Leyssonie, commune de Bertrie-Burée (**DR.**). — CC dans un bois sec, à La Baureille, commune de Saint-Georges. — CC sur le *cingle* du Bugue, aux approches du château de Campagne, sur une longueur de près d'un kilomètre (**OLV.**). — Sur une croupe calcaire et couverte d'un gazon maigre au-dessus de l'escarpement de rochers qui domine la route à Goudaud, commune de Bassillac (**D'A.**).

Non-seulement nous possédons le type de l'espèce, mais encore sa variété *non* ou *très-peu rameuse* (**Phalangium** *ramosum* Lam., β *simplex* Kunth, Enum. t. 4, p. 594, n° 1). — Celle-ci, que je retrouve aussi parmi les échantillons de M. de Dives, a été recueillie, en 1851, par **M.** Oscar de Lavarnelle sur un côteau aride de la commune de Saint-Martin.

Il est réellement difficile de concevoir comment on a pu proposer de ne faire de cette plante qu'une simple variété de l'*A. Liliago*. M. le Dr F. Schultz (Archives de la Fl. de

France et d'Allem. p. 140, n° 1160 et 1161 [1848]) en a pris sujet d'examiner comparativement, sur le vif, les deux espèces, et il signale avec soin leurs excellents caractères distinctifs, qui ont été exposés, d'après lui, dans la Flore Française de MM. Grenier et Godron, en 1855.

SIMETHIS BICOLOR. Kunth, Enum. t. 4, p. 618.
 Simethis planifolia Gren. et Godr. Fl. Fr. III, p. 222.
 Anthericum planifolium Linn.
 Phalangium bicolor DC. Fl. Fr. — Duby, Bot.
  Landes de la Bessède, vis-à-vis Belvès (M. 1846).
  Landes de la Double, à La Jamaye (DD. 1846).

ORNITHOGALUM PYRENAICUM (Catal.)
 Kunth et M. Boreau distinguent deux espèces, savoir :

1° *sulphureum* Rœm. et Schult., dont la fleur est jaune et dont les feuilles disparaissent dès le commencement de la floraison, — et 2° *pyrenaicum* L., dont la fleur est d'un blanc-verdâtre et dont les feuilles ne se dessèchent qu'après que la floraison est terminée. — Koch, dans une note de la 2ᵉ édit. p. 820 de son *Synopsis*, réduit à zéro cette différence, en vertu d'une observation de Bertoloni qui constate que : « dans des individus cultivés de bulbes apportées des » champs, les feuilles ont précédé le scape, et se sont des- » séchées aussitôt après la floraison. »

Cette observation, jointe à la couleur réellement jaunâtre des fleurs de notre plante, et à la détermination de M. Boreau qui y a reconnu l'*O. sulphureum*, me détermine à substituer ce nom à celui d'*O. pyrenaicum*, tout en avouant avec MM. Grenier et Godron qu'il n'y a probablement lieu à admettre qu'une seule espèce à laquelle il serait juste, si ce point était hors de doute, de laisser le nom d'*O. pyrenaicum* L.

Admettons donc, provisoirement du moins, le nom qui réunit actuellement le plus de suffrages :

O. sulphureum.

Ræm. et Schult.— Kunth, Enum. t. 4, p. 356, n° 22.
— Boreau, Not. s. qq. esp. de pl. Fr. (1844) IX,
p. 19. — K. ed. 1ª, 2 ; ed. 2ª, 1.

O. pyrenaicum L. (pro parte) — Gren. et Godr. Fl. Fr. III, p. 189.

Aux localités signalées dans le Catalogue de 1840, il faut ajouter :

Dans un pré sec à Dives, commune de Manzac; Vallereuil; Jaure. Les feuilles de la plante de ces localités sont complétement desséchées avant l'entier épanouissement des fleurs (DD. 1849. — Dans un pré sec à Saint-Crépin près Sarlat, et CC dans les bois rocailleux aux environs de Mareuil (M.) — CC dans les prés humides des communes d'Antonne et de Champcevinel (D'A.). — CC dans les prés argileux et un peu secs à Lavernelle, commune de Saint-Félix-de-Villadeix (OLV.).

Ornithogalum umbellatum (Catal.)

Cette espèce qui n'est scindée ni par Koch, ni par Kunth, ni par MM. Grenier et Godron, est représentée dans les ouvrages de M. Boreau, par deux espèces qu'il regarde comme fort distinctes, et qui me paraissent, en effet, avoir quelques différences faciles à saisir dans leur port.

L'une d'elles est l'*O. umbellatum* Boreau, Not. s. qq. esp. de pl. Franc. (1847) XXXVI, p. 13, n° 1. (*typus*) Kunth, Enum. t. 4, p. 362, n° 45. — Gren. et Godr. Fl. Fr. III, p. 191.

Je l'ai recueillie à Bordeaux, mais je ne l'ai pas

distinguée en Périgord où elle a été trouvée (à Périgueux même) par M. de Dives.

La seconde est l'O. ANGUSTIFOLIUM Boreau, loc. cit.
p. 14, n° 2. — O. *umbellatum* (typus) Kunth. loc.
cit. — Var. β *angustifolium* Gren. et Godr. loc. cit.

C'est elle que j'ai signalée sous le nom d'*umbellatum* dans le Catalogue de 1840, et qui a été recueillie
à Chalagnac (entre Manzac et Périgueux), par M. de
Dives, qui a fait reconnaitre ses échantillons des deux
espèces par M. Boreau lui-même. M. le comte d'Abzac
a retrouvé cette dernière dans la commune de Champcevinel. Je la possède aussi de Bordeaux.

Je ne saurais dire à laquelle de ces deux formes doit
être rapportée la plante que M. l'abbé Meilhez me
signale sous le nom d'*umbellatum*, comme trouvée en
abondance *dans un bois* au sud-est de Mareuil.

ORNITHOGALUM REFRACTUM. Walldst et Kit.— K. ed. 2ᵃ, 8.
— Kunth, Enum. t. 4, p. 364, n° 49.

O. *divergens* Boreau, Not. s. qq. esp. de pl. franç.
(1847). XXXVI. p. 15, n° 3. — Gren. et Godr. Fl.
Fr. III, p. 190.

Manzac (DD.). — Je ne connais pas cette plante ;
les échantillons recueillis par M. de Dives ont été déterminés par M. Boreau.

SCILLA BIFOLIA (Catal.). — Ajoutez : Côteau de Sanxet, qui
domine la plaine de Bergerac, dans un bois sombre,
au nord ; assez commun (Eug. de BIRAN).

— VERNA (Catal.).

Notre espèce est *la vraie*, celle d'Hudson, Loise-
leur, Lapeyrouse, Grenier et Godron. Kunth. Enum.
t. 4, p. 319, n° 13; mais *non* celle de Koch, Syn. ed.
1ᵃ, p. 714, n° 3, qui devient Sc. *italica* L. dans sa

2ᵉ édition, p. 826, nᵒ 3. Là, il a soin d'avertir que c'est l'*italica* et non le *verna* qui croit dans la localité indiquée.

Notre plante périgourdine a toujours pour synonyme certain : *Scilla umbellata* Ramond. — DC. Fl. Fr. — Duby, Bot.

Aux deux localités que j'ai signalées dans le Catalogue de 1840, il faut maintenant ajouter : Environs de Mareuil (M.). — Landes humides à Ribes près Mussidan (DD.)

SCILLA AUTUMNALIS. Linn. — K. ed. 1ᵃ et 2ᵃ, 4.

Pelouses calcaires, sèches et arides des environs de Mareuil (M.). — Chemin de Brantôme à Condat-sur-Côle (M. l'abbé DION, alors curé de Condat).— Sur les *cingles* de Limeuil (OLV.). — Pelouse sèche entre Queusac et Champagnac-de-Belair (M. l'abbé SAGETTE, professeur au Petit-Séminaire de Bergerac). — Prairies aux environs du Pizou, à la limite des départements de la Dordogne et de la Gironde (DD.). — Aux Guilhauds, commune de Menestérol (REV.).

ALLIUM AMPELOPRASUM. Linn. — K. ed. 1ᵃ, 16 ; ed. 2ᵃ, 17.

Lembras, dans une haie; Toutlifaut et Pontbonne près Bergerac, et, en général, dans toutes les vignes des environs de cette ville. où la plante porte le nom vulgaire de *Boraganes* (DD.).

Les habitants des campagnes voisines de Bordeaux emploient parfois cette espèce en remplacement du *Porreau* des cultures potagères, et la connaissent sous le nom de *Baraguade*.

M. de Dives ayant envoyé des ognons de la plante de Lembras à M. Boreau, ce savant les a plantés dans le Jar-

din Botanique d'Angers, et il dit expressément, à la page
510 de la 2ᵉ édition de sa Flore du Centre, que c'est d'a-
près les fleurs obtenues de ces ognons qu'il a décrit son
Allium polyanthum (*A. multiflorum* de sa 1ʳᵉ édition). Je
suis donc assuré de l'authenticité de ce synonyme, et si je
ne le substitue pas au nom d'*Allium ampeloprasum* L.,
c'est :

1° Parce que M. Gay (*Allii spec. octo, in* Ann. Sc. Nat.
1847, 3ᵉ sér., t. 8, n° 6) regarde l'*A. multiflorum* Desf.,
DC. Fl. Fr., comme synonyme pur et simple de l'*Ampeloprasum* L.

2° Parce que Kunth (Enum. t. 4, p. 387, n° 18) regarde
l'*A. polyanthum* Rœm. et Schult. comme synonyme pur et
simple du *multiflorum* DC., et (p. 384) l'*A. multiflorum*
Desf. comme synonyme pur et simple de l'*Ampeloprasum* L.

3° Parce que la plante de Lembras est *identique* (!) à
celle des vignobles de Floirac près Bordeaux, que M. Gay
a reçue de moi à l'état vivant et qu'il regarde comme étant
indubitablement l'*A. Ampeloprasum* L., qui est aussi celui
de Saint-Amans, Fl. Agen. (ex specim. authentic.!).

4° Parce que M. Boreau regarde son *A. polyanthum* (*A.
multiflorum* DC.) comme une plante rare et « *très-peu con-
« nue* (m'écrivait-il en 1846) *avant que M. Saul l'eût
« retrouvée aux environs de Bourges* », tandis que l'*identique* (!) de cette même plante, étant EXCESSIVEMENT ABON-
DANTE dans les pays de vignobles (Gironde! Dordogne!
Lot-et-Garonne! d'après mon herbier; « per totam fere
« Europam ad Siciliam usque et Græciam, et in Africa bo-
« reali » d'après Kunth), est, selon toutes les probabilités
les plus raisonnables, l'espèce *linnéenne*. L'*A. multiflorum*
DC. paraît, au contraire, d'après Kunth, être une forme
méridionale et presque exclusivement méditerranéenne.

5° Parce que je ne me rends pas compte, au point de vue de l'importance spécifique, des caractères différentiels que M. Boreau établit entre ses *A. Ampeloprasum* et *polyanthum* considérés sous le rapport de leurs fleurs.

6° Enfin, parce que les caractères différentiels que le bulbe de ces espèces a offerts à M. Boreau ne sont pas *comparatifs*, ce qui vient de ce que tous les auteurs ont donné des descriptions INEXACTES *ou* INCOMPLÈTES du bulbe de l'*Ampeloprasum*.

Ceci est le point capital de la discussion, puisque *premièrement*, M. Boreau ne distingue point *son Ampeloprasum* de l'*Ampeloprasum de tout le monde*; — puisque, *secondement*, il regarde son *polyanthum* comme une espèce rare plus nouvellement connue que l'*Ampeloprasum*; — puisque, *troisièmement* enfin, les échantillons authentiques démontrent que son *polyanthum* est *identique* à l'*Ampeloprasum* de tout le monde.

Je vais donc m'attacher à montrer que les bulbes de l'espèce la plus ancienne, la plus commune, sont inexactement ou incomplètement décrits : d'où il suit, que les différences qu'on a cru remarquer dans les espèces nouvellement décrites, sont absolument sans gravité, puisque ces caractères ne sont pas exposés comparativement.

Candolle, Fl. Fr. III, p. 219, n° 1951, dit de l'*A. Ampeloprasum* : « Sa bulbe n'est pas simple, mais pousse tout « à l'entour de petites bulbes à peu près comme dans l'ail « cultivé. » Ceci ne dit rien, si ce n'est que l'espèce est pourvue de cayeux.

Le même auteur, Fl. Fr. Suppl. p. 316, n° 1953ᵃ, dit de l'*A. multiflorum* : « Bulbe ovoïde, de la grosseur d'une « noix, munie de nombreuses tuniques, entre lesquelles se « trouvent des cayeux ovales-oblongs. » Ceci me porterait

à présumer que l'*A. multiflorum* maintenant *polyanthum*,
de M. Boreau n'est point celui de Candolle, car les CAYEUX
ovales-oblongs de la plante de Bourges, d'Agen, de Lembras
et de Bordeaux ne sont qu'au nombre de DEUX (!!), tandis
que les BULBILLES qui se trouvent *entre les* NOMBREUSES
tuniques de l'ognon sont GLOBULEUSES (!!) et non *ovales-
oblongues*. Cette remarque m'induirait encore à penser que
l'*Ampeloprasum* de Candolle est bien le vrai, puisqu'il parle
des *petites bulbes* qui entourent sa bulbe principale *à peu
près comme dans l'ail cultivé;* or, c'est précisément la vérité
pour notre plante, sauf pour la forme de ces bulbilles qui ne
sont pas *ovales* comme dans l'ail cultivé.

En 1843, Kunth (Enum. t. 4, p. 383, n° 8) dit de l'*A.
Ampeloprasum : Bulbo laterali, solido, sobolifero.* Ceci
est complètement faux, si ce n'est pour le mot *sobolifero :*
car le bulbe n'est ni *latéral*, ni *solide*, en ce sens qu'à
l'époque où il est *solide* il n'est pas *latéral*, et qu'à l'époque où il paraît *latéral*, IL N'EXISTE PLUS DU TOUT, mais
qu'on a pris pour lui un des deux gros cayeux entre les ru-
diments desquels il était placé quand il existait encore :
ceci sera expliqué plus bas.

Kunth, *ibid.* p. 387, n° 18, décrit brièvement l'*A. multiflorum* DC., sans dire UN SEUL MOT de ses bulbes ! Laissons
de côté sa description.

Koch (*Synops.* ed. 1ª et 2ª) dit n'avoir pas vu le bulbe
de l'*A. Ampeloprasum;* il le décrit d'après Schleicher, dans
les mêmes termes que Kunth, (et il est à remarquer que sa
description du bulbe de l'*A. rotundum* semble faite tout
exprès pour l'*Allium multiflorum* Boreau. ═ *Ampeloprasum* auct. ferè omn.).

M. Boreau (Fl. du Centre, 2e éd. p. 509, n° 1875) dit
de l'*A. Ampeloprasum :* « Bulbe arrondi, produisant des

« cayeux nombreux », ce qui est aussi vague et encore
moins significatif que la phrase de Candolle.

Le même auteur (*ibid.* n° 1876, dit de l'*A. polyanthum* :
« Bulbe multiple, entouré de petites bulbilles GLOBULEUSES
« enveloppées par ses tuniques. » Ceci est vrai, mais
extrêmement incomplet et, par conséquent, ne fournit pas
de base certaine pour les comparaisons.

MM. Grenier et Godron, Fl. Fr. III, p. 198 (1855), se
bornent, pour les deux espèces, à copier presque textuellement M. Boreau.

Ce qu'il y a incontestablement de mieux, c'est la description de M. Gay (*Allii species octo*, etc.); mais c'est encore très-incomplet; et si cette description est parfaitement
exacte *dans ce qu'elle dit*, elle devient inexacte *par ce
qu'elle ne dit pas*. La voici dans tous ses détails :

1° Dans la diagnostique : *Bulbi tunicis membranaceis,
bulbillis extra tunicas hornas plurimis, sessilibus, vel
breviter stipitatis, hemisphæricis.*

2° Dans la description détaillée : *Bulbus globosus*, 1-3
uncias crassus, tunicis papyraceis vestitus, sapore Allii
sativi *acerrimo, bulbillis inter tunicas exteriores plurimis
(denis circiter) parvis (diametro 6-10 millim.), brun-
neis, lucidis, globosis vel ovoideis, abruptè mucronatis,
latere interiore truncatis (margine prominulo acuto,
quasi scutum sibi adplicatum, et bulbillo paulo latius,
gererent), sessilibus vel filo brevi eodemque fragili stipitatis, sero solutis, matrici qui bulbo usque ad anthesis
tempus adhærent.*

Encore une fois, voilà une rédaction admirable et sur
laquelle il n'y a que des retouches minimes à faire ; mais elle
ne dit rien de la constitution intime du bulbe, de son évolution végétative, ni des moyens immédiats de reproduction

qui assurent à la plante la qualité d'espèce *vivace*, quoiqu'elle soit composée d'individualités invariablement *monocarpiques*.

Le grand nombre de bulbes de la Gironde, de la Dordodogne et du Lot-et-Garonne que j'ai été à même d'étudier à divers âges, me fournit la possibilité de décrire et si je ne me trompe, avec bien peu de lacunes cette évolution compliquée et infiniment curieuse de l'*A. Ampeloprasum*. J'ai été amené à la connaître, par l'habitude que j'ai prise, en mettant la plante sous presse, de fendre l'ognon *de bas en haut dans le sens de sa plus grande largeur* (ses deux diamètres *horizontaux* sont toujours *inégaux ;* on va voir pourquoi), de manière à ce que ses deux moitiés restent adhérentes aux deux moitiés du scape que je fends aussi sur une longueur de quatre centimètres, en deux portions égales que j'écarte l'une de l'autre, afin que l'échantillon puisse être plus également comprimé. De cette façon, en les retournant, je vois à nu l'intérieur de chaque moitié du bulbe total.

Pour mieux me faire comprendre, je vais décrire l'*état des lieux* à l'époque du développement le plus complet de l'année, lorsque les fleurs sont fanées, les feuilles encore vertes, les capsules commençant à mûrir.

Le collet de la racine, ou pour mieux dire la *tige* de la plante, base de tout ce système, est un *plateau* analogue à celui de la Jacinthe, mais plus robuste, de consistance grenue et comme amylacée, presque amorphe, atteignant jusqu'à 5-6 millimètres d'épaisseur. De tous les points de son bord et de sa face inférieure sortent d'innombrables racines filiformes, simples, molles, qui se brisent habituellement à la longueur de 8-10 centimètres. La partie supérieure de ce plateau en forme de rhizôme très-raccourci,

donne naissance aux nombreuses tuniques blanches papyra-
cées , qui représentent des bases de feuilles qui se sont ou
non développées , et à l'aisselle desquelles naissent les nombreuses bulbilles (parfois une cinquantaine et plus), dont
M. Gay a si parfaitement décrit la forme , mais qui , selon
moi , sont *toujours pédicellées,* et qui se gênant et se re-
foulant mutuellement , pendent en tous sens, lors de la
rupture des tuniques , à des fils (applatis pendant leur jeunesse) et dont la longueur dépasse souvent trois centimètres.

Je dois m'interrompre ici pour compléter la description
que M. Gay a donnée de ces bulbilles.

Leur point de communication avec la plante-mère est
l'extrémité basale du *bouclier* ovale (*Scutum* de M. Gay),
qui est originairement tourné vers le scape de la plante-
mère. Ce bouclier, qui est dur, jaune et luisant comme du
bois de buis bien poli , est donc toujours *latéral-interne* par
rapport à l'axe végétatif de la *bulbille.* De ce point d'adhérence médiate , part le fil plus ou moins long auquel cette
bulbille est attachée.

A côté et en dehors du point d'adhérence , il se forme sur
la bulbille un petit gonflement à travers lequel percent
(lorsque la bulbille entre en germination pendant qu'elle
est encore fraiche), les nombreuses fibrilles radicales qui
nourriront la future plante. C'est ainsi que se forme le premier rudiment du plateau (ou collet en forme de rhizôme)
de ce jeune végétal. Je n'ai pas d'exemple certain du développement de *plus d'une* de ces fibrilles radicales avant que
la bulbille soit détachée de la plante-mère ; mais il arrive,
parfois , que le système ascendant de cette bulbille se développe , sous la forme d'une pointe foliacée , pendant que la
bulbille pend à ce que j'oserais appeler son *cordon ombili-*

cal : et pour cela , il faut qu'elle soit hors de terre : ce qui lui arrive fréquemment quand on donne la façon de bêche aux vignobles où croît la plante.

Dans sa jeunesse, et lorsqu'elle n'a pas encore été en contact avec l'air extérieur, la bulbille est d'un blanc de lait ainsi que son bouclier. Sa consistance est charnue et très-ferme. Elle se compose, à l'intérieur, d'une masse globuleuse, homogène, qui prend à peine une légère teinte verdâtre au centre. La coque de la bulbille est alors moins dure que cette sorte d'amande, et ce n'est qu'à mesure que la bulbille se dégage des gaines où elle est née, qu'elle prend, en vieillissant, la teinte légèrement fauve ou brunâtre qui caractérise son âge adulte.

C'est sur un point plus ou moins éloigné du point d'adhérence de la bulbille que sa coque s'étoile irrégulièrement pour laisser passer la jeune feuille *quasi-cotylédonaire* dont je viens de parler. Cette rupture a lieu, à peu près, à l'opposite du point où se forme le gonflement par où les fibres radicales de la jeune plante effectuent leur émersion de la coque de la bulbille ; mais il n'y a, en ceci, aucune régularité parfaite, parce que les bulbilles se gênent, se repoussent, se retournent mutuellement en prenant de l'accroissement, et il arrive parfois que le point d'émersion des radicules est repoussé fort loin du point d'adhérence de la bulbille.

La coque de la bulbille adulte est très-résistante, dure et cassante, formée de deux tuniques dont l'extérieure, assez mince, *pergamentacée*, mate et très-finement ponctuée, *ne s'étend pas sur le bouclier*. L'intérieure, beaucoup plus épaisse, fauve, brillante et très-fortement ponctuée, est manifestement *crustacée*. Elle est tapissée, à l'intérieur, par une troisième tunique excessivement fine, transparente, ponctuée, luisante. Ne semble-t-il pas que ce soit là une

19

reproduction, sur le *pseudo-embryon* que forme la bulbille, des trois enveloppes normales d'un embryon ordinaire?

Quand la maturité de la bulbille a eu le temps de se compléter avant sa germination, on y retrouve, en la brisant, cette même sorte d'amande homogène en apparence (comme une noisette dans sa coque), mais qui, plus tard (et même avant la germination de la bulbille), se décompose en lames qui seront les tuniques de la future plante, et en une masse centrale qui sera son scape.

Dans ce cas de maturité complète pour laquelle je ne saurais préciser le délai ni les circonstances nécessaires), la base de la bulbille ne se ramollit plus pour laisser passer les fibres radicales du futur bulbe. Celui-ci se détache complètement des parois de la coque où il reste *libre* comme un ognon de jacinthe conservé pendant l'hiver dans une boite, et dont le plateau radicellaire, déjà bien distinct, est prêt à pousser directement ses racines dans la terre. Dans ce cas, dis-je, la coque de la bulbille se rompra ou se pourrira dans la terre pour laisser végéter le bulbe qui a mùri dans son sein.

Ce petit bulbe ne fleurira point pendant la première année de son développement et ne produira que quelques feuilles courtes et très-étroites. Il ne fleurira pas même l'année suivante, et ce ne sera qu'à la quatrième année de sa vie qu'il donnera des fleurs (1).

Mais, dès la seconde année de son existence première

---

(1) Dans ma rédaction primitive, j'avais conservé une forme légèrement dubitative quant au nombre d'années nécessaires à la bulbille pour donner des fleurs; mais, ayant communiqué mon évaluation à mon savant ami M. Durieu, il l'a confirmée de tous points, d'après des expériences *directes* et qui lui sont personnelles.

année de sa vie individuelle et distincte), il commencera
lui-même à produire, entre ses petites tuniques, de petites
bulbilles semblables à celle dans laquelle il est né.

Je reprends la description de la plante-mère, et, cessant
de m'occuper de ces nombreux étages d'insertion de gaines
et des bulbilles qui sont nées à leurs aisselles, j'arrive au centre de l'ognon, au scape de la plante-mère *fleurie*. C'est une
colonne *sèche* qui s'épate en pied de chandelier, de manière
à reposer sur toute la face supérieure du *plateau* ou collet
de la racine. Je dis une colonne *sèche*, car on y chercherait
en vain une trace de bulbe *propre*. Celui-ci s'est entièrement laminé en gaines tunicales ou foliaires. IL NE RESTE
PLUS RIEN DE LUI à l'état vivant ! Bien plus, cette colonne
est comprimée latéralement des deux côtés, refoulée qu'a
été sa substance par le développement des *deux gros cayeux*
qui la flanquent et qui sont destinés à remplacer *immédiatement* la plante-mère après la dispersion des éléments de
son ognon, c'est-à-dire, qu'ils sont destinés (du moins le
plus gros des deux) à fleurir l'*année suivante*.

La coupe verticale de cet ognon présente alors l'aspect le
plus caractéristique. A droite et à gauche de la colonne
centrale (scape) s'ouvrent deux cavités à parois *crustacées*,
en forme de niches (ce sont les sections verticales des deux
cavités qui contiennent *les deux gros cayeux*). En examinant leurs parois, on voit que la structure en est semblable
à celle de la coque des bulbilles; mais elle est plus robuste,
plus développée, et leur forme est différente, car ces deux
gros cayeux sont *ovoïdes*. Leur position est différente aussi
de celle des bulbilles, car ils sont invariablement *sessiles* et
laissent une forte cicatrice à la partie supérieure du plateau.

C'est cette circonstance qui a fait dire à M. Gay, à qui la
connaissance de ces deux *ordres* si distincts de *corps repro-*

ducteurs paraît avoir manqué : *sessilibus vel filo brevi sti-pitatis*. Ces cayeux sont formés d'une grosse *amande* en apparence homogène, qui fournira plus tard les éléments d'un nouveau bulbe.

On peut affirmer théoriquement car la vérification directe du fait est peu facile que ces deux cayeux sont *inégaux*, parce que les feuilles des *Allium* ne sont pas *opposées*, et que l'un d'eux doit par conséquent naître plus haut que l'autre et être moins âgé que lui. C'est ce qui m'a fait penser et M. Du Rieu me l'a confirmé d'une manière positive qu'ils ne fleurissent pas tous deux dès la première année (*2e année de la floraison de la plante-mère*); le cayeu *inférieur* fleurit seul alors. La floraison du cayeu supérieur *3e année de la plante-mère* est suivie *immédiatement* (*4e année*) par la floraison des *bulbilles* les plus avancées, alors transformées en plantes adultes. Le cycle d'évolution est ainsi complet !) et l'expérience directe n'en est plus à faire, puisque M. Du Rieu a changé mes prévisions en certitude acquise par lui depuis longtemps.

Chaque *individualité fleurissante* est si bien *annuelle* et *monocarpique*, ainsi que je l'ai dit plus haut, que, lors-qu'on ouvre en février un ognon de 3e année (provenant de bulbille) et qui par conséquent ne devra fleurir que l'année suivante, il est impossible de trouver les deux gros *cayeux*. Le centre du bulbe ne se compose que de jeunes feuilles. On trouve, entre ses tuniques, de jeunes *bulbilles* qui sont alors ovales, comprimées, attachées à un filet plat et très-court.

Je ne puis affirmer que les deux gros cayeux soient, dans leur jeunesse, pourvus d'un *scutum* comme les bulbilles. Un certain pli anguleux semble pourtant en signaler la trace presque effacée, et si son témoignage est véridique, le *scutum* serait devenu très-grand pendant l'accroissement du cayeu. Ce qui me paraît certain, c'est que la paroi qui devait être le *scutum* est plus solide et plus luisante que la paroi extérieure; et, en second lieu, que les deux gros cayeux manquent de la tunique externe mate qui revêt les bulbilles à l'exception de leur *scutum*.

Une seule fois, j'ai arraché un pied fleuri d'*A. Ampeloprasum* organisé comme je viens de le dire quant à ses deux gros cayeux, mais dont l'arrachement ne fit venir au jour aucune *bulbille*. Cet échantillon, à fleurs très-colorées et à très-grosse ombelle, n'avait plus une seule feuille verte; mais comme il croissait dans une situation exceptionnelle, dans les fentes d'un rocher où est creusée une cave (à Ste-Croix-du-Mont, Gironde), dans une masse d'huîtres fossiles, et que je ne pus l'obtenir qu'en m'élançant pour le tirer à moi sans la moindre précaution, je ne crois devoir tirer aucune conclusion de ce fait isolé.

L'Allium sphærocephalum présente une organisation assez analogue à celle de l'*Ampeloprasum*, mais assurément bien différente spécifiquement. Il n'a pas de *bulbilles* (! mais seulement des *cayeux* absolument semblables entre eux par leur structure, plus ou moins longuement pédicellés et qui, ne pouvant vaincre de bonne heure la ténacité des tuniques qui les enserrent, remontent vers la surface du sol en allongeant leur fil suspenseur. Leur coque est analogue à celle des deux gros cayeux de l'*A. Ampeloprasum*; mais ils sont triquètres, et leur face interne est bordée de manière à faire croire aussi à l'existence primitive d'un *scutum*. Je crois être assuré qu'ils ne sont jamais complètement *sessiles*, et jamais il n'y en a *deux* à peu près égaux, persistants à la base du scape de la plante-mère, lequel scape, par conséquent, n'est pas comprimé et déformé autant que celui de l'*Ampeloprasum*.

M. Gay a rapporté le *Porreau*, comme var. β, à l'*A. Ampeloprasum* L., et s'est fondé, pour combattre la répugnance que je lui exprimais dans mes lettres au sujet de cette réunion, sur ce que, *très-rarement*, on **a vu un ou deux cayeux chez le Porreau; mais ces cayeux**, dit-il (loc. cit.) manquent de *disque scutiforme*.

Je crois être maintenant à même d'expliquer cette anomalie excessivement rare et dont des jardiniers qui ont trente ans et plus d'expérience, n'ont jamais vu d'exemple. Je l'ai dit : M. Gay ne distingue pas les deux sortes de propagules. On en a trouvé, je le veux bien, un ou deux sur un Porreau ; mais c'étaient des *cayeux* analogues aux deux privilégiés de l'*A. Ampeloprasum* ; leur description le fait assez voir. Quant aux *bulbilles* proprement dites, M. Gay l'avoue, le Porreau n'en a *jamais*, et certes, ce n'est pas la force végétative qui doit manquer dans une plante si gourmande du meilleur terrain de nos potagers !

En second lieu, il existe un caractère *de première valeur*, observé pour la première fois par M. Du Rieu, et que chacun est à même de vérifier tous les jours, pour la distinction spécifique, essentielle et profonde des *A. Ampeloprasum* et *Porrum*. Dans la première de ces espèces, la spathe est *scarieuse, blanche* ou *rose* et *globuleuse* pendant toute la durée de son existence ; elle est terminée par une pointe cylindrique, dure, droite, raide et presque piquante, plus courte ou à peine plus longue que la spathe elle-même.

Dans l'*A. Porrum*, au contraire, la spathe est *charnue-herbacée*, de même consistance que les feuilles, *verte* comme elles, *subglobuleuse* et *s'effilant en une pointe comprimée, molle*, de même nature, *quatre à cinq fois plus longue* que la spathe ! Sa longueur est comparable à celle qui a valu à l'*A. pallens* le nom de *longispathum :*

seulement , elle est charnue et non membraneuse et n'est
pas parcourue par des nervures longitudinales.

Le Porreau est donc une plante SPÉCIFIQUEMENT *et* ESSEN-
TIELLEMENT *différente*, par son mode de reproduction et
par un caractère matériel de forme dans la spathe , de l'*A.
Ampeloprasum !*

L'Exposition de la Société d'Horticulture de la Gironde ,
en septembre 1857 et en juin 1858, a mis en lumière (sous
le nom d'*Ail d'Orient*) une forme véritablement gigantesque
de l'*A. Ampeloprasum*. La base de sa tige vivante et feuillée
égale la grosseur du bras d'un enfant nouveau-né. Son
bulbe, garni de bulbilles moins nombreuses qu'à l'état sauvage , égale la grosseur de la tête d'un enfant de cet âge.
Les bulbilles, qui deviennent promptement , à l'air, d'un
beau jaune de Maïs (lorsqu'on les retire des tuniques avant
la floraison de la plante), ont un diamètre transversal de
15 millimètres, et la longueur de leur *scutum* atteint
20 millimètres. Leur forme est la forme qui appartient *exclusivement* à l'*A. Ampeloprasum*, et , comme lui , la plante
a une saveur bien moins alliacée que celle des véritables
Aulx ; elle doit être , à en juger par l'odeur, analogue à celle
du Porreau que l'*A. Ampeloprasum* remplace , ainsi que je
l'ai dit , dans nos campagnes.

Nous ignorons tous d'où provient cette remarquable variation , inconnue aux jurés qui nous sont arrivés de Paris
pour ces deux Expositions.

J'arrive aux conclusions de cette notice ; les voici :

1° L'*Allium Ampeloprasum*, plante *vivace*, est caractérisé par deux *cayeux* sessiles qui doivent reproduire
immédiatement la plante , et par de nombreuses *bulbilles*
d'une autre nature, qui la reproduiront plus tard, lorsque
les deux *cayeux* auront rempli leur rôle.

2° L'*Allium Porrum* n'a jamais de *bulbilles*. Par exception, il peut porter un ou deux *cayeux*, qui le rendront ainsi *bisannuel*, jamais vivace.

3° L'*Allium sphærocephalum* n'a jamais de *bulbilles*, mais seulement des *cayeux* plus ou moins stipités, et susceptibles de le reproduire *immédiatement*. Il peut donc être appelé *vivace par transmission directe*, sans l'intermédiaire de la sorte d'incubation nécessaire aux bulbilles de l'*Ampeloprasum* pour leur faire atteindre l'âge adulte.

4° L'*Allium polyanthum* (ancien *multiflorum*) de M. Boreau est *identique* à l'*Ampeloprasum* de M. Gay et par conséquent de la grande majorité des botanistes !

5° Je suspecte, mais sans pouvoir la nier, l'autonomie de l'*A. Ampeloprasum* de M. Boreau, dont je ne connais pas d'échantillon authentique.

6° Je suppose, mais sans pouvoir l'affirmer, que l'*A. multiflorum* DC. (peut-être =*polyanthum* Rœm. et Schult.), est une plante méridionale et particulièrement méditerranéenne. Je ne la connais pas non plus.

7° Il me paraît *très-possible* que ces trois derniers noms doivent rentrer comme synonymes dans le vrai *A. Ampeloprasum* LINNÉEN de M. Gay, parce que les caractères qu'on assigne aux espèces qu'ils désignent, reposent sur des détails purement *staminaux* et sur des descriptions *incomplètes et non comparatives* du bulbe.

8° Il est probable que, bien étudiée, chaque espèce d'*Allium* offrira, dans son bulbe, le meilleur de ses caractères spécifiques.

(6 février 1858).

ALLIUM SPHÆROCEPHALUM (Catal.)

M. de Dives en a trouvé, à Saint-Aulaye-sur-Dronne.

une variété (que je n'ai pas vue) à fleurs *pâles* et à
feuilles glauques.

Nous avons aussi (à Mauzac) une forme petite et
très-grêle, que j'ai reçue aussi de Fontainebleau, et
dont les feuilles (desséchées) sont tout-à-fait filiformes. Il faudrait les voir fraîches pour savoir si elles
montrent le caractère (sillonnées *seulement près du
sommet*) que MM. Grenier et Godron (Fl. Fr. III,
p. 200) attribuent à leur *Allium approximatum* (*A.
sphærocephalum* Boreau, *non* L., ex Gren. et Godr.).
Mais le bulbe étant organisé, dans cette petite forme,
absolument comme dans le vrai *sphærocephalum*, je
m'abstiens de toute distinction spécifique.

Allium oleraceum (Catal.).

Cette espèce, telle que je l'entendais alors par erreur, doit être scindée. Il ne doit rester sous ce nom
que les individus *à ombelle mêlée de bulbilles*. Ceux
dont l'ombelle est exclusivement *capsulifère* restent
dans l'*Allium pallens* que j'ai également mentionné
dans le Catalogue de 1840.

Mais le genre *Allium* a été, depuis lors, l'objet de
beaucoup d'études détaillées, entr'autres de la part de
M. Gay, dans le Mémoire (*Allii species octo*, etc.) que
j'ai cité plus haut, à l'article de l'*A. Ampeloprasum*.
Je vais donc donner, pour les deux espèces dont il
s'agit, les noms que je crois devoir adopter comme
définitifs, et leurs principaux synonymes :

1° **Allium oleraceum.**

Linn., etc. — K. ed. 1ª et 2ª, 22. — Nob. Catal.
1840 (pro parte, scilicet quoad specimina *bulbi-
fera*).

Je n'ai rien de nouveau à dire sur cette espèce, aussi commune que l'*A. pallens* et vivant dans le même genre de localités argilo-calcaires.

2° **Allium pallens.**

Linn. — Gay, Allii spec. octo , *in* Ann. sc. nat., octobre 1847, 5ᵉ sér. t. 8, p. 195, n° 1.

A. paniculatum (L.). — Koch , syn. ed. 2ª n° 26 , NON ed. 1ª, n° 26 ! ipso monente sub *A. pallente*. ed. 2ª, n° 25. — Boreau, Fl. du Centr. 2ᵉ éd. (1849), p. 512, n° 1888. — Gren. et Godr. Fl. Fr. III (1855), p. 209 (*typus*)

J'ai envoyé à M. Gay toutes les formes que je connais dans la Dordogne , et il n'y a vu aucun échantillon appartenant, selon lui , au type de l'*Allium pallens* L., mais seulement sa variété β *dentiferum* (Gay, loc. cit.), dont voici les principaux synonymes particuliers à cette variété) :

Allium monspessulanum Willd. (1813; — Kunth, Enum. t. 4 , p. 404, n° 55 (1843). — Gay, in litt. 5ᵉ aug. 1847 (je conserve cet important document dans mon herbier, avec les échantillons qui ont donné lieu à M. Gay de l'écrire .

A. oleraceum (quoad specimina *capsulifera* tantùm !) Nob Catal. 1840 !

A pallens Chaub. in St-Am. Fl. Agen. — Laterr. Fl. Bord. — Nob. Catal. 1840. — Koch, syn. ed. 2ª, n° 25 me judice , silente autem de hac re cel. Gay .

A. paniculatum, β pallens (me judice) Gren. et Godr. Fl. Fr. loc. cit.

A. longispathum Delaroche. — Desv. Obs. pl. Angers (ex specim. Desvauxiano!).

A. intermedium DC. Fl. Fr. suppl. — Duby. Bot.

A. dentiferum Webb, Phytogr. canar. 1847).

Cette plante est donc à la fois l'*A. pallens* et, en partie, l'*A. oleraceum* (échantillons à ombelles non mêlées de bulbilles) de mon Catalogue de 1840. Elle a été trouvée dans les localités suivantes :

Blanchardie près Ribérac, dans les champs (DR).— CCC dans les champs et les vignes des côteaux calcaires à Lanquais, à Saint-Front-de-Coulory, etc. (Catalogue de 1840 . — Manzac, sur les côteaux argilo-calcaires (DD., juillet 1840). — Environs de Périgueux, à Champcevinel, etc. (D'A., 1848).

Très-certainement, on la retrouvera dans bien d'autres localités du département, où le terrain est de même nature minéralogique, car elle abonde, à Bordeaux, dans les vignes *argilo-calcaires*, soit des palus, soit des côteaux qui bordent la rive droite de la Garonne.

Le type de l'espèce, au contraire, n'a été reconnu par M. Gay, aux environs de Bordeaux, que dans les terrains siliceux, sablonneux ou caillouteux (landes d'Arlac, Pessac).

HEMEROCALLIS FULVA. Linn. — K. ed. 1ª et 2ª, 2. — Environs de Nontron (OLV., 1853 .

ENDYMION NUTANS. Dumort. — K. ed. 1ª et 2ª, 1. — Gren. et Godr. Fl. Fr. III, p. 214.

Agraphis nutans Link.

Scilla nutans Smith. — DC. Fl. Fr. — Duby, Bot. — Kunth, Enum. t. 4, p. 327, nº 28.

Bords d'un petit ruisseau au Mayne, commune de Minzac, près Moupont ; Breuil près Vergt ; environs de La Roche-Châlais ; environs de Périgueux où on signale une variation à fleurs *presque blanches* (DD., 1845). — Environs de Mareuil, où il est commun parmi les buissons et dans les bois rocailleux et sombres (M.).

BELLEVALIA ROMANA. Reichenb. Fl. g. exc., p. 105. —
Kunth, Enum. IV, p. 307, n° 2. — Gren. et Godr.
Fl. Fr. III, p. 217.

Hyacinthus romanus L.

Prairies montueuses, voisines du château du Sireygeol,
commune de Saint-Germain-et-Mons, arrondissement
de Bergerac M. Eugène DE BIRAN ; 1855). RRR. — Je n'ai
pas vu les fruits mûrs ; mais, l'**échantillon** que je dois à la
générosité de M. de Biran montre les capsules parfaitement
arrondies au sommet. — En 1821, lors de la publication
de la Flore de Saint-Amans, cette espèce n'était pas connue
dans l'Agenais (dont le Bergeraquois est limitrophe); mais,
peu d'années après, elle y fut découverte par M. J.-B. Du-
molin l'aîné, qui m'en adressa plusieurs échantillons.

MUSCARI COMOSUM (Catal.). — Ajoutez : Variation à fleurs
blanches, trouvée une seule fois, en 1840, par M. de
Dives, à Beaufort près Mussidan.

— RACEMOSUM (Catal.). — Ajoutez : Eymet (DD.). —
Monsac.

— BOTRYOIDES. DC. Fl. Fr. n° 1927. — Duby, Bot. n° 3.
— Boreau, Not. s. qq. esp. de pl. Fr. (1846). XXIV.
p. 29, n° 5. — Koch, syn. ed. 1ᵃ et 2ᵃ, n° 3. — Gren.
et Godr. Fl. Fr. III, p. 217. — NON Miller, ex Boreau,
loc. cit.!

Botryanthus vulgaris Kunth, Enum. t. 4, p. 311,
n° 1.

Dans un pré au N. E. de Bergerac, entre la ville et le
Bout-des-Vergnes, et dans un pré humide à Saintongeais
près Bergerac (REV.. — Dans les prés à Berbiguières (M.).
La plante de la première de ces trois localités m'a été
envoyée par M. l'abbé Revel sous le nom de *Muscari Lelie-*

rii Boreau ; mais comme je tiens de M. l'abbé Lelièvre lui-même un exemplaire authentique de la plante angevine qui lui a été dédiée, je ne crois pas devoir attribuer le même nom à la plante de Bergerac.

NARTHECIUM OSSIFRAGUM. Huds. — K. ed. 1ᵃ et 2ᵃ ; spec. unic.).

Abama ossifraga DC. Fl. Fr. — Duby.

Tofieldia ossifraga Nem. ap. Chaubard, *in* act. soc. Linn. Bord. 1854, t. 19, p. 228.

CC dans deux ou trois marais montueux aux environs de Mareuil (M.).

CXXVIII. *COLCHICACEÆ.*

COLCHICUM AUTUMNALE (Catal.).

Cette plante, ainsi que je l'ai donné à entendre dans le Catalogue de 1840, manque totalement aux environs de Lanquais ; mais lorsqu'on suit, dans le dernier tiers de septembre, la route départementale de Lalinde à Périgueux, on trouve le Colchique commençant à fleurir dans les prés du vallon dont l'entrée est au Bugue, et on le retrouve en immense abondance dans tous les environs de Périgueux, sur les routes de Razac, de la Massoulie, de Brantôme, de Mussidan. Il croît *par familles*, à la manière du *Crocus nudiflorus* des Pyrénées, et n'est pas également répandu sur toute la surface d'une prairie.

Je n'ai point vu le Colchique dans la partie *granitique* du Nontronais, bien que j'aie parcouru cette partie du département dans la saison la plus favorable.

M. de Dives m'indique, comme localités à ajouter à celles que j'ai signalées en 1840, Villamblard, Chalagnac et un plateau très-élevé, nommé *Coupe-Gorge*, dans la commune de Coursac.

CXXIX. *JUNCACEÆ*.

JUNCUS OBTUSIFLORUS (Catal.)

Dans le marais voisin du gouffre du Toulon près Périgueux (D'A.).

M. d'Abzac me signale au même endroit, *mais avec doute*, le *J. anceps* Laharp. Je n'ose l'admettre définitivement au nombre de nos espèces, parce que rien ne m'autorise à penser qu'il ait été retrouvé ailleurs dans nos contrées.

LUZULA FORSTERI (Catal.)

Maintenant que j'ai examiné à fond et à plusieurs reprises cette espèce et la suivante, je puis les distinguer sûrement et reconnaître que je les avais confondues.

Le *Luzula Forsteri* est extraordinairement abondant dans toutes les localités sylvatiques, et particulièrement dans les bois secs C'est bien celui de mon Catalogue de 1840 ; seulement, il faut y ajouter tous les échantillons des bois secs et à feuilles étroites, que j'avais faussement rapportés au *L. pilosa* (*L. vernalis* DC. Fl. Fr.).

— PILOSA (Catal.)

Au lieu de mon indication de 1840 : CCC *dans les bois*, il faut lire : R, *et seulement dans les bois sombres et* TRÈS-HUMIDES. Je ne l'ai trouvé, en réalité, qu'au lieu dit le *Cul-de-Sac*, dans la forêt de Lanquais.

Il est infiniment probable que cette localité n'est pas unique dans le département ; mais je n'ai pas récolté la plante ailleurs, et elle ne m'a été signalée nulle part par mes collaborateurs périgourdins, qui ne m'ont adressé que des indications fort peu nombreuses de localités en ce qui touche les Joncées, Cypéracées et Graminées.

LUZULA MAXIMA. DC. Fl. Fr. n° 1826. — K. ed. 1ª et 2ª, 4.

L. *sylvatica* Gaud. Agrostol — Gren. et Godr. Fl. Fr. III, p 353.

Cette belle plante n'a été rencontrée que fort tard dans le département, savoir :

R dans le vallon du Sarrazi près Sainte Foy-des-Vignes, canton de Bergerac (REV., 1846).

CC au pied des rochers dans le vallon de la forge des Eyzies (OLV., 1852).

CC dans une gorge très-boisée, nommée *Forêt de Leyssandie*, commune de Montren, entre Manzac et Saint-Astier (DD., 1855).

— MULTIFLORA (Catal.)

Nous n'avons peut-être dans le département que la var. ε *pallescens* Koch, syn. ed. 1ª et 2ª, n° 11 ; triste variété du reste, qui mériterait à peine le nom de variation de couleur, et à laquelle Kunth a fait justice en la plaçant, comme synonyme pur et simple du type de Lejeune, dans la var. β *spicis umbellatis, pedunculis strictis* de son *Luzula campestris*, car il n'admet pas plus que Meyer et M. Gay, l'autonomie de l'espèce de Lejeune.

Je crois avec Koch et MM. Grenier et Godron qu'elle se distingue assez facilement pour être conservée ; et comme je l'ai trouvée parfois avec des épillets un peu plus foncés en couleur que d'habitude (même dans leur jeunesse), je dirai, si l'on veut, que nous avons aussi *le type*.

CXXX *CYPERACEÆ.*

Cyperus flavescens (Catal.) — Ajoutez : Prairies humides près de la route de Limoges, non loin de Nontron (MM. les abbés Sagette et Chateau). — Dans la Double auprès du château de Pontéreau ; prairies marécageuses de Bories et de Goudaud près Périgueux (D'A.) — Bords du Codeau à Saint-Maurice, canton de Saint-Alvère ; au *Pré-Marchand*, commune de Manzac (DD.). — C aux bords de la Dordogne à Bergerac et au port de Lanquais.

— fuscus (Catal.). — Ajoutez : Ruisseau de la fontaine de Rouby, commune de Clermont-de-Beauregard, où il devient presque aussi grand (*quarante* centimètres) que dans certaines parties des landes bordelaises (OLV., 1852) — C aux bords de la Dordogne à Bergerac et au port de Lanquais.

— badius. Desf. — K. ed. 1ª et 2ª, 4.

Selon Kunth (Enum. t. 2, p. 60), cette espèce n'est qu'une forme du *C. longus.* M. Gay, dans les *Exsicc.* des Asturies, de M. Du Rieu, en faisait une var. β ; mais Koch, Reichenbach, MM. Boissier, Grenier et Godron, etc., le considèrent, avec raison ce me semble, comme une espèce suffisamment distincte par ses feuilles et les caractères de son inflorescence. M. Nees d'Esenbeck le réunit au *C. tenuiflorus* Rottb.

Cette plante litigieuse a été trouvée sur les rochers humides du bord de la Dordogne, au pieds des murs de Lalinde, par M. de Dives, en juillet 1844, et par moi, en juillet 1845. Je l'avais recueillie, dès 1836, dans les sables humides du port de Lanquais ; puis, à Bergerac et jusqu'à Blaye (Gironde), toujours sur la rive droite de la Dordogne ; mais je la confondais avec le *C. longus*, et c'est M. de Dives qui a appelé mon attention sur les différences qui la séparent de ce dernier.

Il faut donc attribuer au *C. badius* la localité *des bords de la Dordogne*, que mon Catalogue de 1840 assigne au *C. longus* qui est répandu dans les vallons humides, les prés et les bords des fontaines du département (Manzac, Lanquais, etc., etc.).

En octobre 1858, j'ai retrouvé la même plante sur les rochers gazonnés du port de Mouleydier, et toujours sur la rive droite (la plus chaudement exposée) de la Dordogne.

SCHŒNUS NIGRICANS (Catal.). — Ajoutez : Au Basty près Thenon ; landes de Saint-Jean-d'Ateau dans la Double ; route de Bertric-Burée à Celles, près Ribérac (DD.) — Marais des Eyzies (OLV.) — Marais des environs de Mareuil (M.) — Très-abondant et de forte taille sur les pentes raides et scaturigineuses de la falaise crayeuse qui forme le *cingle* du Bugue, aux expositions les plus chaudes.

CLADIUM MARISCUS. R. Br. — K. ed. 1ª et 2ª.

Marais de Mareuil (M.) — Environs de Ribérac (M. John RALFS).

RHYNCHOSPORA ALBA. Vahl. — K. ed. 1ª et 2ª, 1.

Landes humides à Saint-Jean-d'Ateau dans le pays de Double ; La Roche-Chalais ; Minzac près Monpont, sur les bords du *Gorre*, petit ruisseau qui sépare le département de la Dordogne de celui de la Gironde (DD.). — Marais de Mareuil (M.) — RRR dans un marais tourbeux au sud de Jumilhac-le-Grand (Eug. de BIRAN).

— FUSCA. Rœm. et Schult. — K. ed. 1ª et 2ª, 2.

Bien plus rare que le précédent ; ne m'est indiqué
que par M. l'abbé Meilhez, dans les marais de Mareuil.
Je n'ai jamais rencontré ni l'une ni l'autre espèce dans
le département, quoiqu'elles abondent dans la Gironde.

HELEOCHARIS ACICULARIS. R. Br.— K. ed. 1ª, 5 ; ed. 2ª, 7.

Partie desséchée mais toujours humide de la lagune
qui se trouve dans le lit de la Dordogne, au nord du
château de Piles. La plante y forme des gazons courts
et serrés. (Eug. de BIRAN, 1849).

SCIRPUS SETACEUS (Catal.). — Ajoutez : Saint-Barthélemy-
de-Double, dans un petit étang ; et Saint-Severin-
d'Estissac, dans un marais (DD.).

- LACUSTRIS (Catal.). — Ajoutez : 1º Quant aux localités : Dans le *Bélingou*, vallée de Cadouin ; à Bannes
dans la Couze.

2º *Forma* FOLIOSA Nob. (1858). — J'ai publié en 1849,
dans les *Actes* de l'Académie des Sciences, Belles-Lettres
et Arts de Bordeaux, une NOTE *sur les feuilles du* SCIRPUS
LACUSTRIS L.

Dans cette Note, j'ai fait connaître que j'étais arrivé à
constater *directement*, en 1848, dans la rivière de Couze,
que les feuilles *rubanaires* qui encombrent le fond d'un si
grand nombre de rivières et de ruisseaux en France, sont
dues au touffes *stériles* des feuilles de cette plante, restées
inconnues à tous les anciens auteurs. J'ai joint à cette publication l'énoncé de tous les documents et de toutes les
indications que j'avais pu recueillir jusqu'alors sur cette
matière.

Je ne répéterai, dans ce *Supplément final*, déjà si
étendu, de mon Catalogue de 1840, rien de ce que j'ai dit
dans ma Note de 1849, dont j'ai fait faire un tirage à part

assez considérable, et je me bornerai à donner ici l'indication des documents qui me sont parvenus depuis lors.

Mais auparavant, je veux dire pourquoi je propose aujourd'hui, pour notre plante, la désignation *forma* FOLIOSA. MM. Cosson et Germain, en 1845, l'avaient désignée comme *sous-variété* FLUITANS, et cette dénomination, selon moi, ne peut lui convenir :

1° Parce que cet état ne constitue nullement une *variété*, ni une *sous-variété* de l'espèce, mais seulement ce que les botanistes nomment une *forme* È LOCO, forme qui serait immédiatement changée si on transplantait un pied de ce végétal vivace dans un milieu dont l'*action mécanique* serait différente (dans des eaux sans courant ou sans profondeur, par exemple);

2° Parce que le mot *fluitans* n'embrasse pas la généralité des cas du phénomène. En effet, MM. Du Rieu et Michalet ont constaté, l'un et l'autre, que les touffes stériles de feuilles du *Scirpus lacustris* sont quelquefois droites et raides, au point de s'élever et de soutenir les pointes de leurs feuilles *au-dessus de l'eau*, au lieu de les laisser flotter, comme d'habitude, avec mollesse *entre deux eaux*.

Le nom que je choisis aujourd'hui aura donc l'avantage d'exprimer simplement le fait de la présence des feuilles, sans les modifications possibles de ce fait.

Voici, maintenant, les localités nouvelles où la présence des feuilles du *Scirpus lacustris* a été reconnue, à ma connaissance, depuis 1849; elles sont toutes étrangères au département de la Dordogne; car j'ignore si c'est à l'état foliifère ou à l'état normal que cette espèce a été observée par M. l'abbé Meilhez à Mareuil, dans la mare d'Ambelle et dans les petites rivières nommées la Belle et la Lisonne.

1849   Le 20 septembre de cette année, M. Mau-

duyt, conservateur du Cabinet d'Histoire naturelle de Poi
tiers, m'écrivait : « Il y a longtemps que, dans le Clain
« la Clouère et autres petites rivières du département de l
« Vienne, j'avais observé, dans certaines circonstances, l
« développement des feuilles du *Scirpus lacustris*, surtou
« dans les endroits peu profonds et rapides de ces rivières
« que l'on désigne ici sous le nom de *grèves*, où ces feuil
« les, sous forme de longs rubans, souvent de deux mètres
« y forment comme des tapis du plus charmant aspect. J
« me rappelle même l'avoir dit à l'auteur de notre Flore
« M. Delastre, qui, apparemment, ne crut pas à mon ob
« servation, car il n'en parle pas dans son savant ouvrage.

Il faut croire qu'eux aussi, MM. Grenier et Godron, son
restés un peu incrédules par rapport à l'attribution de ce
feuilles rubanaires à notre Scirpe; car ils ne disent pas u
mot de sa forme *feuillée* dans le 3e volume, publié en 1855
de leur Flore de France.

J'ai revu, en 1856, dans le Clain et aussi dans la Boivre
aux portes de Poitiers, les feuilles rubanées dont M. Mau
duyt parle dans sa lettre; elles sont en aussi grandes masse
dans le Clain que dans la Charente.

1850. — Le 13 février de cette année, M. Vallot, ancie
secrétaire de l'Académie des Sciences, Arts et Belles-Let
tres de Dijon, accusait réception à l'Académie de Bordeau
du cahier de ses *Actes* où se trouve ma Note de 1849. C
savant, justement renommé pour sa vaste érudition, ava
pris la peine de relever, dans les anciens auteurs, plusieur
indications relatives aux feuilles rubanées de diverses plan
tes, et je crois devoir les consigner ici d'une façon très
abrégée.

SCIRPUS LACUSTRIS, figuré sous le nom de *Gramen bul
bosum aquaticum*, par C. Bauhin, Prodr. p. 4, n° 8. Cett

ligure excellente est citée par Bruckmann (Epistol. LXII,
p. 3) sous le nom de *Sparganii vel Sagittæ radix?*

La même plante est indiquée sous le nom de *Vallisneria
bulbosa* dans l'Encyclop. méthod. Dict. de Botan. t. 8,
p. 321, n° 2.

C'est elle encore, suivant les Mémoires de l'Académie des
Sciences, t. XXVI, p. 299, que représente l'indication de
Tournefort (Instit. r. h. p. 569) *Alga fluviatilis, graminea, longissimo folio ;* tandis que cette phrase de Tournefort est rapportée au *Vallisneria spiralis* par Micheli, et
au *Potamogeton fluviatile* par Plukenet.

Haller (appendix in Scheuchzeri agrostograph.) cite un
Alga juncoïdes in fundo aquarum nascens, sive lacustris,
p. 70, n° 23, laquelle, suivant M. Vallot, « doit être rap-
« portée au *Scirpus lacustris* dont les racines bulbeuses
« peuvent être mangées, comme le dit Poiret dans l'Ency-
« clop. méthod. citée plus haut. »

M. Poiteau a inséré dans la *Maison rustique* du XIXᵉ siè-
cle (1837) t. 2, p. 37, une Note sur les feuilles du *Scirpus
lacustris.*

M. Vallot rappelle ici la fausse attribution à la Vallisnérie, que j'ai signalée en 1849 dans l'Herbier de France au
Muséum de Paris. Je disais que cet échantillon y avait été
déposé par *je ne sais qui,* et M. Vallot vient éclairer mon
ignorance par ce renseignement intéressant : « Ce *je ne sais
qui,* dit-il, est tout simplement DALIBARD dont on peut
lire l'article dans Haller, Biblioth. Bot. t. 2, p. 383,
; MCCCCXCI, et dont le nom se retrouve dans la *Flore
Française* de Candolle, t. 3, p. 268.

SAGITTARIA SAGITTIFOLIA. Willdenow a reconnu que la
Vallisnérie indiquée en Norwége par Gunner et citée par
Linné dans son *Flora lapponica* n'est autre que la *Sagittaire.*

Le 14 septembre de cette même année 1850, M. Gay me
fit connaître que son herbier renferme deux échantillons à
feuilles rubanées, mais sans fleurs, du *Scirpus lacustris*,
recueillis l'un, quelques années auparavant, par M. VUITEL,
étudiant en médecine, dans la Marne au-dessus de Cha-
renton; — l'autre, en septembre 1845, par M. Des Etangs,
dans les eaux de la Voulzie près Provins (Seine-et-Marne).

1851. — M. le docteur Pascal Monard, secrétaire de la
Société d'Histoire naturelle de la Moselle (Comptes-rendus,
6ᵉ cahier, 1849-1850) indique le *Scirpus lacustris* et la
Sagittaire à feuilles rubanées dans le *Rupt-de-Mad* (Moselle), et donne à ce sujet (p. 27-29) des détails fort intéressants.

1852. — Le savant auteur de la Flore de la Loire-Inférieure et de la Flore de l'Ouest, M. Lloyd, m'écrivit le
14 juillet, qu'il venait d'observer le *Scirpus lacustris* à feuilles flottantes, dans toutes les petites rivières de la Charente-
Inférieure et nommément dans la *Boutonne* où il est très-
abondant. « Nous n'avons dans la Loire-Inférieure, »
ajoute-t-il, « *aucun cours d'eau sur fond calcaire*, et je
« n'y ai pas remarqué cette forme. »

1856. — M. Kirschleger, à qui nous devons la Flore
d'Alsace, ouvrage excellent et infiniment remarquable par
l'intérêt qu'il a su répandre sur sa rédaction, a observé
cette forme du *Scirpus lacustris* et l'a décrite dans le Bulletin de la Société Botanique de France, séance du 14 novembre 1856, t. 3, 9ᵉ livraison, p. 542-545. — Dans la
discussion qui suivit cette lecture, M. Decaisne fit connaitre
que la plante est cultivée au Muséum, et qu'elle donne ou
ne donne pas de feuilles rubanées, selon la profondeur de
l'eau.

Je dois à cette communication de M. Kirschleger la lec-

ture d'un document bien précieux : c'est l'admirable description que publia Scheuchzer des feuilles rubanées de
notre plante, dans son *Agrostographia*, éditions de 1719
et de 1775, p. 354, 355. Il n'est pas possible de décrire
avec plus de perfection, d'exactitude et même d'élégance
un phénomène naturel. M. Boreau, dans un document dont
je ne sais malheureusement pas retrouver la date, m'avait
déjà donné connaissance de cette observation de Scheuchzer.

Enfin, le 2 septembre 1856, M. Eugène Michalet, le
jeune et savant botaniste du Jura, m'annonça qu'il avait
trouvé le *Scirpus lacustris*, pourvu non-seulement (à Dôle
dans le canal) de feuilles rubanées, mais aussi (dans le
Doubs, à Chassin) de feuilles AÉRIENNES, *dressées, fermes,
canaliculées*, et formées de tissu spongieux comme les
tiges florifères. Je ne veux pas priver cet intelligent observateur de publier lui-même, dans ses Études sur la Flore
du Jura, l'appréciation organographique qu'il m'a communiquée au sujet de ces feuilles, et je me borne à rappeler
que, dès le mois d'août 1855, M. Du Rieu avait observé de
pareilles feuilles *dressées* et s'élevant au-dessus de l'eau,
dans la Leyre, aux approches de son embouchure dans le
bassin d'Arcachon.

(9 mars 1858.)

SCIRPUS MARITIMUS. Linn. — K. ed. 1ª, 15 ; ed. 2ª, 16.

C'est là un des noms spécifiques les moins heureusement institués par Linné, car la plante se rencontre
presqu'aussi abondamment dans l'intérieur que sur
les côtes. Je ne l'ai cependant jamais recueillie dans la
Dordogne ; mais M. l'abbé Meillez l'a trouvée, en abondance et d'une belle taille, à Bézenac, et je ne sache
pas qu'elle ait été signalée ailleurs.

Scirpus sylvaticus. Linn. — K. ed. 1ª, 16 ; ed. 2ª, 17.

Cette superbe plante a été vue peut-être avant 1842 dans le département de la Dordogne ; mais les souvenirs qui m'ont été transmis à ce sujet, sont un peu vagues. Ce n'est qu'en mars 1843 que M. de Dives m'a adressé le premier échantillon duranien que j'aie vu ; il l'avait recueilli sur les bords de l'Isle, entre Neuvic et Sourzac, le 14 juin 1842.

En 1843 aussi, M. l'abbé Revel observa la plante au bord d'un ruisseau près le château de la Baume, à l'ouest de Bergerac ; elle y est abondante.

MM. Oscar de Lavernelle et Auguste Chastanet l'ont également recueillie à Bergerac et à Mussidan ; MM. de Dives et d'Abzac, à Périgueux (bords de l'Isle) ; M. l'abbé Meilhez, à Allas-de-Berbiguières et dans deux autres localités des environs de Saint-Cyprien ; enfin, M. Eugène de Biran, en 1848, dans une rigole des prés des Guischards, et au pied de la berge de la Dordogne, en aval du point où les eaux qui arrosent ces prés viennent rejoindre la rivière (commune de Saint-Germain).

— Michelianus. Linn. — K. ed. 1ª, 18 ; ed. 2ª, 19.

Cette jolie espèce m'est signalée à Allas-de-Berbiguières et à Bézenac par M. l'abbé Meilhez, et je regrette beaucoup que cet observateur zélé ne m'en ait pas envoyé un échantillon avec étiquette datée, parce que la plante n'a été trouvée, à ma connaissance, *dans aucun des départements limitrophes* du nôtre, et je crains quelqu'erreur, si ce n'est de détermination, au moins de localité.

Eriophorum latifolium. Hoppe. — K. ed. 1ª et 2ª, 4.

Bords d'un petit ruisseau entre Servanches et Saint-Aulaye-sur-Dronne; près humides à Jaure et à Manzac; environs du gouffre du Toulon près Périgueux (DD.; 1841, 1851, 1852). — Environs de Nontron (OLV.; 1853).

Eriophorum angustifolium (Catal.). — Ajoutez : Marais de Mareuil, et prairies de Sainte-Nathalène en Sarladais (M.). — C dans les marais de Jumilhac-le-Grand et de Sarlande (Eug. de Biran).

M. de Dives m'a fait parvenir des échantillons de la grande forme qu'il avait recueillie en 1835 au *Lacquin* (imprimé par erreur « *au Sakem* » dans le Catalogue de 1840), commune d'Issac; c'est bien effectivement la var. *γ elatius* de Koch. C'est aussi la var. *β congestum* de MM. Grenier etGodron, Fl. Fr. III, p. 367, et l'*Eriophorum intermedium* Bast.—DC. Fl. Fr. Suppl.

— gracile. Koch ap. Roth, coll. — K. ed. 1ª et 2ª 6.

Bords du petit ruisseau le *Queyrey* près Beauronne-de-Double (DD.). — Je n'ai pas vu la plante, mais les échantillons ont été déterminés par M. Boreau.

Genre CAREX.

Généralités sur les akènes (graines *proprement dites*) *de ce genre.*

Avant d'offrir au lecteur les résultats d'une étude assez minutieuse et qui m'a été conseillée par un éminent botaniste, dans le but de combler une lacune laissée dans leurs ouvrages par la presque totalité des auteurs, je dois réunir ici un petit nombre d'observations générales sur l'objet de cette étude; elles me permettront d'éviter quelques répétitions.

Je viens de parler d'une lacune, et celle-ci est en effet
fort singulière. En 1842, M. le docteur F. Schultz consi-
gnait, dans ses *Archives de la Flore de France et d'Allemagne*, I, p. 30, une réflexion bien juste et dont on ne
s'est guère appliqué jusqu'ici à suivre la salutaire inspira-
tion. Cet observateur consciencieux s'exprimait ainsi :

« Il est remarquable que les écrivains, dans les diagnoses
« des *Carex*, n'aient fait aucunement mention de la graine ;
« tandis que, cependant, on lui accorde une si grande atten-
« tion dans les autres Cypéracées, par exemple, dans le
« genre *Scirpus*. Si on l'avait observée, on aurait vraisem-
« blablement réuni plutôt les *Carex fulva* et *Hornschu-
« chiana*. Un examen plus attentif des fruits sera cause que
« par la suite on réunira probablement encore d'autres
« espèces. »

Ce juste reproche tombait d'à-plomb sur la presque totalité des botanistes, mais non sur tous. Sans parler d'un
très-petit nombre d'observations isolées et *non comparatives*
que, dès 1815, le grand Candolle avait laissé tomber, bien
clairsemées et totalement insuffisantes, dans les descriptions de sa *Flore Française* (*Carex filiformis*, *capillaris*,
pallescens et *hordeistichos*), l'illustre auteur de l'*Enume-
ratio*, Kunth, introduisit dans son 2e volume (1837) une
courte description de l'akène de presque toutes les espèces.
C'était là, sans doute, faire un bon pas ; mais il ne fut pas
complet, parce que les descriptions trop sommaires et trop
vagues, faites souvent sur des akènes non mûrs, ne pou-
vaient qu'aider faiblement à la diagnose dans un genre si
nombreux (439 espèces).

C'est à M. J. Gay que nous devons la première étude
approfondie et *comparative* sur ce sujet important. Mais,
dans son beau Mémoire intitulé : *De Caricibus quibusdam*,

etc. (Annal. Sc. nat. 1838 et 1839, 2ᵉ sér. t. X et XI),
mon célèbre et vénéré maitre n'a décrit que *trente* espèces,
pour la plupart américaines, du beau genre dont il s'agit;
et depuis lors, tous les floristes français, à l'exception de
MM. Grenier et Godron, semblent avoir oublié la sérieuse
et savante étude publiée par M. Gay, et surtout le bon
exemple qu'il avait donné. M. Jordan, dans ses *Observations*, a figuré et décrit les akènes des deux espèces nouvelles pour la France (*olbiensis* et *basilaris*).

Il n'en a pas été tout-à-fait de même en Allemagne, car
Reichenbach, dans le 8ᵉ volume de ses *Icones* (1846), a
figuré un bon nombre d'akènes (*nuculæ*) entiers ou coupés
transversalement, mais sans les décrire dans ses diagnoses.

Tous les autres auteurs dont j'ai les travaux sous les
yeux, sont restés muets sur ce point, et nous devons
remercier M. Godron, qui s'est chargé seul de l'agrostogra-
phie de la Flore de France, d'avoir rompu avec la vieille
et très-commode habitude à laquelle ses devanciers étaient
demeurés si obstinément fidèles.

M. Godron, donc, a suivi d'assez près l'exemple de
Kunth, mais de bien loin celui de M. Gay. Il a parlé des
akènes de la plupart de ses espèces, mais il l'a fait d'une
manière bien plus sommaire encore, bien plus uniforme,
bien moins comparative, bien plus insuffisante en un mot,
que ne l'avait fait l'illustre botaniste prussien. En général,
la coloration indiquée par M. Godron n'est pas exacte,
parce qu'il a, bien souvent, observé les akènes formés,
pleins, durs, mais non pas MURS, et ce n'est qu'à leur maturité réelle qu'ils quittent la couleur *blanchâtre*, *pâle* ou
jaunâtre pour prendre leur livrée définitive. Il est quelques
espèces où la couleur *jaune*, plus ou moins foncée, est
définitive mais c'est, et de beaucoup, le plus petit nombre.

Quant à la forme, il est parfaitement exact de dire pour la plupart des *Carex* bistigmatiques, que leur akène est *ovale* et *comprimé*, — pour les *Carex* tristigmatiques, qu'il est *obové* et *triquètre*, — pour tous, qu'il est *ponctué* ; mais ces caractères, communs à dix, vingt, cinquante espèces, ne sont plus d'aucune utilité pour les distinguer entr'elles. Il faut entrer dans la description des caractères de détail, et ceux-là, quand on y regarde de très-près, ne manquent heureusement pas.

J'essaierai de les exposer pour toutes nos espèces de la Dordogne, soit au moyen de graines périgourdines lorsque j'en ai eu de bonnes à ma disposition, soit au moyen d'échantillons étrangers au département, mais que je puis regarder comme authentiques.

Deux espèces seulement (*Carex Schreberi* et *acuta*), qui me sont *indiquées* par mes correspondants, et dont je n'ai pas réussi à voir les fruits mûrs, même d'ailleurs que du Périgord, me forcent à laisser inachevée cette partie de mes notes critiques.

Pour éviter les redites inutiles, je ne m'astreindrai pas à parler de la position de l'akène dans son utricule où il est généralement sessile, rarement pédicellé ; Kunth a eu soin de signaler ces derniers cas, ainsi que la disproportion, très-grande parfois, qui peut exister entre les dimensions de l'akène et celles de l'utricule.

En revanche, je tiendrai note d'un caractère pratique, qui m'a paru présenter une indication utile pour la diagnose : je veux parler du plus ou moins de facilité qu'on trouve à extraire l'akène de son utricule. Ces différences, en effet, tiennent soit à la nature du tissu de l'utricule et à l'énergie du point d'adhérence de l'akène, soit au plus ou moins de jeu qu'a celui-ci dans l'intérieur de l'utricule,

soit enfin aux formes comparatives du contenu et du conte-
tenant. — Pour plus de commodité pratique, je joindrai à
cette indication celle de la longueur approximative de l'a-
kène mûr.

Dans tous les *Carex* que je connais, l'akène est très-
finement et très-élégamment ponctué, suivant une disposition sériale, et les points sont souvent si petits, si
difficiles à apercevoir, qu'on a décrit comme *lisses* les graines de plusieurs espèces. Je ne chercherai donc point à tirer
parti de cette disposition trop générale, sauf pour quelques
espèces qui la présentent d'une manière remarquable. Ces
points, d'ailleurs, ne sont pas des points *creusés à la surface* du tégument de la graine; leur apparence résulte tout
simplement, si je ne me trompe, de la délimitation des
cellules de la couche externe de ce tégument.

Ne m'étant point livré à l'observation des faits embryo-
géniques, je n'ose rien affirmer relativement à la nature
d'une couche de cellules fort grandes (plus grandes que les
points auxquels les akènes doivent leur qualité de graines
ponctuées) et qui s'étend non-seulement sur leurs faces,
mais encore et surtout *sur leurs angles!* Cette couche de
cellules, que je n'ai rencontrée que dans certaines espèces
et à la maturité seulement, n'est pas également répartie
sur toute la surface. Est-elle due à un commencement d'al-
tération de cette surface, ou bien à la présence de la couche
la plus interne de l'utricule, laquelle resterait partiellement
adhérente à la graine? C'est ce que la direction habituelle
de mes études ne m'a pas conduit à déterminer. J'indique
seulement l'existence de cette sorte de membrane celluleuse, inégale, blanchâtre, et je me borne à dire qu'elle
m'a paru quelquefois réellement *séparable* de la graine.

On sait que, dans le genre *Carex*, le style n'est point

articulé sur l'akène; il est donc continu, et lorsqu'après la fécondation il se dessèche et noircit en commençant par le sommet, il se brise au moindre contact et se détache en un point quelconque de sa longueur. Dans quelques espèces, la *nécrose* s'étend successivement jusqu'à la base même de la colonne stylaire; mais, dans presque toutes, cette base persiste plus ou moins longue, blanche ou jaunâtre, solide, nullement nécrosée, et alors l'akène est ordinairement dit *apiculé*. Cette expression est impropre, en ce que ce ne sont pas les faces de l'akène qui se rétrécissent au-delà du périmètre correspondant à la cavité du tégument (la terminaison supérieure de celui-ci est toujours *obtuse*, souvent même *rétuse*); ce sont uniquement les *angles* de l'akène (lorsqu'il en existe de visibles) qui se relèvent et se soudent pour former la base *persistante* de la colonne stylaire. Cette interprétation des faits résulte pour moi de la nature du tissu qui forme les *angles* et cette base persistante, toujours différente de la nature du tissu qui compose les faces de l'akène; elle résulte aussi de la manière dont se comportent les angles lorsqu'ils se réunissent aux extrémités de l'akène pour former soit la base organique de celui-ci, soit la base de la colonne stylaire.

La conséquence de tout ceci est que les caractères diagnostiques des akènes ne doivent pas être cherchés uniquement dans leur *forme*, leurs *dimensions* et leur *couleur*, mais encore ET SURTOUT *dans leurs* ANGLES et dans les DEUX TERMINAISONS, SUPÉRIEURE ET INFÉRIEURE, DE CEUX-CI.

Ces angles peuvent être saillants ou non, fins ou épais et parfois presque en forme de boudins, plus ou moins énergiques, plus ou moins effacés, d'une grosseur égale ou inégale dans toute leur longueur.

Ils peuvent s'épaissir. s'épater en quelque sorte, soit à

l'extrémité inférieure pour y former un bourrelet ou un épaississement blanchâtre qui relie ces extrémités, soit à l'extrémité supérieure où le même effet est produit avec ou sans relèvement visible de ces extrémités pour former une base solide à la colonne stylaire.

Les angles sont au nombre de deux dans tous les akènes de *Carex* bistigmatiques, et lorsqu'ils sont très-effacés ou excessivement fins, on ne les distingue pour ainsi dire plus ; alors l'akène paraît ovoïde ou obové, ou cylindrique, plus ou moins comprimé. Le point d'adhérence de l'akène, au fond de l'utricule, est *transversalement allongé*. Parfois il arrive, dans une espèce bistigmatique, qu'un style devient tristigmatique par monstruosité ; alors son akène devient trigone.

Dans les espèces tristigmatiques, l'akène est trigone ou triquètre (la face interne ou supérieure plus large que les deux externes ou inférieures) et le point d'adhérence est arrondi ou subtriangulaire. Si, par monstruosité, un des styles manque, l'akène revient à la forme comprimée des espèces bistigmatiques.

Je ne voudrais pourtant pas affirmer que les choses se passent toujours aussi régulièrement, car je possède un échantillon de *Carex binervis* Smith (espèce tristigmatique), dont les akènes sont *tétraèdres*, et je n'ai pu réussir à constater, parmi les restes desséchés de ses styles, qu'il y en eût réellement de tétrastigmatiques ; mais enfin, la règle commune est celle-ci : *égalité numérique des stigmates et des angles*.

(30 avril 1858).

CAREX PULICARIS. Linn. — K. ed. 1ª et 2ª, 3.

Marais montueux de Veyrines près Domme (M.). — Burée, dans les bois *secs !* (DR.).

Akène du *C. pulicaris* L. (2 stigmates).

Longueur : 2 millim. 1/2.

Extraction facile, quoique l'akène remplisse presque exactement son utricule.

Couleur : brun-grisâtre peu luisant, avec les angles un peu plus pâles.

Forme ovale-linéaire allongée et courtement rétrécie à la base, tronquée au sommet où elle a une légère tendance à s'élargir. Cet akène paraît sub-cylindrique ; mais il est, en réalité, légèrement comprimé, à faces également bombées.

Angles filiformes, excessivement fins et ne s'épaississant un peu qu'à l'approche de la base. La compression de l'akène étant très-peu forte, ses bords sont fort épais, et il faut une bonne loupe pour y discerner le fil pâle, mais très-net, qui constitue l'angle.

Colonne stylaire blanchâtre, cylindrique, bien détachée et mucroniforme, mais très-courte.

Obs. Ponctuation d'une finesse excessive. — Cet akène, le plus allongé proportionnellement que nous offrent les *Carex* de la Dordogne, appartient à une forme rare dans le genre, et on peut dire qu'il est de très-forte taille, comparativement à la plante qui le porte.

Carex disticha. Huds. — K. ed. 1ª, 18 ; ed. 2ª. 17.

Mareuil (M.). — Environs de Bergerac, dans un pré humide entre le faubourg de la Magdeleine et Saint-Laurent (Rev.).

Akène du *C. disticha* Huds. (2 stigmates).

Parmi les vingt-neuf espèces dont je décris les graines, c'est la seule pour laquelle je n'ai pu me les procurer dans un état de maturité parfait. Ma description sera donc susseptible d'être modifiée ou complétée.

Longueur : 1 et demi à 2 millim.

Extraction assez facile ; elle le deviendrait probablement plus encore à la maturité.

Couleur : brun-pâle, luisant et d'aspect huileux.

Forme très-comprimée, presque applatie à la face in-terne, un peu plus bombée à l'externe, elliptique, un peu élargie à la base et rétrécie au sommet qui demeure pour-tant obtus. Le point d'adhérence fait à peine saillie à là base et n'en ferait peut-être plus si l'akène était bien mûr.

Angles filiformes et très-fins, sans aucun épaississement, et qui doivent probablement s'effacer à la maturité parfaite.

Colonne stylaire très-blanche et très-courte, mucroni-forme, bien détachée de l'akène, et paraissant complète-ment *cylindrique.*

Obs. Ponctuation forte. — L'akène bien mûr doit probable-ment être d'une couleur très-foncée.

CAREX VULPINA (Catal.).

AKÈNE DU *C. vulpina* L. (2 stigmates).

Longueur : 1 et demi à 2 millim.

Extraction difficile, même à la maturité, à cause de la consistance subspongieuse et coriace de la base de l'utricule.

Couleur : brun-jaunâtre foncé, très-luisant et d'aspect huileux.

Forme ovale-orbiculaire, sublenticulaire (surtout dans les échantillons de La Rochelle, où cet akène est presque exactement *rond*), très-comprimée, faiblement et presque également bombée sur les deux faces, à peine élargie vers la base qui est étroite ; les deux extrémités paraissent subi-tement, courtement et presque également acuminées.

Angles filiformes, non épaissis vers la base, peu dis-tincts.

Colonne stylaire comprimée, presque entièrement caduque, ne laissant sur l'akène qu'une cicatrice blanchâtre, courtement et transversalement elliptique, supportée par le très-court moignon qui rend mucroné le sommet de l'akène.

Obs. Ponctuation proportionnellement très-forte.

Carex muricata Catal. .

Akène du *C. muricata* L. (2 stigmates).

Longueur : 2 millim. 1/2.

Extraction difficile comme dans le *vulpina*, et par la même cause.

Couleur : brun-marron plus foncé que dans le *vulpina*, mais peu luisant et d'un aspect moins huileux quoique gras.

Forme comprimée, presque également bombée sur les deux faces, presque exactement *orbiculaire*, mais peu élargie au-dessous du milieu et se rétrécissant assez brusquement de là jusqu'à la base qui demeure plus large que dans la plupart des espèces. Les côtés sont curvilignes dans la partie supérieure, rectilignes ou même un peu rentrants dans l'inférieure. Sommet très-obtus, presque rétus.

Angles filiformes, peu distincts à la maturité, si ce n'est à la base où ils s'épaississent sensiblement.

Colonne stylaire comprimée, complètement caduque et ne laissant sur l'akène, même avant la maturité, qu'une cicatrice blanchâtre, transversalement elliptique, moins linéaire que dans le *divulsa*, parce que la compression de l'akène est moins forte.

Obs. Ponctuation forte. — Cet akène est plus gros que celui du *C. vulpina* dont il est très-voisin ; il est un peu moins semblable à celui du *C. divulsa* qui est plus petit.

CAREX DIVULSA (Catal.).

> AKÈNE DU *C. divulsa* Good. (2 stigmates).

Longueur : 2 millim. au plus.

Extraction très-facile à la maturité, à cause de la minceur de la membrane utriculaire.

Couleur : brun-marron, luisante, et d'un aspect huileux.

Forme ovale comprimée, un peu élargie à la base, à peu
près également convexe sur les deux faces, mais un peu
plus à la face externe. On pourrait dire que cet akène est
sublenticulaire-subcarré, à cause de son périmètre en
forme d'ovale très-court, très-élargi et dont les quatre
coins sont arrondis.

Angles fins et filiformes dans la jeunesse de l'akène; plus
épais et obtus, mais très-obscurément distincts, à la maturité.

Colonne stylaire comprimée, complètement caduque et
ne laissant sur l'akène, même avant la maturité, qu'une
section de même forme et blanchâtre.

OBS. Ponctuation fine. — Cet akène est très-semblable à celui
du *C. muricata*, mais plus petit et moins large.

CAREX PANICULATA Linn. — K. ed. 1ª, 24; ed. 2ª, 26.

Dans un pré tourbeux du vallon de Cavigne près
Saint-Félix-de-Villadeix (OLV.).

Je crois avoir vu cette espèce, en abondance, à Puyraseau, commune de Pluviers, près Nontron, dans les sources
et les fossés des prés qui bordent les bois, sur le terrain
granitique; mais il était sans fleurs ni fruits (*septembre*
1848), et comme M. Schultz n'avait pas encore appelé
l'attention sur le caractère distinctif qu'il a signalé en 1852
pour distinguer les racines du *paniculata* de celles du *para-*

doxa, je n'oserais affirmer que la plante que j'ai vue, sans la récolter, appartient réellement à la première de ces deux belles espèces.

M. Oscar de Lavernelle a trouvé dans un lieu tourbeux près du moulin de Calimont, au-dessus de la forge des Eyzies, de magnifiques échantillons qu'il a cru devoir rapporter au *C. paradoxa* Willd., « parce que leurs capsules, « parfaitement mûres, présentent des stries très-visi- « bles, même à l'aide d'une loupe faible; cependant, lors- « qu'elles sont encore vertes, elles paraissent à peu près « lisses. »

Cette dernière considération, bien que reposant sur un caractère peu tranché (comme le sont du reste tous ceux qui servent à distinguer le *C. paniculata* du *paradoxa*), se joint à quelques autres caractères que je remarque sur les échantillons en question, pour me confirmer dans l'opinion où je suis que nous n'avons affaire qu'au *C. paniculata* :

1° La bordure scarieuse des écailles femelles est très-large, et ces écailles paraissent un peu plus courtes, proportion- nellement, que celles du *C. paradoxa*.

2° Le bec de l'utricule me semble manifestement *ailé*. J'aurais voulu pouvoir comparer l'akène des échantillons périgourdins à celui des échantillons de M. Schultz; mais M. de Lavernelle ne m'a pas envoyé de fruits mûrs.

3° Le chaume est triquètre à faces extrèmement planes, à angles, par conséquent, très-aigus.

4° Les gaines squamiformes, bien qu'un peu mates et tendant visiblement à se décomposer en fibrilles, conservent bien mieux l'aspect squamiforme que celles des *C. paradoxa* authentiques.

AKÈNE DU *C. paniculata* L. (2 stigmates).

Longueur : 1 millim. 1/2, au plus.

Extraction très-difficile , ce qui tient à ce que l'utricule (comme dans le *C. paradoxa* dont l'akène offre pourtant des caractères de détail fort différents) a une base très-épaisse et très-élargie , relevée de fortes nervures , durcit beaucoup et devient comme crustacé en mûrissant.

Couleur : jaune-fauve foncé et tirant sur le brun ; l'akène peut même devenir brun-noirâtre à la maturité extrème. Il est entièrement mat.

Forme : Elle peut être citée parmi les plus singulières qu'on rencontre dans le genre *Carex* , et n'est nullement en rapport avec celle de l'utricule. En effet , l'utricule est plus large à la base qu'au sommet de la cavité qui contient l'akène , tandis que celui-ci est plus large au-dessus qu'au dessous de la moitié de sa longueur.

Cet akène , considéré *en plan* , est rhomboïdal presque régulier, c'est-à-dire , *obcunéiforme* depuis sa base jusques un peu au-delà de sa moitié ; là, il s'élargit et présente comme deux angles saillants ou gibbosités en delà desquelles il se rétrécit brusquement jusqu'au sommet qui est obtus. A la maturité, les courbes de ses côtés, parfois un peu flexueuses, sont plutôt rentrantes que saillantes , surtout entre le milieu et le sommet.

Si maintenant on considère l'akène non plus comme plan, mais comme *solide,* on peut dire qu'il est à peu près et irrégulièrement trigone , parce que sa face externe est sub-carénée et sa face interne presque applatie. Cependant, cet applatissement n'existe que dans la moitié supérieure de cette face ; sa moitié inférieure est , au contraire , sensible-ment bombée (en biseau curviligne).

Angles très-fins mais bien détachés et filiformes dans toute leur longueur; d'autant plus apparents que la graine est plus mûre.

Colonne stylaire tellement caduque qu'on la peut dire
nulle et représentée, sur la graine mûre, par un moignon
rudimentaire.

Obs. Ponctuation excessivement fine et difficile à voir. —
L'utricule et l'akène sont d'une petitesse bien remarquables,
comparativement à la taille élevée de ce robuste végétal.

CAREX SCHREBERI. Schrank. — K. ed. 1ª, 27 ; ed. 2ª, 28.
— Boreau, Fl. du Centr., 2ᵉ éd.

C. bromoïdes Dubois, Fl. d'Orléans (ex Boreau).

Il m'est indiqué, mais sans localité précise, par
M. le comte d'Abzac, comme ayant été récolté dans le
département par M. l'abbé Meilhez. Je n'en ai point
reçu d'échantillon.

Je n'ai même pas pu me procurer d'akènes mûrs de
cette espèce qui, ce me semble, n'en donne que rarement, et je dois me borner à transcrire les descriptions
des auteurs :

*Achenium utriculo dimidio brevius, ellipticum,
planiusculo-convexum, subtilissimè et obsoletè punc-
tulatum, pallidè ferrugineum, nitidulum* (Kunth,
Enum. II, p. 395).

« Akène brun, elliptique, comprimé, ponctué »
(Godron, Fl. Fr. III, p. 392).

— REMOTA. Linn. — K. ed. 1ª, 33 ; ed. 2ª, 32.

Environs de Bergerac, près le château des Termes
(REV., 1843). — Bords du ruisseau le Vachon, commune de Saint-Paul-de-Serre (DD, 1854). — Bords
des fossés, aux Guischards, commune de Saint-Germain-de-Pontroumieux (Eug. de BIRAN, 1847).

AKÈNE DU *C. remota* L. (2 stigmates).

Longueur : 1 millim. 1/2.

Extraction très-facile , à cause de l'extrême minceur du tissu de l'utricule , qu'il ne remplit pas.

Couleur : jaune-brunâtre peu foncé et très-mat.

Forme subrhomboïdale (presque ovale avant la maturité), à côtés courbes, comprimée sur les deux faces, faiblement et obscurément carénée à la face externe ; un peu plus subitement rétrécie vers la base que vers le sommet qui est très-peu effilé, ordinairement obtus, souvent même très-obtus.

Angles indistincts, ou faiblement filiformes et très-fins à la maturité.

Colonne stylaire faible et caduque.

Obs. Ponctuation élégante et forte pour la taille minime de l'akène.

Carex stellulata. Goodenough. — K. ed. 1ª, 30 ; ed. 2ª, 34 (α typus), et auct. ferè omn.

C. echinata Murray. — Godr. et Gren. Fl. Fr. III, p. 398.
Même indication que pour le *C. Schreberi*, et, par conséquent, localité non précisée pour le département (M.).

Akène du *C. stellulata* Good. (2 stigmates).

Longueur : près de 2 millim.

Extraction facile , parce que la base de l'utricule est mince et un peu spongieuse, au lieu d'être *indurée* comme dans le *C. paniculata*.

Couleur : brun-jaunâtre peu luisant.

Forme : absolument celle d'un *fer de pique* peu allongé , c'est-à-dire, que l'akène, pointu sans être aigu , est triangulaire, très-comprimé , à côtés rectilignes , à base très-élargie et presque tronquée (angles de la troncature arrondis). Il est à peine plus bombé en dehors qu'en dedans ; son plus fort renflement est au tiers inférieur (comme sa plus grande largeur) et, à partir de ce point, il s'amincit en biseau pour se réduire au point d'adhérence, MM. Godron et Grenier disent très-bien qu'il est « brusquement contracté à la base; » mais ces mots ne suffisent pas pour exprimer la complication de la forme que j'ai essayé de décrire.

Angles absolument indistincts.

Colonne stylaire cylindrique, épaisse et courte, très-caduque.

Obs. Ponctuation très-difficilement visible, et à l'aide des rayons directs du soleil. — L'utricule a de la ressemblance avec celui du *C. paniculata*; mais, contrairement à ce qu'on observe dans cette espèce, l'akène du *C. stellulata* est en rapport de forme avec son utricule, c'est-à-dire, bien plus large à la base qu'au sommet.

CAREX LEPORINA (Catal.

AKÈNE DU C. *leporina* L. (2 stigmates).

Longueur : 1 millim. 1/2, y compris la colonne stylaire et l'amincissement subit que forme sa base.

Extraction facile.

Couleur : jaune-brunâtre, uniforme.

Forme comprimée, exactement ovale, un peu plus convexe du côté externe que de l'interne; très-courtement et subitement mucroné aux deux bouts par la base du style et le point d'adhérence.

Angles non tranchants, absolument indistincts.

Colonne stylaire, épaisse, cylindrique.

Obs. L'Akène est lisse en apparence et excessivement luisant, sans avoir l'aspect gras. Il est excessivement petit par rapport à son utricule.

— STRICTA (Catal.) — Ajoutez : Dans les prés marécageux à Mareuil (M.). — Environs de Bergerac (Rev.).

— Marais voisin du gouffre de Toulon et bords de l'Isle, près Périgueux (D'A.).

Si l'on veut tenir un compte rigoureux des proportions et même des détails de forme des utricules et des écailles femelles de cette espèce, on tombera infailliblement dans des embarras inextricables. L'utricule devient souvent très-grand (par une sorte d'hypertrophie et d'une façon très-inégale dans le même épi) quand la plante croit dans des terrains très-gras.

Il faut s'en tenir, pour distinguer cette espèce du *C. acuta*, aux caractères suivants :

Racine fibreuse, cespiteuse, non rampante (souches très-robustes); oreillettes de la bractée inférieure oblongues, allongées, brunes ou pâles; bractée inférieure ne dépassant pas et même n'atteignant pas, en général, la sommité des épis mâles (j'ai vu, mais très-rarement, que cette règle souffre exception) ; akène pâle, *lisse* (Godron et Grenier) quand on ne le regarde pas à l'aide d'une forte loupe. — Lorsque l'utricule est comme hypertrophié, le bec de l'akène (base du style ou colonne stylaire) devient extrêmement long, afin d'atteindre l'orifice de l'utricule ; il est alors pour ainsi dire *proboscidiforme*, mince et comprimé. La paroi interne de l'utricule est *toujours* plus ou moins *teinte de violet!* (Gay).

Il existe à Bordeaux une forme de cette espèce, exactement correspondante par ses caractères (on pourrait dire *équivalente*) à celle du *C. acuta* que M. Boreau a nommée *Carex Touranginiana ;* mais ses caractères *essentiels* sont ceux du *C. stricta!* Afin de rappeler ce *parallélisme de déformation*, je propose pour la forme dont il s'agit (et que je ne connais pas dans la Dordogne), le nom de *C. stricta*, forme *Touranginiana*.

Le *C. Goodenowii* Gay (*cæspitosa* DC.; *vulgaris* Fries)
a, comme le *stricta*, l'utricule *violacé en dedans*. Il se distingue bien de cette espèce par ses feuilles bien plus courtes
que le chaume, et par les oreillettes de la bractée inférieure
très-courtes, arrondies, et d'un *brun noir* très-foncé ; je
ne le connais pas dans nos contrées.

 AKÈNE DU C. stricta Good. (2 stigmates).

Longueur : 2 millim. à 2 millim. 1/2, sans compter la
colonne stylaire.

Extraction difficile, à moins que la maturité ne soit parfaite.

Couleur : jaune-paille très-pâle ; angles légèrement verdâtres.

Forme obovée-rétuse, presque parfaitement lenticulaire,
très-comprimée, faiblement et presque également bombée
sur les deux faces.

Angles filiformes, non tranchants, mais représentant le
pli d'une feuille de papier à lettre quand on ne l'a pas rendu
aigu en l'écrasant avec l'ongle. Arrivés au sommet, ces
angles s'épaississent et se redressent pour accompagner la
base du style, à laquelle ils donnent la forme d'une lame à
deux tranchants, bombée sur ses deux faces (*anceps*).

Colonne stylaire très-courte dans l'état normal de l'utricule, mais susceptible, lorsque celui-ci s'hypertrophie comme
je l'ai dit plus haut, de s'allonger jusqu'à devenir égale au
quart de l'akène lui-même, en conservant toujours sa forme
comprimée. Reichenbach n'a point figuré cette curieuse
modification.

OBS. L'akène paraît lisse et mat ; mais, au moyen d'une forte
loupe, on aperçoit sa fine et faible ponctuation. Reichenbach
décore ses faces de nervures longitudinales que je n'ai jamais
pu y voir, — je dis plus, — qui n'y peuvent pas exister : on n'y

voit jamais qu'une sorte de pli médian caréniforme et très-peu
net, qui s'efface entièrement à la maturité.

CAREX ACUTA. Linn. — K. ed. 1ª, 45 ; ed. 2ª, 48.

Même indication (quant à la localité précise, que
pour les C. *Schreberi* et *stellulata* ; mais je la donne
sous toutes réserves, parce que le C. *acuta* est une
espèce tellement obscure, et dont les caractères sont
si peu unanimement reconnus par les divers auteurs,
qu'il est peut-être impossible, en l'absence d'échantillons *authentiques*, d'affirmer que celui qu'on a sous
les yeux est l'*acuta* de tel ou tel autre botaniste.

On s'accorde cependant à peu près sur ceci : Racine *rampante;* oreillettes de la bractée inférieure petites, courtes,
arrondies, pâles ; bractée inférieure égalant ou dépassant
la sommité des épis mâles ; — à quoi il faut ajouter (ce que
les auteurs ne disent pas tous) : akène *fortement ponctué,*
jaune-paille; intérieur de l'utricule *non teint de violet.*

Une forme de cette espèce, pourvue d'épis femelles longs,
très-lâches et dont les inférieurs sont longuement pédon-
culés, a été considérée par M. Boreau comme une espèce
distincte, qu'il a nommée C. *Touranginiana.* MM. Godron
et Grenier la nomment C. *acuta γ personata* Fries. Je ne
sais si elle a été rencontrée dans le département de la Dordogne.

Je n'ai pas pu me procurer l'akène mûr du C. *acuta.* Il
est ainsi décrit par Kunth (Énum. II, p. 413) : *Achenium
immaturum obovatum, compressum, basi styli termina-
tum,* « et par M. Godron (Fl. Fr. III, p. 404) : Akène
fauve, ponctué, lenticulaire. »

CAREX TOMENTOSA (Catal.)—Ajoutez : Grand taillis de Dives,
commune de Manzac. Il y est rare; les échantillons ont

été vus par M. Boreau, mais non par moi. — C dans
la forêt de Saint-Félix-de-Villadeix ; vallon du Ruchel,
dans les prairies du château de Lavernelle, même commune (OLV.).

AKÈNE DU C. *tomentosa* L. (3 stigmates).

Longueur : 1 millim. 1/2, au plus.

Extraction difficile comme dans le C. *præcox* et par la
même raison.

Couleur : brun-jaunâtre, puis brun-rougeâtre, avec les
angles blancs.

Forme : obovée-triquètre, à faces convexes, rétrécie à
la base, tronquée au sommet.

Angles très-énergiques, arrondis en boudin, saillants,
se réunissant au sommet *sans s'y étaler en disque.*

Colonne stylaire blanche, épaisse, dure et raide.

OBS. Cet akène ressemble beaucoup à celui du C. *præcox*,
mais s'en distingue essentiellement par l'absence de disque au
sommet. — Faute de fruits mûrs *de la Dordogne*, ma description est faite sur l'échantillon des *Cypéracées Suisses* de
M. Seringe et sur un échantillon récolté à Aix en Provence
par M. Du Rieu, qui affirme son identité avec ceux de Riberac.

CAREX PRÆCOX (Catal.).

Kunth est tombé dans l'erreur commune à laquelle je me
suis associé en suivant le *Botanicon Gallicum*. Cette erreur,
reconnue maintenant par tous les botanistes, consistait à
ne pas distinguer le *Carex umbrosa* de Host de celui de
Hoppe. La plante de Host n'est qu'une forme plus élevée du
C. *præcox*, ainsi qu'il conste de ses souches à stolons rampants, et nous l'avons à Lanquais, ainsi que je l'ai dit dans
le Catalogue. La plante de Hoppe, au contraire (que, d'a-
près M. Duby, j'appelais alors C. *umbrosa* Host.), est le

C. longifolia Host., Koch, Syn. ed. 1ª, nᵒ 60, et porte
maintenant le nom de *C. polyrhiza* Wahlenb., Koch, Syn.
ed. 2ª, nᵒ 64. Sa souche est cespiteuse et ne fournit jamais
de stolons rampants. C'est celle que j'ai recueillie à Lor-
mont près Bordeaux, seule localité française citée par le
Botanicon.

Je trouve dans mes notes que M. l'abbé Revel m'a montré, en 1843, dans l'herbier du Petit-Séminaire de Bergerac, une plante recueillie aux environs de cette ville et
que j'inscrivis dans ces notes sous le nom de « forme *umbrosa* du *C. præcox*. » Ma mémoire ne me rappelle pas
assez clairement cet échantillon pour que je puisse affirmer
qu'il n'appartient pas à l'*umbrosa* Hoppe, c'est-à-dire, au
C. polyrhiza Wahlenb; Koch, Syn. ed. 2ª, nᵒ 64. (*C.
longifolia* Host. — Koch, Syn. ed. 1ª, nᵒ 60). Cependant,
comme cette dernière espèce n'a point été trouvée ailleurs
dans le département, je crois plus probable que la plante
de M. Revel appartient réellement à la forme du *C. præcox*
que j'ai recueillie à Lanquais.

AKÈNE DU *C. præcox* Jacq. (3 stigmates).

Longueur : 2 millim. au plus.

Extraction difficile, même à la maturité et malgré la
minceur du tissu de l'utricule, parce que celui-ci est rempli
complètement par l'akène.

Couleur : d'un brun assez clair et tirant un peu sur le
jaunâtre, avec les angles très-blancs.

Forme obovée-triquètre courte, à faces très-convexes,
tronquée au sommet, très-rétrécie à la base, ce qui rend
l'akène pour ainsi dire *obpyriforme*.

Angles très-énergiques, arrondis en boudin, se réunissant autour du sommet pour y former une bordure à la
troncature discoïde de l'akène. Cette troncature devient

ainsi une sorte de soucoupe blanche, du centre de laquelle surgit le style.

Colonne stylaire blanche, raide, courte, mucroniforme.

Obs. Ponctuation très-fine.

Observations sur les **Carex** du groupe **præcox**.

Les *Carex ericetorum* Poll., *præcox* Jacq., *polyrhiza* Wahlenb., *pilulifera* L., et *tomentosa* L., forment un petit groupe dont il est difficile, au premier coup-d'œil, de distinguer les épis fructifères, même à la maturité. On n'arrive jusqu'ici à déterminer ces espèces qu'en examinant les utricules à l'aide de la loupe, et en s'aidant des caractères de végétation (souches rampantes ou cespiteuses; feuilles plus longues ou plus courtes que la tige, etc.).

L'étude que j'ai dû faire de ces cinq types si voisins, m'a conduit à un résultat que je n'osais espérer *à priori :* leurs akènes, de même taille à peu près (1 1/2 à 2 millim.), de même forme (obovés-triquètres, rétus ou même tronqués au sommet, plus ou moins subitement rétrécis à la base), diffèrent entre eux par des caractères précis et constants, qui ne permettent pas de les confondre quand on les examine de très-près; et ce n'est pas bien facile, vu la peine extrême qu'on a, même à la maturité, pour les extraire de l'utricule.

Je ne crois pas devoir me borner à la description, dans la forme que j'ai adoptée pour tous les *Carex* duraniens, de l'akène des deux seules espèces que le département nous offre dans ce groupe. Je crois, en effet, qu'il ne sera pas inutile de soumettre aux botanistes une petite étude spéciale des cinq espèces qui le composent, et je vais exposer, *comparativement,* les caractères qu'elles présentent sous le rapport de leur akène.

Cette étude paraîtra, je pense, assez neuve, car MM. Godron et Grenier ne disent rien de l'akène du *C. polyrhiza* ; ils décrivent d'une manière vague celui du *tomentosa* : « Akène obové-triquètre, ponctué ; » — celui de l'*ericetorum* : « akène blanchâtre, obové-triquètre, » — et celui du *pilulifera* : « akène brun, globuleux-triquètre, ponctué. » Cela ne suffit assurément pas pour les distinguer, et le *C. præcox* est le seul pour lequel ces botanistes le décrivent d'une manière à peu près complète, sauf pourtant son caractère principal, dont ils ne font pas mention.

Kunth lui-même, qui le premier, je crois, a porté son attention sur ces graines, n'est pas complet à leur sujet ; il ne dit rien de l'akène de l'*ericetorum* (son *C. ciliata*, n° 191), ni de celui du *polyrhiza* qu'il confond, à tort, avec son *umbrosa*, n° 195 (variété du *præcox*), ni enfin — circonstance fort singulière — de celui du *præcox* lui-même, n° 193. — Cependant, il est explicite et presque exact à l'égard du *pilulifera*, n° 196 : « Achenium utriculum re-« plens eique conforme, trigonum, apicatum, viridulum » — et du *tomentosa*, n° 198 : « Achenium subrotundum, « trigonum, apicatum, fuscum, angulis pallidis, utriculum « replens. » Voilà de bonnes descriptions sans doute, mais insuffisantes pour la comparaison avec les trois espèces voisines. Je vais m'efforcer d'être plus complet.

C. ericetorum.

Akène jaune ; troncature du sommet non surmontée d'un disque. Faces de l'akène très-convexes, séparées par des angles fins, filiformes et presque effacés, qui se réunissent au sommet pour former la base du style, sous la forme d'une colonne raide et courte, persistante.

Obs. L'utricule étant sans bec sensible, cette disposition est compensée par la saillie que forme la base du style sur le som-

met de l'akène. Il suit de là que l'utricule se moule exactement
sur la forme de l'akène, qui se distingue de celui du *C. tomentosa* par ses angles fins, par sa couleur; et de celui du *C. pilulifera* par sa forme moins globuleuse, plus rétrécie à la base.
— L'akène du *C. ericetorum* est celui dont j'ai eu les moins
bons exemplaires à ma disposition.

C. præcox.

Akène à faces d'un brun clair; troncature du sommet
surmontée d'un disque blanc, cupuliforme, à rebord saillant formé par la réunion et l'épaississement des sommets
des angles. Ces angles sont blancs, épais, presque en forme
de boudins. Le disque est mucroné au centre par la base
du style.

Obs. L'utricule a un bec insensiblement atténué, d'où il suit
qu'il ne se moule pas exactement sur la forme de l'akène qui
se rétrécit graduellement vers la base et se distingue de celui
du *polyrhiza* par la forme de son disque, et des trois autres
par la présence de ce disque.

C. polyrhiza.

Akène noir-brunâtre; troncature du sommet surmontée
d'un disque blanc et plat, non cupuliforme, mucroné au
centre par la base du style, et qui déborde les sommets des
angles aigus, fins et filiformes (quelquefois blanchâtres à la
maturité).

Obs. L'utricule ressemble extrèmement, par sa pubescence,
à celui du *præcox*; mais il s'amincit moins graduellement au
sommet; son bec est plus *subitement* distinct. L'akène s'amincit davantage à la base, ce qui lui donne une forme un peu
plus élancée. La présence du disque rend inutile sa comparaison avec les deux espèces suivantes.

C. pilulifera.

Akène jaunàtre (rarement brunàtre), presque globuleux,

très-subitement et très-courtement rétréci à la base. Troncature du sommet non surmontée d'un disque. Faces très-convexes, faiblement circonscrites par des angles fins, filiformes et peu saillants, qui se réunissent au sommet sans s'épaissir, pour former la base du style, laquelle est en forme de colonne mince, faible et *très-caduque*, qui se plie et se couche sur le côté sous la moindre pression quand l'akène est jeune, et qui, lorsqu'elle tombe, ne laisse qu'une petite cicatrice blanche, sans saillie.

Obs. Cet akène, le plus petit des cinq, est le plus globuleux et l'un des plus fortement ponctués. J'ai vérifié les singuliers caractères de sa colonne stylaire sur des échantillons de Suisse, d'Alsace, de Picardie, de Normandie, de Maine-et-Loire et de la Gironde.

C. tomentosa.

Akène brun-rougeâtre; troncature du sommet non surmontée d'un disque. Faces de l'akène très-convexes, limitées par des angles blancs, très-forts, presque en forme de boudins, qui se réunissent au sommet pour former la base du style, sous la forme d'une colonne très-blanche, épaisse, dure, persistante.

Obs. L'utricule étant privé de bec sensible, la colonne stylaire, comme dans le *C. ericetorum*, compense cette disposition, et l'utricule, comme le dit Kunth, est exactement moulé sur l'akène. Les angles énergiques et la forte colonne stylaire du *tomentosa* le distinguent bien de l'*ericetorum*; et, de plus, la graine du *tomentosa* ne peut être débarrassée qu'avec peine de la couche celluleuse externe qui l'enveloppe. Je n'ai point rencontré cette particularité dans les quatre autres espèces du même groupe.

Après avoir essayé de compléter les descriptions des akènes dont je m'occupe, je dois en venir à l'examen critique des figures qui ont été données de quelques-uns d'entr'eux par Rei-

chenbach, dont la publication assez récente met ses travaux à
la portée du plus grand nombre des travailleurs sérieux.

Dans les descriptions qui accompagnent les *Icones* (tome 8),
il ne parle point spécialement des akènes. Celui des *Carex ericetorum* et *praecox* n'est pas même figuré ou ne l'est qu'incomplètement dans la coupe transversale de l'utricule (*utriusque
transsegmentum*), ce qui n'apprend rien sur leurs caractères
distinctifs, puisqu'ils sont tous également *obovés-triquètres*.

L'akène des trois autres espèces est figuré à part de l'utricule; mais ces figures ne sont que des *à peu près* qui ne
donnent nullement les résultats d'une *étude* comparative.

Ainsi, pour le *pilulifera*, la colonne stylaire est figurée très-
longue, ce qui indique que l'akène a été dessiné fort jeune, et
n'indique point que cette colonne est très-caduque.

Pour le *tomentosa*, le relief énergique des angles et le volume remarquable de la base de la colonne stylaire sont bien
rendus; mais la forme obovée de l'akène (de même que pour
le *pilulifera*) n'est pas assez nettement accusée.

L'inexactitude de la figure est bien plus grande encore pour
le *polyrhiza* (*C. umbrosa* Hpp., fig. 639 de la pl. CCLXIII),
car l'akène y est représenté *sens dessus dessous*, c'est-à-dire,
ovale-aigu au lieu d'être *obové*! Le *sommet* de la figure (*base*
réelle de l'akène) est orné fantastiquement d'une sorte de fer de
lance qui n'a aucun analogue dans le genre *Carex* et qui ne
peut être, en réalité, qu'une déchirure du point d'attache,
prise par le dessinateur pour la base du style. Le véritable
sommet de l'akène, au contraire (placé par le dessinateur à la
base de la figure), se termine par un bouton rond et saillant,
représentation incorrecte du disque plat qui, en réalité, surmonte l'akène. En somme, cette dernière figure est entièrement inexacte!

Je termine ces observations, auxquelles je me suis vu forcé
de donner plus de développement que je n'aurais voulu, en
faisant remarquer que le *Carex montana* L. fl. suec., *non* L.
spec. (*C. collina* Willd.), si semblable en apparence aux cinq
espèces dont je viens de m'occuper, ne peut cependant leur

être comparé En effet, son akène (beaucoup plus volumi-
neux), au lieu d'être *oboré-rétus* comme le leur, s'atténue au
sommet en un bec vigoureux et assez long, *brun* comme
l'akène, et surmonté par la base *blanchâtre* du style.

(mai 1858.)

CAREX GYNOBASIS (Catal.).

Le nom *gynobasis* Vill., adopté par Candolle, Duby et
Koch, date de 1787.

Le nom *alpestris* Allion., adopté par Kunth, date de
1785.

Le nom *Halleriana* Asso, remis en lumière, en vertu de
la loi de priorité, par MM. Godron et Grenier, et adopté
par MM. Du Rieu et Cosson dans leur Flore d'Algérie,
date de 1779 et demeure, par conséquent, le seul légitime.

Il n'y a pas lieu de regretter le nom *alpestris*, peu convenable pour une espèce des plus humbles côteaux de nos
pays de plaines, ni même le nom *gynobasis*, puisque le
curieux caractère qu'il exprime est commun à cette charmante plante et au nouveau *C. basilaris* Jord. de l'Algérie
et du Midi de la France.

AKÈNE DE *C. gynobasis* Vill. (3 stigmates).

Longueur : 3 millim.

Extraction facile à la maturité, bien que l'akène remplisse son utricule.

Couleur : brun-marron grisâtre et peu foncé à la parfaite
maturité, avec les angles jaunâtres.

Forme ovale-triquètre allongée, presque égale aux deux
bouts, un peu plus obtuse au sommet, subitement rétrécie
à la base .

Angles sensiblement amincis à la base de l'akène, puis,
s'épaississant subitement pour donner à celle-ci un rudi-

ment de pédicelle blanc, ou, si l'on veut, un bouton d'adhérence allongé. Ces angles, plus robustes au sommet, y font
une saillie (qui donne à l'akène une apparence subombili-
quée) avant de se redresser pour fournir la base du style.

Colonne stylaire cylindrique, très-courte et extrêmement
robuste.

Obs. Ponctuation élégante et fine. — Couche celluleuse externe très-adhérente, mais peu épaisse et peu continue, en
sorte qu'elle simule ces espèces de vermiculations qu'on exprime
quelquefois dans la nomenclature par l'épithète *hieroglyphica*.

CAREX DIGITATA. Linn. — K. ed. 1ª, 63; ed. 2ª, 67.

C'est à M. Oscar de Lavernelle, et à lui seul, que
nous devons cette espèce, qu'il a trouvée au pied des
rochers voisins de la forge des Eyzies, en 1852.

AKÈNE DU *C. digitata* L. (3 stigmates).

Longueur : 2 millim. 1/2, y compris le pédicelle.

Extraction un peu difficile, même après qu'on a tranché
le pédicelle, parce que l'akène remplit exactement les 3/4
supérieurs de l'utricule.

Couleur : d'un beau brun-marron peu foncé et luisant,
avec les angles faiblement blanchâtres.

Forme elliptique-triquètre allongée, si subitement rétrécie à la base qu'on peut diviser l'akène en deux parties distinctes : 1° son *corps* également ou presque également obtus
aux deux extrémités ; 2° son *pédicelle* blanc, court, épais,
triangulaire.

Angles très-fins et très-vifs, ne s'épaississant ni au sommet ni à la base, mais accompagnant celle-ci dans tout le
trajet de sa partie pédicellaire dont ils constituent les
arêtes,

Colonne stylaire : Sa base persistante est blanche et très-courte; elle est fréquemment surmontée d'un fragment brun du style, et celui-ci s'en détache facilement.

Obs. Ponctuation élégante et très-apparente. — Couche celluleuse externe faiblement distincte, mais à ponctuations fort grandes. — Quelques savants ont proposé de ne considérer que comme variétés l'un de l'autre, les *C. digitata* L. et *ornithopoda* Willd. — Quoique je ne possède pas la seconde de ces espèces à l'état de maturité extrême qui permet seul de juger en dernier ressort un akène, je crois pouvoir dire que la taille constamment *beaucoup plus petite* du sien, et la longueur beaucoup plus grande proportionnellement de son pédicelle, légitiment abondamment une séparation dont M. le Dr F. Schultz a, depuis près de quinze ans, proclamé la nécessité, d'après la différence des époques de floraison des deux plantes.

Carex panicea (Catal.)

Akène du *C. panicea* L. (3 stigmates).

Longueur : 2 millim. et même un peu plus, y compris la base persistante du style.

Extraction plus difficile que dans toutes les autres espèces étudiées par moi (à l'exception du *C. paniculata*), parce qu'il remplit en entier l'utricule privé de bec et dont le tissu est épais et crustacé. L'adhérence de l'akène au fond du sac est très-forte.

Couleur : d'abord d'un brun-rougeâtre luisant, puis d'un noir-violâtre mat. Elle est presque uniforme, même sur les angles.

Forme courtement obovée-triquètre (comme dans le *C. glauca*), mais avec un rétrécissement plus subit à la base, ce qui fait que l'akène approche souvent de la forme globuleuse-triquètre.

Angles à peine plus pâles que les faces, très-fins et nullement en boudin, presque effacés à la maturité parfaite, et

laissant à peine, alors, apercevoir une teinte blanchâtre
vers le sommet. Là, ils se redressent et s'épaississent si
énergiquement que la base du style est triangulaire.

Colonne stylaire épaisse, dure et très-longue.

Obs. Ponctuation forte. — Membrane celluleuse externe très-
visible et fortement ponctuée.

CAREX GLAUCA (Catal.)

AKÈNE DU *C. glauca* Scop. 3 stigmates.

Longueur sensiblement variable (à la parfaite maturité)
comme celle de l'utricule, mais ne dépassant jamais, que je
sache, 2 millim. y compris la base persistante de la colonne
stylaire.

Extraction assez facile.

Couleur : noirâtre, mate, avec les angles très-blancs.

Forme courtement obovée-triquètre, assez brusquement
rétrécie à la base, ce qui donne à la partie supérieure un
aspect fortement renflé et très-élargi.

Angles très-énergiques, en boudins, s'épaississant à la
base pour y former un bourrelet blanc, se réunissant et se
redressant au sommet, sans épaississement, pour y former
la base du style.

Colonne stylaire blanche, raide, courte et très-épaisse,

Obs. La couche celluleuse externe, très-fortement ponctuée
comme l'akène lui-même, le revêt en entier d'une teinte grise
qui s'étend même sur les angles. Cette membrane n'est séparable de l'akène que très-difficilement et par lambeaux.

— MAXIMA (Catal.).

Il a été retrouvé dans plusieurs localités du Périgord, surtout du côté du Bordelais, par MM. l'abbé Meilhez et de
Dives, et notamment au port de Sainte-Foy.

AKÈNE DU *C. maxima* Scop. (3 stigmates).

Je ne saurais en donner une description régulière et méthodique, parce que je n'ai pas eu occasion d'étudier une espèce où il soit, plus que dans celle-ci, variable sous le rapport de la couleur et de la forme.

Il est excessivement petit, comparativement à la taille gigantesque pour le genre, de la plante, car il dépasse à peine un millimètre et demi.

Il est peut-être, de tous, le plus facile à extraire, même avant la maturité, de son utricule qu'il ne remplit pas et qui est caduc de très-bonne heure.

L'akène est tantôt jaune-clair, ou jaune-fauve comme un grain de blé, tantôt jaune-brunâtre, ou même brun-noirâtre. Sa ponctuation, presque indistincte quand la couleur est claire, devient de plus en plus distincte à mesure que la coloration se rembrunit ; et, lorsque celle-ci est très-foncée, il semble qu'on aperçoive, en outre de la ponctuation ordinaire, un autre ordre de points noirâtres et enfoncés.

Sa forme, en général, est elliptique, également amincie aux deux extrémités ; mais, parfois, il est elliptique-obové, ou même courtement obové.

Ses angles sont très-fins, et la base de la colonne stylaire est faible et extrêmement caduque.

CAREX PALLESCENS. Linn. — K. ed. 1ª, 74 ; ed. 2ª, 78.

Environs de Bergerac, sur un côteau vis-à-vis le château de la Beaume (au-dessus de la route de Mussidan) et à Toutifaut (REV.). — Aux *Églises enfoncées*, entre Belleymas et Mourens (DD.).

AKÈNE DU C. *pallescens* L. (3 stigmates).

Longueur : 2 millim. et même un peu plus à la parfaite maturité.

Extraction très-difficile, bien que l'akène soit plus petit que l'utricule, mais parce que l'absence totale de bec, dans celui-ci, empêche de le fixer convenablement pour en trancher la base.

Couleur : olivâtre-clair à la maturité : vert légèrement brunâtre auparavant. Angles plus pâles.

Forme changeant notablement avec l'âge. Dans la jeunesse, l'akène est court et obové. Puis il s'allonge par l'amincissement graduel et régulier de sa base, sans pourtant s'élargir beaucoup au sommet. Il est donc obové-triquètre-allongé, lorsqu'il est bien mûr. Base effilée à partir d'un peu au-dessus de la moitié de la longueur, et se terminant exactement en pointe, sauf un très-petit bouton d'adhérence.

Angles filiformes, vifs et très-fins quoique non tranchants, sans renflement appréciable en haut ni en bas, mais se redressant énergiquement pour former la base du style sur laquelle ils se détachent parfois assez nettement pour la faire paraître presque triangulaire.

Colonne stylaire brune à la maturité et très-fragile, car je n'en ai vu subsister qu'un tronçon fort court.

Obs. Ponctuation si fine qu'on l'aperçoit difficilement.

CAREX FLAVA (Catal.).

Notre plante est le type de l'espèce, α *vulgaris* F. Schultz, Archiv. de la Fl. de Fr. et d'Allem., I, p. 236 (1852); mais M. de Dives l'a trouvée en 1843, dans un pré très-humide à Queyssac, passant à la var. β *polystachya* Koch, syn. ed. 1ª et 2ª, c'est-à-dire, pourvue de plus de trois épis femelles (n'en ayant pourtant pas plus de quatre) et d'une bractée inférieure extrêmement longue.

AKÈNE DU *C. flava* L. (3 stigmates).

Longueur : 2 millim. au plus.

Extraction très-facile, parce qu'il est bien loin de remplir son utricule, au fond duquel il est absolument sessile et solidement fixé. Aussi, est-il rare de l'obtenir parfaitement complet, parce que le canif, en tranchant la base de l'utricule, entame presque toujours la sienne en même temps.

Couleur : brun clair ; aspect non luisant.

Forme obovée-triquètre, à faces assez convexes. Sommet large, obtus ou un peu pyramidal. Base graduellement et régulièrement atténuée.

Angles fins, vifs, filiformes, non tranchants, très-peu saillants et sans épaississement sensible dans toute la longueur de l'akène, un peu plus pâles que les faces, à la maturité.

Colonne stylaire assez forte, mais fragile, blanche, cylindrique.

Obs. Ponctuation fine et très-élégante. — Il est probable qu'il existe un petit bouton d'adhérence à la base de l'akène, mais je n'ai pas réussi à l'isoler.

CAREX ŒDERI (Catal.) — Ajoutez : Bords de l'étang du Tuquet, dans la Double (OLV.).

Akène du *C. ŒEderi* Ehrh. (3 stigmates).

Ainsi qu'on devait s'y attendre en présence de la similitude des utricules (abstraction faite de leur bec) dans ces deux espèces, les akènes des *C. flava* et *ŒEderi* ne diffèrent presque pas. Je m'abstiens en conséquence de donner une description complète de celui-ci, et je me borne à dire qu'il est plus petit que l'akène du *flava* (1 millim. 1/2, au plus), plus foncé en couleur (d'un brun-noirâtre), plus fortement ponctué, proportionnellement un peu plus court et plus globuleux, parce que son rétrécissement basal est plus subit

et ses faces un peu plus convexes (il est parfois aussi large
que long). — Reichenbach a figuré les faces *trop peu
convexes* dans les deux espèces.

CAREX MAIRII. Coss. et Germ. obs. pl. critiq. p. 18, pl. 1, 2,
  et Fl. Paris. p. 602, pl. 35, fig. 1-3. — Godr. et
  Gren. Fl. Fr. III, p. 424.

Cette espèce m'est indiquée, mais sans localité précise,
par M. le comte d'Abzac, comme ayant été récoltée dans le
département par M. Meilhez. Je n'en ai point reçu d'échantillon, et M. d'Abzac me dit que la détermination de celui
qu'il a vu lui laisse quelques doutes.

Je décris l'akène d'après les échantillons *authentiques* des
environs de Paris. MM. Godron et Grenier l'ont mieux décrit
que celui de la plupart des autres espèces (« jaunâtre, ponc-
« tué, obové-trigone, atténué à la base, apiculé »); mais
j'emploie le mot *triquètre* au lieu de *trigone*, parce que les
angles *très-aigus* me paraissent rendre cette substitution
nécessaire.

AKÈNE DU *C. Mairii* Coss. et Germ. (3 stigmates).

Longueur : 2 millim., y compris son pédicelle.

Extraction facile, parce que l'akène, quoique reprodui-
sant assez exactement la forme de l'utricule, abstraction
faite du bec de celui-ci, est beaucoup plus petit que lui.

Couleur : pâle-brunâtre plutôt que jaunâtre; aspect mat.

Forme obovée-triquètre, raccourcie.

Sommet très-obtus, bien que le plus grand élargissement
se trouve à peine au-dessus de la moitié de la longueur.
Base très-brusquement et fortement amincie en pédicelle
assez long.

Angles très-fins et aigus, mais non tranchants, à peine
renflés et élargis vers le milieu de l'akène, bien détachés

vers la base, et un peu plus pâles que les faces. Ils ne forment d'épaississement ni au sommet, ni à la base, dont le pédicelle se termine par un très-petit bouton d'adhérence.

Colonne stylaire mince, très-fragile et facilement caduque à sa base, car je n'ai pu qu'une seule fois en retrouver un court tronçon adhérent à l'akène mûr.

OBS. La dimension de l'utricule mûr est très-variable dans cette espèce; mais celle de l'akène l'est beaucoup moins.

CAREX FULVA (Catal.)

Les quatre études successives que M. le docteur F. Schultz a faites, de 1840 à 1852, et publiées dans ses Archives de la Fl. de Fr. et d'Allem. I, p. 7, 26, 129 et 247, sur les *C. fulva* Gooden. et *Hornschuchiana* Hoppe, me semblent avoir établi d'une manière irréfragable que ces deux espèces n'en font qu'une divisible, si l'on veut, en deux formes : α *fertilis* Schultz (*fulva*) et β *sterilis* Schultz (*Hornschuchiana*). C'est aussi l'opinion de MM. Godron et Grenier, tandis que Kunth, Koch, M. Guépin (Fl. de M. et L.) et M. Boreau (Fl. du Centr.) laissent subsister la distinction des deux espèces. M. Boreau a même étiqueté des deux noms différents deux échantillons recueillis par M. de Dives dans le même pré, aux Nauves, commune de Manzac.

Dès l'instant où je déclare adopter, pour ma part, l'opinion qui réunit les deux espèces, il ne me reste qu'à examiner le nom qu'il faut donner à cette réunion.

MM. Godron et Grenier adoptent *Hornschuchiana*, parce que c'est le moins litigieux de tous, et, sous ce rapport, leur détermination présente un avantage réel.

Je n'en dirai pas autant des propositions de M. Schultz qui a nommé successivement la plante *C. biformis* et

C. flavo-Hornschuchiana : ces noms, heureusement, n'ont pas prévalu.

S'il fallait absolument, pour renfermer les deux formes *fertile* et *stérile*, un nom différent de ceux qui ont été donnés spécialement à ces formes, on aurait à choisir le plus ancien parmi les suivants : *Hosteana* DC. Catal. Monsp. — *speirostachya* Sm. engl. fl. — *xanthocarpa* Degl. *in* Lois. fl. gall. Mais à quoi bon, dès l'instant où l'on reconnait que la forme stérile et la forme fertile ne forment qu'une et même espèce, *fulva* Good.? Qu'importe que ce soit l'état imparfait, l'état stérile de cette espèce qui ait été décrit le premier? C'est toujours cette espèce et non une autre; donc les droits de priorité de Goodenough restent intacts, inaliénables, sacrés, et l'espèce doit être ainsi désignée : C. FULVA Good. — Duby, Bot. (*C. Hornschuchiana* Godr. et Gren.) α *fertilis* Schultz (*C. Hornschuchiana* Hoppe) et β *sterilis* Schultz (*C. fulva* Hoppe).

A l'indication unique que j'ai donnée en 1840 pour le *C. fulva*, il faut maintenant ajouter les deux localités suivantes :

Prairies des Nauves, commune de Manzac (DD.).

Pontbonne près Bergerac, dans un pré marécageux et voisin de la grande route entre Corbiac et Malsinta (REV.). Les échantillons que je possède de cette dernière localité (α *fertilis*) ont été vus par M. Boreau comme ceux de la première (α et β).

AKÈNE DU C. fulva Good. (3 stigmates).

Longueur : 2 millim. au plus.

Extraction moins difficile, à la maturité, que dans le groupe du *C. præcox*, parce que l'akène ne remplit pas complètement l'utricule.

Couleur : d'un beau brun-marron, avec les angles d'un blanc verdâtre.

Forme ovale-triquètre à la maturité, avec les faces médiocrement bombées et un rétrécissement égal et très-court aux deux bouts. Dans sa jeunesse, il a commencé par être obové, parce que les angles n'avaient pas encore tout leur développement et que leur épaississement basal n'était pas encore sensible; mais lorsque celui-ci se produit, la forme de l'akène devient presque régulièrement ovale.

Angles énergiques, presque en boudins, se réunissant à la base de l'akène pour y former un épaississement considérable et de couleur *blanche* à la maturité; se réunissant aussi au sommet, mais *sans y former aucun épaississement*, pour y donner naissance au style.

Colonne stylaire blanche, courte, un peu épaisse.

Obs. Ponctuation assez forte. — Le bourrelet blanc que forme la réunion des angles à la base de l'akène, rend cette graine très-remarquable dans le genre *Carex*.

Carex distans (Catal.).

Akène du *C. distans* L. (3 stigmates).

Longueur : 2 millim. au plus.

Extraction très-facile, même avant la maturité, parce que l'amincissement de la base de l'akène en pédicelle place son corps assez haut dans le sac utriculaire qu'il ne remplit pas.

Couleur : fauve-brunâtre assez claire avant la parfaite maturité, avec les angles d'un vert clair. Mes échantillons *très-mûrs* de Tlemcen (Algérie) ont l'akène unicolore, d'un brun-noir.

Forme obovée-triquètre dans toute la rigueur de l'expression; faces peu convexes. Sommet fortement élargi; base fortement et graduellement amincie.

Angles très-vifs, déliés et tranchants vers la base, se
détachant en boudins d'autant plus distincts qu'ils s'approchent davantage du sommet où ils se redressent subitement pour former la base du style. Le plus fort diamètre
des boudins répond cependant au point le plus élargi (tiers
supérieur) du corps de l'akène.

Colonne stylaire d'un vert clair, courte et raide.

Obs. L'akène du *C. distans* est très-voisin, mais, en même
temps, très-distinct de celui du *C. fulva* (puisque ce dernier
n'est pas atténué à la base). — L'utricule du *C. distans* est
presque toujours, à l'intérieur, parsemé de points d'un brun-
rouge ou d'un brun-noir, comme celui du *C. punctata*; mais
il est très-énergiquement nervié et n'offre que bien faiblement
les points pellucides dont l'abondance est un des caractères
essentiels du *punctata*. — Si l'on veut comparer le *Carex distans* au *C. binervis* Sm., que tous les auteurs français, peut-
être, à l'exception de MM. Boreau et de Brébisson, ont confondu dans leurs descriptions avec le *C. distans* à utricules
fortement ponctués au-dedans de rouge-brun, on reconnaîtra
qu'il est plus voisin du *punctata* que du *distans*. L'akène de
ce vrai *binervis* est très-semblable à celui du *C. punctata* (fortement ponctué, ovale, non rétrécie à la base). Il se distingue
de celui du *C. distans* par ce dernier caractère et parce que
ses angles ne sont pas renflés au tiers supérieur de la longueur.

J'ai reçu de M. Boreau un échantillon bien curieux du vrai
C. binervis, des landes de l'Anjou. Tous ses akènes sont *tétra-
quètres!* quoique je ne réussisse à apercevoir que trois stigmates sur les styles déjà vieillis.

Carex sylvatica. Huds. — K. ed. 1ᵃ, 94; ed. 2ᵃ. 100. —
   Gren. et Godr. Fl. Fr. III. p. 422.

C. Drymeya Ehrh. *in* Lin. fil. suppl. — Kunth, Enum.,
   n° 272.

C. patula Scop. — Poll. — DC. Fl. Fr. — Duby, Bot.

C. capillaris Leers. — Thuill. — non L.

C'est encore à M. Oscar de Lavernelle que nous devons la découverte de cette jolie espèce dans le département. Il l'a trouvée en face du château de la Gaubertie (appartenant à M. Ludovic du Pavillon), entre Bergerac et Lamonzie-Montastruc, dans un bois, en 1852.

AKÈNE DU *C. sylvatica* Huds. (3 stigmates).

Longueur : 2 mill. 1/2, pour le moins. Il résulte de là qu'il est plus grand et plus effilé que celui du *C. maxima*, bien que cette dernière plante soit infiniment plus grande que l'autre.

Extraction facile, moins cependant que dans le *C. maxima*, à cause de son adhérence assez forte à la base de l'utricule.

Couleur : Fauve-verdâtre, avec les angles blanchâtres ; faces luisantes.

Forme elliptique, également amincie aux deux bouts.

Angles moins fins que dans le *C. maxima*, fortement épaissis et y formant un robuste bourrelet, sensiblement renflés au milieu, sans aucun épaississement au sommet où ils s'unissent, sans se détacher ni se redresser, pour former la base du style.

Colonne stylaire courte et solide.

OBS. Ponctuation difficile à voir. — L'akène de cette espèce, sauf les différences indiquées, est extrêmement semblable à celui du C. *maxima*, bien que les deux plantes offrent des différences si nombreuses et si tranchées.

CAREX PSEUDO-CYPERUS (Catal.).

AKÈNE DU *C. pseudo-cyperus* L. (3 stigmates).

Longueur : 1 millim. 1/2.

Extraction très-facile ; l'akène est sessile au fond (peu coriace) de l'utricule, qu'il est bien loin de remplir.

Couleur : brun clair, tirant sur le jaunâtre ou le rougeâtre (chocolat très-clair).

Forme trigone-elliptique, à peu près également amincie
aux deux bouts. Sommet tendant faiblement à s'élargir et à
rendre ainsi l'akène obové. Base sans bourrelet.

Angles bien détachés, vifs, assez épais à la base, s'a-
mincissant insensiblement jusqu'au sommet où ils se relèvent sans s'élargir pour former la base du style.

Colonne stylaire excessivement longue, droite ou légèrement infléchie, très-fragile, caduque ou très-courtement
persistante, cylindrique.

Obs. Très-fortement ponctué. — On réussit quelquefois,
lorsque le fruit n'est pas trop mûr, à retirer le style tout entier
de l'utricule.

CAREX VESICARIA (Catal.). —Ajoutez : Environs de Bergerac
(REV.).

AKÈNE DU *C. vesicaria* L. (3 stigmates).

Longueur : 2 millim.

Extraction très-facile ; l'akène est sessile au fond (épais
et coriace) du vaste sac que forme l'utricule et où il est
comme perdu.

Couleur : jaune-verdâtre un peu foncé mais brillant, avec
les angles et la colonne stylaire beaucoup plus clairs et
presque verts avant la maturité complète ; alors tout est
unicolore.

Forme obovée-triquètre, raccourcie, large et obtuse au
sommet, graduellement et régulièrement rétrécie du milieu
à la base, qui n'a ni renflement ni bourrelet ; en sorte que,
si l'on renverse l'akène (le style en bas), il semble se terminer régulièrement en pyramide triquètre.

Angles épais, presque en boudins et fort saillants à la
base et au milieu de l'akène, mais s'effaçant sans dispa-

raître tout-à-fait et s'amincissant vers le sommet où ils donnent naissance (sans se redresser visiblement) à la base du style.

Colonne stylaire très-longue, cylindrique, assez grêle, droite dans le jeune fruit, quelquefois (accidentellement?) courbée en hameçon à la maturité, assez dure à sa base persistante et qui se casse tantôt un peu plus loin, tantôt un peu plus près du corps de l'akène.

Obs. Très-fortement ponctué. — Style excessivement long et très-grêle.

CAREX PALUDOSA (Catal.).

AKÈNE DU *C. paludosa* Good. (3 stigmates).

Longueur : 2 millim., en y comprenant même l'apicule formé par la base de la colonne stylaire; en sorte qu'il est excessivement petit, comparativement à la grandeur de la plante.

Extraction très-facile, attendu que l'akène, entièrement sessile, est bien loin de remplir la cavité de l'utricule.

Couleur : brun marron clair, avec les angles d'un jaune brunâtre à la maturité parfaite. Pendant que l'akène est jeune, sa couleur est d'abord jaunâtre, puis d'un roux-fauve brillant, avec les angles verdâtres.

Forme obovée-allongée d'abord, puis elliptique, à peine obovée et presque égale aux deux bouts lors de la maturité parfaite. Base terminée par un petit bouton d'adhérence.

Angles bien détachés, assez fins à la base, énergiquement épaissis vers le milieu, *très-fins* au sommet où ils se redressent pour former la base de la colonne stylaire qu'ils accompagnent visiblement avant la maturité, de façon à la rendre *triquètre* (ce que je n'ai vu dans aucune autre espèce!. A la maturité, ces angles disparaissent complètement

23

dans leur partie supérieure, ou n'y laissent qu'une trace difficilement visible, en sorte que la colonne stylaire paraît alors cylindrique.

Colonne stylaire mince, raide, d'un jaune brunâtre à la maturité ; sa partie persistante est proportionnellement assez longue.

OBS. Ponctuation forte. — La couche celluleuse externe, dont j'ai parlé dans les généralités, est si abondante dans cette espèce, qu'elle fait passer au gris l'akène mûr, en cachant sa vraie couleur brune.

Je ne saurais me dispenser de mentionner ici un échantillon malade et monstrueux de cette espèce, que j'ai recueilli dans la prise d'eau d'un moulin, à La Tresne (Gironde). Les akènes, tout déformés, sont courts et presque globuleux, d'un noir pourpré, pubescents et comme veloutés. Les épis, très-ramassés au sommet de la tige, sont rameux et comme prolifères, et toutes leurs ramifications sont androgynes (mâles au sommet).

CAREX RIPARIA (Catal.).

Akène du *C. riparia* Curt. (3 stigmates).

Longueur : 3 millim.

Extraction facile, parce que l'akène n'occupe que la moitié de la longueur de l'utricule (et non le tiers, comme Kunth le dit par erreur).

Couleur : jaune-paille (non luisante), même à la parfaite maturité, ce qui est fort rare chez les *Carex* ; et Kunth confirme mon observation, puisqu'il le dit *stramineo-flavidum*.

Forme elliptique-triquètre allongée, tendant un peu à devenir obovée par l'amincissement graduel de la base, qui n'offre pas de bourrelet. Sommet obtus, peu élargi, manifestement trigone.

Angles un peu plus pâles que les côtés, bien détachés et assez fins à la base où ils ne s'épaississent nullement, plus épais mais peu détachés vers le milieu, très-peu marqués vers le sommet à la maturité.

Colonne stylaire persistante, formant un apicule très-marqué, cylindrique, droit, dur et épais.

OBS. Ponctuation excessivement fine.

CAREX HIRTA (Catal.).

AKÈNE DU *C. hirta* L. (3 stigmates).

Longueur : 3 millim., en y comprenant son court pédicelle et la partie rectiligne de la colonne stylaire. Si l'on fait abstraction de ces deux prolongements, la longueur se réduit aux proportions ordinaires (2 millim.).

Extraction facile, à moins qu'on ne cherche à conserver intacte la curieuse colonne stylaire.

Couleur uniforme, brun-roussâtre clair; aspect mat.

Forme obovée-trigone, allongée avant la maturité, puis plus raccourcie. Sommet obtus et peu élargi, mais brusquement et longuement acuminé par la base du style. Base manifestement triquètre, mais sans aucun bourrelet ou épaississement, et s'amincissant assez brusquement pour former le pédicelle qui est cylindrique et se termine par un petit bouton d'adhérence.

Angles non saillants, totalement effacés pendant la jeunesse comme à la maturité dans toute la partie supérieure de l'akène (d'où il résulte que celui-ci est *trigone* et non *triquètre*). En approchant de la base, ces angles se détachent un peu mieux, mais sans pourtant y devenir fins et tranchants.

Colonne stylaire mince, très-longue et très-fragile, cylindrique, flexueuse et comme *tordue vers sa base*. Cette déviation, que je n'ai rencontrée *constamment* que dans le *C. hirta*, rappelle celle qu'on observe fréquemment sur les jeunes pins maritimes; c'est une sorte de courbure en faucille, après laquelle l'axe reprend sa direction ascendante.

OBS. A l'aide d'une loupe ordinaire, on ne réussit que difficilement à constater que l'akène est ponctué, parce que sa matité ne favorise pas le jeu de la lumière, et parce que la ponctuation est excessivement fine et indistincte. — Style fort long, quoique raccourci par la singulière flexuosité dont je viens de parler. La base solide et non nécrosée est très-longue, en sorte que lorsqu'elle n'est pas brisée accidentellement, l'akène se trouve plus longuement acuminé que dans les autres espèces qui me sont connues.

CXXXI. *GRAMINEÆ*.

PANICUM GLABRUM (Catal). — Ajoutez : Dans un jardin à Bourrou (DD.).

— VAGINATUM. Swartz (sub Paspalo). — Gren. et Godr. Fl. Fr. III, p. 462 (1856).— Du Rieu, Not. détach. s. qq. pl. de la Gironde, *in* Act. Soc. Linn. Bordeaux, t. XX, p. 5 (décembre 1854).

Paspalum Digitaria (Poiret, Encycl.) Ch. Des Moul. Bull. Soc. Linn. de Bordeaux, t. 1er (1826), 1re édit. (omis dans la 2e édition).

Digitaria paspalodes (Mich. Fl. Bor. Amer. I, p 46) Duby, Bot. p. 501, n° 1.

Panicum Digitaria Laterr. Flor. Bord. 3e éd. (1829), p. 103. — Mutel, Fl. Fr. IV. p. 22 (1837). — Ch. Des Moul. *Documents*, etc., *in* Act. Soc. Linn. Bord., t. XV (1848).

Paspalum vaginatum Sw. — Kunth, Enum. I, p. 52,
n° 79 (1833).

Je ne veux point répéter ici l'histoire de la découverte
que je fis de cette belle graminée fourragère américaine, en
1824, et de sa naturalisation sur les bords de la Garonne
à Bordeaux ; j'en ai donné tous les détails dans ma Notice
de 1826.

Je ne veux point, non plus, répéter ceux que j'ai publiés
dans mes *Documents*, etc., en 1848, sur l'introduction et
la naturalisation de la plante dans le département de la
Dordogne ; cette seconde Notice, dans laquelle j'ai reproduit textuellement la première, a eu un tirage à part que
j'ai répandu à profusion, en vue des résultats utiles que la
culture de ce végétal semblait promettre.

Je veux seulement dire ici que ces résultats n'ont pas
répondu complètement à nos espérances, et cela uniquement parce que la plante, réduite en hiver à ses robustes
rhizômes souterrains, disparaît alors complètement de la
surface du sol qu'elle laisse entièrement dénudé.

Lorsqu'elle repousse, en été (mais toujours tard), elle
offre aux bestiaux un fourrage excellent et dont ils sont
excessivement friands ; mais elle aura toujours l'inconvénient
d'occuper le terrain toute l'année, pour n'être utile que
pendant cinq à six mois, de juin à novembre.

Cette belle graminée, lorsqu'elle croît à terre, reste
courte, mais s'allonge beaucoup quand elle se développe
dans l'eau.

Je l'ai recueillie dans les sables mouillés de la rive droite
de la Dordogne, au port de Lanquais, et dans le canal latéral de la Dordogne, depuis le bassin de Lalinde jusqu'à
celui de Saint-Capraise-de-Lalinde (1845 et 1846). Depuis
lors, elle doit nécessairement s'être propagée dans un grand

nombre d'autres localités, car, en 1848, elle avait non-
seulement étendu notablement son domaine dans les sables
du port de Lanquais, mais elle s'était déjà élevée de 4 à
5 mètres au-dessus de l'étiage, sur le chemin de hallage de
la Dordogne, entre Lalinde et Couze ; là, elle formait un
gazon court, serré, élastique, entièrement pur de tout mélange d'autres graminées. Je l'ai retrouvée dans la même
position, à Mouleydier, en octobre 1858.

Enfin, dès octobre 1848, j'avais trouvé la plante, sous
toutes ses formes, établie dans le lit de la Dordogne à Bergerac, près du port, — très-grande dans les flaques d'eau
que les sécheresses de l'été isolent du grand courant, très-
petite parmi les graviers qui restent à découvert, sous forme
enfin de plaques de gazon court et pur, à la base des berges
du fleuve, tant sur les sables que sur les argiles vertes.

Je profite de cette occasion pour faire connaître que c'est
à tort, mais sans mauvais vouloir, que je me suis attribué
la *découverte* en France du *Panicum vaginatum*. Notre
illustre confrère le Dr Léon Dufour écrivait, en effet, le
5 mars 1855, à M. Du Rieu, en lui accusant réception de
ses *Notes détachées sur quelques plantes de la Gironde*,
une phrase que je me fais un devoir de transcrire ici, parce
qu'elle est un hommage au zèle d'un botaniste regrettable,
dont les recherches ont enrichi la Flore girondine de plusieurs espèces rares :

« A l'occasion du *P. vaginatum*, je vous dirai qu'en
« 1817, le capitaine d'artillerie GUILLAND avec qui j'avais
« fait des excursions, le découvrit le premier à Bordeaux
« *sur les bords de la route à La Bastide*, où il était exces-
« sivement abondant. J'en envoyai des échantillons à De
« Candolle qui le croyait nouveau. »

Par un double malheur, M. le capitaine Guilland ne fit

part de sa découverte à aucun botaniste bordelais qui en ait conservé la mémoire, et les échantillons envoyés à Genève ne furent, sans doute, pas conservés dans l'herbier de Candolle, puisque M. Duby, en 1828, semblait persister à m'attribuer la découverte de la plante.

En 1845, M. Alix Ramond porta de ma part à M. Decaisne une bonne provision toute fraîche d'échantillons du canal de Lalinde, et c'est alors que, pour la première fois, il en a été placé dans l'*Herbier général de la France*, conservé dans les galeries du Muséum de Paris.

PANICUM MILIACEUM. Linn. — K. ed. 1ª et 2ª, 5.

Originaire d'Orient, on le trouve çà et là dans les champs de maïs à Lamonzie-Montastruc, et dans les vignes à Saint-Germain-de-Pontroumieux (Eug. DE BIRAN).

PHALARIS TRUNCATA. Gusson. Prodr. suppl. p. 18 et syn. I, p. 118. — Bertol. — Parlat. — Godr. Fl. Juvenal.. p. 40. — Godr. et Gren. Fl. Fr. III, p. 439.

C'est à M. de Dives que je dois cette curieuse addition à mon Catalogue ; je suis loin, cependant, d'affirmer qu'elle appartienne réellement à notre Flore, car cet infatigable observateur n'a rencontré la plante qu'une seule fois, le 14 juillet 1848, au moulin de Sainte-Claire, à Périgueux. Il me l'envoya, sous le nom de *P. canariensis* L., en 1849, et ce n'est que neuf ans après que je l'étudie, dans le but de remplacer cette dénomination inacceptable, par un nom qui convienne aux caractères de la plante.

Or, le *P. truncata* Guss., qui n'est mentionné ni par Kunth, ni par Koch, ni par les floristes français (M. Godron excepté), et qui est probablement venu d'Algérie à Marseille, à Montpellier et à Périgueux avec des céréales

algériennes (puisqu'il a pour synonyme le *P. aquatica* Dest.
all. *non* Koch, syn. *ex* Godr. loc. cit.), le *P. truncata*,
dis-je, est le seul qui présente les caractères suivants :

« Carène relevée *dans ses deux tiers supérieurs*, d'une
« aile entière, élargie et obliquement tronquée au sommet.
« Glumelle inférieure.... pourvue à sa base de deux écailles
« ovales et *dix fois plus courte que la fleur fertile* » (Godron, loc. cit. .

J'ai vérifié l'existence, sur ma plante, de ces caractères
absolument spéciaux et exclusifs quant aux espèces décrites
par MM. Godron et Grenier. Le reste de la description de
ces auteurs convient également, hormis un caractère de
mesquine valeur (« chaumes nus au sommet, » tandis
que dans mon échantillon ils s'échappent à peine de la
gaine renflée).

Si l'on ne faisait pas l'analyse des fleurs, on courrait grand
risque de rapporter notre plante au *P. brachystachys* Link,
auquel elle ressemble excessivement par le *facies* de son
épi et par l'ensemble de sa description. Elle paraît vivace,
tandis que le *brachystachys* est annuel.

ANTHOXANTUM PUELII. Lecoq et Lamotte, Cat. Plat. Centr.
 (1847). — Du Rieu, Not. détach. s. qq. pl. de la
 Gironde, p, 26 du tirage à part ; *in* Act. Soc. Linn. de
 Bordeaux, t. XX (1854). — Gren. et Godr. Fl.
 Fr. III, p. 443 (1856). — ◉

NON *A. aristatum* Boissier.

CC dans les terrains sablonneux autour de Bergerac où il
a été découvert par M. l'abbé Revel.

ALOPECURUS PRATENSIS (Catal.). — Ajoutez : Champcevinel
 (D'A.).

 — BULBOSUS. Linn. — DC. Fl. Fr. n° 1479. — Duby,
 Bot., n° 4 — Godr. et Gren Fl. Fr. III, p. 454.

Dans les gazons et prairies à Saint-Laurent-des-Vignes, au pied du côteau de Monbazillac et près du château des Termes, aux environs de Bergerac (Rev.) — Fossé humide du chemin des Guichards à Saint-Germain-de-Pontroumieux (Eug. de Biran).

Il est assez singulier que cette plante, si commune dans l'Ouest et le Midi, n'ait pas été recueillie dans d'autres localités du Périgord. Elle paraît manquer totalement en Allemagne.

Alopecurus geniculatus. Linn. — K. ed. 1ᵃ, 3 ; ed. 2ᵃ, 4.

Assez rare dans les fossés inondés des prairies de Larége, commune de Cours-de-Piles (Eug de Biran, 1849).

— fulvus. Smith. — K. ed. 1ᵃ, 4 ; ed. 2ᵃ, 5.

Fossés inondés près les Guischards, commune de Saint-Germain-de-Pontroumieux (Eug. de Biran, 1846). — Dans deux fossés différents, à Ménestérol près Monpont (Rev., 1847).

Leersia oryzoides. Swartz. — K. ed. 1ᵃ et 2ᵃ, 1.

CC dans le Vergt à Manzac ; CCC à Coly près Monpont ; Parcou, dans les lieux très-humides ; Bergerac, dans un fossé ; Saint-Astier (DD., 1842). — Eymet (Al. Ramond, 1845). — Berge humide de la Dordogne, à Saint-Germain-de-Pontroumieux ; bords du ruisseau sous le château, à Cours-de-Piles (Eug. de Biran, 1846).

M. Ramond a observé que cette jolie graminée, très-commune sur les bords du Dropt, y croît partout où il se forme des atterrissements, surtout près des moulins, aux abords des ponts, etc. Également abondante à Eymet et à Agnac (Lot-et-Garonne) ; elle suit le Dropt jusqu'à son

embouchure dans la Garonne, bien que Saint-Amans ne la
cite qu'aux environs d'Agen (Ramond, in litt. 1847).

AGROSTIS STOLONIFERA (Catal.).

J'en ai trouvé, en septembre 1848, un seul pied
vivipare, dans une vigne sèche et élevée, à Lanquais.
C'est l'état décrit par Koch, dans ses deux éditions,
en ces termes : « *Occurrit in statu luxuriante vivi-
* para : Agr. sylvatica* Reichenb. — Huds. — Linn.
« spec. 1665. »

A. alba β sylvatica Kunth, Enum. I, p. 219, n° 9.

J'avais recueilli en 1835, à l'exposition du midi, sur
les rochers du port de Couze, une forme naine de cette
espèce (10 centimètres de haut, à peu près), que
Kunth a mentionnée sous le nom d'*A. alba, ε pumila*,
sans en donner de description. Koch, dans ses deux
éditions, dit, à tort, que cette var. de Kunth représente
l'espèce *in statu morboso, spiculis ustilagine cor-
ruptis;* mes échantillons ont les fleurs *parfaitement
saines!* C'est donc une variété *de taille* et *de port*
(provenant évidemment de la forme DECUMBENS de
l'espèce), et nullement un cas pathologique comme celui
de l'*Agrostis pumila* L. mant., dont la ligule est courte,
obtuse, presque nulle, tandis qu'elle est longue et
pointue dans les échantillons de Couze. J'ajoute que
l'*A. pumila* provenant du *vulgaris* est toujours beaucoup plus petit que la var. *pumila* de l'*A. alba* Kunth.

— SETACEA (Catal.). — Ajoutez : 1° pour le type :
Landes entre Biessac et Merlande; dans un bois près
Grignols; forêt de Saint-Jean-d'Estissac (DD.). — J'ai
été fort longtemps sans rencontrer cette plante à Lanquais; mais je l'y ai enfin trouvée, en 1847, dans la

forêt, auprès des blocs de grès ferrugineux, voisins
du chemin qui conduit du Boisredon aux Pailloles.
Elle y couvre un petit espace de deux à trois mètres
carrés, et sa rareté dans le sud du département montre bien qu'elle a peine à s'éloigner de la zone purement occidentale de l'Europe.

2° Pour la var *6 flava* DR.; landes entre Biessac et
Merlande; dans un bois près Grignols ; forêt de Saint-
Jean-d'Estissac.

Dans cette dernière localité, elle est mêlée au type dans
la proportion d'un millième, et ses feuilles, qui égalent le
tiers de la hauteur du chaume, la placent dans la var. *longifolia* Gay *in* Du Rieu, pl. astur. exsicc. n° 172 (1836).

CALAMAGROSTIS EPIGEIOS. Roth. — K. ed. 1ª et 2ª, 3.

CC aux environs de Bergerac et notamment au lieu
dit *le Bout des Vergnes*, sur les bords des vignobles
argilo-caillouteux (REV. — DD.).

M. Boreau a authentiqué les échantillons de M. de Dives,
et j'ai analysé ceux de M. l'abbé Revel.

NOTA. — M. l'abbé Meilhez m'indique le *C. lanceolata* Roth,
commun et dépassant un mètre et demi de haut, dans les lieux
humides et exposés à l'Ouest, dans la Bessède; mais il ne m'en
a point fait passer d'échantillon, et comme la distinction de
cette plante et du *C. littorea* est très-difficile, ainsi que je l'ai
fait observer dans le Catalogue de 1840, je n'ose accepter
la responsabilité d'une attribution que je n'ai pu vérifier.

MILIUM EFFUSUM. Linn. — K. ed. 1ª et 2ª, 1.

R dans les bois rocailleux et sombres du château de
Rastignac, entre Azerat et Terrasson, sur le calcaire
jurassique, où je l'ai découvert en mai 1841. Toute la
plante est grêle, molle, comme étiolée et d'un vert-
grisâtre ; épillets très-petits.

PHRAGMITES COMMUNIS (Catal.). — Ajoutez : Dans les fossés et les prises d'eau des moulins, ainsi que dans le
lit du ruisseau le *Belingou* près d'Ailhas (commune de
Molières, dans la vallée de Cadouin .

ARUNDO DONAX. Linn. — K. ed 1ª et 2ª, 1.

Naturalisé à Bergerac sur les berges argilo-sableuses
de la Dordogne (DD). Je présume qu'il n'y donne pas
de fleurs et qu'il s'y trouve comme sur les côteaux
chaudement exposés de l'Agenais, où la culture l'a
multiplié outre mesure. Ses chaumes servent à divers
usages, sous le nom de *Canevelle*.

ECHINARIA CAPITATA Catal.). — Ajoutez : Environs de
Sarlat, dans les blés voisins de l'ancienne église de
Temniac (Eug. de BIRAN , 1850).

SESLERIA CÆRULEA. Arduin — K. ed. 1ª et 2ª, 2.

CC sur un côteau calcaire (craie à Rudistes) près de
Mareuil; recueilli en 1811 par feu Desvaux, qui me donna
cette indication dans une lettre du 20 janvier 1841.

KŒLERIA VALESIACA , β *setacea* Koch, Syn. ed. 1ª et 2ª,
n° 3 (Catal.).

β *ciliata* Godr. et Gren. Fl. Fr. III, p. 528. —
Kœleria setacea DC. Catal. Monsp. — Kunth, Enum,
n° 9, etc.

Ajoutez : Côteau crayeux de Boriebru, commune de
Champcevinel (D'A.).

CC sur le côteau crayeux, très-sec et très-élevé de l'*oppidum* gaulois de Layrac près Limeuil, où je l'ai recueilli en
juin 1845.—Je l'ai retrouvé, mais plus rare et pourvu de son
caractère principal (glumelle inférieure véritablement ciliée
sur le dos) qui ne se montre que très-rarement en Périgord,
dans une clairière des bois de la commune de Verdon près

Lanquais, en 1848. — M. Oscar de Lavernelle (cité par MM. Godron et Grenier) l'a recueilli à Saint-Florent, et M. le comte d'Abzac sur les rochers crayeux de Goudaud, en 1850.

Si l'on veut faire abstraction de ce caractère, soi-disant principal de la glumelle *ciliée*, et de la pubescence de la partie supérieure du chaume (caractères de valeur bien mince en eux-mêmes, et qui, je l'affirme après bien d'autres botanistes plus autorisés que moi, *manquent totalement de constance!*), il ne demeurera plus qu'une espèce simple, homogène, parfaitement distincte K. *valesiaca* Gaud.) et parfaitement caractérisée par ses gaînes inférieures persistantes et déchirées en un réseau filamenteux qui produit un épaississement *plus ou moins considérable* autour de la base des chaumes.

Au moyen de ce parti qui est assurément le meilleur à prendre, il n'y aura plus de confusion possible avec les K. *cristata*, *albescens* et *glauca*.

AIRA CARYOPHYLLEA. Linn. — Godr. et Gren. Fl. Fr. III, p. 503 (1856).

Avena Caryophyllea Wigg. — K. ed. 1ª, 21 ; ed. 2ª, 25. — Nob. Catal. 1840.

Il y a lieu d'espérer qu'on est enfin revenu de l'engouement passager qui a fait placer parmi les Avoines l'*Aira Caryophyllea* L. et les espèces voisines. L'espèce linnéenne qui forme le type de ce groupe, a été démembrée dans ces derniers temps, et au lieu du seul *Aira Caryophyllea* que Koch admettait encore dans sa 2ᵉ édition en 1843, comme M. Duby en 1828, la Flore de France de MM. Grenier et Godron a exposé, en 1856, sous le nom d'*Aira* qui doit leur rester définitivement, *trois* espèces très-voisines sans doute, mais sûrement et facilement distinctes (*Caryophyllea* L., *multiculmis* Dumort. et *Cupaniana* Gusson.). La troisième est méditerranéenne ; mais nous possédons en Périgord les deux premières, qui sont répandues presque partout en France. Je suis trop peu pourvu d'échantillons périgourdins pour donner des détails sur les localités qu'elles habitent de préférence, mais je les crois communes dans tout le département. Je les possède toutes deux de Lanquais ; M. de Dives a trouvé la première à Manzac et la seconde à Brantôme.

On a fait subir un démembrement semblable à l'*Aira capillaris* des auteurs, et il en est résulté trois espèces, excellentes aussi (*Tenorii* Guss., *elegans* Gaud., *provincialis* Jord.), dont aucune, à ma connaissance, ne croît dans la Dordogne, non plus que dans la Gironde.

C'est donc en l'admettant selon les vues de MM. Godron et Grenier, c'est-à-dire *sensu strictiori*, que je viens d'enregistrer l'*Aira Caryophyllea*, ce qui me donne lieu d'enregistrer actuellement la seconde espèce ainsi qu'il suit :

AIRA MULTICULMIS. Dumort. — Boreau, Fl. du Centr. 2ᵉ éd.
    p. 580. — Godr. et Gren. Fl. Fr. III, p. 506 (1856).
Avena Caryophyllea (pro parte) Nob. Catal. 1840.

— PRÆCOX. Linn.— Kunth, Enum. nᵒ 1. — DC. Fl. Fr.
    — Duby, Bot. — Godr. et Gren., Fl Fr. III. p. 506
    (1856).
Avena præcox Pal. Beauv. — K. ed. 1ᵃ, 23 ; ed. 2ᵃ, 27.

Voici encore un véritable *Aira*, tellement distinct qu'on ne lui a fait subir aucun démembrement, mais que Palissot de Beauvois, et les Allemands après lui, ont fait voyager parmi les Avoines.

Cette charmante petite graminée appartient exclusivement aux terrains sablonneux : aussi foisonne-t-elle dans

les Landes. Elle est excessivement rare dans la Dordogne,
où je l'ai trouvée seulement dans les sables granitiques du
Nontronais, en septembre 1848.

C'est merveille qu'en pareille saison j'aie eu la chance de
rencontrer deux pieds maigres et tout jaunis, mais encore
reconnaissables, d'une plante si éminemment printannière.

CORYNEPHORUS CANESCENS. Pal. Beauv.— K, ed. 1ª et 2ª, 1.

Aira canescens Linn.

Lalba, près Bergerac, dans une plantation d'acacias
(DD.). — Montpeyroux, canton de Villefranche (M. l'abbé
CARRIER, du Grand-Séminaire de Sarlat).

HOLCUS LANATUS (Catal.) — Ajoutez : Monstruosité à panicule très-resserrée et à épillets prolifères, produisant
tantôt des glomérules longuement pédicellés de fleurs
avortées, tantôt des lames foliacées très-étroites et
dépassant de beaucoup les fleurs.

J'ai trouvé cette panicule (dont la racine donnait
naissance à une autre panicule *normale*), le 7 juillet
1848, sur les côteaux recouverts de molasse entre la
Dordogne et Cause-de-Clérans, sur le chemin de Saint-
Capraise-de-Lalinde à Clérans.

— MOLLIS (Catal.) — Ajoutez que M. le comte d'Abzac a
trouvé aux environs de Périgueux la forme remarquable et très-rare suivant Mutel, dont toutes les fleurs
sont hermaphrodites et pourvues de longues arêtes.

ARRHENATERUM THOREI (Catal.) — Ajoutez : Landes et
lieux sylvatiques qui entourent les étangs d'Echourgniac dans la Double (OLV.). — CCC dans les bois de
la Nauve, commune de Grum ; Saint-Michel et Saint-
Etienne-de-Puycorbiac dans la Double (DD.). — Bois

du Mont-de-Neyrac, entre Lembras et Bergerac; CCC dans toute la Double. REV.).

J'ai exposé brièvement, dans mon Catalogue de 1840, les raisons qui me portaient à accepter la translation de la plante dans le genre *Arrhenaterum*, ainsi que M. Du Rieu le proposait alors. Ces raisons ont sans doute paru concluantes à MM. Godron et Grenier, car ils ont adopté cette translation Flore de France, t. III, p. 520 [1856]), bien que M. Du Rieu eût, dès 1854, (Not. détach. sur qq. plant. de la Gironde; *in* Act. Soc. Linn. Bord. t. XX, p. 56', renoncé lui-même à sa première manière de voir, et cela parce que *les deux fleurs* de l'*A. Thorei sont fertiles* comme dans toutes les espèces de la section *Avenastrum* du genre *Avena*.

Je demeure convaincu qu'une analyse comparative (à laquelle je n'ai malheureusement pas le loisir de me livrer en ce moment) entre les *Avenastrum*, les *Arrhenaterum* et la plante en litige, viendrait confirmer sa collocation préférable dans le genre *Arrhenaterum* ; aussi crois-je devoir l'y maintenir aujourd'hui.

Depuis qu'on l'a dégagé des genres *Trisetum* et *Gaudinia*, le genre *Avena* forme, pour sa section *Avenastrum*, un tout homogène et de *facies* parfaitement *idiomorphe*. L'*A. Thorei* y fait tache, pour se rapprocher évidemment du *facies* des *Arrhenaterum* et s'unir à eux.

Quant aux Avoines du groupe *sativa* (les *genuinæ* de Koch, Syn.', elles forment un autre ensemble homogène et idiomorphe; et si j'écrivais une Flore, je n'hésiterais pas à les laisser seules sous le nom d'*Avena*, et à ériger en genre la section *Avenastrum*, comme M. Du Rieu le propose lui-même dans son beau Mémoire de 1854, p. 56.

AVENA LUDOVICIANA. Du Rieu, Not. détach. sur qq. plant. de la Flore de la Gironde (décembre 1854), *in* Act. Soc. Linn. Bord. t. XX, pp. 37 à 47 (description à la p. 41). — Godr. et Gren. Fl. Fr. III, p. 513 (1856).

Lanquais, où je le confondais, comme tout le monde, avec l'*A. fatua* L. — Manzac, d'où M. de Dives, lui trouvant des caractères singuliers, me l'envoya *sans détermination* en 1842. — Blanchardie, commune de Celles, près Ribérac, où le jeune Elly Du Rieu l'a récolté, d'après les indications de son père, pendant l'automne de 1854. — Et sans doute aussi dans tout le reste du département où il n'y a plus qu'à le rechercher pour le trouver presque à coup sûr.

Je me borne à cette simple énumération des localités reconnues, pour cette intéressante espèce, dans le département de la Dordogne, parce que les botanistes qui ne possèdent pas le Mémoire de M. Du Rieu, trouveront dans la *Flore de France* de MM. Grenier et Godron une description très-abrégée, mais suffisante, de la plante. Les pages, admirables à plus d'un titre, dans lesquelles l'auteur du Mémoire a consigné les douloureux détails de sa découverte et de sa détermination, puis le savant exposé de ses caractères et de ses affinités, — ces pages, dis-je, ne sont pas de celles dont il est permis, même à la main délicate d'un ami, de tenter un extrait ou une analyse.

— PUBESCENS (Catal.) — Ajoutez : CCC dans les prairies du bord de l'Isle, près Périgueux (D'A.).

— SULCATA. J. Gay, *in* Du Rieu, plant. Asturic. exsicc. n° 176 (1836). — Delastr. Fl. de la Vienne, p. 477, pl. 4. — Boreau, Fl. du Centre, 2e éd.

A. versicolor Saint-Am. Fl. Agen. NON Vill.

24

A. Scheuchzeri Chaub. Fragm. de bot. critiq., *in* Act.
Soc. Linn. Bord. t. XIX, p. 45 (Non Allion.).

Saint-Georges de Blancaney, arrondissement de Bergerac (DD. 1836) et Sainte-Madeleine, près Monpont DD.
mai 1842).

Les échantillons de la première de ces localités étaient
incomplets, et je les avais faussement réunis à l'*A. pratensis*
que je ne connais réellement qu'aux environs de Ribérac.

MELICA NEBRODENSIS Parlatore. Fl. Palerm. — Godr. et
Gren. Fl. Fr. III, p. 551.

C'est en 1854 que MM. Godron et Grenier ont introduit dans la Flore Française, au moyen d'une courte
notice publiée à part, les trois espèces qui résultent
pour les auteurs modernes, du démembrement de l'espèce linnéenne *M. ciliata*, seule admise jusqu'alors par
Candolle, Duby, Koch, Kunth, etc.

En 1840, je ne connaissais pas l'existence de cette
plante dans la Dordogne, où nous l'avons trouvée
depuis lors en plusieurs endroits. La Gironde et la
Dordogne ne possèdent ni le vrai *M. ciliata* L. ni le
M. Magnolii Godron et Grenier, mais seulement le
M. Nebrodensis Parlat.

Voici ses localités duraniennes :

Saint-Amand de Coly, Saint-Pompont et Daglan,
dans le Sarladais (DD. 1844). — Bézenac (M. Jos.
DELBOS, 1852). — Bords des chemins dans le vallon
de Calès (en amont du barrage de Mauzac, et murs
du cloître ruiné de Saint-Avit-Sénieur, localités où
j'ai recueilli la plante en 1846. — De plus, M. l'abbé
Meilhez me l'a envoyée, mais sans indication de localité.

— UNIFLORA (Catal.) — Ajoutez : Entrée de la grotte de
Boudam, commune de Chalagnac (DD. 1848). —

Mareuil (M.). — C dans une haie au-dessus du bosquet du château de Boriebru, près Périgueux (D'A.). — Parc du château de Rastignac, près Azerat.

BRIZA MEDIA (Catal.)

La variation *pallens* de M. Boreau (*B. lutescens* Foucault), que M. de Dives a trouvée dans un grand taillis à Manzac, n'est même pas admise comme *variété* par Koch, ni Kunth, ni MM. Godron et Grenier.

ERAGROSTIS MEGASTACHYA (Catal.) — Ajoutez : Le Bugue (M. JAMIN), localité citée par M. le docteur Puel, dans son *Catalogue du Lot.* — Mussidan et quelques autres localités (DD.). — Saint-Front-de-Coulory, près Lalinde, dans les scories de fer qui forment le *cavalier* de la forge antique. La plante y constitue des touffes énormes, très-courtes et très-fournies, d'un aspect fort singulier.

— PILOSA (Catal.).

M. de Dives me fait remarquer avec raison que je n'aurais pas dû indiquer cette jolie plante comme « CC « dans les lieux cultivés », à moins que je n'eusse ajouté « pourvu que le terrain soit *sablonneux* ». Mon infatigable ami, qui a parcouru le département dans tous les sens, n'a jamais rencontré cette graminée qu'à Bergerac, où les terres sont fort légères et nourrissent un bon nombre de plantes arénicoles. C'est aussi dans des terres semblables que je l'ai rencontrée à Lanquais, où elle abonde dans certains jardins et surtout dans l'alluvion *ancienne* de la Dordogne.

M. de Dives a observé un fait qu'aucun auteur ne signale et auquel je n'ai pas fait attention : c'est que la racine de la plante exhale une forte odeur de musc.

POA BULBOSA , β *vivipara* (Catal.'. — Ajoutez : CC dans les allées de charmille du château des Bories, commune d'Antonne D'A. .

— NEMORALIS , α *vulgaris* (Catal '. — Ajoutez : **Pour la var.** α *vulgaris* : R dans les parties très-ombragées du parc du château de Rastignac , près Azerat (terrain jurassique). La plante y est excessivement grêle et molle. — CC dans les bois sombres et humides de la commune de Champcevinel (D'A.).

Pour la var. β *firmula* : Ruines du château de Grivieux, près Grignols, où il devient très-grand (DD.). — Haie qui borde le chemin de Goudaud à Bassillac, près Périgueux (D'A.).

MM. Godron et Grenier n'admettent, pour la France, que trois variétés. La plante dont il s'agit ici rentre dans la seconde (β *rigidula*, à laquelle ils donnent pour synonymes *P. serotina* Schrad. NON Ehrh., et *P. coarctata* DC. Fl. Fr.).

Koch admet cinq variétés, et ce sont la 2ᵉ (*firmula*) et la 3ᵉ (*rigidula*) qui constituent par leur réunion la 2ᵉ var. de MM. Godron et Grenier.

Kunth admet huit variétés. La 3ᵉ (*firmula*), la 4ᵉ (*rigidula*) et la 5ᵉ (*coarctata*) répondent ensemble à la seconde de MM. Godron et Grenier.

Kunth ne caractérise nullement ses variétés; ce n'est que par la synonymie qu'on peut s'y reconnaître. Koch, au contraire, les caractérise avec précision , et je crois que c'est à son opinion qu'il faut s'en tenir, en prenant soin de rejeter dans la var. α *vulgaris* les formes grêles, raides ou à panicule resserrée , *pauci-flores surtout* (à 2 fleurs) qu'on prend fréquemment pour *firmula* ou *coarctata*.

Poa pratensis (Catal.). — Ajoutez :

Var. γ *angustifolia* K. 16, qui m'est indiquée par M. de Dives comme fréquente dans les lieux secs, mais sans désignation précise de localités. Cette var., que je n'avais pas signalée séparément, est commune à Lanquais.

Var. δ *anceps* K. ibid. — Vignes pierreuses au *Bout-des-Vergnes*, près Bergerac (Rev.).

Glyceria spectabilis. Mert. et Koch, deutschl. Fl. ed. 1ª et 2ª, 1.

G. aquatica Wahlb. — Kunth, Enum. — Godr. et Gren. l. Fr. — Fnon Presl.

Poa aquatica L.

P. altissima Mœnch.

Bords des eaux dans les prés marécageux de la vallée de Couze, où j'ai trouvé pour la première fois, en juin 1843, cette magnifique graminée. — Gouffre du Toulon, près Périgueux (D'A.).

— plicata. Fries. — K. ed. 2ª, p. 932, nᵒ 2. — Boreau, Fl. du Centre, 2ᵉ éd. — Godr. et Gren. Fl. Fr. III, p. 531.

M. l'abbé Meilhez m'en a envoyé un échantillon bien caractérisé, du département de la Dordogne, mais sans indication précise de localité.

— aquatica. Presl. Non Wahlb. — K. ed. 1ª, 6 ; ed. 2ª, 7.

Catabrosa aquatica Pal. Beauv. — Kunth, Enum. — Godr. et Gren. Fl. Fr.

Poa airoides Kœl. — DC. Fl. Fr.

Dans les fossés près Maurens et à Manzac (Rev. et DD.). — Source du Toulon, près Périgueux (Eug. de Biran, 1850).

Var. *uniflora* Mutel, Fl. Fr. — Au gouffre du Toulon, près Périgueux (D'A.).

MOLINIA CÆRULEA (Catal.). — Ajoutez : 1° Variation à épillets pâles, presque blanchâtres. RR au-dessous de Pronchiéras, commune de Manzac (DD. 1854). C'est exactement l'analogue de la var. *pallida* de l'*Agrostis setacea* Curt.

2° Var. *vivipara* de Dives *in schedul.* — Cette curieuse forme a été découverte par M. de Dives, à Ladouze, le 3 octobre 1854.

DACTYLIS GLOMERATA (Catal.). — Ajoutez :

Var. β *hispanica* K. ed. 1ᵃ et 2ᵃ.

D. Hispanica Roth. — DC. Fl. Fr. Suppl. — Godr. et Grenier, Fl Fr. III, p. 559.

Dans les vignes à Manzac (DD. 1852). Je n'ai pas vu les échantillons, qui ont été déterminés par M. Boreau. Ce savant botaniste, en 1849, ne faisait pas profession d'une grande confiance en la valeur de cette espèce dont les caractères sont pauvres ; et celui de la destruction des feuilles de la base avant la floraison, dans le *D. glomerata*, me semble non moins inconstant que peu grave.

CYNOSURUS ECHINATUS (Catal.). — Ajoutez : Assez commun dans les blés à la Bitarelle, commune de Chalagnac ; à Rudelou, commune de Manzac, etc. (DD.). — RR sur le côteau calcaire de Vigneras, commune de Champcevinel ; CC dans les landes de Cablans, près Périgueux (D'A.).

FESTUCA LACHENALII. Spenn. — (typus) K. ed. 1ᵃ et 2ᵃ, 2, *Nardurus Lachenalii*, α *genuinus* Godr. et Gren. Fl. Fr. III, p. 616 (1856).

Triticum Poa DC. Fl. Fr. — Duby, Bot.

La Chassagne, commune de Saint-Paul-de-Serre ;

CC dans un petit bois au-dessus de la fontaine de Cour-
hebaïsse, près Grignols (DD. 1855.).

FESTUCA RIGIDA. Kunth. — K. ed. 1ª et 2ª, 3.

Poa rigida Linn. — DC. Fl. Fr, etc.

Scleropoa rigida Griseb. — Godr. et Gren. Fl. Fr. III,
p. 556.

Sclerochloa rigida Link.

Cette jolie petite plante, l'une des plus vulgaires que
nous ayons dans toutes les parties du département sur
les murs, parmi les décombres et en général dans les
terrains très-secs où le sol est sans profondeur, a été
omise dans mon Catalogue de 1840. J'en avais pourtant sous les yeux des échantillons périgourdins de
1833 et de 1836. Je présume que je lui ai donné place
dans la minute de mon travail, et que je l'ai omise en
le mettant au net pour l'impression.

— OVINA (Catal.). — Ajoutez : var. ζ *glauca* K. éd.
1ª et 2ª. (*F. glauca* Schrad.), très-grand, à feuilles
longues, CC sur les rochers crayeux qui dominent
l'abbatiale de Brantôme ; moins grand, sur les vieux
murs, à Nontron et sur les rochers jurassiques de la
carrière de *Maçonneau*, à Saint-Martial-de-Valette,
près Nontron. — C'est en 1848 que je l'ai observé
dans ces trois stations.

J'ajoute que je ne conserve le nom *ovina* que pour suivre
la nomenclature de Koch. Je suis convaincu, comme la
plupart des botanistes de ce temps, que le *F. duriuscula*
L, est une bonne espèce et suffisamment distincte de l'o-
vina.

La plante dont je parle ici doit donc, en réalité, être

étiquetée *F. duriuscula* L., γ *glauca* Godr. et Gren. Fl.
Fr. III, p. 572.

Je profite de cette occasion pour reconnaître que M. Gay
a eu pleinement raison de rapporter au *F. duriuscula* L. la
plus grande partie des échantillons que j'ai compris, dans le
Catalogue de 1840, sous le nom commun de *F. rubra*, et en
particulier ma seconde forme (β *villosa* Koch; *F. dumeto-*
rum L.); mais quelques échantillons que je possédais alors,
et quelques autres que M. de Dives m'a envoyés plus tard,
ne me laissent pas douter que la plante n'ait, parfois du
moins, une racine plus ou moins rampante. Je laisse donc
subsister le *F. rubra* dans le Catalogue.

Il serait pourtant utile de s'entendre sur la signification
exacte des mots *radix fibrosa* et *radix repens*. Ils ne suffisent pas; leur signification n'est pas absolue, car je trouve,
dans plusieurs espèces à racine soi-disant *fibreuse*, des
prolongements florifères ou non, qui sont, dans leur peu
de longueur, les vrais analogues de stolons allongés et visiblement rampants.

FESTUCA HETEROPHYLLA. Lam. — K. ed. 1ª et 2ª, 11. —
α *genuina* Godr. et Gren. Fl. Fr. III, p. 575.

Pendant plusieurs années, je n'ai connu cette belle
espèce que dans une seule localité du département, et
je n'y en ai vu que deux touffes. C'est un petit bois de
chênes, sombre et rocailleux, attenant au parterre du
château de Lanquais. La plante s'y est bien maintenue
depuis 1847, époque à laquelle je m'aperçus de son
existence en ce lieu. Elle présente cette particularité
que ses fines et élégantes feuilles radicales sont *lisses*
et non rudes, sans doute parce que la station est très-
ombragée.

En 1855, M. de Dives l'a retrouvée tout près de son jardin potager, à Dives, commune de Manzac. Ses feuilles radicales, excessivement longues, sont *lisses* comme à Lanquais.

FESTUCA LOLIACEA. Huds. — K. ed. 1ᵃ, 27 ; ed. 2ᵃ, 26.

Bergerac, dans un pré derrière l'abattoir. M. l'abbé Revel, qui a fait la trouvaille de cette graminée en 1847, l'a déterminée d'après une comparaison minutieuse avec les échantillons de l'*Herbier normal* de Fries, à Paris, chez M. le Dʳ Puel. — Environs de Périgueux (D'A. ; 1850).

BROMUS SECALINUS (Catal.). — Ajoutez : Basse-cour du Petit-Séminaire de Bergerac (REV.).

NOTA. — Il est reconnu maintenant que le *B. racemosus* de tous les auteurs français, est le *B. commutatus* Schrad., lequel, en vertu de la loi d'antériorité, doit prendre le nom de *B. pratensis* Ehrh.

MM. Godron et Grenier (Fr. Fl. III, p. 589, en note [1856]), ont même pensé que le vrai *B. racemosus* L. est une plante particulière au nord de l'Europe et qui n'aurait pas été reconnue en France ; mais elle est *française* aujourd'hui, et cela depuis que M. le Dʳ F. Schultz l'a découverte, dans cette même année 1856, à Wissembourg (Bas-Rhin), et l'a publiée en nature, sous le nº 177 de son *Herbier normal*.

Examen fait des nombreux échantillons périgourdins que j'ai sous les yeux, et qui proviennent de localités très-diverses du département, je puis dire avec confiance que nous possédons uniquement le *B. commutatus*, dont le nom, puisqu'il est employé par Koch, doit remplacer *racemosus* du Catalogue de 1840. Ainsi :

BROMUS COMMUTATUS. Schrad. — K. ed. 1ᵃ et 2ᵃ, 3.

B. pratensis Ehrh. — DC. Fl. Fr.

B. racemosus omn. auct. gall. — Ch. Des Moul. Catal. Dordogne, 1840. — Non Linn.! *nec* Schultz, *Herb. normal.* n.º 177!

Serrafalcus commutatus Godr. et Gren. Fl. Fr. (1856).

Prairies de la vallée de la Dronne (DR. 1838). — Manzac (DD. 1839). — Aux Nauves et aux Nauvettes dans les prés; à Bancherel dans les vignes; ces trois localités appartiennent à la commune de Manzac, et M. de Dives y a récolté la plante de 1840 à 1843. — M. le comte d'Abzac a également trouvé cette espèce aux environs de Périgueux (1851), et M. de Biran la possède dans ses prés humides des Guischards, à Saint-Germain-de-Pontroumieux.

M. d'Abzac l'a aussi rencontrée, mais dans un état plus rare, c'est-à-dire à épillets *pubescents*; les échantillons qu'il m'a adressés sont probablement des environs de Périgueux (1852).

BROMUS SQUARROSUS (Catal.).

Il a été retrouvé par M. Eugène de Biran sur une friche pierreuse de la commune de Cussac, canton de Cadouin, en compagnie des mêmes plantes qui l'accompagnent à Saint-Front-de-Coulory.

— ASPER. Linn. — K. ed 1ª et 2ª, 11.

Dans un bois près d'Eymet (REV., 1845). — Périgueux, au Jardin-Chambon (D'A., 1849).

— RUBENS. Linn. *non* Host. — DC. Fl. Fr., nº 1641. — Duby, Bot. nº 17. — Kunth, Enum. I, p. 420, nº 53. — Godr. et Gren. Fl. Fr. III, p. 585.

Cette plante *méridionale* n'a été trouvée dans le département que dans une contrée exceptionnelle et déjà bien remarquable par les espèces des pays plus chauds qu'elle nourrit. C'est sur les rochers de la ri... droite de la Dordogne, à Bézenac près Saint-Cyprien, que M. l'abbé Meilhez en a récolté, en mai 1852, un

excellent échantillon qu'il m'a adressé et qui ne peut
laisser aucun doute sur sa détermination.

BROMUS RIGIDUS (Catal.). — Ajoutez : Champs sablonneux
des bords de la Dordogne, à Saint-Germain et Cours-
de-Piles (Eug. de BIRAN).

Nous avons à distinguer, dans cette espèce, deux
variétés, savoir :

α (*Bromus maximus* Desfont., α *minor* Godr. et Gren.
Fl. Fr. III, p. 584).

Rochers de schiste et de granite, sur la route de
Limoges, en sortant de Nontron. Les trois localités
que j'ai citées dans le Catalogue de 1840, m'ont fourni
des échantillons que je rapporte également à cette variété.

β (*Bromus maximus* DC. Fl. Fr. suppl. — *B. Gussonii*
Parlat. — *B. maximus* Desf., β *Gussonii* Godr. et
Gren. Fl. Fr. III, p. 434).

Route de traverse de Périgueux à Champcevinel
(D'A.).

— MADRITENSIS. Linn. — K. ed. 1ª, 16. — Kunth,
Enum. — Godr. et Gren. Fl. Fr. III, p. 584 — Bo-
reau, Fl. du Centr. 2ᵉ éd. — NON DC. Fl. Fr. *nec*
Duby, Bot.

B. polystachyus DC. Fl. Fr. suppl., p. 276. — Duby,
Bot. n° 15.

B. diandrus Curt. Fl. lond.— Koch, Syn. ed. 2ª, n° 17.
Périgueux, sur un vieux mur près la fontaine Saint-Georges (DD.).— Champcevinel près Périgueux (D'A.). — Je ne
l'ai jamais vu aux environs de Lanquais, ni même dans le
reste du Sarladais ; cependant, il abonde dans la Gironde.
Bien que pour empêcher, dit-il, toute confusion, Koch

ait employé, dans sa seconde édition, le nom de *B. dian-drus* Curt., je remarque que cette substitution n'est pas accueillie par la très-majeure partie des botanistes actuels, et je m'en tiens avec eux au nom linnéen *B. madritensis*.

Agropyrum repens. Pal. Beauv. — Godr. et Gren. Fl. Fr. III, p. 608.

C'est le *Triticum repens* (Chiendent, du Catalogue de 1840. Koch n'a pas accepté le genre de Palissot.de Beauvois que tous les botanistes actuels ont pourtant adopté.

J'en ai rencontré, dans le parc du château de la Vitrolle près Limeuil, une forme très-vigoureuse, qu'il est impossible de ne pas prendre au premier coup-d'œil pour l'*Agropyrum pungens*, sauf ses feuilles planes et non glauques, mais qui présente en réalité tous les caractères du *repens*. Koch se demande si les deux espèces ne devraient pas être réunies, et M. Gay les réunissait, en effet, avant 1830 (d'après les notes manuscrites de mon herbier, écrites sous sa dictée) ; mais je crois qu'elles sont suffisamment distinctes, surtout par leurs caractères de végétation, et que le *pungens* demeure *exclusivement* MARITIME.

Je pense qu'à cette même variété devra se rapporter une plante que M. le comte d'Abzac a récoltée dans une haie entre Champcevinel et Sept-Fonds, et qu'il m'a indiquée en 1851, sans me l'adresser en nature, sous le nom d'*A. pungens*. « Les épillets, me dit-il, sont nombreux, et les « fleurs le sont aussi dans chaque épillet. La tige est très- « élevée et les feuilles sont raides et piquantes. » Ce dernier caractère ne convient guère, je l'avoue, à l'*A. repens ;* on conçoit cependant qu'il ait pu exister à un certain point dans une station et dans une saison chaudes et sèches. L'*A. campestre* n'aurait pas attiré l'attention de M. d'Abzac sous

le rapport du nombre considérable de ses épillets et de ses
fleurs.

HORDEUM SECALINUM. Schreb. — K. ed. 2ª, 8.

  H. nodosum (Catal.)

  Koch est revenu, dans sa 2ᵉ édition, au nom employé
par Candolle dans la Flore Française (*H. secalinum* Schreb.),
tandis que Kunth, Enum. I, p. 456, adopte *H. pratense*
Huds.

Je connais maintenant avec précision plusieurs localités
duraniennes pour cette graminée : CCC dans plusieurs
vallons du Vergt, du Bétarosse et de la Bertonne, notamment
à Jeansille, commune de Manzac, et à Saint-Apre-
sur-Dronne (DD.). — Prairies de Foncrose, commune de
Champcevinel (D'A.). — Assez abondant dans les prairies
humides des Guischards, commune de Saint-Germain-de-
Pontroumieux (Eug. de BIRAN).

LOLIUM PERENNE (Catal.).

  Les variétés reconnues dans le département sont :

α *vulgare* Kunth, Enum. I. p. 436. — α *genuinum*
  Godr. et Gren. Fl. Fr. III, p. 612.

β *tenue* Schrad. — Kunth, l. c. — Godr. et Gren. l. c.
  — *L. tenue* Linn.

γ *cristatum* Mutel, Fl. Fr. nº 1. — Godr. et Gren. l. c.
  — *L. cristatum* Pers. — C'est la forme des terrains
  gras ou *ombragés*, que j'ai signalée dans le Catalogue
  de 1840. — M. d'Abzac l'a retrouvée à Périgueux, au
  pied d'un mur.

  Je n'ai jamais rencontré la var. γ *compositum* de
Kunth, qui pourrait bien ne différer que peu ou point
de la var. δ *furcatum* de MM. Billot, Godron et Grenier.

Lolium italicum. Al. Braun. — K. ed. 2ᵉ, 2. — Godr. et
Gren. Fl. Fr. III, p. 612.

L. *Boucheanum* Kunth. — Koch, Syn. ed. 2ᵉ, 2.

L. *multiflorum* Lam., *non* Gaudin (ex Koch, Syn. ed. 2ᵉ.

Bergerac, où peut-être il a été apporté avec des
semences de blés étrangers au département, selon
M. de Dives à qui nous devons la découverte de cette
espèce en 1843.

Faudrait-il conserver le même doute à l'égard des
échantillons que M. le comte d'Abzac m'annonce avoir
recueillis dans les champs et les jardins de la commune
de Champcevinel et dans les marais du Toulon près
Périgueux ? Il ne s'explique nullement à cet égard ;
mais M. l'abbé Revel a recueilli la même plante en
1845, près du Séminaire de Bergerac, dans un lieu
inculte, comme je l'ai retrouvée moi-même, la même
année, en abondance et très-vigoureuse, à Lalinde
sur les bords sablonneux de la Dordogne. Je crois donc
l'espèce bien spontanée chez nous.

M. Oscar de Lavernelle l'a recueillie à La Bruyère,
commune de Saint-Félix-de-Villadeix. Dans cette localité, on la prendrait au premier coup-d'œil pour le
L. *rigidum* Gaud., mais la nervation de ses glumes
et la présence d'une très-courte arête raide dans presque toutes les fleurs, s'oppose à ce rapprochement.

Enfin, je l'ai trouvée très-abondante, très-belle et
complètement mutique ou pourvue d'arêtes *excessivement rares* (ce que Koch signale comme un cas rare)
à Limeuil, dans les jardins et les champs que renferme
l'enceinte du château ruiné de cette ville (1845).

— rigidum. Gaudin, Fl. Helv. (1828). — K. ed. 1ᵉ et
2ᵉ, 4.

L. strictum Presl. Cyp. et gram. sic. (1820). — Godr. et Gren. Fl. Fr. III, p. 613. — Ce dernier nom , plus ancien de huit années , est le seul légitime.

C dans les vignes argileuses et humides au Bel, commune de Manzac (DD ; mai 1840). M. de Dives fait remarquer que ses feuilles , ses tiges et même ses racines sont complètement desséchées et mortes dès le 10 septembre , ce qui prouve la nature parfaitement *annuelle* de l'espèce.

LOLIUM TEMULENTUM , *β robustum* (Catal.).

Dans la seconde édition de son *Synopsis* , Koch réunit spécifiquement et avec toute raison les *L. speciosum* et *temulentum;* mais il divise son espèce en trois variétés, savoir : le type et les var. *β speciosum* et *γ robustum;* cette dernière ne différant de la précédente que par ses chaumes et ses gaines *rudes.*

La var. *β speciosum* m'est indiquée par M. le comte d'Abzac dans les landes de Cablans près Périgueux.

La var. *γ robustum* croît à Manzac dans les blés (DD.).

Mais comme le caractère différentiel qui déjà , par lui-même , manque absolument de valeur, offre aussi de nombreuses nuances intermédiaires , il vaudrait bien mieux , je pense , diviser l'espèce , comme l'ont fait M. Alex. Braun, et, après lui, M. Godron (Fl. Fr. III, p. 614) en deux variétés *macrochœton* et *leptochœton ,* selon que l'arête est forte et droite, ou faible et flexueuse.

Je dois signaler spécialement une forme qui rentre évidemment dans la var. *β leptochœton* de MM. Godron et Grenier, mais qui ne laisse pas que d'être embarrassante quand on l'examine de très-près. C'est la var. *D. lœvigatum* Mutel, Fl. Fr. IV, p. 142, pl. 91 , fig. 643. Elle est allon-

gée, faible, grêle, et il ne faut pas prendre au pied de la
lettre ce que dit Mutel de son chaume *très-lisse.*

M. de Dives a découvert cette curieuse forme, le 12 juin
1843, aux Bitarelles, commune de Notre-Dame-de-Sanilhiac.

Dans le Sarladais, et particulièrement à Limeuil, la
grande Ivraie des blés (*Lolium temulentum*) et nécessairement ses variétés, portent le nom vulgaire de *Viro.* Les *L.
perenne* et *rigidum*, plantes beaucoup moins robustes,
sont distinguées sous celui de *Petit-Virogou.*

ÆGILOPS TRIUNCIALIS (Catal.). — Ajoutez : L'*Alba* près
    Bergerac (DD.). — C sur la rive sablonneuse de la
    Dordogne, à Saint-Pierre-d'Eyraud (Eug. de BIRAN). —
    Monsac, dans les terrains argilo-calcaires, où je ne
    l'ai rencontré qu'en très-petite quantité.

M. de Dives a recueilli en abondance l'*Ægilops ovata* L.
sur le chemin de Marmignac à Salviac, communes du département du Lot, mais limitrophes de la Dordogne, et à
quelques kilomètres seulement de la frontière de ce dernier
département. Mon honorable ami pense que je devrais admettre cette espèce dans notre Catalogue, et je pense
comme lui qu'on finira par la trouver chez nous. Cependant,
et malgré son caractère de plante sociale, l'*Æ. ovata* est
tellement capricieux dans ses élections de domicile, que je
n'ose lui donner une place définitive dans la Flore duranienne. La communication de M. de Dives date de 1844,
et depuis lors, la plante ne m'a jamais été signalée dans
nos limites. Elle existe en grande abondance sur les deux
rives de la Garonne en amont de Bordeaux, à partir de
de Haux, Rions et Preignac ; elle existe aussi à Bourg sur
la rive droite de la Dordogne, par conséquent à 20 et
25 kilomètres au nord et au sud de Bordeaux, et pourtant
elle n'a jamais été recueillie près de cette ville.

M. l'abbé Meilhez m'a annoncé en 1854 qu'il avait trouvé
en abondance, fleuri et haut d'un pied (33 centimètres),
le *Lepturus filiformis* Trin. (*Rottboellia erecta* Savi), sur
les rochers exposés à l'Ouest et très-secs de Veyrines. Malheureusement, il ne m'a point envoyé d'échantillons à l'appui d'une découverte si extraordinaire, et comme il n'est
jamais venu à ma connaissance que cette plante ait été rencontrée à quelques kilomètres des bords de la mer, je n'ose
l'inscrire dans la Flore d'un département qui ne touche par
aucun point au littoral de la France.

NARDUS STRICTA (Catal.).

Ce n'est pas seulement autour du *Roc-Branlant* de
Saint-Estèphe qu'on trouve cette graminée ; elle foisonne dans tous les sables granitiques de l'arrondissement de Nontron, ainsi que je m'en suis assuré en
1848.

M. Eugène de Biran l'a recueillie sur une pelouse
sèche près Jumilhac-le-Grand.

CXXXII. *EQUISETACEÆ.*

Koch ayant admis l'énumération des Equisétacées, Mar-
siléacées, Lycopodiacées et Fougères dans la 2e édition de
son *Synopsis*, je suis obligé de reproduire ici, même quand
je n'ai rien de nouveau à ajouter, l'énumération que j'ai
donnée en 1840, d'après Duby, de nos espèces duraniennes.

EQUISETUM ARVENSE Linn. — K. ed. 2ª, 1. — (Catal. .

Nous n'avons que le *type* de Koch ; mais on peut y
faire remarquer, outre la forme ordinaire des champs
cultivés, les formes qu'il décrit sous les numéros :

I) forma *serotina?* extraordinairement rameuse, et

que M. de Dives a trouvée (stérile) au-dessous de Leyfourcerie, commune de Vallereuil, à la fin d'octobre.

II) forma *decumbens*, *sterilis*, que j'ai mentionnée en 1840, pour l'avoir trouvée, munie de ses tubercules, au pied des falaises de la Dordogne.

EQUISETUM TELMATEYA. Ehrb. — K. ed. 2ª, 2.

    E. fluviatile Catal.

— PALUSTRE. Linn. — K. ed. 2ª, 5. — (Catal.).

    J'ai retrouvé la var. β *polystachyon* dans les prairies qui bordent la Couze.

— LIMOSUM. Linn. — K. ed. 2ª, 6. — (Catal.). — Ajoutez : Entre Saint-Vincent-de-Connézac et Beauronne, où l'on trouve aussi sa var. *b polystachyon* (DD. 1852).

    Nous avons bien, je pense, les deux formes que MM. Grenier et Godron désignent sous les noms de var. α *genuinum* et β *ramosum*, lequel, suivant quelques auteurs, serait l'*E. fluviatile* de Linné ; mais je n'ai sous les yeux que la première, dont la tige est complètement nue, sans aucun ramuscule. Peu importe, du reste, car ces deux états de la même plante ne valent assurément pas plus la peine d'être distingués dans cette espèce que dans l'*E. palustre* et autres, où on n'a pas pris la peine de signaler ces variations.

— RAMOSUM. Schleich. — K. ed. 2ª, 7.

    E. multiforme, c campanulatum Vauch.—(Catal.).

    J'ai retrouvé cette belle Prêle dans les herbages qui avoisinent le confluent de la Dordogne et de la Vézère, à Limeuil. Dans nos deux localités périgourdines, elle est extrêmement remarquable par ses gaînes dépourvues de tout anneau noirâtre, et par leurs dents qui ne présentent qu'à la loupe de très-petites taches de couleur foncée. Ces petites taches existent toujours, mais elles sont dissimulées par une sorte de voile membraneux, blanc, très-mince, sorte d'épiderme qui enveloppe toute la dent, et qui se détruit à mesure que celle-ci vieillit.

Il suit de là que la plante entière, déjà très-glauque et blanchâtre par ses tiges, présente un aspect extrêmement pâle et qui n'est pas habituel dans le genre. Je me demande si ce ne serait pas là l'*E. pallidum* Bory, Expéd. de Morée, p. 282, cité sous le n° (9) entre parenthèses par le *Sylloge* de Nyman, avec ces seules indications de localités françaises : Gall. (Garonne, Montpell.), puis en Espagne et en Grèce.

EQUISETUM HYEMALE Linn. — K. ed. 2ª, 8. — (Catal.).

CXXXIV. *LYCOPODIACEÆ.*

LYCOPODIUM INUNDATUM. Linn. — K. ed. 2ª, 2.

Découvert, en 1853, à Lagudal, par M. Oscar de Lavernelle.

CXXXV. *FILICES.*

OPHIOGLOSSUM VULGATUM (Catal.).

Je n'en reparle que pour dire que M. l'abbé Meilhez en a trouvé, le 1er juin 1850, dans une prairie humide de sa paroisse (Allas-de-Berbiguières), une quinzaine de pieds ; groupés et passant, par leur fronde étroite et allongée, à la singulière petite forme qu'on a rencontrée il y a peu d'années à Lardy, près Paris, et que M. Du Rieu a retrouvée en abondance au cap Ferret, dans les *lètes* des dunes de la Gironde, en 1857. Là, la fronde est encore plus petite et plus étroite, au point de ressembler à celle de l'*O. lusi-*

lanicum L. (voir, à ce sujet, le t. 4, p 597 du Bulletin de la Société Botanique de France.

OSMUNDA REGALIS. Linn. — K. ed 2ª, 1.

Cette magnifique fougère a été vue pour la première fois dans le département, en juin 1846, dans la forêt de la Bessède, vis-à-vis de Belvès, par M. Meilhez. — En 1847, MM. les abbés Sagette, Château, Jollivet et Agard, du Séminaire de Bergerac, herborisant ensemble sur les bords humides du Bandiat, la retrouvèrent près du Pont-Neuf de Nontron, et dans une espèce de viaduc qui passe sous la route de Nontron à Limoges. En 1848, je la revis, et cette fois en abondance, un peu plus loin de Nontron, dans le torrent de décharge de l'étang de Saint-Estèphe (près du Roc-Branlant). M. Eug. de Biran l'a trouvée, en 1849, sur les bords ombragés de la Haute-Lone, en aval de la forge de Miremont, près Lanouaille.

GRAMMITIS CETERACH. Swartz. — K. ed. 2ª, 1.

C'est le *Ceterach officinarum* de C. Bauhin et de presque tous les auteurs, par conséquent de mon Catalogue de 1840.

POLYPODIUM ROBERTIANUM. Hoffm. 1791 — K. ed. 2ª, nº 4

P. calcareum Smith (1804). — DC. Fl. Fr. Suppl.
P. Dryopteris, β *calcareum* Gren. et Godr. Fl. Fr.

Cette charmante fougère qui, en somme, me parait bien plus répandue en France que le *P. Dryopteris*, a été découverte par M. Oscar de Lavernelle, le 11 août 1851, au pied des rochers de la forge des Eyzies, où elle forme de longues trainées sur les pelouses qui descendent jusqu'au bord de la Vézère. Elle y a été retrouvée, le 4 octobre suivant, en parfait état de maturité de ses fructifications, par M. Arthur de Bracquemont.

ASPIDIUM ANGULARE (Catal.).

Je n'en parle que pour mentionner la curieuse et jolie monstruosité que m'a offerte, en 1848, dans les bois du *Saut de la Gratusse*, une petite fronde de cette espèce, haute seulement de 8 centimètres 1/2. Son rachis s'était atrophié à l'extrémité, après avoir essayé de dérouler en spirale irrégulière la crosse que forme la préfoliation de la fronde. Huit *pinnæ* seulement sortaient de ce rachis dans l'étroit espace d'un centimètre et demi, et formaient un charmant bouquet étoilé vers le sommet du stipe.

Koch, dans sa 2ᵉ édition, nº 2, refuse d'admettre l'*A. angulare* Kit. comme espèce distincte; il le réunit comme en différant à peine, à son *A. aculeatum*, β *Swartzianum*; mais on est d'accord maintenant pour admettre, dans ce groupe, *trois* espèces: *aculeatum*, *angulare* et *Braunii*.

— THELYPTERIS (Catal.).

Polystichum Thelypteris Roth. — K. ed. 2ª, 1. — Ajoutez : Bords du *Ruchel*, à la Bleynie, commune de Saint-Félix-de-Villadeix (OLV.) — Marais voisin du gouffre du Toulon, près Périgueux (D'A). — Fossés et prises d'eau de moulins dans le *Bélingou* à Cadouin et à Ailhas, commune de Molières. — C sur les bords du Codeau et de son affluent la Luire, arrondissement de Bergerac (Eug. de BIRAN).

Koch, dans sa 2ᵉ édition, adopte le genre *Polystichum* auquel on avait, je crois, très-bien fait de renoncer : les travaux les plus récents sur la belle famille des Fougères me semblent en fournir de plus en plus la preuve.

Aspidium Filix-mas (Catal.).

> Polystichum Filix-mas Roth. — K. ed. 2ª, 3. — Ajou-
> tez : Assez commun dans l'arrondissement de Péri-
> gueux : Paladre, commune de Manzac (DD.). —
> Champcevinel, dans les vallons humides et boisés,
> où la forme de ses pinnules est très-variable (D'A.).

— Filix-femina. Swartz.

> Asplenium Filix-femina Bernh. — K. ed. 2ª, 1. — Gren.
> et Godr. Fl. Fr. III, p. 635.

> Découvert (pour le département) en 1847, par MM. les
> abbés Sagette, Jollivet, Agard et Château, du Séminaire
> de Bergerac, dans un ravin voisin du village de Bord, près
> Nontron.

> Retrouvé en 1848 à Saint-Estèphe, près Nontron, par
> moi, et en 1849 dans les bois ombragés de la Haute-Lone,
> en aval de la forge de Miremont, près Lanouaille (Eug. de
> Biran), en 1853 dans les bois de Corbiac, près Bergerac
> (Rev.), en 1853 dans la Bessède (OLV.), et en 1854 à l'en-
> trée de la grotte de Boudant, commune de Chalagnac (DD.).

> Il m'est impossible de partager la manière de voir qui
> porte la plupart des botanistes actuels à rapporter cette
> plante au genre *Asplenium*, et le mieux, à mon sens, est
> de reconstituer avec Nyman (1855) le grand genre *Aspi-
> dium* de Swartz.

Asplenium Trichomanes, var. *lobato-crenatum* (Catal.).

> J'ai retrouvé, en mars 1842, une touffe de cette
> curieuse et jolie forme sur la même rive de la Dordo-
> gne, mais à quelques kilomètres plus bas, dans la
> commune de Varennes, sur les rochers herbeux qui
> couronnent la falaise au-dessous du port de Lanquais.
> Cet escarpement est l'unique localité de nos environs

où se conservent quelques pieds d'*Arabis alpina*, des-
cendus de l'Auvergne avec notre fleuve.

ASPLENIUM RUTA-MURARIA (Catal.). — Ajoutez : Fentes des
rochers au *Gué de la Roque*, commune de la Monzie-
Montastruc, dans les fentes des rochers calcaires exposés au Midi (OLV.).

— ADIANTHUM-NIGRUM (Catal.). — Ajoutez : var. β *Ser-*
pentini Koch, Syn. ed. 2ª, p. 983, n° 8. — Gren. et
Godr. Fl. Fr. III, p. 638.

Aspl. *Virgilii* Bory, Expéd. de Morée.

Monpont (DD ; 1845). — J'ai trouvé plusieurs fois
l'espèce *passant à cette variété*, mais jamais aussi bien
caractérisée comme telle, par l'allongement, la finesse
et la denticulation de ses pinnules, que dans les échantillons récoltés par M. de Dives. Il y a pourtant quelques botanistes qui l'admettent comme espèce distincte ; mais Nyman ne l'admet pas dans son *Sylloge*.

— SEPTENTRIONALE. Swartz. — K. ed. 2ª, 9.

Dans un puits à Vic, près Grand-Castang, où M. Oscar
de Lavernelle en a trouvé *une seule touffe*, le 9 octobre
1851. — M. le comte d'Abzac avait bien vu la même plante
en abondance sur les rochers du *Saut du Saumon*, près le
château du *Saillant ;* mais cette localité, quoique fort voisine de la frontière du département de la Dordogne, appartient à celui de la Corrèze.

SCOLOPENDRIUM OFFICINALE (Catal.).

S. *officinarum* Sw. — K. ed. 2ª, 1.

Je n'en reparle que pour dire que dans le même bois où
je l'avais trouvé *bifurqué*, j'en ai rencontré, en 1855, une
fronde *deux fois bifurquée*, ce qui donne *trois* pointes à la

fronde, parce que l'une des divisions de la bifurcation primitive est restée simple.

Bien que cette double bifurcation soit fort rare, elle n'offre pourtant pas le dernier degré que puisse atteindre, dans cette espèce, le dédoublement des frondes, car j'en possède une, très-petite et toute rabougrie (14 centimètres), trouvée dans le même bois en juin 1851, et qui est affectée non-seulement de la bifurcation primitive, mais d'une ramification *palmée* de chacune des fourches; en sorte que, sur l'une d'elles, elle n'est indiquée que par des nervures, tandis que l'autre se divise en une douzaine de laciniures qui sont elles-mêmes incisées ou lobulées.

Cette dernière monstruosité qui n'a pas encore, que je sache, été décrite comme *spontanée,* a été mentionnée en 1845, dans la 2ᵉ éd. du *Synopsis* de Koch, comme cultivée dans les jardins botaniques, sous le nom de forma 2ª *dædalea.*

BLECHNUM SPICANT. Roth. — K. ed. 2ª, 1. — Parc de Jumilhac-le-Grand, et forge de Beausoleil, près Lanouaille (Eug. de BIRAN).

Je l'ai trouvé en abondance sur la lisière d'un bois et d'un pré humide, dans les sables granitiques, à Puyraseau, commune de Pluviers, près Nontron, en 1848. M. Oscar de Lavernelle me l'a signalé, en 1851, comme se trouvant fréquemment dans les trous creusés pour l'extraction de la mine de fer, sur divers points du bois de Lavernelle et de la forêt de Saint-Félix-de-Villadeix. Or, comme on ne rencontre la mine de fer que dans la molasse argilo-sableuse qui recouvre d'un épais manteau l'ossature crayeuse du Sarladais, il résulte des deux localités citées qu'ici comme ailleurs, cette plante répugne profondément aux sols calcaires.

CXXXV (bis) CHARACEÆ.

Dans le Catalogue de 1840, j'ai exposé les espèces duraniennes de cette famille d'après la nomenclature de M. Alexandre Braun, qui avait eu la bonté de les déterminer à l'exception d'une seule, qui fut nommée par M. Gay.

Depuis lors, je n'ai eu à ajouter qu'une seule espèce (*Ch. aspera*) aux cinq que nous connaissions alors, et je l'ai déterminée moi-même, mais avec le secours d'échantillons authentiques.

La place des Characées est maintenant fixée dans la cryptogamie et dans le voisinage immédiat des Algues, parmi lesquelles Endlicher les a colloquées dès 1841 ; cependant, en 1855, Nyman les a encore exposées, comme appendice de ses Nudiflores, dans le voisinage des Callitriche et des *Ceratophyllum*, entre les Conifères et les Orchidées.

Ce n'est pas la place de la famille dans une série linéaire, mais bien la détermination des espèces de cette famille, qui importe le plus au botaniste pratique, au floriste par conséquent, et je crois de mon devoir d'exposer nos six Characées d'après la nomenclature qui devra désormais faire loi.

C'est celle de feu Wallman, dans sa Monographie (*Essai d'une Exposition systématique de la famille des Characées*), imprimée en 1854 dans les *Actes de l'Académie royale des Sciences de Stockholm pour l'année 1852*, traduite en français par M. Nylander, et ainsi reproduite, sous la direction de M. Du Rieu de Maisonneuve, dans les *Actes de la Société Linnéenne de Bordeaux*, t. XXI, p. 1-90 (1856).

NITELLA TRANSLUCENS. Pers. (sub Charâ). — Coss. et Germ. Fl. Paris, t. 2, p. 682, n° 4, pl. 40, fig. B. (1845). — (typus) Brébiss. Fl. Normand. 2ᵉ éd.,

p. 337, n° 1 (1849). — Nyman, Syllog. 1855,
p. 351, n° 10. — Wallm. Monogr., p. 27, n° 30.

Ch. translucens Al. Braun. Esquiss. n° 7. — Nob. Catal.
1840.

Ch. flexilis DC. Fl. Fr. et suppl. — Duby, Bot. gall. —
Non Linn.! (Planta linneana, quæ est *Ch. Brongniar-
tiana* Weddell, specimen distinctam sistit, agro Petro-
corensi alienam).

Je ne connais aucune autre localité que celle que
j'ai citée dans le Catalogue de 1840.

Cette espèce est *monoïque*.

Nous avons aussi la var. *ε intermedia* Brébisson,
Fl. Normand., *ibid.* — J'en possède deux échantillons
en fruits, recueillis par M. de Dives, mais dont il n'a
pas marqué la localité précise.

NITELLA POLYSPERMA. Al. Braun (sub *Chará*), Fl. Bad. Crypt.
et Esquiss. n° 10 (1834). — Kutzing, Phycol. Germ.,
p. 255. — Wallman, Monogr., p. 34, n° 41. —
Nyman, Syllog. 1855, p. 351, n° 19.

Chara fasciculata Amici. — Al. Braun, Uebersicht,
1847. — Brébiss. Fl. Normand. 2e éd, p. 338, n° 7
(1849).

Chara syncarpa Nob. Catal. 1840! (*non* Thuill. *nec*
Braun, *nec* Duby).

La détermination de la plante indiquée au *bois de la
Pause* me fut envoyée de Paris. Elle a nécessairement
été faite sur un échantillon qui n'appartenait pas à
l'espèce dont il s'agit, car cette détermination est complètement erronnée La plante du *Bois de la Pause* ne
peut être rapportée au *syncarpa*, car elle est MONOÏQUE
et présente le caractère essentiel du *fasciculata*, celui

d'avoir les ramuscules latéraux beaucoup plus grêles que les médians.

C'est de concert avec mon ami Du Rieu, et à la vue des échantillons recueillis par lui-même au *Bois de la Pause*, que je rectifie le faux nom porté au Catalogue de 1840.

CHARA FŒTIDA (Catal) —Wallman , Monogr. p. 63, n° 32. — Nyman , Syllog. 1855 , p. 352 , n° 34.

Voici les formes reconnues jusqu'ici dans le département :

Le type de l'espèce (var. α si l'on veut) Al. Braun , Esquiss., comprenant :

1° *Forma* GLOMERATA *et* ELONGATA Al. Braun. — F. Schultz, exsicc. n° 393 *bis*.

Dans une petite fontaine très-calcarifère des berges rocailleuses de la Dordogne, près du *Saut de la Gratusse*.

2° *Forma* CONDENSATA Al. Braun. — F. Schultz, exsicc. n° 393.

Mares des bois à Segonzac (Du Rieu, Catal.). — Petits ruisseaux et fossés d'eau non courante, dans les prés à Lanquais.

Cette espèce est *monoïque*.

— HISPIDA. Smith (NON Linn., ex Wallman!). — Al. Braun , Esquiss. — Wallman , Monogr. p. 67, n° 41. — Nyman , Syllog. 1855, p. 352, n° 42, et auct. ferè omnium. — Nob. Catal. 1840.

Ajoutez : Font-Grand près Mareuil (M.).

J'ignore à quelles formes ou variétés appartiennent les échantillons, que je n'ai pas vus, récoltés par M. de Dives à Jaure (Catal.), et par M. l'abbé Meilhez à Font-Grand. Mais M. de Dives m'envoya, en 1840, peu après l'impression de mon Catalogue, des échantillons recueillis par lui dans une fontaine à Lafarge, commune de Manzac. Ces échantillons, déterminés d'après ceux que j'ai reçus en 1835 de M. Al. Braun, appartiennent certainement à la

Var. β *gymnoteles* Al. Braun, Esquiss. monogr. du g. Chara, *in* Ann. Sc. nat. 1834, 2ᵉ sér., t. 1, p. 355, nᵒ 19. — Wallman, Monogr. p. 68.

Cette espèce est *monoïque*.

CHARA ASPERA. Willd. — Coss. et Germ. Fl. Paris, t. 2, p. 680, nᵒ 4, pl. 38, fig. D (1845). — Wallman, Monogr., p. 78, nᵒ 58. — Nyman, Syllog. 1855, p. 352, nᵒ 56. — (typus) Al. Braun, Esquiss. monogr. Char. in Ann. Sc. nat. 1834, 2ᵉ sér. t. 1, p. 356, nᵒ 22.

Var. ε *subinermis* (*Chara intertexta* Desv. ap. Lois. Not. Fl. Fr. p. 138) Brébisson, Fl. Normand. 2ᵉ éd. p. 336 (1849).

J'ai rencontré cette jolie forme d'une espèce peu commune, le 12 octobre 1848, tout près du *Saut de la Gratusse*, dans une très-petite fontaine éminemment calcarifère, dont la décharge forme de minces filets d'eau et des marécages en miniature, dans les éboulements des berges de la Dordogne. Elle ne portait, comme de juste, presque plus de sporanges, et n'étant pas retourné dans cette localité depuis lors, je n'ai pu la recueillir de nouveau. Cette espèce se distingue du *Ch. fœtida* en ce qu'elle est *dioïque*.

J'ai essayé avec assez de succès de décaper un échantillon, pour l'étudier de plus près, à l'aide de l'acide acétique très-étendu d'eau. La couleur verte de la

plante perd un peu de son intensité; mais je crois
qu'en variant les doses et prolongeant le bain, on ob-
tiendrait d'excellents résultats de ce procédé.

CHARA FRAGILIS (Catal) — Wallman, Monogr. p. 84, n° 64.
— Nyman, Syllog. 1855, p. 352, n° 60.

Wallman divise les nombreuses formes de cette espèce
en deux groupes ou sous-espèces : *Ch.* FRAGILIS Desv. et
Ch. capillacea Thuill.

M. Al. Braun, au contraire, étiqueta la plante trouvée
par moi dans les fontaines et flaques d'eau du lit de la Dordogne : « *Chara fragilis* Desv *pulchella* Wallroth; forma
« tenera (*Chara capillacea* Thuill.) »

Je l'ai retrouvée en 1848 dans le lit de la Dordogne, non
seulement au port de Lanquais où je l'avais vue précédemment, mais encore et plus vigoureuse au *Saut de la Gra-
lusse*, et, en 1858, dans le lit vaseux du Couzeau, ruisseau qui arrose le vallon de Lanquais. C'est de là, sans
doute, qu'il était parti pour s'établir dans le bassin artificiel dont je parlais en 1840.

Si je veux la déterminer d'après l'ouvrage de Wallman
(1852), je trouve qu'elle n'appartient plus à sa 2e sous-
espèce (*Ch. capillacea*), mais bien à sa première (*Ch.
fragilis* Desv. proprement dit). Elle doit alors être étiquetée ainsi :

Chara fragilis Desv., γ *pulchella* Wallman, loc. cit.

Quant à la forme *capillacea*, qui doit représenter la var.
γ *capillacea* Coss. et Germ. Fl. Paris, t. 2, p. 680, n° 3
(1845); — var. δ *leptophylla* Al. Braun (1847); Brébiss.
Fl. Normand. 2e éd, p. 336, n° 7 (1849), je ne la connais que du département de la Manche (Dr Lebel), et nullement du Périgord.

Cette espèce est *monoïque*.

FIN.

22 Décembre 1858

ERRATA

POUR LES QUATRE FASCICULES DU CATALOGUE.

1. Partout où on a imprimé « Étang de la *Vernède* », il faut lire : *Étang de la* Vernide.
2. Partout où on a imprimé « Commune de Grienc ou de Grien », il faut lire : *Commune de* Grum.
3. Le bourg de Chalagnac et le bourg de La Chapelle-Gonaguet ont été attribués à tort à l'arrondissement de Nontron ; ils appartiennent à l'arrondissement de Périgueux.
4. A la page 111 du tirage à part du *Catalogue* de 1840, au lieu de « Notre-Dame-de-Souilhiac », il faut lire : Notre-Dame-de-Sanilhiac.

ADDITION

Au quatrième Fascicule du Catalogue.

Scirpus Holoschænus. Linn.— K. ed 1ᵉ, 14; ed. 2ᵉ, 15.

Découvert, le 30 juin 1859 (jour de la Fête Linnéenne, après l'impression du genre *Scirpus* dans le *Supplément final*), à l'extrême limite des départements de la Dordogne et de la Gironde, mais sur le territoire du premier, dans les prés qui bordent la Dronne, entre cette rivière et le ruisseau le *Chalaure*, au N. E. des Églisottes (Gironde), et par conséquent dans le *delta* qui sépare le département de la Gironde de celui de la Charente-Inférieure.

Au bord même de la Dronne, c'est la var. β *australis* Koch, l. c., à capitules assez nombreux, mais petits, dont un ou deux sont sessiles et dont l'anthèle est simple.

Dans les parties plus étanchées des prairies, c'est la var. γ *romanus* Koch, l. c., plus petite et plus grêle, mais dont le capitule, proportionnellement plus gros, est unique ou accompagné d'un seul capitule pédicellé et bien plus petit.

TABLE DE MATIÈRES

EN FORME DE

CATALOGUE MÉTHODIQUE

(pur et simple)

SERVANT DE RAPPEL AUX QUATRE FASCICULES SUCCESSIFS
DONT SE COMPOSE LE *Catalogue raisonné*.

AVIS ESSENTIEL.

Les quatre Fascicules sont ainsi désignés dans la Table :

I. (Catalogue primitif; 1840).
II. (1er Fascicule du Supplément; 1846).
III. (Additions au 1er Fascicule, et 2e Fascicule du Sup-
plément; 1849).
IV. (Supplément final; 1859).

Il eût sans doute été plus commode, pour la recherche des
divers articles consacrés à chaque espèce, que ceux-ci fussent
indiqués par la pagination; mais je n'ai pu employer ce moyen,
parce que la pagination n'est pas la même dans les *Actes de la
Société Linnéenne* et dans le tirage à part de mes quatre Fascicules. En indiquant seulement le fascicule, je mets le lecteur
à même de retrouver sûrement l'article cherché, puisque chacune de mes quatre publications successives est disposée suivant l'ordre du *Synopsis* de Koch, et j'évite ainsi de rendre
mes indications compliquées et même confuses à force de les
hérisser de chiffres.

Les *espèces* qui habitent le département sont numérotées
de 10 en 10, afin de faciliter leur totalisation générale ou
partielle. Je n'ai pas pris ce soin pour les *genres* ni pour

les familles, parce que ce sont des divisions conventionnelles
et variables au gré de chaque auteur ; tandis que l'espèce
est (ou devrait être, si ses limites étaient bien fixées) une
entité absolue.

Le caractère *romain* est consacré aux noms *spécifiques*
que j'adopte définitivement pour le Catalogue *départemental*, et qui *seuls* compteront dans la série numérotée de 10
en 10.

Le caractère *italique* désignera :

1° Les noms spécifiques employés dans les premiers fascicules, *abandonnés* dans le dernier ;

2° Les noms des espèces *étrangères* au département,
mais que j'ai eu occasion de décrire dans les diverses
Notices spéciales que contiennent les quatre Fascicules.

Les *variétés* et *variations* ou *formes* seront, de même,
cataloguées en *romain* ou en *italique*, selon qu'elles appartiennent au département ou qu'elles lui sont jusqu'ici de-
meurées étrangères.

Voici l'indication et le lieu de renvoi des NOTICES
SPÉCIALES, *descriptives* ou *critiques*, que mes études
m'ont conduit à insérer dans les quatre Fascicules, et dont
le développement dépasse celui des observations courantes :

1. Genre BATRACHIUM. — IV.
2. Feuilles *hétéromorphes* du NUPHAR LUTEUM. — III.
3. FUMARIA BORÆI Jord. (F. *muralis* K. non Sond.). — III. IV.
4. Observations sur le genre BARBAREA. — III.
5. Observations sur le VIOLA SYLVESTRIS. — III.
6. ARENARIA CONTROVERSA (olim *Conimbricensis*). — I. II. III.
7. Genre CERASTIUM (espèces *micropétales*). — I. II.
8. Observations sur les VICIA du groupe CRACCA. — III. IV.
9. Genre RUBUS. — I. III. IV.
10. POTENTILLA PROCUMBENS Sibth. — III. IV.
11. EPILOBIUM LAMYI Schultz. — III. IV.

12. Galium palustre, β rupicola Nob. — I. III. IV.
13. Galium elongatum, constrictum et debile. — III. IV.
14. Galium sylvestre Poll., et espèces voisines. — I. III. IV.
15. Sur les Chrysanthèmes d'automne de nos jardins. — IV
(sous la rubriq. Chrysanth. Parthenium).
16. Sur l'hybridomanie, à l'article du Verbascum virgatum.
— IV.
17. Genre Euphrasia. — IV.
18. Sur le parasitisme de l'Euphrasia Jaubertiana. — IV.
19. Mentha gratissima Wigg. (Odeurs caractéristiques). —
I. IV.
20. Clinopodium vulgare (Anecdote y relative). — IV.
21. Arbres remarquables du Périgord — IV.
22. Orchis cimicina Brébiss. — I. IV.
23. Bulbes des Allium Ampeloprasum et Sphærocephalum L. —
Autonomie de l'Allium Porrum L. — IV.
24. Notes sur les Scirpus lacustris L., forma foliosa Nob. — IV.
25. Généralités sur les akènes des Carex. — IV.
26. Observations sur les Carex du groupe præcox. — IV.

Ranunculaceæ.

Clematis Vitalba L. — I.
Thalictrum minus L. γ glandulosum K. — III.
β roridum K. II. III.
— fœtidum L. — I. II. III.
— Jacquinianum? K. — II.
— angustifolium Jacq., β heterophyllum K. —
II. III. IV.
— flavum L. — II. III.
Anemone nemorosa L. — I. III.
Adonis autumnalis. L. — I
— æstivalis L. — I. II.
— flammea Jacq. — I. II.
(10) Batrachium hederaceum L. (Ranunculus) — I. III. IV.
— tripartitum DC. (id.). — IV.
— radians Rev. (id.) (B. Godronii Gren.?) — IV.

BATRACHIUM aquatile L. (id.), α fluitans GG. — III. IV.

        β submersus GG. — IV.

—   trichophyllum Chaix (id.), α fluitans GG. — IV.

        β terrestris GG. — IV.

—   cæspitosum Sch. — I. III. IV.

—   Drouetii Sch. — IV.

—   divaricatum Schranck (Ranuncul.). — IV.

—   fluitans Lam. (id.), α fluviatilis GG. — I. II. III. IV.

        β terrestris Godr. — III. IV.

RANUNCULUS Flammula L. — I. III.

        β reptans K. — I. III.

—   ophioglossifolius Vill. — IV.

(20) —   Lingua L. — IV.

—   Ficaria L. — I. IV.

—   acris L., α (typus) DC. — I IV.

      γ multifidus DC. — I. IV.

—   nemorosus DC. — IV.

—   repens L. (form. procera, gracilis, flore pleno). I. IV.

—   bulbosus L. — I.

—   philonotis Retz (α et β subglaber K.). — I.

—   sceleratus L. — I. III. IV.

—   arvensis L. — I.

—   parviflorus L. — I.

(30) —   Chærophyllos L. — I. III.

CALTHA palustris L. — I. III.

HELLEBORUS viridis L. — I. III.

—   fœtidus L. — I.

ISOPYRUM thalictroides L. — IV.

NIGELLA damascena L. — I. III.

AQUILEGIA vulgaris L. — I. III. — (Fl. roseo) — IV.

DELPHINIUM Consolida L. — I. III.

—   Ajacis L. (colore varians). — I.

—   orientale Gay. — I.

Nymphæaceæ.

Nymphæa alba L. (α et β minor DC.). — I. II. III. IV.

(40) Nuphar luteum Sm. — I. III.

Papaveraceæ.

Papaver Argemone L. — I.

— hybridum L. — I.

— Rhœas L. (typus; Fl. albo; monstrum, *a* et *b*) — I.

(Fl. subrubicundo), IV.

— dubium L. — I. II. III. IV.

— somniferum L. — II.

Chelidonium majus L. — I.

Fumariaceæ.

Fumaria officinalis L. — I.

(α , β , γ K.). — III.

— *muralis* Sond. — III. IV.

— Boræi Jord. — IV.

— Vaillantii Lois. — I. III.

(50) — parviflora Lam. — III. IV.

Cruciferæ.

Cheiranthus Cheiri L. — I. II. III. IV.

Nasturtium officinale Br. — I.

— amphibium Br. — I. III. IV.

— sylvestre Br. (typus) K. — I. II.

♂ rivulare K. — III.

— palustre DC. — III. IV.

— pyrenaicum Br. — I. II. III. IV.

Barbarea *vulgaris* Br. (non vera). — I. III.

— stricta Andrzj. — III.

— præcox Br. — I. III.

— *vulgaris* Br. (!) — III.

— *intermedia* Bor. — III.

— *arcuata* Reichenb. — III.

BARBAREA *Rivei* Nob. — III.

— *prostrata* Gay et DR. — III.

ARABIS Alpina L. — I. III.

(60) — hirsuta Scop. (typus, K.). — I.

CARDAMINE impatiens L. — I. II. III.

— sylvatica L. II. IV.

— duraniensis Rev. — IV.

— hirsuta L.; et forma pusilla DR. — I.

— pratensis L. (typus et β dentata K.). — I.

HESPERIS matronalis L. (β sylvestris DC.).— I. II. III. IV.

MALCOLMIA maritima Br. — II.

SISYMBRIUM polyceratium L. — I. II. III.

— officinale Scop. (typus et monstrum).— I. III.

(70) — Irio L. — II. III. IV.

— Sophia L. — I. III.

— Thalianum Gaud. — I.

ALLIARIA officinalis Andrzj. — I.

ERYSIMUM cheiranthoides L. — IV.

— orientale Br. — I. IV.

BRASSICA Rapa L. — I.

— campestris L. — I.

— nigra Koch. — I.

HIRSCHFELDIA adpressa Moench. — I. III.

(80) SINAPIS arvensis L. (typus, et β K.) — I. II.

— alba L. — II. III.

— Cheiranthus Koch. — I. II. III.

DIPLOTAXIS tenuifolia DC. — II. III.

— viminea DC. — I. II. III.

ERUCA sativa Lam. — III.

ALYSSUM calycinum L. — I.

— campestre L., α hirtum K — II. III. IV.

CLYPEOLA Jonthlaspi L. — IV.

DRABA muralis L. — I.

(90) — verna L. — I.

ARMORACIA rusticana Fl. Wetter. — I. IV.

THLASPI arvense L. — IV.

THLASPI perfoliatum L. — I.

TEESDALIA nudicaulis Br. — I. II. III. IV.

IBERIS amara L. (α et β K.). — I. IV.

— Durandii? Lor. et Dur. — III.

— pinnata L. — IV.

BISCUTELLA lævigata L. — I. III. IV.

LEPIDIUM Draba L. — IV.

(100) — sativum L. — II.

— campestre L. — I.

— heterophyllum Benth. — IV.

— graminifolium L. — I.

HUTCHINSIA petræa Br. — I. IV.

CAPSELLA Bursa−pastoris Moench. — I.

SENEBIERA Coronopus Poir. — I.

MYAGRUM perfoliatum L. — II. IV.

NESLIA paniculata Desv. — I.

BUNIAS Erucago L. — I. II. III. IV.

(110) RAPISTRUM rugosum All. — II. IV.

RAPHANUS Raphanistrum L. (colore varians et monstr. calyce inflato et caule fasciolato). — I. II. III. IV.

Cistineæ.

CISTUS salvifolius L. — II. IV.

HELIANTHEMUM guttatum Mill. — I.

— fumana Mill. — I. III. IV.

— canum Duby. — I. III.

— vulgare Gærtn. — I. III.

— *appeninum* DC. — I.

— polifolium Koch (typus K.). — II.

forma pulverulentum DC. — II. IV

Violarieæ.

VIOLA hirta L. (typus et fl. roseo). — I. IV.

— odorata L. (*a., b.* Nob. — typus et β alba DC.). — I. II.

c. alba K. — Nob. I. II.

(120) Viola alba Bess. — II. IV (cum formâ hybridâ et var.
    nonnull.)
— suavis MB. — IV.
— sylvestris Lam. (typus K.). — I. III.
        β Riviniana — I. III. IV.
— Riviniana Reichenb. — III. IV.
— canina L. — III.
— Ruppii Chaub. — IV.
— lancifolia Thor. — I. II. III. IV.
— tricolor L., *β* arvensis K. — I. IV.
        segetalis Jord. — III. IV.
        agrestis Jord. — III. IV.
        ? *arvalis* Jord. — IV.

Resedaceæ.

Reseda lutea L. — I.
— luteola L. — I.
(130) Astrocarpus Clusii Gay. — II.

Droseraceæ.

Drosera rotundifolia L. — II. IV.
— longifolia L. — III.
— intermedia Hayn. — II. IV.
Parnassia palustris L. — I. II. III. IV.

Polygaleæ.

Polygala vulgaris L. (colore varians). — I. III.
— depressa Wend. — I.
— *amara α genuina* K. — I.
— calcarea Sch. (colore varians). — II. III. IV.

Sileneæ.

Gypsophila muralis L. — I.
Dianthus prolifer L. — I.
(140) — Armeria L. — I.
— Carthusianorum L. (*α* et *β* Godr.). — I. II. IV.
        γ herbaceus Personn. — IV.

DIANTHUS atrorubens All. — III.

— Caryophyllus L. — I. II. III.

SAPONARIA Vaccaria L. — I. II. III. IV.

— officinalis L. (typus et fl. subrubicund.). — I.

CUCUBALUS bacciferus L. — I.

SILENE gallica L. — I.

— nutans L. — I.

— inflata Sm. (typus et fl. roseo). — I.

(450) — Portensis L. — II. IV.

LYCHNIS Flos-Cuculi L., (typus et fl. albo). — I. III. IV.

— Coronaria Lam. — II. IV.

— vespertina Sibth., (typus et fl. roseo). — I. IV.

— diurna Sibth. — I. II. III. IV.

Alsineæ.

SAGINA ciliata Fr. — III. IV.

— procumbens L. — I.

— apetala L. — I. IV.

SPERGULA subulata Sw. (SAGINA K. ed. 2ª, 7). — I.

— arvensis L. α et β vulgaris K.). — I. II. III.

(160) — vulgaris Bor. — III.

— Morisonii Bor. — III.

— pentandra L. — I. III.

LEPIGONUM rubrum Wahlenb. — (ALSINE Catal.). — I.
II. III.

ALSINE tenuifolia Wahlenb. (typus, β et γ DC.). — I. II.

β viscosa K. — I.

γ carnosula Nob. — I. II.

MOEHRINGIA trinervia Clairv. — I.

ARENARIA serpyllifolia L. (α, β, γ K.). — I.

— montana L. — I. III. IV.

— Conimbricensis (Non Brot!) — I. II. III.

— controversa Boiss. — I. II. III. IV.

— ciliata L. (??). — IV.

HOLOSTEUM umbellatum L. — IV.

(170) STELLARIA media Vill. — I. III.

STELLARIA Holostea L. (typus et β minor Delast.).— I. IV.
—   graminea L. — I.
—   uliginosa Murr. — I. III. IV.
MOENCHIA erecta Fl. Wetter. — I.
MALACHIUM aquaticum Fr. — I.
CERASTIUM (*) *glomeratum* Thuill. — I. II.
—   brachypetalum Desport. — I. II.
—   semidecandrum L. — I. II.
—   pumilum Curt. — I. II.
—   *triviale* Link. — I. II.
—   vulgatum L. — I. II.
(180)   —   viscosum L. — I. II.|
—   *aggregatum* DR. — II.
—   alsinoides Lois. — I. II.
—   *Riœi* Nob. — II.

Lineæ.

LINUM gallicum L. — I.
—   strictum L. — I. III.
—   tenuifolium L. — I. III. IV.
—   salsoloides Lam. — III. IV.
—   angustifolium Huds. — I.
—   usitatissimum L. — I.
—   catharticum L. — I.
RADIOLA linoides Gmel. — I.

Malvaceæ.

190) MALVA Alcea L. — III.
—   moschata L. — I. III. IV.
—   laciniata Desrouss. — I. III.
—   sylvestris L. (typus et fl. plus minus roseo). — I.
     III. IV.
—   rotundifolia L. — I. III.
—   nicæensis All. — I. III.

(*) Les formes et variétés décrites dans ma monographie sont trop nombreuses pour les détailler ici.

ALTHÆA officinalis L. — I. III.

— cannabina L. — I. III. IV.

— hirsuta L. — I. III. IV.

Tiliaceæ.

TILIA grandifolia Ehrh. — I. III.

(200) — parvifolia Ehrh. — I. III.

Hypericineæ.

ANDROSÆMUM officinale All. — I. III.

HYPERICUM perforatum L. (typus et β K.). — I. III. IV.

— humifusum L. — I.

— tetrapterum Fr. — I.

— pulchrum L. — I.

— montanum L., β scabrum K. — I. III.

— hirsutum L. — I. III. IV.

— elodes L. — III. IV.

Acerineæ.

ACER campestre L. — I.

(210) — monspessulanum. L. — I.

Ampelideæ.

AMPELOPSIS quinquefolia Kern. — III.

VITIS vinifera L. — I.

Geraniaceæ.

GERANIUM sanguineum L. — III. IV.

— pyrenaicum L. — IV.

— pusillum L. — I.

— dissectum L. (typus et fl. albo). — I. IV.

— columbinum L. (typus et fl. albo). — I. III.

— rotundifolium L. (typus et f. aibo). I. IV.

— molle L. (typus et fl. albo). — I. III. IV.

(220) — lucidum L. — I. III.

— Robertianum L. (typus et fl. albo). — I. IV.

— purpureum Vill. (cum formâ minutiflorâ). —
I. (sub *G. Robertiano* β). IV.

27

Erodium cicutarium L'Hér. — I.
— moschatum L'Hér. — I. IV.
— malacoides Willd. — III.

Balsamineæ.

Impatiens noli-tangere L. — III. IV.

Oxalideæ.

Oxalis Acetosella L. — III. IV.
— corniculata L. — I. III.

Rutaceæ

Ruta graveolens L. — I. III. IV.

Coriarieæ.

(230) Coriaria myrtifolia L. — I. III. IV.

Celastrineæ.

Evonymus europæus L. — I.

Rhamneæ.

Rhamnus cathartica L. — I.
— Alaternus L. — I. III. IV.
— Frangula L. (typus et fol. latior.). — I. III.

Terebinthaceæ.

Pistacia Terebinthus L. — IV.
Rhus Coriaria L. — III. IV.

Papilionaceæ.

Ulex europæus L. — I.
— nanus Sm. (formæ thyrsoidea et laxior Nob.). — I.
Spartium junceum L. — III.
(240) Sarothamnus scoparius Wimm. — I.
Genista pilosa L. — I. III. IV.
— tinctoria L. — I.
— anglica L. — III. IV.
Cytisus capitatus Jacq. — IV.

Cytisus supinus L. — I. III. IV.
— prostratus Scop. — IV.
— hirsutus L. — I. III.
— sagittalis Deutschl. Fl. — III.
— argenteus L. — IV.

(250) Lupinus linifolius Roth. — III. IV.

Ononis repens L. (formæ spinosa et mutica). — I. III.
— Columnæ All. (typus et var. grandiflora Coss.) — I. IV.
— striata Bor. — III. IV.
— Natrix L. — I. III. IV.

Anthyllis vulneraria L. — I. III.

Medicago falcata L. — I. III.
— lupulina L. — I.
— orbicularis All. — I. III.
— marginata Willd. — IV.
(260) — Gerardi W. et Kit. — I.
— maculata Willd. — I.
— minima Lam. — I.
— apiculata Willd. — I.

Trigonella Fænum-græcum L. — IV.

Melilotus *officinalis* (Willd. *non* Desf.). — I. III.
— macrorhiza Pers. — I. III.
— *vulgaris* Willd. — I. III.
— alba Desrouss. — I. III.
— *Petitpierreana* Koch. — I. III.
— officinalis Desrouss., *non* Willd. — I. III.

Trifolium maritimum Huds. — I. IV.
— pratense L. (typus et fl. albo). — I. III. IV.
(270) — medium L. — I. III. IV.
— rubens L. — III. IV.
— ochroleucum L. — I. III.
— incarnatum L. (fl. rubro et albo). — I.
— angustifolium L. — I.
— lappaceum L. — I. III.
— arvense L. (typus et β strictius K.). — I. III.

TRIFOLIUM striatum L. — I. III.
—   scabrum L. — I.
—   subterraneum L. — I.

(280) —   fragiferum L. — I. IV.
—   glomeratum L. — I. III.
—   repens L. (cum ejusd. virescentiâ Moq.) — I. III.
—   *pallescens?* Schreb. — IV.
—   *Lagopus* Pourr. — IV.
—   *procumbens* Catal. *non* L. — I. III.
—   procumbens L. — I. III.
—   agrarium L. — I. III
—   *filiforme* Catal. *non* L. — I. III.
—   patens Schreb. (α et β Soy. Will. et Godr.) — I. III.

DORYCNIUM suffruticosum Vill. — III.

LOTUS corniculatus L. (excl. var. δ *tenuifolium* K.) — I.
—   tenuifolius Poll. — III.
—   *major* Scop. — I. III.
—   uliginosus Schkuhr. — I. III.

(290) —   angustissimus L. — III. IV.
—   hispidus Desf. — I. III. IV.

TETRAGONOLOBUS siliquosus Roth. — III. IV.

PSORALEA bituminosa L. — I. III.

ROBINIA pseudacacia L. — III.

COLUTEA arborescens. L. — III. IV.

ASTRAGALUS glycyphyllos L. — I. III. IV.
—   monspessulanus L. — I.

CORONILLA Emerus L. — I.
—   minima DC. — I. III. IV.

(300) —   scorpioides Koch. — I.
—   varia L. (typus et fl. albo.). I. III.

ASTROLOBIUM ebracteatum DC. — I. III.

ORNITHOPUS perpusillus L. (typus et γ nodosus DC.). I. IV.
—   compressus L. — I.
—   sativus Brot. — I.

HIPPOCREPIS comosa L. — I.
ONOBRYCHIS sativa Lam. — I.
 — alba?? Desv. — IV.
VICIA cassubica L. — III. IV.
 — *orobus?* DC. — III. IV.
 — *hirsuta* Koch. — I. III.
 — *gracilis* Lois. — I. III.
 — *Ervilia* Willd. — I. III.
 — *villosa* Roth., β glabrescens K. — I. III.
(310) — Cracca L. (typus et formæ incana et Kitaibeliana). III. IV.
 — *Gerardi* DC. — III. IV.
 — tenuifolia Roth. — III. IV.
 — varia Host. — I. (sub *V. villosâ*, β.) III. IV. (fl. albo).
 — Bithynica L. — I. III.
 — sepium L., α vulgaris et β montana K. (typus et fl. albo). — I. III.
  γ ochroleuca K. — IV.
 — lutea L. — I. IV.
 — sativa L. — β linearifolia Nob. Catal. (Exclude var. α *segetalem*). I. III.
 — segetalis Thuill. (fl. roseo et albo). III. IV.
 — angustifolia Roth (eum formâ 3-4 flor.) I. III. IV.
 — uncinata Desv. (cum var. flore lacteo). III. IV.
(320) ERVUM hirsutum L. — I (sub Viciâ). III.
 — tetraspermum L. — III. IV.
 — gracile L. — I. (sub Viciâ). III. IV.
 — Ervilia L. — I. III.
PISUM arvense L. — I. III.
LATHYRUS Aphaca L. — I.
 — Nissolia L. — I. III.
 — sphæricus Retz. — I. III.
 — cicera L .— I.
 — sativus L. — I.
(330) — angulatus L. — I.

LATHYRUS hirsutus L. — I.

— pratensis L. — I.

— sylvestris L. — I (quoad var. paucifloram; excl. var. *grandifloram*). III.

— latifolius L. — I (sub L. sylvestri grandifloro). III.

OROBUS tuberosus L. (typus et β tenuifolius K.). I.

— niger L. — I. III. IV.

Cæsalpinieæ.

CERCIS Silisquastrum L. — III. IV.

Amygdaleæ.

PRUNUS spinosa L. — I.

— fruticans Weihe. — IV.

340) — insititia L. — IV.

— domestica L. — III.

— avium L. — III. IV.

— Cerasus L. — I. III.

— Padus L. — IV.

— Mahaleb L. — I. III.

SPIRÆA Ulmaria L., α et β K. — I. IV.

— Filipendula L. — I. III.

— hypericifolia DC. — III.

GEUM urbanum L. — I.

350) RUBUS (1) plicatus? Weihe et Nees. — I. IV.

— cæsius L., α umbrosus Wallr. (α typus, I. III). IV.

β agrestis W. N. (*R. dumetorum*, β. III). IV.

— nemorosus Hayn. (*R. dumetorum*, β. III proparte). IV.

— glandulosus Bell. — IV.

— Sprengelii W. N. (*R. villosus*, β. III). IV.

---

(1) J'expose ici les *Rubus* dans l'ordre que j'ai suivi pour le *Supplément final* IV), ajoutant à chacun son renvoi au *Catalogue* (I) et au 2ᵉ fascicule du Supplément (III). Tout autre mode d'exposition allongerait trop cette Table.

Rubus hirtus W. N. (*R. villosus*, δ. 1. III) α genuinus
    Godr. — IV.
                    β thyrsiflorus Godr. — IV.
  — tomentosus Willd., α erectus Nob. — I. IV.
  —   β prostratus Bast. — I. III. IV.
  — collinus DC. (*R. fruticosus*, formæ *a* pro parte,
      c et *e* Nob. — I. III.). — IV.
  — arduennensis Lib. — I. III. IV.
  — discolor W. N. (R. *fruticosus*, formæ *a* pro parte,
      d et *f* Nob. — I. III.). — IV.

(360) — macrophyllus W. N. — IV.
  — carpinifolius W. N. — IV.
  — thyrsoideus Wimm. (*R. fruticosus*, pro parte,
      III). — IV.
  — Thuillieri Poir. (*R. fruticosus*, forma *b*. I. — IV.

Fragaria vesca L. — I. III.
  — elatior Ehrh. — III.
  — collina Ehrh. — I.
  — grandiflora Ehrh. — IV.

Potentilla anserina L. — I. III.
  — argentea L. — I. III. IV.
(370) — reptans L. — I.
  — procumbens Sibth. — III. IV.
  — Tormentilla Sibth. — I. (sub *Tormentilla*
      erectâ). — III.
  — verna L. — I.
  — splendens Ram. — I. III.
  — fragariastrum Ehrh. — I.

Agrimonia Eupatoria L. — I.
  — odorata Ait. — IV.

Rosa canina L. (α et β; exclude γ.). — I.
  — andegavensis Bast. (*R. canina*, γ. I.). — III.
(380) — rubiginosa L., δ sepium K. — I. III.
                    ζ umbellata Lindl. — IV.
  — tomentosa Sm. — III.

Rosa systyla Bast. — IV.
— *leucochroa* Desv. — IV.
— *fastigiata* Bast. — IV.
— arvensis Huds., α genuina GG. — I. IV.
       β bracteata GG. — III. IV.
— sempervirens L. — I. III. IV.
— gallica L. — III.

Sanguisorbeæ.

ALCHEMILLA arvensis L. — I.
SANGUISORBA officinalis L. — III.
POTERIUM *Sanguisorba* L. — I.
— dictyopterum α et β Spach. — I. III.
— polygamum W. et Kit. — IV.

Pomaceæ.

390) CRATÆGUS oxyacanthoides Thuill. (sub *C. oxyacanthâ*, I.)
      — III.
— Oxyacantha L. (sub *C. monogynâ*, I.). — III.
— Pyracantha L. — IV.
MESPILUS germanica L. — I. III.
CYDONIA vulgaris L. — I.
PYRUS communis L., *a* et *b* DC. *non* K. — I. III.
— Malus L. — I.
ARONIA rotundifolia Pers. — IV
SORBUS domestica L., α et β Mut. — I. III.
— ARIA Crantz. — III.
(400 — torminalis Crantz. — I.

Granateæ.

PUNICA Granatum L. — III.

Onagrarieæ.

EPILOBIUM hirsutum L. — I. III.
— parviflorum Schreb. — I. III.
— montanum L. (typus K. excl. γ K. *(pro parte)*.
      — I.

Epilobium lanceolatum Seb. et Maur. [*E. montanum* γ K.
    (*pro parte*) — I. III. IV.

—   *collinum* Gm. — III.

—   tetragonum L. *non* K. — I. III. IV.

—   roseum Schreb. — III.

—   Lamyi Sch. — III. IV.

Ænothera biennis L. — I. III.

(410) Isnardia palustris L. — III. IV.

Circæa lutetiana L. — I. III.

Trapa natans L. — I.

Halorageæ.

Myriophyllum verticillatum L. (β et γ K.) — I. III. IV.

—   spicatum L. — I.

—   alterniflorum DC. — III. IV.

Callitrichineæ.

Callitriche stagnalis Scop. — IV.

—   platycarpa Kutz. — I.

—   vernalis Kutz. — IV.

—   hamulata Kutz. — IV.

(420)   —   obtusangula ? Le Gall. — IV.

Ceratophylleæ.

Ceratophyllum submersum L. — IV.

—   demersum L. — I.

Lythrarieæ.

Lythrum Salicaria L. — I.

—   flexuosum Lagasc. — IV.

—   hyssopifolia L. — I. III. IV.

Peplis Portula L. — I.

—   Boræi Jord.

Cucurbitaceæ.

Bryonia dioica L. — I. IV.

Ecballion Elaterium Rich. — I.

28

Portulaceæ.

(430) PORTULACA oleracea L. — I.

    MONTIA *fontana* L. — I.

    — rivularis Gm. — III. IV.

    — minor Gm. — III.

Paronychieæ.

CORRIGIOLA littoralis L. — I.

    — telephiifolia Pourr. — I.

HERNIARIA glabra L. — I. III.

    — hirsuta L. — I.

ILLECEBRUM verticillatum L. — I. III. IV.

POLYCARPON tetraphyllum L. — I. III.

Scierantheæ.

SCLERANTHUS annuus L. — I.

Crassulaceæ.

(440) CRASSULA rubens L. — I.

    SEDUM *Telephium* L. K. — I.

    — purpurascens Koch (typus et β albiflorum K.) — I. III. IV.

    — Fabaria Koch. — III.

    — Cepæa L. — I.

    — album L. — I. III.

    — micranthum Bast. — III.

    — dasyphyllum L. — III.

    — acre L. — I.

    — anopetalum DC. — I. III. IV.

    — reflexum L.. α et β K. — I. III.

        δ cristatum DC. — IV.

(450) — altissimum Poir. — IV.

    SEMPERVIVUM tectorum L. — I. III.

    UMBILICUS pendulinus L.. — I. III.

Cacteæ.

OPUNTIA vulgaris Mill. — I.

Grossularieæ.

RIBES Grossularia L. — III. IV.

Saxifrageæ.

SAXIFRAGA Aizoon Jacq. — IV.
—   tridactylites L. — I.
—   granulata L. — I. III.
CHRYSOSPLENIUM oppositifolium L. — I. III.

Umbelliferæ.

HYDROCOTYLE vulgaris L. — I. III. IV.
(460) SANICULA europæa L. — I.
ERYNGIUM campestre L. — I.
        β megacephalum de Pouz. (forma capitulis elongatis Nob.). — I. IV.
APIUM graveolens L. — III.
PETROSELINUM sativum L. — III.
—   segetum Koch. — III. IV.
HELOSCIADIUM nodiflorum Koch. — I.
                monstrum. — IV.
—   inundatum Koch. — III.
SISON Amomum L. — I. III. IV.
AMMI majus L. — III.
CARUM verticillatum Koch. — I. III. IV.
(470) BUNIUM denudatum DC. — I.
PIMPINELLA magna L. — I. III.
—   Saxifraga L., α, β, γ et formæ pubescentes K. — I. III.
BERULA angustifolia Koch. — I.
BUPLEURUM tenuissimum L. — I. III.
—   junceum ? L. — IV.
—   falcatum L. — I. III.

Bupleurum protractum Link. — I.
— rotundifolium L. — I. III.
Œnanthe fistulosa L. — I. III. IV.
(480) — Lachenalii Gm. — III. IV.
— peucedanifolia Poll. — III.
— pimpinelloides L. — I. III. (sub *Lachenalii*).
— Phellandrium Lam. — III.
Æthusa Cynapium L. — I. III. IV.
Fæniculum officinale All. — I.
Seseli montanum L., formæ plur. — I. III. IV.
Libanotis montana All. — III.
Silaus pratensis Bess. — I. III.
Selinum Carvifolia L. — I. III. IV.
(490) Angelica sylvestris L. — I.
— montana Schleich. — I. III.
Peucedanum parisiense DC. — I. IV.
— Cervaria Lap. — III IV.
Anethum graveolens L. — III.
Pastinaca *sativa* L. (*sylvestris* K.). — I. III.
— opaca Bernh. — I. (sub *sativà*). III.
Heracleum Sphondylium L. — III.
Tordylium maximum L. — I.
Laserpitium latifolium L., β asperum K. — III.
Orlaya grandiflora Hoffm. — I.
(500) Daucus Carota L. (sylvestris K.). — I.
Caucalis daucoides L. — I.
Turgenia latifolia Hoffm. — I. III. IV.
Torilis Anthriscus Gærtn. — I.
— helvetica. Gm. — I.
— nodosa Gærtn. — I.
Scandix Pecten-Veneris L. — I.
Anthriscus sylvestris Hoffm. (typus K.). — I.
β alpestris K. — III. IV.
— Cerefolium L. — I.
— vulgaris Pers. — I. IV.

(510) CHÆROPHYLLUM temulum L. — I.
Conium maculatum L. — I. III.
Smyrnium Olusatrum L. — I. III.

Araliaceæ.

Hedera Helix L. — I.

Corneæ.

Cornus sanguinea L. — I.

Loranthaceæ.

Viscum album L. — I. III. IV.

Caprifoliaceæ.

Sambucus Ebulus L. — I.
     forma laciniata Bauh. — IV.
   —   nigra L. (typus et forma heterophylla). — I. IV.
Viburnum Lantana L. — I.
   —   Opulus L. — III.
(520) Lonicera Periclymenum L. — I.
   —   Xylosteum L. — I.

Stellatæ.

Sherardia arvensis L. — I.
Asperula arvensis L. (typus et fl. albo). — I. IV.
   —   cynanchica L. — I.
   —   galioides MB. — III.
Crucianella angustifolia L. (typus DC.). — III.
     β monostachya DC. — I.
Rubia tinctorum L. — I.
   —   peregrina L. — I. IV.
Galium cruciata L. — I.
(530)   —   tricorne L. — I.
   —   Aparine L. (typus K.). — I.
     β minus DC. — III. IV.
     forma tenerum Schleich. — IV.

GALIUM uliginosum L. — I.

        β *hercynoides* Nob. — III. IV.

—   *anglicum* Koch, *non* Huds. — I. III.

—   parisiense L., β lejocarpum Tausch. — III.

—   palustre L. — I. IV.

        β rupicola Nob. — I. III. IV.

—   *elongatum* Presl. — IV.

—   *constrictum* Chaub. — III. IV.

—   *debile* Desv. — III. IV.

—   verum L. — I.

—   Mollugo L., et δ elatum DC. — I. IV.

—   saxatile L. — III. IV.

—   *sylvestre* Poll., **α** *glabrum* et δ *supinum* K. — I. III. IV.

—   læve Thuill. — I. III. IV·

—   *implexum* Jord. — I. III. IV.

540) —   commutatum Jord. — IV.

—   *supinum* Bor. an Lam.? — IV.

Valerianeæ.

VALERIANA officinalis L., **α** major K. ed. 2ᵃ. — I. III.

        α *altissima* K. ed. 1ᵃ. — I. III.

—   Phu L. — III.

—   dioica L. — I. III.

—   tripteris L. (typus et β intermedia K.). — IV.

       γ pinnata OLV. — IV.

CENTRANTHUS ruber DC. (typus, et fl. albo et ruberrimo). — I. III. IV.

—   Calcitrapa Dufr. — I. III. IV.

VALERIANELLA olitoria Poll. — I.

—   carinata Lois. — I.

—   eriocarpa Desv. — I. III.

550) —   Morisonii DC., β lasiocarpa K. — I. III.

—   Auricula DC.. (typus K.). — IV.

       β et γ K. — III.

VALERIANELLA *dentata* Catal. *non* DC. — I.

    — *hamata* Bast. — I. III.

    — coronata DC. — I. III.

Dipsaceæ.

DIPSACUS sylvestris L. — I.

KNAUTIA sylvatica Dub. — I. IV.

    — arvensis Coult. (fl. cæruleo, roseo et albo).— I.
        III.

SUCCISA pratensis Moench. (fl. cæruleo, roseo et albo. —
        I. III. IV.

SCABIOSA Columbaria L. (typus, fl. albo et capitulis pro-
        liferis). — I. III.

    — permixta Jord. — IV.

Compositæ.

EUPATORIUM cannabinum L. — I.

(560) TUSSILAGO Farfara L. — I.

NARDOSMIA fragrans Reich. — IV.

LINOSYRIS vulgaris Cass. — IV.

BELLIS perennis L. — I.

ERIGERON canadensis L. — I.

    — acris L. — I.

SOLIDAGO Virga–aurea L., α, β, γ K). — I. IV.

    — glabra Desf. — IV.

    — *graveolens* Lam. — I. IV. (sub Inulâ).

MICROPUS erectus L — IV.

PALLENIS spinosa Cass. — I. IV.

(570) INULA Helenium L. — I. IV.

    — salicina L. — I. IV.

    — Conyza DC. (sub Conyzâ squarrosâ L.). — I.

    — montana L. — I.

    — graveolens Desf. — I. (sub Solidagine). IV.

PULICARIA vulgaris Gærtn. — I.

    — dysenterica Gærtn. — I.

BIDENS tripartita L. — I.

    — cernua L. — I. IV.

Filago germanica L., α lutescens GG. — I. IV.

β canescens GG. — I. IV.

(580) — spathulata Presl. — IV.

— arvensis L. — I.

— gallica L. (typus et forma nana). — I. IV.

Gnaphalium uliginosum L. — I.

— luteo-album L. — I. IV.

— dioicum L. — I.

Helichrysum Stœchas DC. — I.

Artemisia Absinthium L. — I. IV. ·

— campestris L. (typus K.). — IV.

— vulgaris L. — I. IV.

590) Tanacetum vulgare L. — IV.

— Balsamita L. — IV.

Achillea Millefolium L. — I.

— lanata Spreng. — IV.

Anthemis arvensis L. (typus et monstrum). — I. IV.

— Cotula L. — I.

— nobilis L. — I.

— *parthenioides* Bernh. — IV.

Ormenis mixta DC. — I.

Matricaria Chamomilla L., α calva Gay. — IV.

Forma suaveolens. — IV.

Chrysanthemum Leucanthemum L. (typus et β discoi-

deum K.) — I. IV.

— *Parthenium* L. — I. IV.

(600) — corymbosum L. — IV.

— inodorum L. — I.

— segetum L. — I.

Dendranthema Parthenium L. (sub Chrysanth.). — IV.

— *parthenioides* Bernh. (sub Anthemide).

— IV.

— *indica* Cass. (sub Pyrethro). — IV.

— *sinensis* Sabin. (sub Chrysanth.). — IV.

Doronicum Pardalianches L. — I. IV.

— *austriacum* Jacq. — IV.

Senecio vulgaris L. (typus et monstrum). — I. IV
— viscosus L. — I. IV.
— artemisiæfolius Pers. — IV.
— erucifolius L. (typus et β tenuifolius DC.). — I. IV.
— Jacobæa L — I.
(610) — aquaticus Huds. — IV.
— erraticus ? Bertol. — IV.
Calendula arvensis L. — I. IV.
— officinalis L. — I.
Echinops sphærocephalus L. — IV.
Cirsium lanceolatum Scop. (typus et fl. albo). — I. IV.
— eriophorum Scop. (typus et β spurium DC.). —
I. IV.
— palustre Scop. — I. IV.
— anglicum Lam. — I. IV.
— bulbosum DC. — I. IV.
— *spurium* Delastr. — IV.
(620) — acaule All. (acaulis, caulescens et fl. albo.) —
I. IV.
— arvense Scop. (α horridum et δ vestitum K.) —
I. IV.
Silybum Marianum Gærtn. — I. IV.
Carduus tenuiflorus Curt. — I.
— nutans L. (typus et fl. albo). — I. IV.
Onopordon Acanthium L. — I.
Lappa major Gært. — IV.
— minor DC. — I.
Carduncellus mitissimus DC. (acaulis et caulescens).
— I. IV.
Carlina vulgaris L. — I.
(630) — corymbosa L. — IV.
Stæhelina dubia L. — IV.
Serratula tinctoria L. — I. IV.
Kentrophyllum lanatum DC. — I.
Centaurea *Jacea* L., β *pratensis* K. — I. IV.
— pratensis Thuill. — I. IV.

CENTAUREA *nigra* L. (typus et *β decipiens* DC.). — I.

— microptilon Godr. et Gren. (typus, monstrum et fl. vix roseo et albo). — I. IV.

— Debeauxii Godr. et Gren. (typus et fl albido
et albo). — I. IV.

— serotina Bor. — IV.

— Cyanus L. — I.

— scabiosa (typus L. — I ; sub *β coriacea* K .
— IV.

(640) — solstitialis L. — IV.

— Calcitrapa L. (typus et fl. albo). — I. IV.

LEUZEA conifera DC. — IV.

XERANTHEMUM cylindraceum Sm. — I. IV.

SCOLYMUS hispanicus L. — IV.

LAPSANA communis L. — I.

ARNOSERIS pusilla Gærtn. (sub *minima*). — I

RHAGADIOLUS stellatus Gærtn. — IV.

CICHORIUM Intybus L. — I.

THRINCIA hirta Roth. — I.

(650) LEONTODON autumnalis L. — I. IV.

— hastilis L. — I.

PICRIS hieracioides L. (typus et forma collina Nob.). — I. IV.

HELMINTHIA echioides Gærtn. — IV.

TRAGOPOGON porrifolius L. — IV.

— major Jacq. — I.

— pratensis L. (typus; excl. var. *β* Catal.). — I.

— dubius Vill. — I. (sub *pratensi β tortili*). — IV.

SCORZONERA humilis L. — I.

PODOSPERMUM laciniatum DC. — I. IV.

(660) HYPOCHÆRIS glabra L. — I.

— radicata L. — I.

TARAXACUM officinale Wigg. (typus et forma exigua, collina DR. — Exclud. var. 2 et 3). — I.

— erythrospermum Andrz. — I. IV.

— palustre DC. — I. IV.

CHONDRILLA juncea L. — I.

LACTUCA Scariola L. — I.

LACTUCA *virosa?* L. — I. IV.

— saligna L. — I.

— viminea Link. — IV.

— muralis Fresen. — I. (sub *Phænixopo murali*). — IV.

(670) — perennis L. — I. IV.

SONCHUS oleraceus L. (planta typica, cum variationibus pallidâ, glandulosâ et angustifoliâ).—I. IV.

— asper Lam. — I.

— arvensis L. (typus et var. γ lævipes K.).—I. IV. var. elatior Bor. — IV.

BARKHAUSIA fœtida DC. (*Crepis* K. ed. 2ᵃ). — I.

— taraxacifolia Thuill. (*Crepis* K. ed. 2ᵃ). — I

— recognita Hall. fil. — IV.

CREPIS virens L. — I.

— pulchra L. — I. IV.

— paludosa Moench. — I.

(680) TOLPIS barbata Gærtn. — IV.

— umbellata Bert. — I.

ANDRYALA integrifolia L. — I.

HIERACIUM Pilosella L. — I.

— Auricula L. — I.

— vulgatum Fr. — I. IV.

— murorum L. (typus et β sylvaticum K.; exclude γ *rotundatum* Catal.). — I. IV. var. ovalifolium GG. — IV.

— *sabaudum* L. — I. IV.

— boreale Fr. (δ. δ, ε, η GG.). — I. IV.

— *rigidum* Hartm. — IV.

— umbellatum L. — I.

Ambrosiaceæ.

XANTHIUM strumarium L. — I.

(690) — macrocarpum DC. — I

— spinosum L. — I.

Lobeliaceæ.

LOBELIA urens (typus et fl. roseo). — I.

Campanulaceæ.

JASIONE montana L. (typus, hirsuta et monstr.'. — I. IV.
PHYTEUMA orbiculare L. — I. IV.
— spicatum L. — I. IV.
CAMPANULA rotundifolia L. — I.
γ velutina K. — IV.
— rapunculoides L. — IV.
— Trachelium L. (typus et β dasycarpa K.). — I
— patula L. — I.
700 — Rapunculus L. — IV.
— persicifolia L. — IV.
— glomerata L. (typus et fl. albo). — I. IV.
ε sparsiflora, ζ cervicarioides et θ pusilla
DC. Prodr. — IV.
SPECULARIA Speculum DC.— I. (sub *Prismatocarpo*). - IV.
— hybrida DC.— I. (sub *Prismatocarpo*).—IV.
WAHLENBERGIA Erinus Link. (*Campanula* K. ed. 2º). - I.
— hederacea Reichenb. — IV.

Ericineæ.

CALLUNA vulgaris Salisb. (typus et fl. albo). — I. IV.
ERICA Tetralix L. — IV.
— cinerea L. (typus et fl. albo). — I. IV.
(710) — ciliaris L. (typus et fl. roseo et albo). — I. IV.
— vagans L. — I. IV.
— scoparia L. (typus et fl. rubescente) — I.

Monotropeæ.

MONOTROPA. Hypopitys L. — I. IV.

Aquifoliaceæ.

ILEX Aquifolium L. (spinosa et mutica). — I. IV.

Oleaceæ.

LIGUSTRUM vulgare L. — I.
           var. fructu luteo Dum. de Cours. — IV.
SYRINGA vulgaris L. — IV.
FRAXINUS excelsior L. — I.

Jasmineæ.

JASMINUM fruticans L. — I. IV.
—   officinale L. — I. IV.

Asclepiadeæ.

CYNANCHUM Vincetoxicum Br. — I. IV.
(720)   —   laxum ? Bartl. — IV.

Apocyneæ.

VINCA major L. — I. IV
— minor. L. — I. IV.

Gentianeæ.

MENYANTHES trifoliata L. — IV.
CHLORA perfoliata. L. — I. IV.
GENTIANA Pneumonanthe L. — IV.
CICENDIA filiformis Reichenb. — I. (sub *Gentianâ*).— IV.
ERYTHRÆA Centaurium Pers. (typus, β *capitata* K. et fl.
      albo). — I. IV.
—   pulchella Fr. (typus et fl. subroseo, et forma
      nana). — I. IV.
—   Candollii Desv. — I. IV.

Convolvulaceæ.

(730) CONVOLVULUS sepium L. (typus et fl. roseo-radiat.).— I.
—   arvensis L. (typus et forma nana Nob.).— I.
—   Cantabrica L. — I.

Cuscutaceæ.

CUSCUTA Epithymum L. — I. IV.
— Trifolii Babingt.- I. (sub *Epithymo*, pro parte).-IV.

Boragineæ.

HELIOTROPIUM europæum L. — I.

ECHINOSPERMUM Lappula Lehm. — I. IV.

CYNOGLOSSUM officinale L. — I. IV.

— pictum L. — I.

BORAGO officinalis L. — I.

740) ANCHUSA italica Retz. — I. IV.

— sempervirens DC. — IV.

NONNEA *alba* DC. — IV.

LYCOPSIS arvensis L. — I.

SYMPHYTUM officinale L. — IV.

— tuberosum L. — I. IV.

ECHIUM vulgare L. (typus et fl. albo). — I.

monstrum. — I. IV.

PULMONARIA *officinalis* L. — I.

— saccharata Mill. — I. IV.

— angustifolia L. — I.

— *azurea* Bess. — I.

LITHOSPERMUM officinale L. — I. IV.

— purpureo-cæruleum L. — I. IV.

750) — arvense L. — I.

MYOSOTIS strigulosa Reichenb. — IV.

— *palustris* With. — I. IV.

— cespitosa Sch. — I. IV.

— sylvatica Hoffm. — I. IV.

— intermedia Link. — I.

— hispida Schlect. — I.

— versicolor Pers. — I.

Solaneæ.

LYCIUM barbarum L. — I. IV.

SOLANUM nigrum L. — I.

— *villosum* Lam. — I. IV.

— miniatum Bernh. — IV.

760) — ochroleucum Bast. — IV.

— Dulcamara L. — I.

PHYSALIS Alkekengi L. — I. IV.

HYOSCIAMUS niger L. — I.

DATURA Stramonium L. (typus K.). — I

β chalybea K. — IV.

Verbasceæ.

VERBASCUM Schraderi Mey. — I. IV.

— thapsiforme Schrad. — IV.

— phlomoides L. — I. IV.

— montanum Schrad. — IV.

— floccosum W. et Kit. — I.

(770) — Lychnitis L., α fl. flavis et β albis. — I. IV.

— nigrum L. — IV.

β thyrsoideum K. — IV.

forma micrantha K. — IV.

— Blattaria L. — I.

— virgatum With. — IV.

— *lychnitidi-floccosum* Ziz.

— *Thapso-lychnitis* MK.

— *Thapso-nigrum* Schiede. *(hybridæ).* — IV.

— *... alia forma hybrida Blattariæ*

SCROPHULARIA nodosa L. — I. IV.

— Balbisii Hornem. — I. IV.

— canina L. — I. IV.

Antirrhineæ.

GRATIOLA officinalis L. — I.

DIGITALIS purpurea L. — I. IV.

— purpurascens Roth. — IV.

(780) — media Roth. — I.

— lutea L. — I. IV.

ANTIRRHINUM majus L. — I.

— Orontium L. (typus et fl. roseo). — I. IV.

LINARIA Cymbalaria L. — I.

— Elatine Mill. — I.

Linaria spuria Mill. (typus et peloriae). — I. IV.

β grandifolia Lef. Mél. — I. IV.

— minor Desf. (typus et β glabrata Delastr.— I. IV.

— Pelisseriana Mill. — I. IV.

— striata DC., α typus et β brevifolia Nob. (α galioides Guép. ; fl. albo et luteolo (β ochroleuca Bor.) — I. IV.

790) — vulgaris Mill. — I. IV.

— spartea Hoffm. et Link.— I. (sub *junceâ*). — IV.

— supina Desf. — I. IV.

Anarrhinum *bellidifolium?* Desf. — IV.

Veronica scutellata L. (typus et β pubescens k). — IV.

— Anagallis L. (typus et forma anagalloides Guss.).
— I. IV.

— Beccabunga L. — I.

— Chamœdrys L. — I.

— montana L — IV.

— officinalis L. — I. IV.

— latifolia L. — I. IV.

800) — serpyllifolia L. — I.

— acinifolia L. — I.

— arvensis L. — I.

— triphyllos L. — I.

— *præcox* All. — IV.

— agrestis L. — I.

— didyma Ten. — I

— hederifolia L. — I.

Limosella aquatica L. — IV.

Orobancheæ.

Orobanche cruenta Bertol. (typus et β citrina Coss. et
Germ.) — IV.

γ Ulicis Reut. — I. IV

— *Ulicis* Nob. — I. IV.

— Rapum Thuill. — I

'810) Orobanche Epithymum DC. — I.
— Galii Duby. — IV.
— minor Sutt. (typus et β flavescens Reut.).
I. IV.
— *Carotæ* Nob. — I. IV.
— Hederæ Vauch. — I. IV.
— amethystea Thuilles. — IV.
— ramosa L. — I. IV.
Lathræa clandestina L. (typus et fl. ferè albo). — I. IV.

Rhinanthaceæ.

Melampyrum arvense L. — IV.
— pratense L. — I.
Pedicularis sylvatica L. — I. IV.
(820) — palustris L. — IV.
Rhinanthus major Ehrh. — I.
Bartsia viscosa L. — I. IV.
Euphrasia officinalis L. (cum form. plur.). — I. IV.
— nemorosa Pers. (α, β Soy. Will. et forma parviflora). — I. IV.
— *minima* Schleich. — IV.
— *alpina* Lam. — IV.
— Odontites L. — I. IV.
— serotina Lam. (typus et fl. albo). — I. IV.
— Jaubertiana Bor. (typ. et fl. albescent.)— I. IV.
— lutea L. — I.

Labiatæ.

Lavandula Spica DC. — I. IV.
(830) Mentha rotundifolia L. (typus et fol. variegat.) — I. IV.
— sylvestris L., α vulgaris DC. — I. IV.
— viridis L., α genuina GG. — I. IV.
— gratissima Wigg. (typus et β Benthamiana Nob.
— I. IV.
— aquatica L. — I.
— *sativa* L., α *vulgaris* K. — I. IV.

MENTHA arvensis L. — I. (sub *sativa*); α sativa Benth.
— ε vulgaris Benth. — ζ gracilis Benth. — IV.

PULEGIUM vulgare Mill. — I. (sub *Mentha Pulegio*). [typus et fl. albo]. — IV.

LYCOPUS europæus L. — I.

ROSMARINUS officinalis L. — IV.

SALVIA officinalis L. — IV.

840) — Sclarea L. — I. IV.

— pratensis L. (typus et fl. albo, roseo et cærulescente). — I. IV.

— Verbenaca L. — I. IV.

ORIGANUM vulgare L. (typus, δ virens Benth. et fl. albo). — I. IV.

THYMUS Serpyllum L. (typus, γ angustifolius K. et fl. albo). — I. IV.

SATUREIA hortensis L. — IV.

— montana L. — I. IV.

CALAMINTHA Acinos Clairv. — I.

— *officinalis* Moench. — I. IV.

— sylvatica Bromf. — I. IV.

— *Nepeta* Catal., non Link et Hoffm. — I. IV.

— officinalis Benth.! — I. IV.

(850) — Nepeta Link et Hoffm. *non* Catal. — IV.

CLINOPODIUM vulgare L. (typus et fl. albo). — I. IV.

MELISSA officinalis L. — I.

NEPETA Cataria L. — IV.

GLECHOMA hederacea L. (typus et fl. subroseo). — I.

MELITTIS Melissophyllum L. — I. IV.

LAMIUM amplexicaule L. — I.

— incisum Willd. — I.

— purpureum L. (typus et fl. albo). — I. IV.

— maculatum L. — I. IV.

— *garganicum* L. — IV.

(860) — album L. — I. IV.

GALEOBDOLON luteum Huds. — I. IV.

GALEOPSIS Ladanum L., α macrophylla Nob. et ♂ angustifolia K. — I.

— ochroleuca Lam. — IV.

— Tetrahit L. — I. IV.

— versicolor Curt. — IV.

STACHYS germanica L. — I. IV.

— alpina L. — IV.

— sylvatica L. — I.

— palustris L. — I. IV.

(870) — arvensis L. I.

— annua L. — I.

— recta L. — I.

BETONICA officinalis L. (typus et fl. albo, et roseo).—I. IV.

SIDERITIS hyssopifolia L. — IV.

— *scordioides* K. — IV.

MARRUBIUM vulgare L. — I.

BALLOTA nigra L. (α foetida , β [ruderalis K. et fl. albo).
— I. IV.

LEONURUS Cardiaca L. — I. IV.

SCUTELLARIA galericulata L. — I.

— minor L. — I. IV.

(880) PRUNELLA vulgaris L. (typus , β parviflora , γ pinnatifida
K.; colore varians).—I. IV.

ζ laciniata Benth.(typus et *b*) — I. IV.

— *alba* Pall. (typus et β K.) — I. IV.

— grandiflora Jacq. (typus et β K., colore
varians). — I. IV.

AJUGA reptans L. (typus K. colore varians). — I. IV.

— genevensis L. — IV.

— Chamæpitys Schreb. — I.

TEUCRIUM Scorodonia L. — I.

— Botrys L. — I. IV.

— Scordium L. — I. IV.

— Chamædrys L.(typus et fol. variegatis).—I. IV.

— *Polium* L. — IV.

— montanum L. — I.

Verbenaceæ.

890 VERBENA officinalis L. (typus et fl. albo) — I. IV.

Lentibularieæ.

PINGUICULA lusitanica L. — IV.
UTRICULARIA vulgaris L. — I. IV.
— neglecta? Lehm. — IV.
— minor L. — I. — IV.

Primulaceæ.

LYSIMACHIA Ephemerum L. — IV.
— vulgaris L. — I.
— Nummularia L. — I.
— nemorum L. — IV.
ANAGALLIS arvensis L. (typus et fl. roseo).— I. IV.
900 — cærulea Schreb. — I.
— tenella L. — I.
PRIMULA acaulis Jacq. (typus; fl. albo et rubescente). —
I. IV.
— elatior Jacq. — I. IV.
— variabilis Goup. — I. IV.
— officinalis L. (typus; fl. purpureo et albo). —
— I. IV.
HOTTONIA palustris L. — IV.
SAMOLUS Valerandi L. — I.

Globularieæ.

GLOBULARIA vulgaris L. — I.

Plantagineæ.

LITTORELLA lacustris L. — IV.
PLANTAGO major L. (typus). — I.
γ intermedia Decaisn.— I. sub *minimâ*. IV.
910 — media L. typus et spicâ bifurcatâ. — I. IV.

PLANTAGO lanceolata L. (typus; spicà foliosà; spicis digi-
    tatis; scapo prolifero). — I. IV.
—   Coronopus L. — I.
—   arenaria W. et Kit. — IV.
—   Cynops L. — IV.

Amaranthaceæ.

AMARANTHUS sylvestris Desf. — I.
—   Blitum L. — I. IV.
—   prostratus Balb. — I.
—   retroflexus L. — I.
—   albus L. — IV.

Chenopodeæ.

(920) POLYCNEMUM arvense L. — I. IV.
—   majus Al. Br. — IV.
CHENOPODIUM hybridum L. — I. IV.
—   urbicum L., β intermedium K. — I. IV.
—   murale L. — I.
—   album L. — I.
—   opulifolium Schrad. — I.
—   ambrosioides L. — I. IV.
—   polyspermum L., β spicato-racemosum K.
            — I. IV.
—   Vulvaria L. — I.
(930) BLITUM rubrum Reichenb. (γ paucidentatum K.). — IV.
—   glaucum Koch. — IV.
ATRIPLEX patula L. — I.
—   latifolia Wahlenb. — I. IV.

Polygoneæ.

RUMEX conglomeratus Murr. — I.
—   pulcher L. — I.
—   obtusifolius L, α et γ K. — IV.
—   crispus L. — I.
—   Patientia L. — I.
—   Hydrolapathum Huds. — IV.

(940) RUMEX scutatus L. — IV.
  — Acetosa L. — I.
  — Acetosella L. α et β K. — I.
  — Bucephalophorus L., ε hispanicus Steinh. — I. IV.
POLYGONUM amphibium L., α natans, γ terrestre K. — I. IV.
    — lapathifolium L. (typus et β incanum K.)
       — I. IV.
    — Persicaria L., α, β, γ GG. — I. IV.
    — mite Schranck. — IV.
    — Hydropiper L. — I.
    — aviculare L. (typus K.). — I.
       β erectum Roth. — γ arenarium
       GG. — δ polycnemiforme Lec.
       et Lam. — IV.

(950)   — Bellardi All. — I.
    — Convolvulus L. — I.
    — dumetorum L. — IV.

Thymeleæ.

PASSERINA annua Wickstr. — I.

Santalaceæ.

THESIUM pratense Ehrh. — I. IV.
  — humifusum DC. — I. IV.

Aristolochieæ.

ARISTOLOCHIA Clematitis L. — IV.

Euphorbiaceæ.

BUXUS sempervirens L. — I. IV.
EUPHORBIA Helioscopia L. — I. IV.
    — platyphylla L. (typus et forma Coderiana DC.).
       — I. IV.
    — stricta L. — IV.
(960)   — dulcis L., β purpurata K. — I. IV.

EUPHORBIA angulata Jacq. — IV.
—   verrucosa Lam. — I. IV.
—   *hyberna* L. — IV.
—   *procera* MB. — I.
—   pilosa L. — I.
—   Gerardiana Jacq. — I. IV.
—   amygdaloides L. — I.
—   Cyparissias L. — I. IV.
       forma robusta GG. — IV.
—   Peplus L. — I. IV.
—   falcata L. — I.
—   exigua L. — I. IV.
(970)   —   Lathyris L. — IV.
MERCURIALIS perennis L. — I.
—   annua L. — I.

Urticeæ.

URTICA urens L. — I. IV
—   dioica L. — I.
—   *pilulifera* L. — IV.
PARIETARIA diffusa MK. — I.
HUMULUS Lupulus L. — I.
FICUS Carica L. — IV.
CELTIS australis L. — IV.
ULMUS campestris L., α nuda et β suberosa K. — I. IV.
(980)   —   montana Sm. — IV.

Cupuliferæ.

FAGUS sylvatica L. — I. IV.
CASTANEA vulgaris L. — I.
QUERCUS sessiliflora Sm. — I.
—   pedunculata Ehrh. — I.
—   pubescens Willd. — IV.
—   Toza Bosc. — I.
—   Suber L. — I.
—   Ilex L. — I.

Corylus Avellana L. — I.
990) Carpinus Betulus L. — I.

Salicineæ.

Salix fragilis L. — IV.
— alba L. — I.
— amygdalina L., β concolor K. — IV.
— purpurea L. — I. IV.
— viminalis L. — IV.
— Capræa L. — I. IV.
— cinerea L. I.— (sub Capræa), α et β K. — IV.
— aurita L. — I. (sub Capræa). — IV.
Populus Tremula L. — I.
— nigra L. I.

Betulineæ.

(1000) Betula alba L. — IV.
Alnus glutinosa L. — I.

Coniferæ.

Juniperus communis L., et β fastigiata Nob. — I. IV.
β arborescens Spach. — IV.
Pinus maritima L. — I.

Hydrocharideæ.

Hydrocharis Morsus-ranæ L. — I. IV.

Alismaceæ.

Alisma Plantago L. — I.
— natans L. — I. IV.
— ranunculoides L. — IV.
Sagittaria sagittæfolia L. — I. IV.

Butomeæ.

Butomus umbellatus L. — IV

Potameæ.

(1010) POTAMOGETON natans L. , α vulgaris et β prolixus K
(excl. ε *minorem* Cat.). — I. IV.
— oblongus Vivian. — I. (sub *natante ε minori*). — IV.
— Hornemanni Mey., α! et β? K. I. (sub *lucente*). — IV.
— lucens L. (cum formâ cornutâ Presl.).
— IV.
— perfoliatus L. — IV.
— crispus L. — I. IV.
— *compressus* L. — I. IV.
— pusillus L. — I. (sub *compresso*). — IV.
— trichoides Cham. et Schlect. — IV.
— densus L., α (typus) et β lancifolius K.).
— I. IV.
ZANNICHELLIA palustris L. — I. IV.

Naiadeæ.

(1020) NAIAS major Roth. — IV.

Lemnaceæ.

LEMNA trisulca L. — IV.
— polyrrhiza L. — IV.
— minor L. — I.
— gibba L. — I. IV.

Typhaceæ.

TYPHA angustifolia L. — I. IV.
— latifolia L. — I.
— Shuttleworthii Koch et Sond. — IV.
SPARGANIUM ramosum L. — I.
— simplex Huds. — I. IV.

Aroideæ.

(1030) ARUM italicum Mill. (typus et β immaculatum DC.). — I·

Orchideæ.

ORCHIS fusca Jacq. — I. IV.
— militaris L. (typus et fl. albo). — IV.
— ustulata L. — I.
— coriophora L. — I.
— cimicina Brébiss. — I. IV.
— Morio L. (colore varians). — I.
— mascula L. — I. IV.
— laxiflora Lam., α Tabernæmontani et β palustris K. — I. IV.
— maculata L. (colore varians). — I.
1040, — latifolia L. (typus et fl. albo). — I.
— incarnata L. — IV.

ANACAMPTIS pyramidalis Rich. (sub Orchide, K. ed. 1ª).—I.
GYMNADENIA conopsea Br. (colore varians). — I. IV.
forma intermedia DR. — I.
— odoratissima Rich. — I. IV.
HIMANTHOGLOSSUM hircinum Rich. — I.
CÆLOGLOSSUM viride Hartm. (sub Habenariâ K. ed. 1ª).—I.
PLATANTHERA bifolia Rich. — I. IV.
— chlorantha Cust. — I. IV.
OPHRYS muscifera Huds. — I. IV.
(1050) — aranifera Huds. (typus). — I. IV.
δ araneola Reichenb. — IV.
β fucifera pseudospeculum Rchb. fil. — IV.
— fusca Willd. (typus et β iricolor Mut.). — I. IV.
— apifera Huds. (typus et β Muteliæ Mut.).—I. IV.
— Scolopax Cavan. (O. apiculata! Rich.). — I. IV.
ACERAS anthropophora Br. — IV.
SERAPIAS cordigera L., β sanguinolenta St Am. — I.
— Lingua L. (colore varians). — I.
LIMODORUM abortivum Sw. — I.
CEPHALANTHERA pallens Rich. IV.
— ensifolia Rich. — IV.
1060, — rubra Rich. (typus, et fl. plus minus
roseo, et albo). — I. IV.

EPIPACTIS latifolia All. (typus et β viridiflora Bor. — I. IV.
—   rubiginosa Gaud. — IV.
—   microphylla Ehrh. — IV.
—   palustris Crantz. — IV.
LISTERA ovata Br. — I. IV.
SPIRANTHES æstivalis Rich. — I. IV.
—   autumnalis Rich. — I.

Irideæ.

CROCUS nudiflorus Sm. — I.
GLADIOLUS *communis* L. — I IV.
—   illyricus Koch. — IV.
(1070)   —   segetum Gawl. — I. (sub *communi*). — IV.
—   *Guepini* Koch. — IV.
IRIS germanica L. — I. IV.
— Pseudacorus L. — I.
— fœtidissima L. — I. IV.

Amaryllideæ.

STERNBERGIA lutea Ker. — IV.
NARCISSUS Pseudo-Narcissus L. — IV.
GALANTHUS nivalis L. — — IV.

Asparageæ.

ASPARAGUS officinalis L. — IV.
CONVALLARIA Polygonatum L. — IV.
—   multiflora L. (typus et β ambigua Nob.). – IV.
(1080)   —   maialis L. — IV.
RUSCUS aculeatus L. (typus et β major Laterr.).— I. IV.

Dioscoreæ.

TAMUS communis L. — I.

Liliaceæ.

TULIPA sylvestris L. — IV.
FRITILLARIA Meleagris L. (typus et fl. albo). — I. IV.

ASPHODELUS albus Mill. — I. IV.

ANTHERICUM Liliago L. — I. IV.

  —   ramosum L. (typus et β simplex Kunth.).
     — IV.

SIMETHIS bicolor Kunth. — IV.

ORNITHOGALUM sulphureum R. et S. — I. (sub *pyre-naico*). — IV.

(1090)   —   umbellatum L. — IV. *non* I.

  —   angustifolium Bor. — I. (sub *umbellato*).
     — IV.

  —   refractum W. et Kit. — IV.

SCILLA bifolia L. — I. IV.

 — verna Huds. — I. IV.

 — *italica* L. — IV.

 — autumnalis L. — IV.

ALLIUM *Porrum* L. — IV.

 — Ampeloprasum L. (typus et var. *gigantea* [*Ail d'Orient* Hort.]). — IV.

 — sphærocephalum L. (typus; fol. glaucis et fl. pallido; fol. filiformibus). — I. IV.

 — vineale L. — I.

 — oleraceum L. — I. (pro parte tantùm). — IV.

(1100) — pallens L. β dentiferum Gay. — I. (et, pro parte, sub *oleraceo*). — IV.

HEMEROCALLIS fulva L. — IV.

ENDYMION nutans Dumort. (typus et fl. albescente). — IV.

BELLEVALIA romana Rchb. — IV.

MUSCARI comosum Mill. (typus et fl. albo). — I. IV.

 — racemosum Mill. — I. IV.

 — botryoides DC. — IV.

NARTHECIUM ossifragum Huds. — IV.

Colchicaceæ.

COLCHICUM autumnale L. — I. IV.

Juncaceæ.

JUNCUS conglomeratus L. — I.

(1110) Juncus effusus L. — I.
  — glaucus Ehrh. — I.
  — capitatus Weig. — I.
  — obtusiflorus Ehrh. — I. IV.
  — *anceps* Laharp. — IV.
  — sylvaticus Ehrh. — I.
  — lamprocarpus Ehrh. — I.
  — supinus Moench.. γ fluitans K. — I.
  — compressus Jacq. — I.
  — Tenageia Ehrh. — I.
  — bufonius L. (typus et β fasciculatus K.) — I.

(1120) Luzula Forsteri DC. — I. IV.
  — pilosa Willd. — I. IV.
  — maxima DC. — IV.
  — campestris DC. — I.
  — multiflora Lej., β et ε K. — I. IV.

Cyperaceæ.

Cyperus flavescens L. — I. IV.
  — fuscus L. — I. IV.
  — badius Desf. — I.(sub *longo*, pro parte). — IV.
  — longus L. — I.

Schoenus nigricans L. — I. IV.

(1130) Cladium Mariscus Br. — IV.

Rhynchospora alba Vahl. — IV.
    — fusca R. et S. — IV.

Heleocharis palustris Br. — I.
    — multicaulis Sm. — I.
    — acicularis R. Br. — IV.

Scirpus fluitans L. — I.
  — setaceus L. — I. IV.
  — lacustris L. (typus et forma foliosa Nob.). —
    I. IV.
  — Holoschænus L., var. β et γ R. — IV (addition).
1140 — maritimus L. — IV.
  — sylvaticus L. — IV.

SCIRPUS Michelianus L. — IV.

ERIOPHORUM latifolium Hopp. — IV.

    —   angustifolium L. *β laxum* K. ed. 1ᵃ; α vul-
      gare K. ed. 2ᵃ. — I. IV.

      γ elatius K. — IV.

    —   gracile Koch. — IV.

CAREX pulicaris L. — IV.

  —   disticha Huds. — IV.

  —   vulpina L. — I. IV.

  —   muricata L. — I. IV.

(1150)   —   divulsa L. — I. IV.

  —   paniculata L. — IV.

  —   Schreberi Schranck. — IV.

  —   remota L. — IV.

  —   stellulata Good. — IV.

  —   leporina L. — I. IV.

  —   stricta Good. — I. IV.

    forma *Touranginiana* Nob. — IV.

  —   acuta L. — IV.

  —   *pilulifera* L. — IV.

  —   tomentosa L. — I. IV.

  —   *ericetorum* Poll. — IV.

  —   præcox Jacq. (typus ; excl. formam *umbrosam*
    Hopp.). — I. IV.

    forma umbrosa Host. *non* Hopp. — I. IV.

  —   *polyrhiza* Wallr. — IV.

(1160)   —   gynobasis Vill. (C. HALLERIANA ASS.). — I. IV.

  —   digitata L. — IV.

  —   panicea L. — I. IV.

  —   glauca Scop. — I. IV.

  —   maxima Scop. — I. IV.

  —   pallescens L. — IV.

  —   flava L. (typus et β polystachya K.). — I. IV.

  —   OEderi Ehrh. — I. IV.

  —   Mairii Coss. et Germ. — IV.

  —   fulva Good., α fertilis Sch. — I. IV.

1170) CAREX distans L. — I. IV.

    — sylvatica Huds. — IV.

    — Pseudo-Cyperus L. — I. IV.

    — vesicaria L. — I. IV.

    — paludosa Good. — I. IV. (cum descr. huj. spec. monstri cujusd. burdigal.).

    — riparia Curt. — I. IV.

    — hirta L. — IV.

Gramineæ.

ANDROPOGON Ischæmum L. — I.

TRAGUS racemosus Desf. — I.

PANICUM sanguinale L. — I.

(1180)   — ciliare Retz. — I.

    — glabrum Gaud. — I. IV.

    — vaginatum Sw. — IV.

    — Crus-galli L. — I.

    — miliaceum L. — IV.

SETARIA verticillata Beauv. — I.

    — viridis Beauv. — I.

    — glauca Beauv. — I.

PHALARIS truncata Guss. — IV.

    — arundinacea L. — I.

(1190) ANTHOXANTHUM odoratum L. — I.

    — Puelii Lec. et Lamott. — IV.

ALOPECURUS pratensis L. — I. IV.

    — bulbosus L. — IV.

    — agrestis L. — I.

    — geniculatus L. — IV.

    — fulvus Sm. — IV.

PHLEUM Boehmeri Wibel. — I.

    — pratense L. — I.

CHAMAGROSTIS minima Barkh. — I.

(1200) CYNODON Dactylon Pers. — I.

LEERSIA oryzoides Sw. — IV.

AGROSTIS stolonifera L. (typus et vivipara) — I. IV.

AGROSTIS *alba* . ε *pumila* et ζ *sylvatica* Kunth. — IV.

— vulgaris With. (typus et β stolonifera Koch'. — I.

— canina L. (typus et *A. hybrida* Gaud.). — I.

— setacea Curt. (typus et β flava DR.). — I. IV.

APERA Spica-venti Beauv. — I.

CALAMAGROSTIS littorea DC. — I.

— epigeios Roth. — IV.

— *lanceolata* Roth. — IV.

GASTRIDIUM lendigerum Gaud. — I.

1210) MILIUM effusum L. — IV.

STIPA pennata L. — I.

PHRAGMITES communis Trin. — I. IV.

ARUNDO Donax L. — IV.

ECHINARIA capitata Desf. — I. IV.

SESLERIA cærulea Ard. — IV.

KŒLERIA valesiaca , β setacea Koch (K. *setacea* DC.). — I. IV.

— phleoides Pers. — I.

AIRA cæspitosa L. (typus et β pallida Koch.). — I.

— flexuosa L. — I.

1220) — Caryophyllea L. — I. (sub *Avenâ*). — IV.

— multiculmis Dumort. — IV.

— præcox L. — IV.

CORYNEPHORUS canescens Beauv. — IV.

HOLCUS lanatus L. (typus et monstr.). — I. IV.

— mollis L. (typus et form. hermaphrod.).— I. IV.

ARRHENATERUM elatius Mert. et Koch (typus et β bulbo- sum Koch). — I.

— Thorei DR. — I. IV.

AVENA fatua L. — I.

— Ludoviciana DR. — IV.

1230) — pubescens L. — I. IV.

— pratensis L. — I.

— sulcata Gay. — IV.

— flavescens L. — I.

AVENA *Caryophyllea* Wigg. — I. IV.

— *praecox* Beauv. — IV.

TRIODIA decumbens Beauv. — I.

MELICA Nebrodensis Parlat. — IV.

— *ciliata* L. — IV.

— uniflora Retz. — I. IV.

BRIZA media L. (typus et variat. pallens Bor.). — I. IV.

— minor L. — I.

ERAGROSTIS megastachya Link. — I. IV.

(1240) — pilosa Beauv. — I. IV.

POA annua L. — I.

— bulbosa L. (typus et β vivipara Koch). — I. IV

— nemoralis L., α vulgaris Koch. — I. IV.

β firmula Koch. — I. IV.

— trivialis L. — I.

— pratensis L. (typus, γ angustifolia Koch, et δ anceps

Koch). — I. IV

— compressa L. — I.

GLYCERIA spectabilis Mert. et Koch. — IV

— plicata Fries. — IV.

— fluitans R. Br. — I.

(1250) — aquatica Presl. — IV

MOLINIA cærulea Moench (typus). — I.

variat. pallida et vivipara Dives. — IV.

DACTYLIS glomerata L. (typus). — I.

β hispanica Koch. — IV.

CYNOSURUS cristatus L. — I.

— echinatus L. — I. IV.

FESTUCA tenuiflora Schrad., γ aristata Koch. — I.

— Lachenalii Spenn. (typus) Koch. — IV.

— rigida Kunth. — IV.

— myuros L. Soy. Will. (F. *ciliata* DC.). — I.

— *myuros* Koch *non* Soy. Will. — I.

— pseudo-myuros Soy. Will. — I.

1260 — sciuroides Roth. — I.

— *bromoides* DC. Koch, NON L. — I.

Festuca ovina L., ε duriuscula Koch. — I.

ζ glauca Koch. — IV.

— *duriuscula* L. — IV.

— *stricta* Gaud. — I.

— *curvula* Gaud. — I.

— *rubra* β *villosa* (F. *dumetorum* L.) Koch.—IV.

— rubra L. — I. IV.

— heterophylla Lam. — IV.

— arundinacea Schreb. — I.

— elatior L. — I.

— loliacea Huds. — IV.

Brachypodium sylvaticum R. et Sch. — I.

— pinnatum Beauv., α, β, γ Koch. — I.

— distachyon R. et Sch. — I.

(1270) Bromus secalinus L., γ vulgaris Koch. — I. IV.

— commutatus Schrad. (typ. et spicul. pubescent.). — IV.

— *racemosus* auct. gall. et Ch. Des M. Catal. *non* L. — I. IV.

— *pratensis* Ehrh. — IV.

— mollis L. — I.

— arvensis L. — I.

— squarrosus L. (typus) Koch. — I. IV.

— asper L. — IV.

— erectus Huds. — I.

— sterilis L. — I.

— rubens L. — IV.

— tectorum L. — I.

(1280) — rigidus Roth, α minor Godr., et β Gussoni Godr. (B. *madritensis* Duby *non* L. *nec* Koch). I. — IV.

— madritensis L. *non* Duby; Godr. Fl. Fr. — IV.

— *diandrus* Curt., Koch. (*B. madritensis* Koch *non* L. *nec* DC. et Duby). — IV.

Gaudinia fragilis Beauv. — I.

Triticum repens L. Koch. — I.

AGROPYRUM repens Beauv. — I. IV.

HORDEUM murinum L. — I.

—   secalinum Schreb. — I. IV.

—   *pratense* Huds. — IV.

—   *nodosum* L. — I.

LOLIUM perenne L., α genuinum Godr. — I. IV.

              β tenue Schrad. — I. IV.

              γ cristatum Mut. — I. IV.

—   italicum Al. Br. (*L. Boucheanum* Koch, ed. 1ª).
       — IV.

—   rigidum Gaud. — IV.

—   temulentum L. (typus) Koch. — I.

              β speciosum Koch. — I. IV.

              γ robustum Koch. — I. IV.

              δ lævigatum Mut. — I. IV.

(1290) ÆGILOPS triuncialis L. — I. IV.

—   *ovata* L. — IV.

Lepturus filiformis Trin. — IV.

NARDUS stricta L. — I. IV.

Equisetaceæ.

EQUISETUM arvense L. (typus. form. serotina? et de-
           cumbens) Koch. — I. IV.

—   Telmateja Ehrh., Koch. — I. IV.

—   *fluviatile* L. — Koch, ed. 1ª (Catal.). — I.

—   palustre L. (typus et β polystachyon Ray).
       — I. IV.

—   limosum L., α genuinum Godr. — I. IV.

              β ramosum? Godr. — IV.

              b polystachyon. — IV.

—   ramosum Schleich. — IV.

—   *multiforme, e campanulatum* Vauch. (Ca-
           tal.). — I. IV.

—   *pallidum* Bory. — IV.

—   hyemale L. — I. IV.

Lycopodiaceæ.

Lycopodium inundatum L. — IV.

Filices.

Ophioglossum vulgatum L. — I. IV.

(1300) Osmunda regalis L. — IV.

Grammitis Ceterach Swartz. — I. IV.

Ceterach officinarum C. Bauh. — I.

Polypodium vulgare L. — I.

    — Robertianum Hoffm. — IV.

Aspidium angulare Kit. — I. IV.

    — *aculeatum*, β *Swartzianum* Koch. — IV.

    — Thelypteris Swartz. — I. IV.

    — Filix-mas Swartz. — I. IV.

    — Filix-femina Swartz. — IV.

Polystichum Thelypteris Roth. — I. IV.

    — *Filix-mas* Roth. — I. IV.

Athyrium Filix-femina Bernh. — IV.

Asplenium *Filix-femina* Bernh. — Koch. — IV

    — Trichomanes L. (typus Duby). — I.

    γ lobato-crenatum DC. — I. IV.

    — Ruta-muraria L. — I. IV.

(1310) — Adianthum-nigrum L. (typus Gren.).— I. IV.

    β Serpentini (*A. Virgilii* Bory) Koch.—IV.

    — septentrionale Swartz. — IV.

Scolopendrium officinale Sm. (typus, et formæ bifurcata, bis-bifurcata et dædalea).— I. IV.

    — *officinarum* Swartz. — Koch. — IV.

Blechnum Spicant Roth. — IV.

Pteris aquilina L. — I.

Adianthum Capillus-Veneris L. — I.

Characeæ.

Nitella translucens Pers. — I. IV.

    β intermedia Brébiss. — IV.

    — polysperma Al. Br. — I. IV.

CHARA *translucens* Pers. — Catal.\. — I.

— *flexilis* DC. — I.

— *syncarpa* Ch. Des M. Catal., *non* Thuill. — I.

— *fasciculata* Amic. — IV.

— fœtida, forma glomerata et elongata Al. Br.—I. IV.
        forma condensata Al. Br. — I. IV.

— hispida Sm. (typus Al. Br.). — I. IV.
        β gymnoteles Al. Br. — IV.

(1320) — aspera Willd. (typus Al. Br.). var. *b* subinermis
        Brébiss. (*Ch. intertexta* Desv.). — IV.

(1321) — fragilis Desv.. γ pulchella Wallm. — I. IV.
        γ *capillacea* Coss. et Germ.— IV.

— *capillacea* Thuill. — I. IV.

Nota. Un court *Errata,* pour les quatre fascicules dont se compose le Catalogue, a été donné à la fin du 4e fascicule, p. 848 des *Actes,* p. 398 du tirage à part.

FIN.

———

Le *Bon à tirer* de cette dernière page est donné le 28 juillet 1859, ce qui, en tenant compte du temps nécessaire pour le brochage du tirage à part, permet de fixer le jour de sa PUBLICATION RÉELLE au 8 *août* 1859, jour de l'ouverture de la session extraordinaire de la SOCIÉTÉ BOTANIQUE DE FRANCE, à Bordeaux.

CH. DES M.

Bordeaux. — Imprimerie de F. DEGRÉTEAU et Cie

Imprimé en France
FROC022049300620
24394FR00009B/138